信息技术应用能力养成系列丛书

Adobe Dreamweaver CC 网页设计案例教学经典教程

微课视频版

史创明 董博雯 欧阳婷 编著

清華大学出版社
北京

内容简介

本书设计理念先进，配套资源丰富，提供教学视频、范例与模拟案例源文件、素材、练习题及答案、PPT、教学大纲等资料，非常适合翻转课堂和混合式教学。本书共11章，包括网页制作与Adobe Dreamweaver CC(后文简称Dreamweaver CC)基础知识、网站的构建与管理、HTML和CSS基础、对网站进行编码、处理多媒体素材、建立超链接、表格与浮动框架、Div+CSS布局、Bootstrap响应式网页、表单、动态网页等内容。

本书既可作为高等院校相关专业的教材，也可作为培训机构的培训用书，同时也适合作为广大网页设计者的自学用书。

图书在版编目(CIP)数据

Adobe Dreamweaver CC网页设计案例教学经典教程：微课视频版/史创明，董博雯，欧阳婷编著.—北京：清华大学出版社，2021.2(2025.1重印)
(信息技术应用能力养成系列丛书)
ISBN 978-7-302-57152-0

Ⅰ.①A… Ⅱ.①史… ②董… ③欧… Ⅲ.①网页制作工具-教材 Ⅳ.①TP393.092.2

中国版本图书馆CIP数据核字(2020)第260260号

责任编辑：刘 星 李 晔
封面设计：刘 键
责任校对：李建庄
责任印制：杨 艳

出版发行：清华大学出版社
网 址：https://www.tup.com.cn, https://www.wqxuetang.com
地 址：北京清华大学学研大厦A座 **邮 编：**100084
社 总 机：010-83470000 **邮 购：**010-62786544
投稿与读者服务：010-62776969，c-service@tup.tsinghua.edu.cn
质量反馈：010-62772015，zhiliang@tup.tsinghua.edu.cn
课件下载：https://www.tup.com.cn，010-83470236
印 装 者：三河市君旺印务有限公司
经 销：全国新华书店
开 本：185mm×260mm **印 张：**20.5 **字 数：**500千字
版 次：2021年4月第1版 **印 次：**2025年1月第4次印刷
印 数：2001～2300
定 价：59.00元

产品编号：077142-01

前言

本套丛书的出版是作者团队三年多的不懈努力创作的结果。在创作队伍中，教授、讲师、研究生和本科生不同层次进行分工和组合，教授负责整体教学思想的设计、教法的规划、案例脚本的设计和审核、教学视频的教学设计和监制等工作；讲师和研究生负责案例的创作和实现、教材文字的整理、教学视频的录制、题库整理等工作；本科生作为助手做协助工作，并且还有众多的本科生进行学习试用。

1. 本书特色

(1) 配套资源丰富。

- 本书提供各章范例与模拟案例源文件、素材、练习题及答案、PPT、教学大纲等资料，可扫描此处二维码获取。

素材

教学课件等资料

- 配套作者精心录制的微课视频74个，时长共计900分钟，读者可扫描书中各章节对应位置的二维码观看视频。

注意：请先扫描封底刮刮卡中的二维码进行注册，注册之后即可获取相关资源。

(2) 采用先进的教学理念"阶梯案例三步教学法"。实践证明"阶梯案例三步教学法"可以在很大程度上提高学习效率。

(3) 为翻转课堂和混合式教学量身打造。整个教学过程的设计体现了新的理念、新的教学方法和科学的教学设计。

(4) 技能养成系列化。本书是"信息技术应用能力养成系列丛书"的一部分，和其他部分(图像处理、音频编辑、动画制作、视频特效、课件制作)一起构成完整的信息技术应用能力养成体系。

2. "阶梯案例三步教学法"简介

第一步：范例学习。

每个知识单元设计一个到几个经典案例，进行手把手范例教学，按照书中的提示，由教师指导，学生自主完成。学生也可扫描书中二维码，参照案例视频讲解，一步步训练。

第二步：模拟练习。

每个知识单元提供一到多个模拟练习作品，只提供最后结果，不提供过程，学生可使用提供的素材，制作出同样原理的作品。

第三步：创意设计。

运用知识单元学习到的技能，自己设计制作一个包含章节知识点的作品。

我们以科学严谨的态度，力求编写精益求精，但疏漏之处在所难免，敬请广大读者批评指正，可发送邮件至 workemail6@163.com。

作　者

2020 年 12 月

目录

第1章

网页制作与Dreamweaver CC基础知识

本章学习内容

(1) Dreamweaver CC 2018 的工作界面;
(2) 熟悉面板;
(3) 设置文档属性;
(4) 编辑首选项。

完成本章的学习需要大约 1.5 小时,可扫描前言中的二维码下载配套学习资源,扫描文中二维码观看讲解视频。

知识点

Dreamweaver CC 2018 工作区	在文档窗口中工作	使用工具栏
"属性"面板	使用插入面板	CSS 设计器面板
设置页面属性	常规首选参数的设置	

本章案例介绍

范例

本章范例是一个介绍花中四君子的案例,分为"主页""由来""诗词"3 部分,使用超级链接来实现页面间的跳转,如图 1.1 所示。通过范例的学习,熟悉 Dreamweaver CC 2018 的工作界面以及各个面板的使用。

模拟案例

本章模拟案例是一个关于旅行的网站,如图 1.2 所示,通过模拟练习进一步熟悉工作界面和面板。

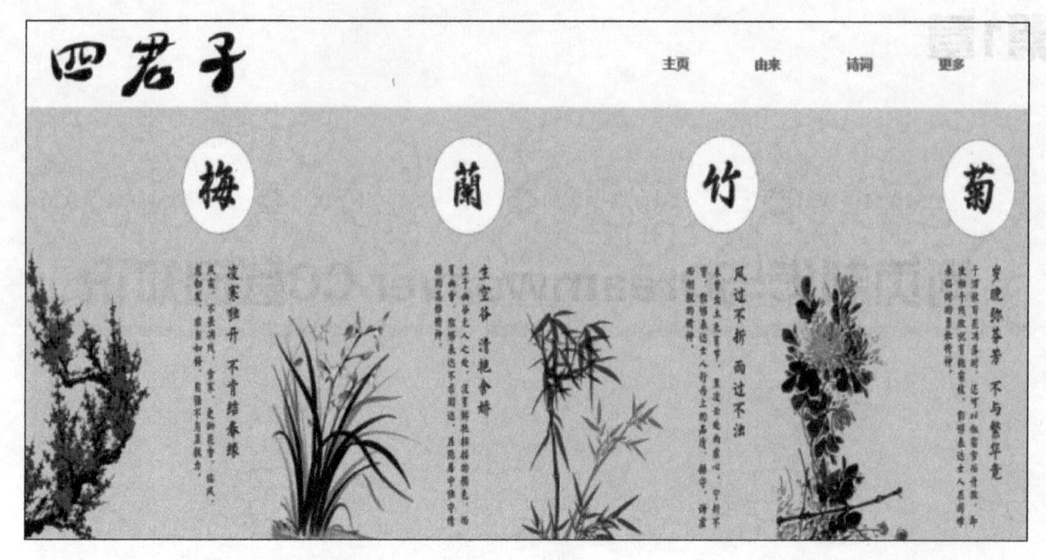

图 1.1

图 1.2

1.1 预览完成的范例

(1) 右击"lesson01/范例/01complete"文件夹中的 index. html 文件,在"打开方式"中选择已安装的浏览器对 index. html 文件进行浏览,如图 1.1 所示。

(2) 关闭预览窗口。

(3) 也可以用 Dreamweaver CC 2018 打开源文件进行预览。在菜单栏中选择"文件"→"打开"按钮,选择"lesson01/范例/01complete"文件夹中的 index. html 文件,单击"打开"按钮,切换到"实时视图"查看页面。

1.2　Dreamweaver CC 2018 的工作界面

Dreamweaver CC 2018 是一款集网页制作和网站管理于一体的所见即所得网页编辑器，最初是由美国 Macromedia 公司开发的，2005 年被 Adobe 公司收购。它将可视布局工具、应用程序开发功能和代码编辑支持组合为一个功能强大的工具系统，使得各个层次的开发人员和设计人员都能够利用它快速地制作出跨越平台和跨越浏览器限制的充满动感的网页。

(1) 启动 Dreamweaver CC 2018。

(2) 在页面中，选择“文件”→“新建”命令，新建一个空白的 HTML 文档，在“标题”栏中输入“四君子”，如图 1.3 所示。

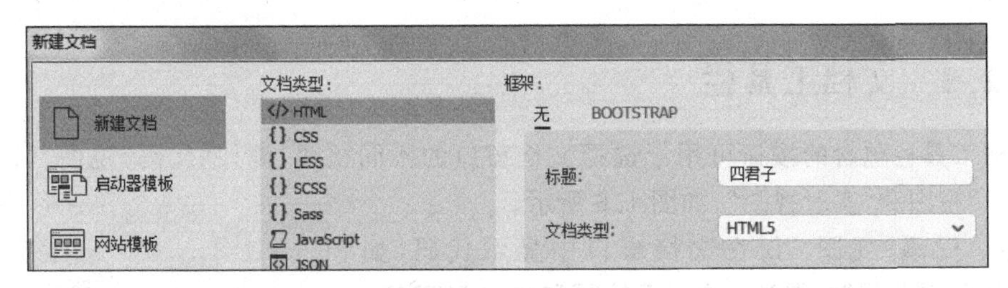

图　1.3

(3) 单击“创建”按钮，进入 Dreamweaver CC 2018 工作界面，如图 1.4 所示。

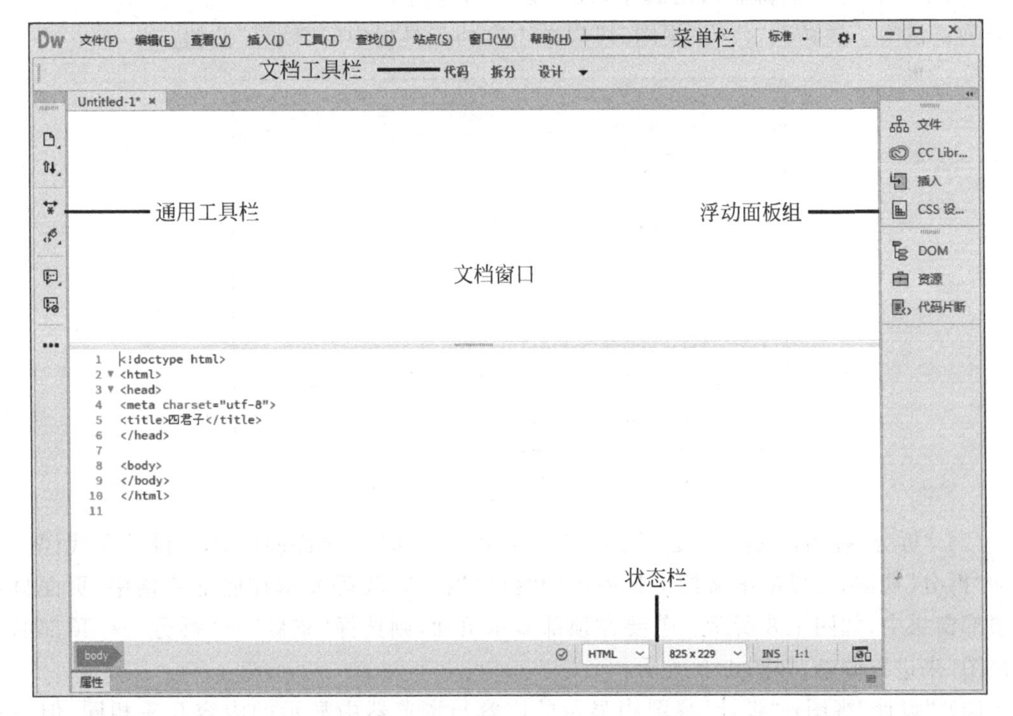

图　1.4

(4) 选择“文件”→“保存”命令,把文件命名为 index. html。

注意:现在观察工作界面也许不太令人满意,可通过重新组合停靠的面板和工具栏创建理想的工作区,即可以显示或隐藏它们以及应用多种排列方式。在大多数情况下,若没有看到想要的工具或面板,则可以在“窗口”菜单中找到它们。

1.2.1 菜单栏

菜单栏位于工作界面的上方,包含 9 项主菜单,如图 1.5 所示,几乎涵盖了 Dreamweaver CC 2018 中的所有功能。通过菜单栏的使用对对象进行操控。

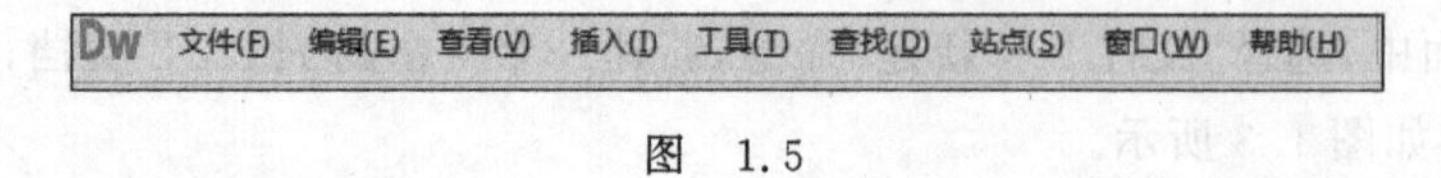

图 1.5

1.2.2 文档工具栏

文档工具栏包含的按钮可用于选择文档窗口的不同视图,例如“代码”视图、“拆分”视图、“设计”视图和“实时视图”,如图 1.6 所示。

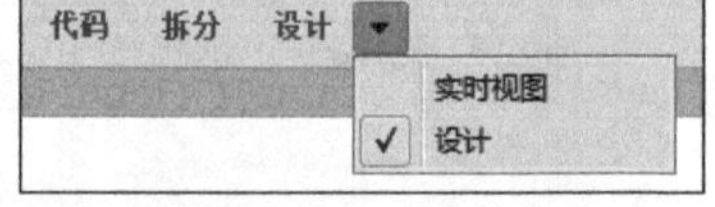

图 1.6

(1) “代码”视图:仅在文档窗口中显示代码,如图 1.7 所示。“代码”视图是一个用于编写和编辑 HTML、JavaScript 和其他任何类型代码的手动编码环境。在“代码”视图中不仅可以编辑插入的脚本,还可以对脚本进行检查和调试等。要访问“代码”视图,可以单击文档工具栏中的“代码”按钮。

```
代码 拆分 设计 ▼
index.html ×
1    <!doctype html>
2 ▼ <html>
3 ▼ <head>
4    <meta charset="utf-8">
5    <title>四君子</title>
6 ▼ <style type="text/css">
7 ▼ body, td, th {
8        font-size: 16px;
9        color: #000000;
10   }
11 ▼ h1, h2, h3, h4, h5, h6 {
12       font-weight: bolder;
13   }
14 ▼ h1 {
15       font-size: 50px;
16       color: #000000;
17   }
```

图 1.7

(2) “拆分”视图:“拆分”视图提供了一个复合工作区,允许同时访问设计和代码。要访问“拆分”视图,可以单击文档工具栏中的“拆分”按钮,代码显示在底部窗格中,页面显示在顶部窗格中,如图 1.8 所示。若要在顶部显示页面,则选择“查看”→“拆分”→“顶部的设计视图”来进行调整,如图 1.9 所示。

(3) “设计”视图:“设计”视图中显示的内容与浏览器中显示的内容几乎相同,但并不完美。要激活“设计”视图,可以单击文档工具栏中的“设计”按钮,结果如图 1.10 所示。

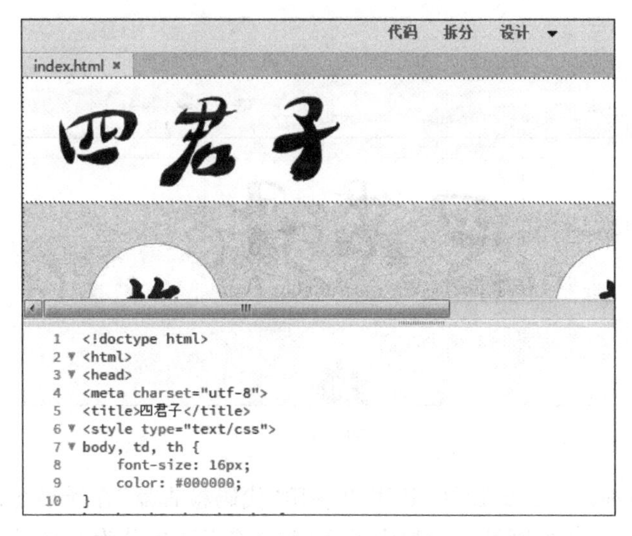

图　1.8

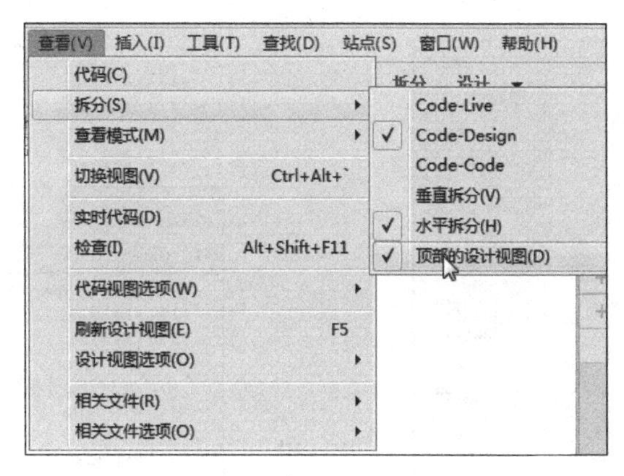

图　1.9

图　1.10

(4)“实时视图”：“实时视图”是一个交互式预览，可准确地实时呈现 HTML5 项目和更新，以便在对文档做出更改时即时显示更改后的内容。当“实时视图”处于活动状态时，如图 1.11 所示，将不能编辑“设计”视图窗口中显示的内容，但“代码”视图保持可编辑状态，因此可以更改代码，然后刷新“实时视图”，文档窗口呈现的内容会立即反映出对代码所做的更改。

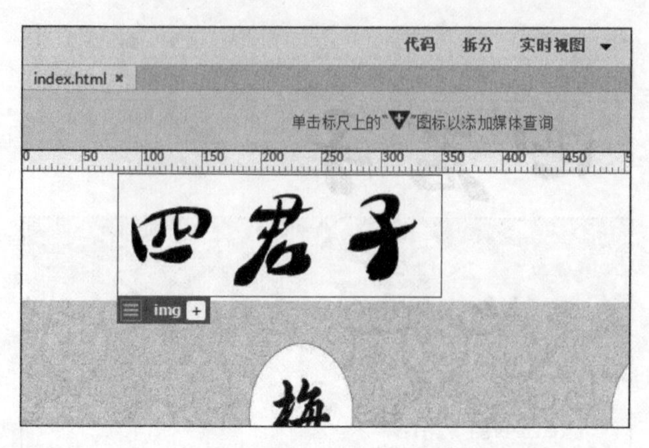

图 1.11

(5) 在 Dreamweaver CC 2018 中,还可以使用"代码检查器"在浮动窗口中显示 HTML。在"代码检查器"中可以查看网站设计和代码,而无须将视图拆分为两半,如图 1.12 和图 1.13 所示。

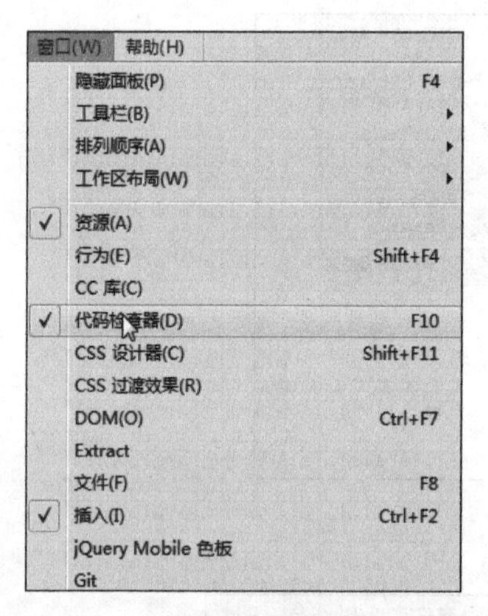

图 1.12

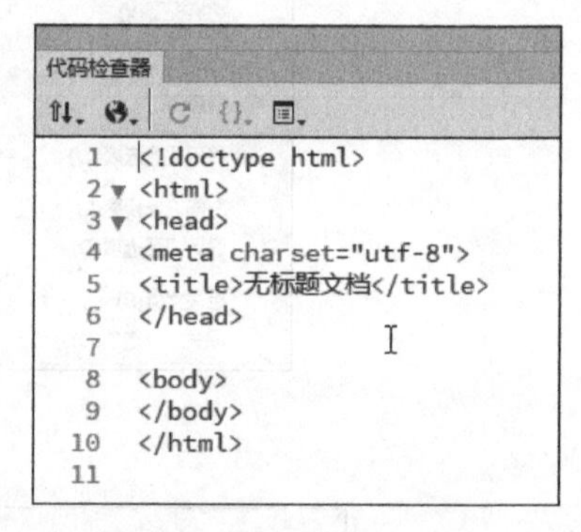

图 1.13

1.2.3 通用工具栏

通用工具栏垂直显示在文档窗口的左侧,如图 1.14 所示,在所有视图中可见。通用工具栏上的按钮是特定于视图的,并且仅在适用于所使用的视图时显示。例如,如果正在使用"实时视图",则特定于"代码"视图的选项(例如"格式化源代码")将不可见。

(1) ：打开文档,单击该按钮会显示当前打开的所有文档列表。

(2) ：文件管理,单击该按钮会弹出文件管理下拉菜单。

(3) ：扩展全部,即扩展全部代码。

(4) ：格式化源代码。

(5) ：应用注释。

(6) ：删除注释。

（7）**···**：自定义工具栏。单击该按钮会打开自定义工具栏对话框，如图 1.15 所示，在工具列表中选中需要的工具左侧的复选框，即可将该工具添加到通用工具栏中。

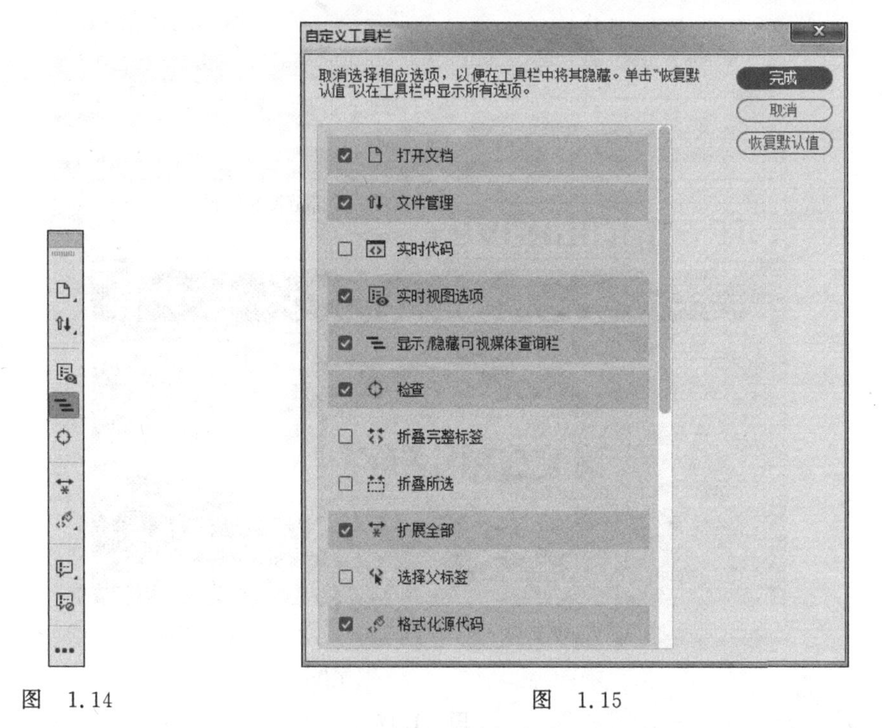

图　1.14　　　　图　1.15

注意：在不同的视图和工作区模式下，通用工具栏上显示的工具会有所不同。

1.2.4　标准工具栏

标准工具栏（如图 1.16 所示）用于提供常用的页面操作工具。默认情况下，标准工具栏是不显示的。若要显示标准工具栏，需执行"窗口"→"工具栏"→"标准"命令。

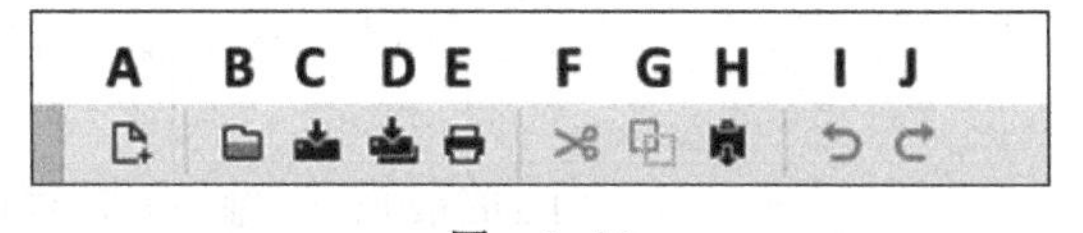

图　1.16

A：新建　B：打开　C：保存　D：全部保存　E：打印代码
F：剪切　G：复制　H：粘贴　I：还原　J：重做

1.2.5　文档窗口

文档窗口又称为文档编辑区，主要用来显示和编辑当前文档。文档窗口的显示模式有 4 种：代码视图、拆分视图、设计视图和实时视图，可以使用文档工具栏上的视图选项来切换视图。在文档窗口中打开多个文件时，文档窗口顶部的选项卡会显示所有打开的文档的文件名。如果尚未保存已做的更改，则 Dreamweaver CC 2018 会在文件名后显示一个"*"号。Dreamweaver CC 2018 还会在文档的选项卡下显示相关文件工具栏。相关文档指与当前文件关联的文档,例如 CSS 文件或 JavaScript 文件。要在文档窗口中打开这些相关文档,可在相关文档工具栏中单击其文件名,如图 1.17 所示。

图 1.17

1.2.6 状态栏

状态栏位于文档窗口底部,它提供了与正在创建的文档有关的其他信息,如图 1.18 所示。

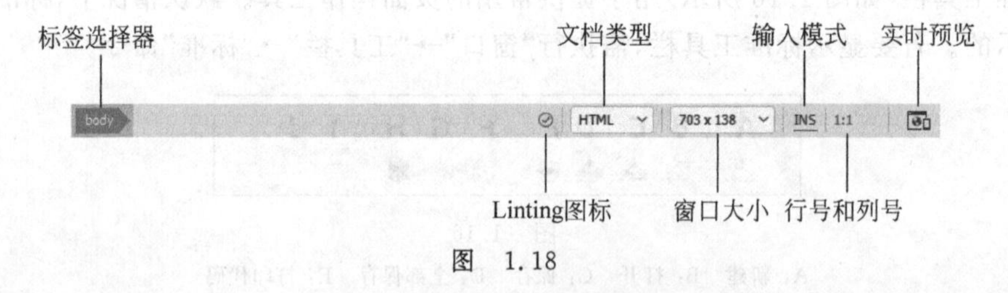

图 1.18

(1) 标签选择器：显示环绕当前选定内容的标签的层次结构。单击该层次结构中的任何标签以选择该标签及其全部内容。单击 body 图标可以选择文档的全部正文。

(2) Linting 图标：Linting 是分析代码以标记代码的任何语法或逻辑错误的过程。状态栏中的 Linting 图标表示 Linting 结果：绿色 表示当前文档没有错误；红色 表示当前文档包含错误和警告。当文档中有错误和警告时,单击 Linting 图标可以打开输出面板。双击输出面板中的信息可跳转到发生错误的行,以便修改相应的代码。

(3) 文档类型：仅在"代码"视图中可用。从弹出的菜单中可以选择任意编码语言,如图 1.19 所示,可以根据编程语言更改要显示的代码的颜色。

(4) 窗口大小：通过"窗口大小"下拉菜单(如图 1.20 所示),可以查看页面在不同分辨率下的视图显示情况。更改"设计"视图或"实时视图"中页面的视图大小时,仅更改视图大小的尺寸,而不更改文档大小。

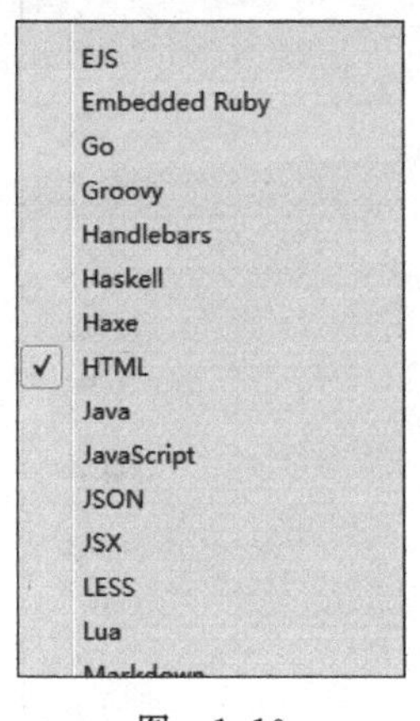

图 1.19

图 1.20

(5) 输入模式：在"代码"视图中工作时可以在 INS(插入)模式和 OVR(覆盖)模式之间切换。

(6) 行号和列号：仅在"代码"视图中可用,显示光标所在位置的行号和列号。

(7) 实时预览：在浏览器或设备中预览页面效果。单击该按钮,在弹出的下拉菜单中可以选择想要使用的浏览器类型,如图 1.21 所示。默认情况下,Dreamweaver CC 2018 将使用 IE 浏览器来预览网页。在弹出的菜单中单击"编辑列表"命令,将弹出"首选项"对话框,选择"实时预览"选项卡,如图 1.22 所示,在此选项卡中可以添加浏览器,并设定主浏览器和次浏览器。

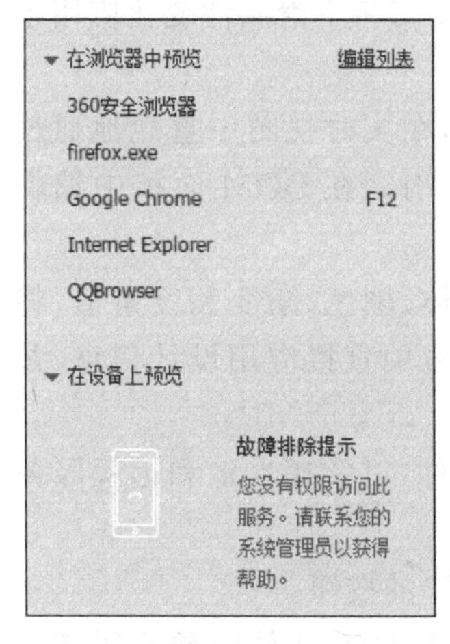

图 1.21

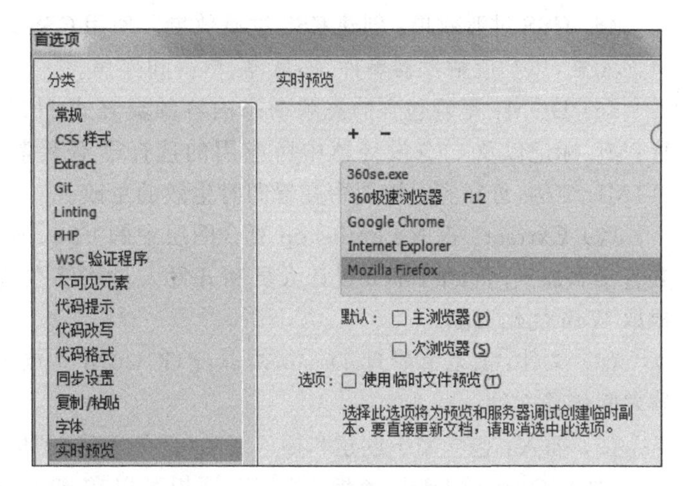

图 1.22

1.2.7 浮动面板

在默认情况下,Dreamweaver CC 2018 中的浮动面板成组排列在界面的右侧,如图 1.23 所示。用户可以自由地在界面上拖动这些面板,也可以将多个面板组合在一起,构成一个选项卡组。在菜单栏的“窗口”下拉菜单中单击面板名称可以打开或者关闭相应的面板，如图1.24所示。

图 1.23

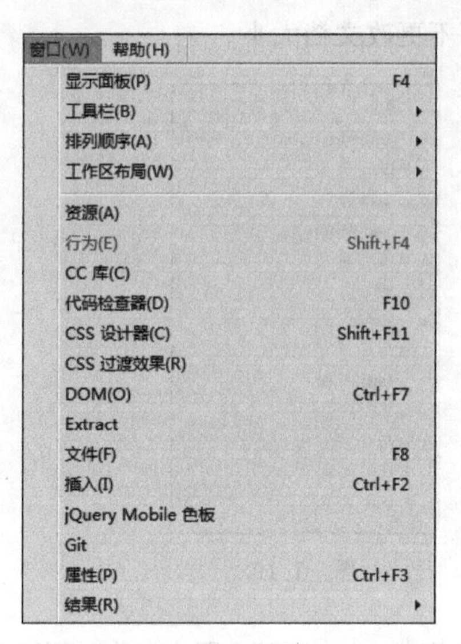

图 1.24

(1) 资源：管理站点资源，比如模板、库文件、各种媒体绘画本等。

(2) 行为：为页面元素添加、修改 Dreamweaver CC 2018 预置的行为和事件。

(3) 代码检查器：在单独的编码窗口中查看、编写或编辑代码，就像在“代码”视图中工作一样。

(4) CSS 设计器：定义、编辑媒体查询和 CSS 样式。

(5) CSS 过渡效果：创建 CSS 过渡效果。使用 CSS 过渡效果可将平滑属性变化应用于页面元素，以响应触发器事件，如悬停、单击和聚焦。

(6) DOM：呈现包含静态和动态内容的交互式 HTML 树，在实时视图中直观地通过 HTML 标记以及 CSS 设计器中所应用的选择器对元素进行映射。在 DOM 面板中编辑 HTML 结构，可在实时视图中查看即时生效的更改。

(7) Extract：提取 Photoshop 复合图层中的 CSS、图像、字体、颜色、渐变和度量值，将其直接添加到网页中，Web 设计人员和开发人员能够在编码环境中直接应用设计信息，并提取 Web 优化资源。

(8) 文件：查看和管理 Dreamweaver CC 2018 站点中的文件，以及在本地和远程服务器之间传输文件。

(9) 插入：包含用于创建和插入对象(例如表格、图像和链接)的按钮。

(10) jQuery Mobile 色板：使用此面板可以在 jQuery Mobile CSS 文件中预览所有色板(主题)，或从 jQuery Mobile Web 页的各种元素中删除色板。使用此功能还可将色板逐个应用于标题、列表、按钮和其他元素。

(11) Git：是一个开源的分布式版本控制系统，使用 Dreamweaver CC 2018 中的 Git 集成，可以先在任何位置单独处理代码，之后再将更改合并到 Git 中央存储库。Git 会持续跟踪文件中的各项修改，而且允许恢复到之前的版本。Dreamweaver CC 2018 在 Git 方面增强了一些功能，主要有测试远程存储库的连接性、保存凭证、搜索文件等。

(12) 属性：检查和编辑当前选定页面元素(如文本和插入的对象)的最常用属性。“属性”面板的内容根据选定元素的不同会有所不同。

(13) 结果：用于显示代码检查、代码验证、查找和替换的结果，还可以检查各种浏览器对当前文档的支持情况、检验是否存在断点链接、生成显示站点报告、记录 FTP 登录和操作信息，以及站点服务器的测试结果。

1.3　插入面板

单击文档窗口右侧浮动面板组中的“插入”按钮，或者执行“窗口”→“插入”，展开“插入”面板，如图 1.25 所示。

“插入”面板包含用于创建和插入对象(例如，表格、图像和链接)的按钮。这些按钮按类别分为 7 组，可以通过单击“插入”面板中的 ⌄ 按钮，在弹出的下拉列表中选择所需类别来进行切换，如图 1.26 所示。

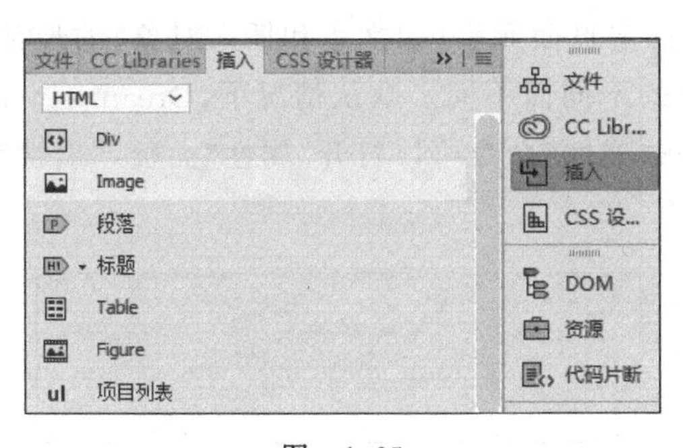

图　1.25

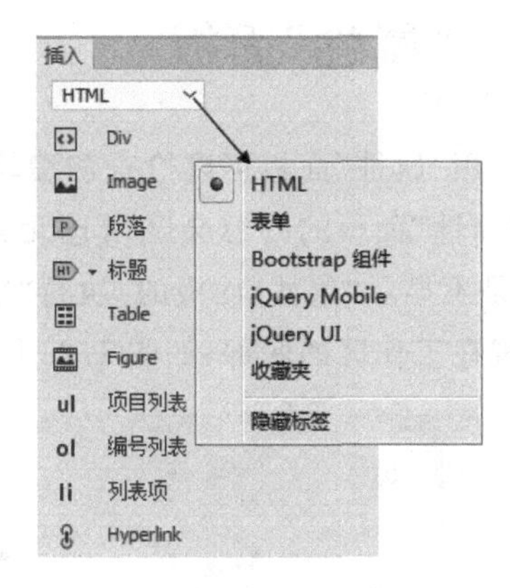

图　1.26

(1) HTML：创建和插入最常用的 HTML 元素，例如，div 标签和对象(如图像和表格)。

(2) 表单：包含用于创建表单和用于插入表单元素(如搜索、日期和密码等 30 多个元素)的按钮。

(3) Bootstrap 组件：包含 Bootstrap 组件以提供导航、容器、下拉菜单以及可在响应式项目中使用的其他功能。

(4) jQuery Mobile：包含使用 jQuery Mobile 构建站点的按钮。

(5) jQuery UI：用于插入 jQuery UI 元素，例如折叠式、滑块和按钮。

(6) 收藏夹：用于将插入面板中最常用的按钮组织到某一公共位置。

1.4　CSS 设计面板

“CSS 设计器”面板属于 CSS“属性”面板，它提供了一种以可视化的方式创建、编辑 CSS 样式并设置属性和媒体查询的新方法。

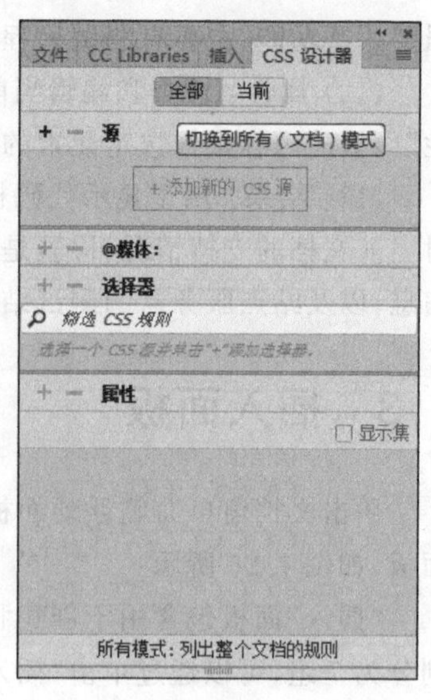

图 1.27

“CSS 设计器”面板包含 4 个窗格：“源”“@媒体”“选择器”和“属性”，如图 1.27 所示。

(1) 源：列出与文档相关的所有 CSS 样式表。使用此窗格，可以创建 CSS 并将其附加到文档，也可以定义文档中的样式。

(2) @媒体：在“@媒体”窗格中列出所选源中的全部媒体查询。此窗格用于定义媒体查询，以支持多种类型的媒体和设备。

(3) 选择器：在“选择器”窗格中列出所选源中的全部选择器。用于创建和编辑 CSS 规则，格式化页面上的组件和内容。一旦创建了选择器或规则，就定义了希望在“属性”窗格中应用的格式化效果。

(4) 属性：显示可为指定的选择器设置的属性。

1.5 “属性”面板

使用“属性”面板可以检查和编辑当前选定页面元素(如文本和插入对象)的最常用属性。“属性”面板的内容会随所选元素类型的不同而不同。默认情况下，Dreamweaver CC 2018 是不显示“属性”面板的，执行“窗口”→“属性”命令可以打开“属性”面板，“属性”面板将出现在工作区的底部，如图 1.28 所示。

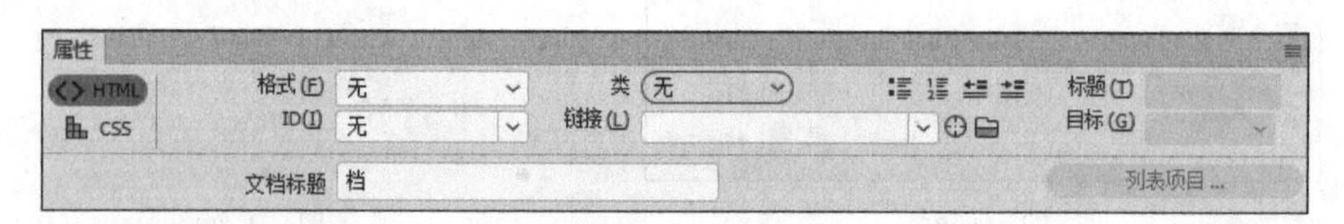

图 1.28

“属性”面板包括两个选项卡：HTML 和 CSS。

(1) HTML：提供了一种快速分配一些基本的 HTML 代码和格式化效果的方法。当选择 HTML 选项卡时，可以应用标题或段落标签，以及粗体、斜体、项目列表、编号列表和缩进及其他格式化效果和属性。

(2) CSS：单击按钮，可以快速访问用于分配或编辑 CSS 格式化效果的命令。

1.6 常规首选参数的设置

在 Dreamweaver CC 2018 中，通过设置参数可以改变 Dreamweaver CC 2018 界面的外观及站点、字体等对象的属性特征。

执行“编辑”→“首选项”命令，弹出“首选项”对话框，如图 1.29 所示。

可根据文档的需要，在“首选项”对话框中调整相关属性。

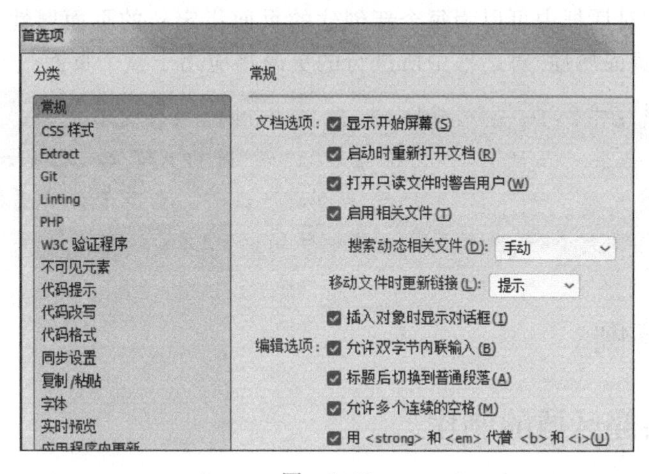

图　1.29

1.7　设置文档属性

对于用 Dreamweaver CC 2018 创建的每个页面，都可以在页面属性中进行布局和格式等属性的设置。执行“文件”→“页面属性”命令或在“属性”面板中单击“页面属性”按钮，弹出“页面属性”对话框，如图 1.30 所示。

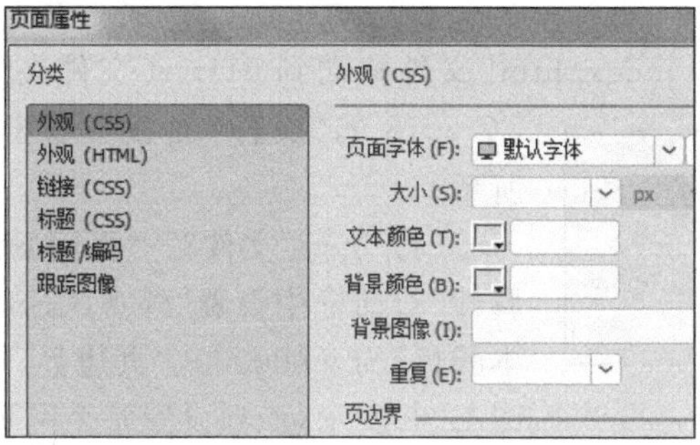

图　1.30

(1) 在“外观”分类中[包括外观(CSS)和外观(HTML)]，可以设置页面字体、大小、颜色、背景颜色、背景图像及其填充方式、页边距。

(2) 在“链接”分类中，可以定义链接的默认字体、字号和颜色，以及链接文本在不同状态下的颜色、修饰样式。

(3) 在“标题”分类中，可以定义标题字体，并指定最多 6 个级别的标题标签所使用的字体大小和颜色。

(4) 在“标题/编码”分类中，可以指定页面在浏览器窗口或编辑窗口中显示的标题、所用语言的文档编码类型，以及指定要用于该编码类型的 Unicode 范式。

(5) 在“跟踪图像”分类中，可以指定跟踪图像及图像的透明度。跟踪图像是放在文档窗口背景中的、使用各种绘图软件绘制的一个想象中的网页排版格局图，可以是 JPEG、GIF 或 PNG 图像，从而可以非常方便地确定文字、图像、表格和布局块等网页元素在页面中的位置。

在“页面属性”对话框中可以为每个新创建的页面指定新的页面属性,也可以修改现有页面的属性。在“页面属性”对话框中所进行的更改将应用于整个页面。

注意:默认情况下,Dreamweaver CC 2018 使用 CSS 指定页面属性。如果选择使用 HTML 指定页面属性,“属性”面板仍将显示“样式”弹出式菜单,但是,字体、大小、颜色和对齐方式控件将只显示使用 HTML 标签的属性设置,应用于当前选择的 CSS 属性值将是不可见的,并且“大小”弹出式菜单也将被禁用。

视频讲解

1.8 本章范例

1.8.1 头部区域的制作

(1) 在桌面新建一个文件夹,将其命名为 01start。将“lesson01/范例/01complete”文件夹中的 images 文件夹复制到该文件夹内。

(2) 打开 Dreamweaver CC 2018,新建一个站点名称为 01start 的站点,站点文件夹为刚才新建的 01start 文件夹,如图 1.31 所示。单击“保存”按钮,关闭对话框。

图 1.31

(3) 将在本章用到的 index. html 文件移动到 01start 文件夹下,然后在 Dreamweaver CC 2018 的“文件”面板中双击打开该文件,如图 1.32 所示。

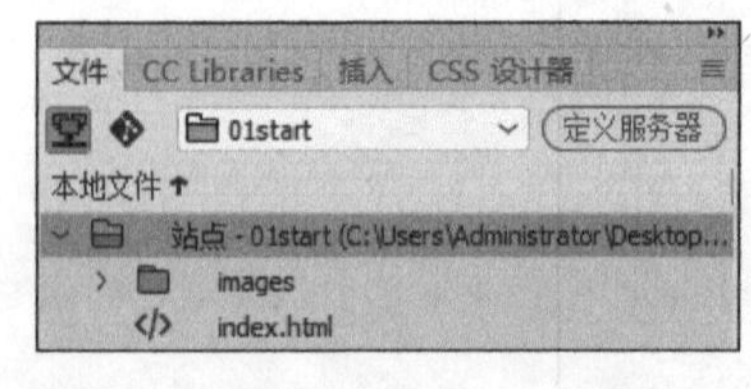

图 1.32

(4) 执行“文件”→“页面属性”命令,在弹出的“页面属性”对话框中设置“外观(CSS)”的“大小”为 16px,“文本颜色”为#000000,“页边界”中的四个参数均为 0,如图 1.33 所示,该项设置整个网页的字体外观。然后在对话框左侧的分类列表中选择“标题(CSS)”,设置字体粗细为 bolder,定义“标题 1”的字体大小为 50px,颜色为#000000,设置完成后,单击“确定”按钮,关闭对话框,如图 1.34 所示。

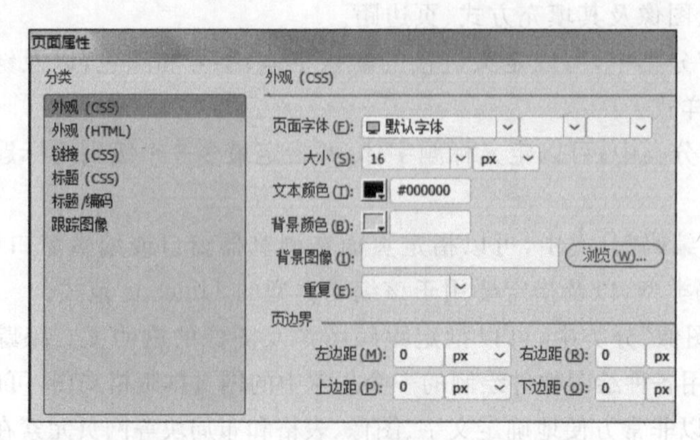

图 1.33

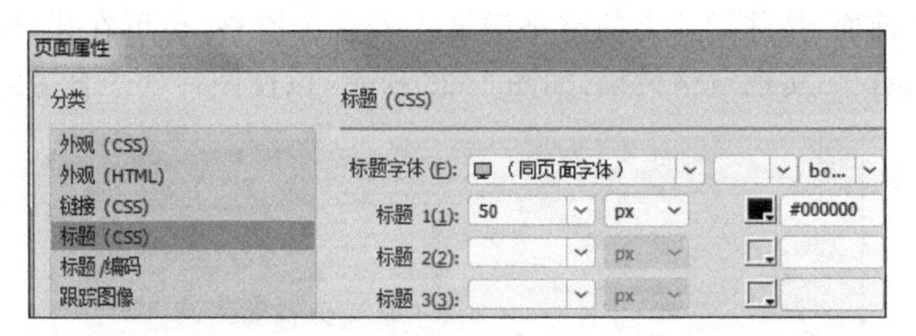

图 1.34

(5) 切换到“设计”视图,执行“插入”→Table 命令,在文档中插入一个 5 行 1 列、宽度为 100%、边框为 0、边距为 0、间距为 0 的表格,如图 1.35 所示。

(6) 执行“窗口”→“属性”命令,打开“属性”面板。选中第一行的单元格,在“属性”面板上单击“拆分单元格为行或列”按钮,将单元格拆分为 5 列,如图 1.36 所示。在“属性”面板中设置“单元格”的“水平”选项为“左对齐”,“垂直”为“居中”,“高”为 100px,如图 1.37 所示。

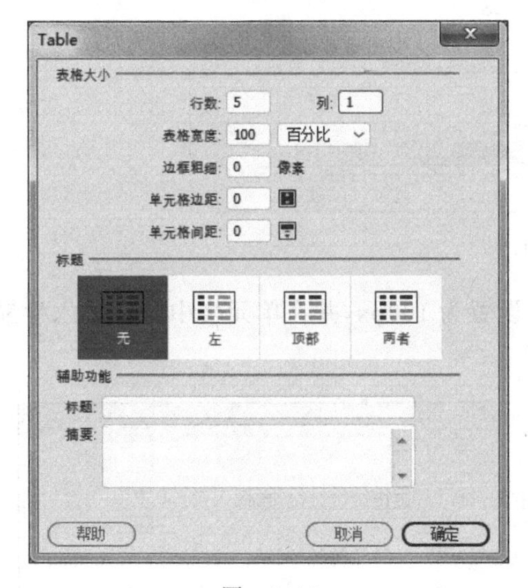

图 1.35

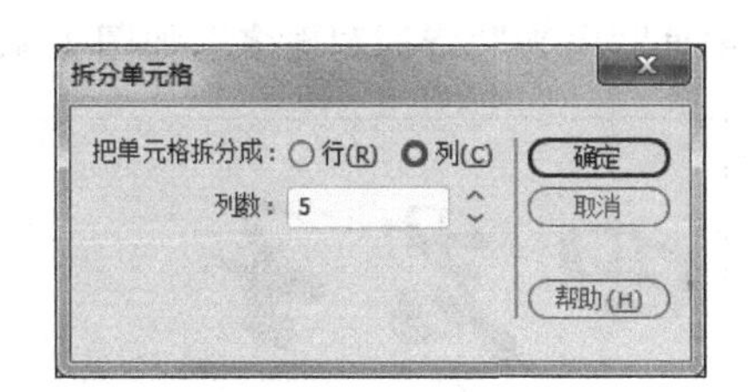

图 1.36

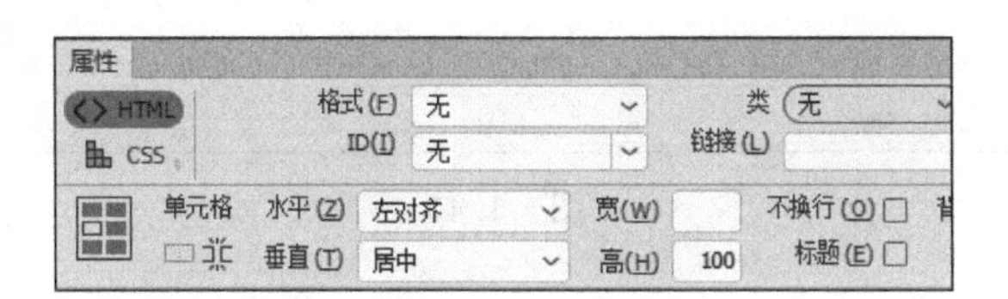

图 1.37

(7) 将光标定位在第一行的第一个单元格中,在“属性”面板中设置单元格的“宽”为 700px。执行“插入”→Image 命令,将 01start/images 文件夹下的 logo. png 图片插入该单元格中。

(8) 执行“编辑”→“首选项”命令,在打开的首选项对话框中选择“常规”分类,使“编辑选项”中的“允许多个连续的空格”选项处于选中状态,如图 1.38 所示。然后将光标放置在图片 logo.png 的前面，按住键盘上的空格键输入若干个空格，也可在代码视图中对应的位置输入几个“ ”；实现空格效果，如图 1.39 所示，以使图片处于合适的位置。

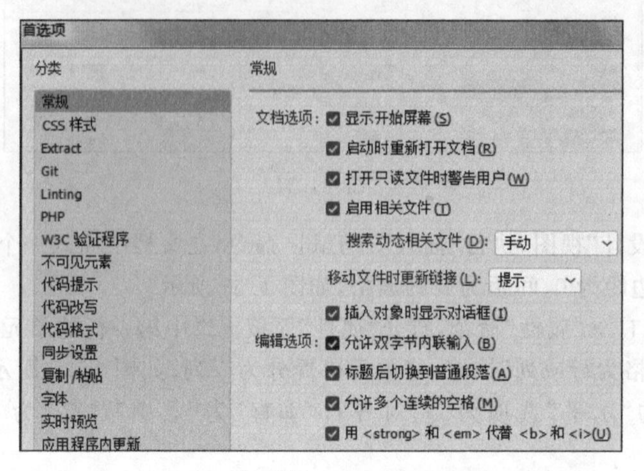

图 1.38

```
<tbody>
  <tr>
    <td width="700" height="100" align="left"
    valign="middle">     <img
    src="images/logo.png" width="271" height="100" alt=""/>
    </td>
```

图 1.39

(9) 将第一行剩下的 4 个单元格的“宽”均设置为 100px，并在单元格中分别输入导航标题“主页”“由来”“诗词”“更多”，如图 1.40 所示。

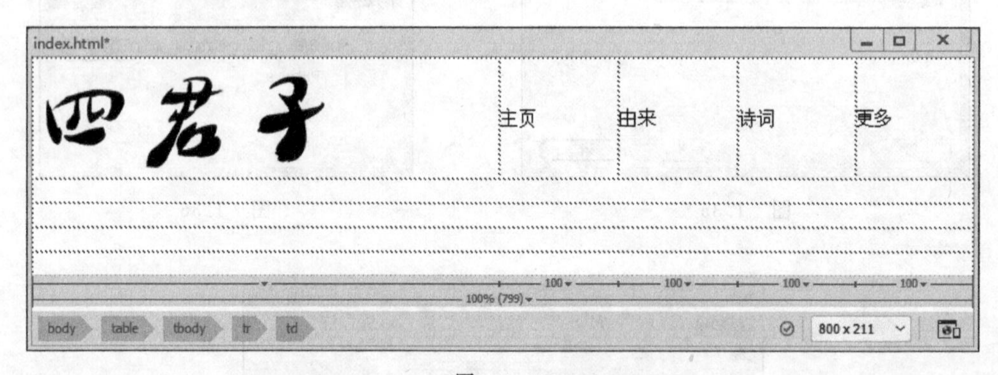

图 1.40

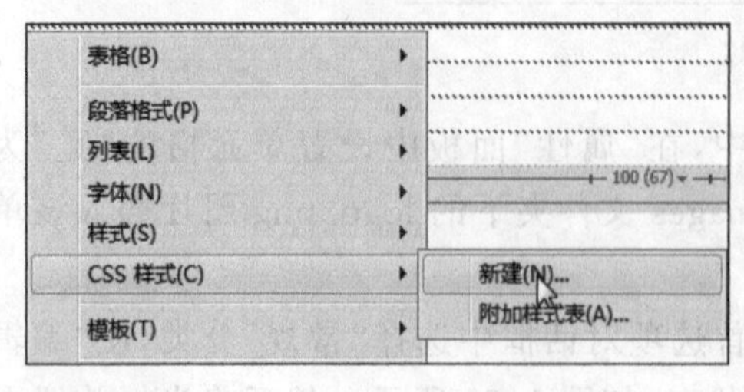

图 1.41

(10) 将光标置于第二行单元格中，右击打开快捷菜单，选择“CSS 样式”→“新建”命令，如图 1.41 所示，打开“新建 CSS 规则”对话框。

(11) 在“选择器类型”下拉列表框中选择“类(可应用于任何 HTML 元素)”，在“选择器名称”中输入“.bg”，在“规则定义”下拉列表框中选择“(仅限该文档)”，如图 1.42 所示，然后单击"确定"按钮打开对应的规则定义对话框。

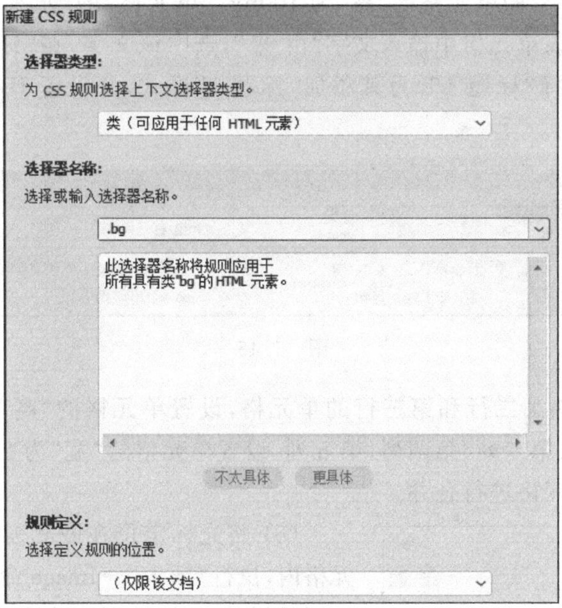

图　1.42

（12）在对话框左侧的分类列表中选择"背景"，然后单击"浏览"按钮，选择 images 文件夹下的 head.jpg，设置 Background-image（背景图像）为 no-repeat（不平铺），Background-position(X)（图像位置 X 坐标）为 center（居中），并在生成的样式代码处添加一行代码"background-size：100％ 100％；"，使图片在水平方向和垂直方向都显示完整，如图 1.43 和图 1.44 所示，单击"确定"按钮关闭对话框。

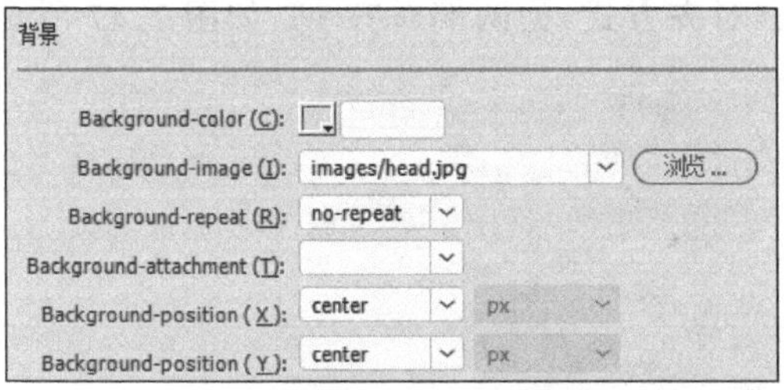

图　1.43

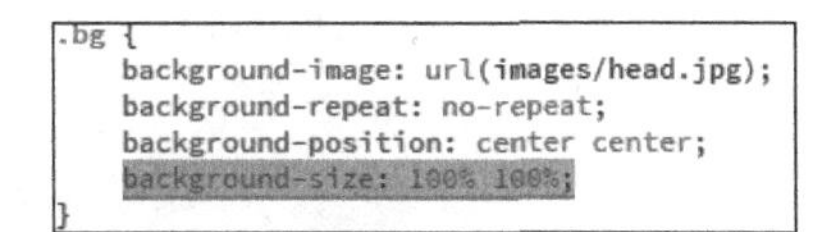

图　1.44

（13）将光标放置在单元格中，在"属性"面板中调整该单元格的"高"为 542px，然后在"HTML 属性"面板的"类"下拉列表框中选择 bg，应用样式。

1.8.2　中间区域的制作

（1）选中第三行的单元格，设置单元格的"高"为 700px，"单元格"的"水平"选项为"居中对齐"，"垂直"为"顶端"。

（2）将光标定位在第三行单元格中，执行"插入"→Table 命令，插入一个 3 行 5 列、宽度为 1200px、边框为 0、边距为 0、间距为 0 的表格。

(3) 选中嵌套表格第一行的所有单元格,单击"属性"面板上的"合并所选单元格"按钮,合并单元格,设置合并后的单元格的"高"为 100px,"单元格"的"水平"选项为"居中对齐","垂直"为"居中"。在该单元格中输入文字"由 来",选中该文字,在"HTML 属性"面板上的"格式"下拉列表中选择"标题 1",为其添加"标题 1"样式,并设置 ID 为 youlai,如图 1.45 所示。

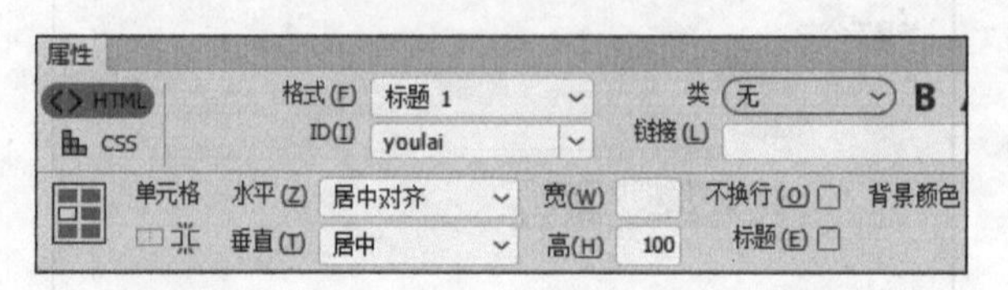

图 1.45

(4) 选中嵌套表格第二行和第三行的单元格,设置单元格的"高"为 300px。选中第二行和第三行的第一列、第二列、第四列、第五列,设置单元格的"宽"为 200px。然后将第二行的第二列至第四列单元格进行合并。

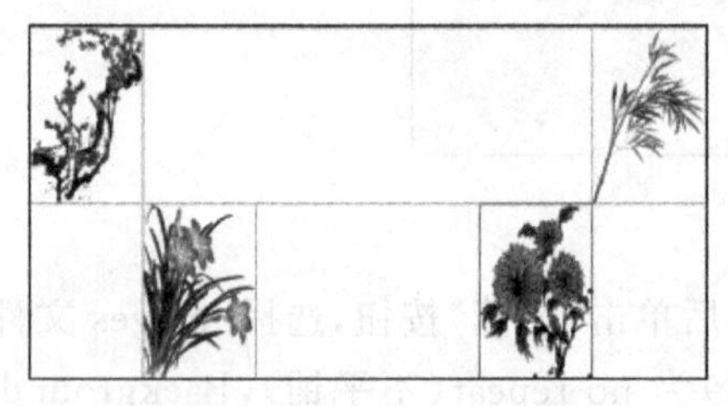

图 1.46

(5) 将光标定位在嵌套表格的第二行第一列单元格内,执行"插入"→Image 命令,插入图像 m. png。按照同样的方法,在第二行第三列单元格中插入图像 z. png,在第三行第二列单元格中插入图像 l. png,在第三行第四列单元格中插入图像 j. png,如图 1.46 所示。

(6) 打开"CSS 设计器"面板,在 CSS"源"列表中选择"<style>",单击"选择器"前面的 + 按钮,添加选择器". p",在"属性"中取消选中"显示集",然后单击布局按钮,设置左填充(padding)和右填充为 60px,单击文本按钮,设置 line-height(行高)为 30px,text-align(对齐方式)为两端对齐,如图 1.47 所示。

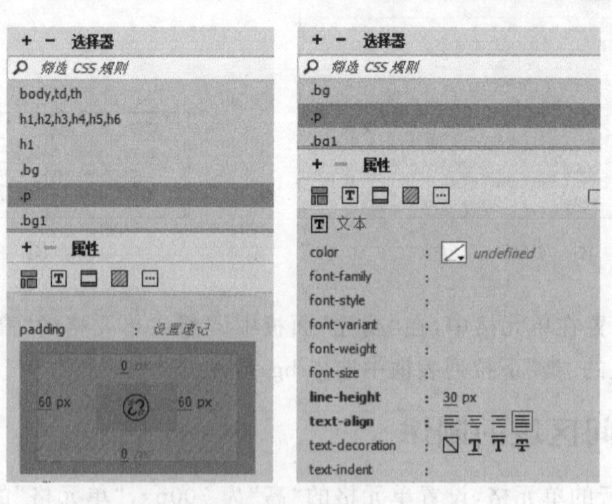

图 1.47

(7) 在嵌套表格的第二行第二列单元格中输入"四君子是中国传统文化的题材,以梅、兰、竹、菊谓四君子,它们分别是指:梅花、兰花、翠竹、菊花。被人称为四君子,其品质分别是：傲、幽、澹、逸。花中四君子成为中国人借物喻志的象征，也是咏物诗文和艺人字画中常见的题材。四君子并非浪得虚名，确实各有它的特色：梅，剪雪裁冰，一身傲骨；兰，空谷幽香，孤芳自赏；竹，筛风弄月，潇洒一生；菊，凌霜自行，不趋炎势。它们都没有媚世之态、遗世而独立。在四君子之中唯有梅花被古人的智慧创作出'梅花篆字'。"，在"HTML 属性"面板的"类"下拉列表框中选择 p，应用该样式后的页面效果如图 1.48 所示。

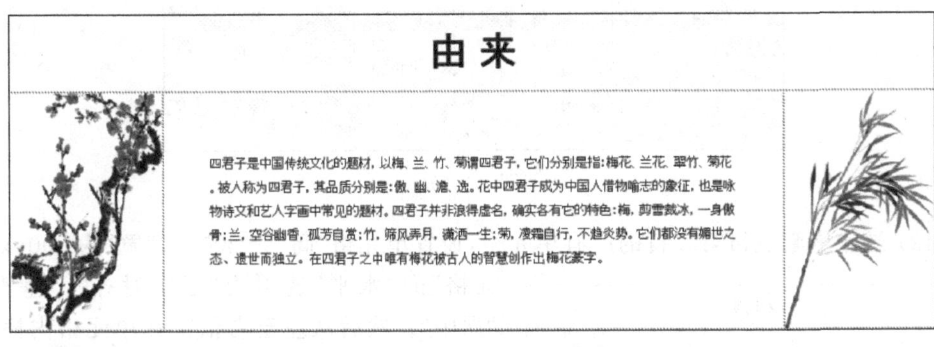

图　1.48

(8) 将光标置于嵌套表格的第三行第三列内，"单元格"的"水平"选项为"居中对齐"，"垂直"为"居中"，然后切换到"拆分"视图。如图 1.49 所示，在对应的代码处添加以下内容：

```
<p>梅：探波傲雪，剪雪裁冰，一身傲骨，是为高洁志士；</p>
<p>兰：空谷幽放，孤芳自赏，香雅怡情，是为世上贤达；</p>
<p>竹：筛风弄月，潇洒一生，清雅澹泊，是为谦谦君子；</p>
<p>菊：凌霜飘逸，特立独行，不趋炎势，是为世外隐士。</p>
```

按 F5 键刷新后的页面效果如图 1.50 所示。

```
<tr>
  <td width="200" height="300"> </td>
  <td width="200" height="300"><img src="images/l.png" width="200" height="300" alt=""/></td>
  <td height="300" align="center" valign="middle">
    <p>梅：探波傲雪，剪雪裁冰，一身傲骨，是为高洁志士；</p>
    <p>兰：空谷幽放，孤芳自赏，香雅怡情，是为世上贤达；</p>
    <p>竹：筛风弄月，潇洒一生，清雅澹泊，是为谦谦君子；</p>
    <p>菊：凌霜飘逸，特立独行，不趋炎势，是为世外隐士。</p></td>
  <td width="200" height="300"><img src="images/j.png" width="200" height="300" alt=""/></td>
  <td width="200" height="300"> </td>
</tr>
```

图　1.49

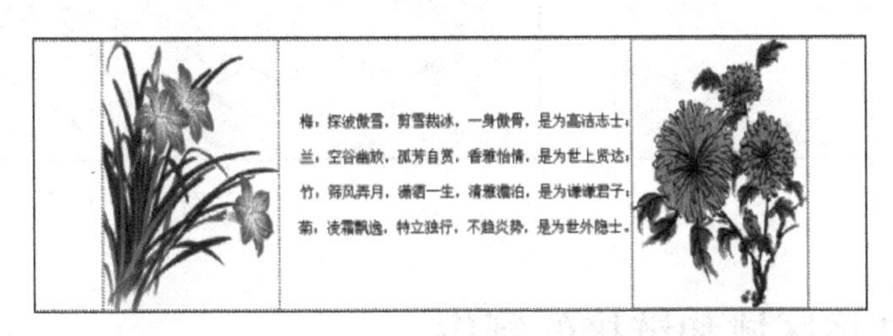

图　1.50

(9) 选中第四行的单元格，设置单元格的"高"为 800px，"单元格"的"水平"选项为"居中对齐"，"垂直"为"顶端"。

(10) 将光标定位在第四行单元格中，执行"插入"→Table 命令，插入一个 3 行 4 列、宽度为 1200px、边框为 0、边距为 0、间距为 0 的表格。

(11) 选中嵌套表格第一行的所有单元格,单击“属性”面板的“合并所选单元格”按钮,合并单元格,设置合并后的单元格的“高”为 100px,“单元格”的“水平”选项为“居中对齐”,“垂直”为“居中”。在该单元格中输入文字“诗 词”,选中该文字,在“HTML 属性”面板的“格式”下拉列表框中选择“标题 1”,为其添加“标题 1”样式,并设置 ID 为 shici,如图 1.51 所示。

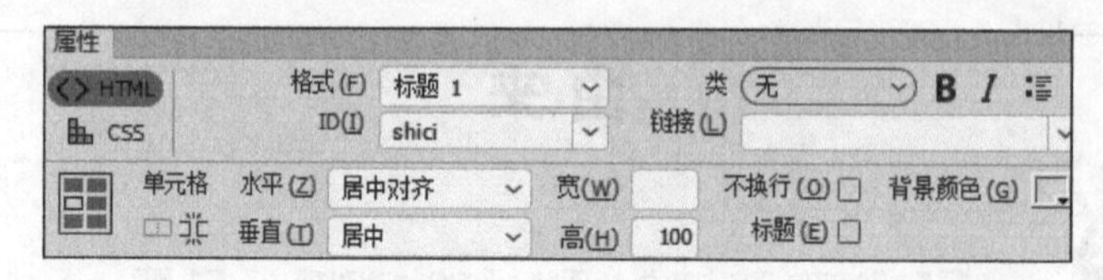

图 1.51

(12) 选中嵌套表格第二行的所有单元格,设置单元格“高”为 200px,“宽”为 300px,“单元格”的“水平”选项为“居中对齐”,“垂直”为“居中”。然后从左至右依次在单元格内插入图像 logo_m.jpg、logo_l.jpg、logo_z.jpg、logo_j.jpg,如图 1.52 所示。

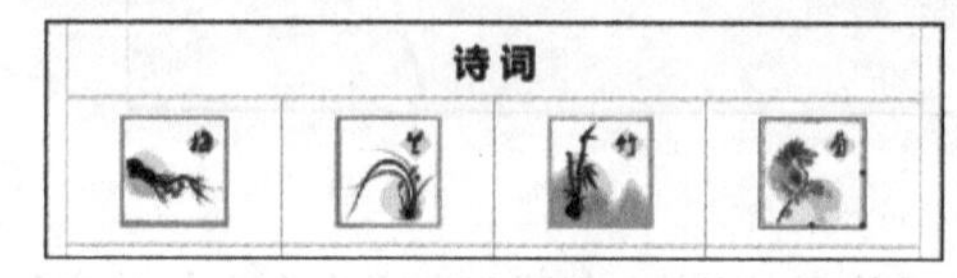

图 1.52

(13) 选中嵌套表格第三行的所有单元格,设置单元格“高”为 420px,“宽”为 300px,“单元格”的“水平”选项为“居中对齐”,“垂直”为“居中”。

(14) 打开“CSS 设计器”面板,在 CSS“源”列表中选择“< style >”,单击“选择器”前面的 + 按钮,添加选择器“.bg1”,然后在属性中单击背景按钮,设置背景图像为 bg_m.jpg。按照同样的方法,依次添加选择器“.bg2”“.bg3”“.bg4”,然后分别在“背景”属性列表中设置对应的背景图像为 bg_l.jpg、bg_z.jpg、bg_j.jpg。

(15) 通过“HTML 属性”面板的“类”,将 bg1、bg2、bg3、bg4 4 个样式分别应用到嵌套表格第三行的 4 个单元格中,如图 1.53 所示。

(16) 在嵌套表格第三行的 4 个单元格内,分别执行“插入”→Image 命令,插入图像 ms.png、ls.png、zs.png、js.png,结果如图 1.54 所示。

图 1.53

图 1.54

视频讲解

1.8.3 结尾区域和链接的制作

(1) 将光标置于第五行单元格内,在“属性”面板上设置单元格“高”为 40px,背景颜色为 #E4E4E4,“单元格”的“水平”选项为“居中对齐”,“垂直”为“居中”。然后在该单元格内输入版权信息“© 2017-2018 wiwi company 版权所有”,如图 1.55 所示。

图　1.55

(2) 执行“文件”→“页面属性”命令，在弹出的“页面属性”对话框左侧的分类列表中选择“链接”，设置字体粗细为 bolder，“链接颜色”和“已访问链接”为＃6D6D6D，“变换图像链接”为＃F1850C，“下画线样式”为“始终无下画线”，设置完成后单击“确定”按钮关闭对话框，如图 1.56 所示。

图　1.56

(3) 为第一行单元格的 4 个导航标题“主页”“由来”“诗词”“更多”添加链接。选择“主页”，在“属性”面板上单击“链接”文本框右侧的“浏览文件”图标，选择 01start 文件夹下的 index. html；选中“由来”，在“链接”文本框中输入“＃youlai”；选中“诗词”，在“链接”文本框中输入“＃shici”；选中“更多”，在“链接”文本框中输入“http://baike. baidu. com/item/梅兰竹菊/78148? fr＝aladdin”。

(4) 保存文档，然后按下 F12 键，即可浏览网页的最终效果，如图 1.1 所示。

作业

一、模拟练习

打开 “lesson01/模拟/01complete/index. html”文件进行预览，根据本章所述知识做一个类似的作品。作品资料已完整提供，获取方式见前言。

二、自主创意

自主设计一个网站，应用本章所学习知识，熟练使用各种面板。

三、理论题

1. Dreamweaver CC 2018 的文档窗口有哪几种视图？其功能分别是什么？
2. Dreamweaver CC 2018 中有哪些面板？其中常用的又是哪几个？
3. 如何在 Dreamweaver CC 2018 中连续输入多个空格？
4. 举例说明通过首选项对话框可以设置 Dreamweaver CC 2018 的哪些使用规则。
5. 通过页面属性对话框和“属性”面板都可以设置文本的字体、大小和颜色，它们有何差异？

第2章

网站的构建与管理

本章学习内容

（1）站点的建立；

（2）站点的管理与维护；

（3）测试站点；

（4）站点面板；

（5）配置远程服务器；

（6）发布站点。

完成本章的学习需要大约2小时，相关资源获取方式见前言。

知识点

站点面板	创建本地站点	设置服务器	管理本地站点和站点文件
测试站点	配置远程站点	安装IIS	利用IIS搭建FTP服务器

本章案例介绍

范例

本章范例是一个以“毕业季”为主题的网站，分为“主页”“匆匆那年”“毕业心声”3部分，如图2.1所示。通过范例的学习，掌握站点的相关知识。

模拟案例

本章模拟案例是一个关于钻石产品的网站，如图2.2所示。通过模拟练习完成该网站的制作，并对其进行维护和管理，进一步掌握站点的相关知识。

图　2.1

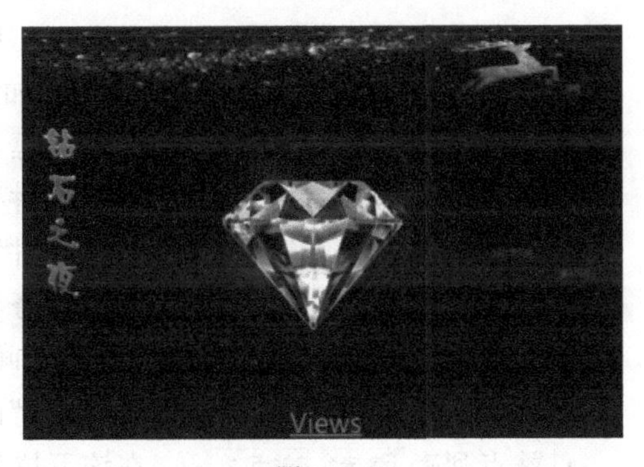

图　2.2

2.1　预览完成的范例

(1) 右击“lesson02/范例/02complete”文件夹中的 index. html 文件，在“打开方式”中选择已安装的浏览器对 index. html 文件进行浏览，如图 2.1 所示。

(2) 关闭预览窗口。

(3) 也可以用 Dreamweaver CC 2018 打开源文件进行预览。在菜单栏中选择“文件”→“打开”按钮，选择“lesson02/范例/02complete”文件夹中的 index. html 文件，并单击“打开”按钮，切换到“实时”视图查看页面。

2.2　关于 Dreamweaver 站点

在 Dreamweaver 中，站点指属于某个网站的文档的本地或远程存储位置。通俗地说，站点就是一个文件夹，用来存放做网站时用到的所有文件，包括主页、子页、图像、声音、视频等。站点包括本地站点和远程站点，本地站点指位于本地计算机上的站点；远程站点指位于 Web 服务器上的站点。在制作网站之前，一般先建立一个本地站点，以便对制作网页所需的各种资源进行管理。

利用 Dreamweaver 站点，可以组织和管理所有 Web 文档，将站点上传到 Web 服务器，跟踪和维护链接以及管理和共享文件。合理地规划站点，不仅可以使网站的结构清晰、有序，而且有利于网站的开发和后期维护。

2.3　认识站点面板

视频讲解

站点面板就是“文件”面板，包含在“文件”面板组中，默认情况下位于浮动面板停靠区。如果该区域没有“文件”面板，可执行“窗口”→“文件”命令将其打开。使用 Dreamweaver 中的“文件”面板，可以访问和管理与站点相关联的文件，并在本地和远程服务器之间传输文件。在定义了站点的情况下，“文件”面板会有两种视图模式：文件视图 和 Git 视图 。在“文件”面板中可切换视图，进而使用 FTP 服务器或 Git 存储库来管理文件。

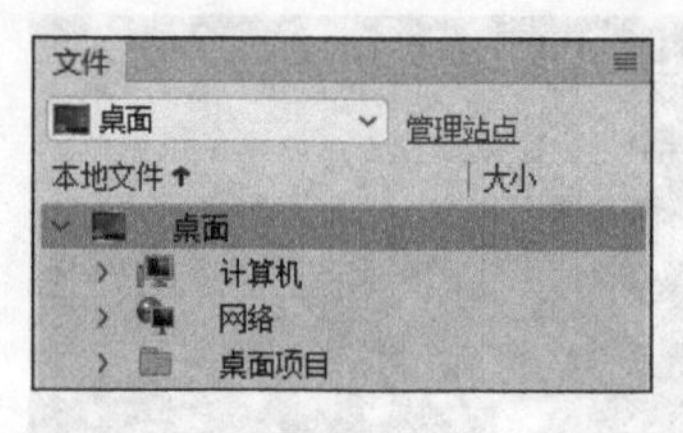

图 2.3

未定义站点时(默认情况),“文件”面板仅显示本地文件的列表,如图 2.3 所示。如果在 Dreamweaver 中设置了站点、服务器,启用了文件取出功能等,则相应的选项将会出现在“文件”面板中。

当“文件”面板处于文件视图时,可查看本地站点根目录、远程服务器或测试服务器中的文件,在本地服务器和远程服务器之间同步文件和文件夹。

定义了站点但未定义服务器时的“文件”面板如图 2.4 所示。

- 站点列表 未命名站点 2 :在该下拉列表框中可以选择已经建立的站点,并显示该站点的文件,还可以访问本地磁盘上的全部文件,类似于 Windows 的资源管理器。
- 定义服务器 :用于定义测试服务器和远程服务器的连接。

定义了站点和服务器并启用了文件取出功能时的“文件”面板如图 2.5 所示。

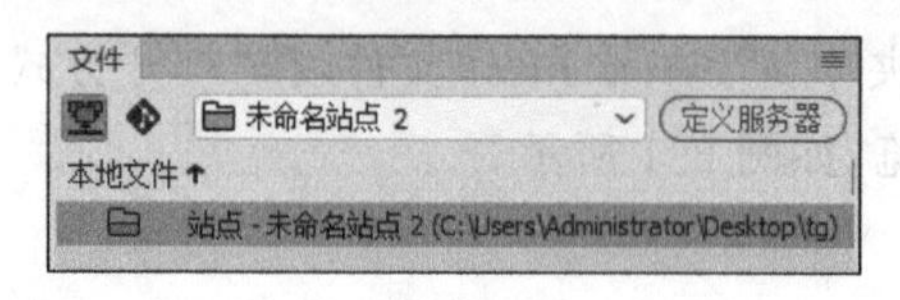

图 2.4

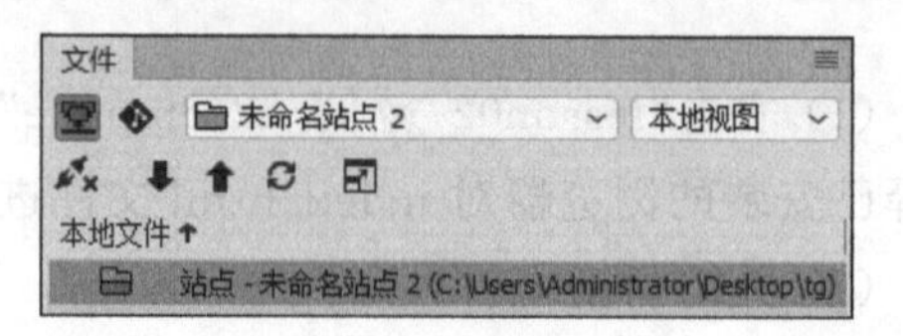

图 2.5

- 站点视图列表 本地视图 :在该下拉列表框中可以选择站点视图类型,包括本地视图、远程服务器和测试服务器 3 种。
- 连接到远程服务器 :用于连接到远程站点或断开与远程站点的连接。默认情况下,如果 Dreamweaver 已空闲 30 分钟以上,则将断开与远程站点的连接(仅限 FTP)。若要更改时间限制,则可以通过“编辑”→“首选项”→“站点”进行设置。
- 从“远程服务器”获取文件 :将选定文件从远程站点或测试站点复制到本地站点,如果该文件有本地副本,则将其覆盖。如果已经在站点设置对象对话框中启用了“启用文件取出功能”选项,则本地副本为只读,文件仍将留在远程站点上,以供其他小组成员取出。如果已禁用“启用文件取出功能”,则本地副本将具有读写权限。
- 向“远程服务器”上传文件 :将选定的文件从本地站点复制到远程站点或测试服务器。
- 与“远程服务器”同步 :同步本地和远程文件夹之间的文件。
- 展开/折叠 :展开或折叠“文件”面板以显示一个或两个窗格。当“文件”面板被折叠时,会以文件列表的形式显示本地站点、远程站点或测试服务器的内容。当“文件”面板被展开时,将显示本地站点和远程服务器或者显示本地站点和测试服务器,如图 2.6 所示。

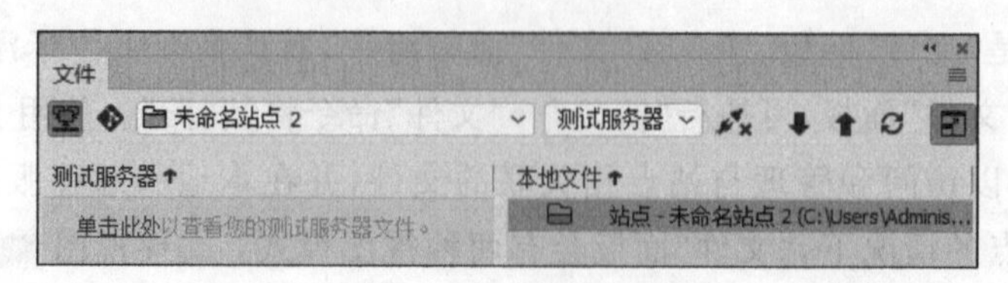

图 2.6

2.4 创建站点

2.4.1 创建本地站点

在制作网站之前需要先创建一个站点,网站的所有文件都包含在站点中,以便对制作网页所需的各种资源进行管理。由于本节涉及设置服务器,因此站点文件夹均是在安装了IIS服务器的情况下创建的,并被放置在"\inetpub\wwwroot"文件夹下。IIS服务器的安装见2.7.1节。

视频讲解

下面通过创建本地站点wangzhan的简单实例来演示建立站点的具体步骤。

(1) 首先在"\inetpub\wwwroot"文件夹下新建一个名为wz的文件夹,并在该文件夹中再创建一个名为images的文件夹,用来存放网站中用到的图像文件。

(2) 启动Dreamweaver CC 2018,执行菜单栏中的"站点"→"新建站点"命令,弹出"站点设置对象"对话框。在"站点名称"文本框中输入站点名称wangzhan。在"本地站点文件夹"文本框中输入之前在本地硬盘建立好的网站目录的路径,也可单击后面的浏览按钮进行浏览选择,如图2.7所示。

(3) 单击"保存"按钮,完成站点的建立。此时,"文件"面板中将出现建立好的站点列表,如图2.8所示。

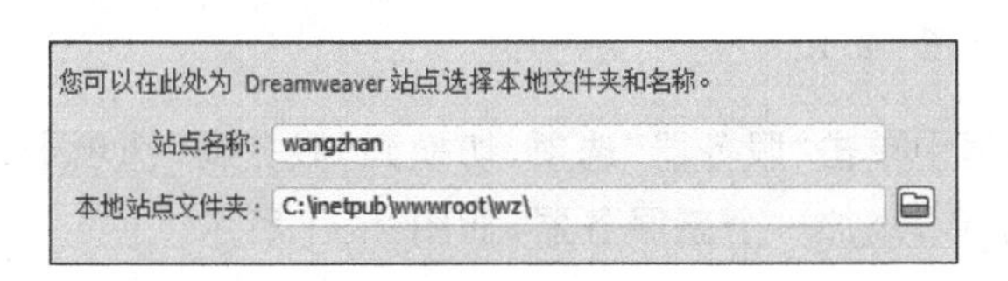

图 2.7

图 2.8

如果需要对站点进行更详尽的设置,则可以在"站点设置对象"对话框左侧的"高级设置"分类中选择"本地信息",如图2.9所示。

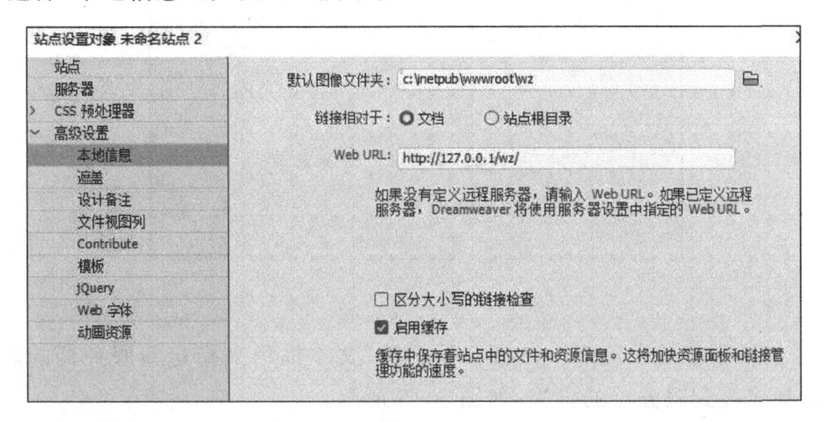

图 2.9

2.4.2 设置服务器

"服务器"选项卡允许用户指定远程服务器和测试服务器,如果要创建动态网站,则需进行此操作。

(1) 执行“站点”→“管理站点”命令,在弹出的“管理站点”对话框中选中现有的站点或重新创建一个新站点,然后单击“编辑当前选定的站点”按钮,如图 2.10 所示。

图 2.10

(2) 在弹出的“站点设置对象”对话框中单击“服务器”选项,切换到“服务器”选项卡,并在该选项卡中单击“添加新服务器”按钮 +,添加一个新服务器,如图 2.11 所示。

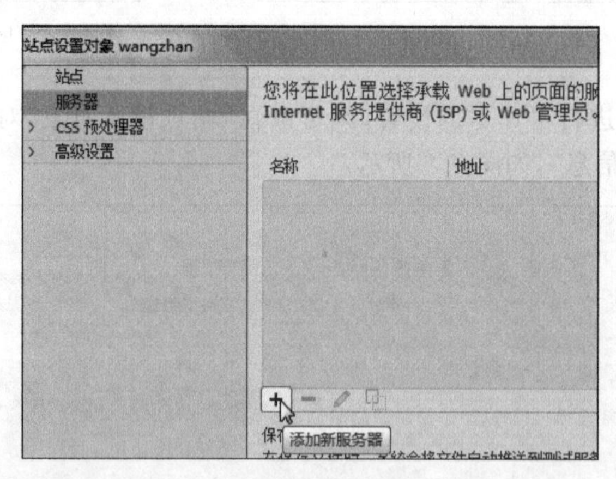

图 2.11

(3) 在添加新服务器设置框中,“服务器名称”文本框用来指定新服务器的名称,“连接方法”用来选择连接到服务器的方式,如图 2.12 所示。

Dreamweaver 支持 FTP、SFTP、本地/网络、基于 SSL/TLS 的 FTP(隐式加密)、基于 SSL/TLS 的 FTP(显式加密)和 WebDAV 连接方法,其中最常用的连接方法是 FTP 和本地/网络。

如果选择 FTP 连接,则要在“FTP 地址”文本框中输入要将网站文件上传到其中的 FTP 服务器的地址、连接到 FTP 服务器的用户名和密码,然后在“根目录”文本框中输入远

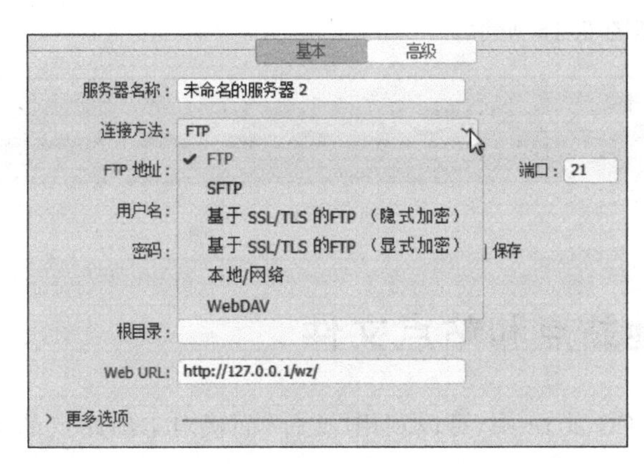

图　2.12

程服务器上用于存储公开显示的文档的目录（文件夹），在 Web URL 文本框中，输入 Web 站点的 URL。如果仍需要设置更多选项，可以展开“更多选项”部分。

如果选择“本地/网络”连接，则要单击“服务器文件夹”文本框旁边的文件夹图标按钮，浏览并选择存储站点文件的文件夹，然后在 Web URL 文本框中输入 Web 站点的 URL，如图 2.13 所示。

(4) 切换到“高级”选项卡，如图 2.14 所示。

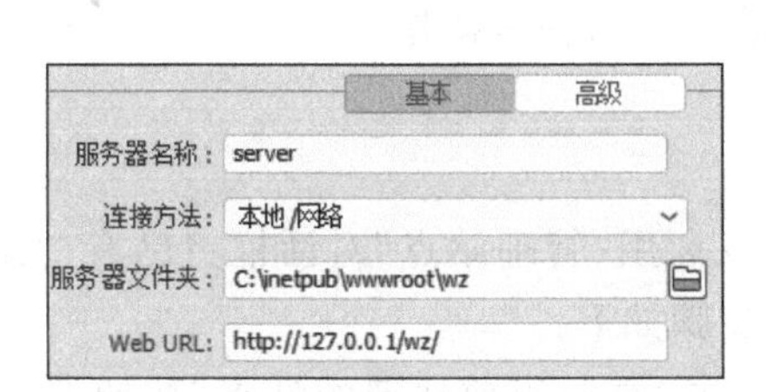

图　2.13

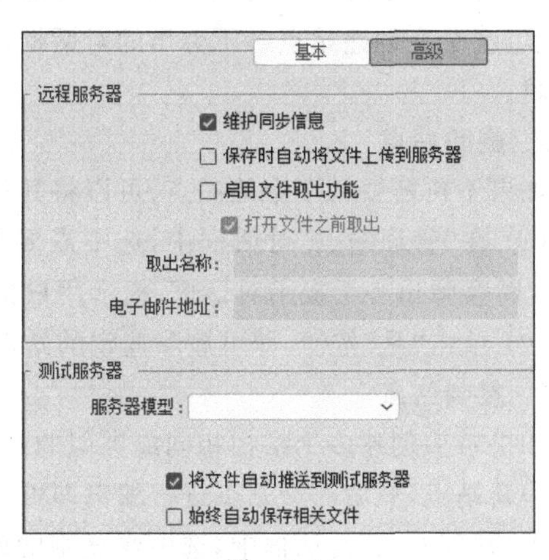

图　2.14

- 维护同步信息：自动同步本地和远程文件。
- 保存时自动将文件上传到服务器：在保存文件时 Dreamweaver 将文件自动上传到远程站点。
- 启用文件取出功能：启动“存回/取出”系统。如果选择这个选项，将需要输入取出名称和电子邮件地址。

如果使用的是测试服务器，则从“服务器模型”下拉列表框中选择一种服务器模型。Dreamweaver CC 2018 在打开、创建或保存动态文档时，会将文件自动推送到测试服务器。用户可根据需要禁用或启用此功能。

(5) 单击“保存”按钮关闭“高级”选项卡，然后指定刚才添加或编辑的服务器为远程服务器或测试服务器,如图 2.15 所示。

图 2.15

视频讲解

2.5 管理本地站点和站点文件

在 Dreamweaver CC 2018 中,可以利用“文件”面板对本地站点的文件和文件夹进行多方面的管理。

2.5.1 管理本地站点

1. 编辑站点

对已经创建好的站点,可以利用“管理站点”对话框对其进行编辑修改,具体步骤如下:

(1) 执行“站点”→“管理站点”命令,打开“管理站点”对话框;也可以在“文件”面板的站点列表中选择“管理站点”命令来打开该对话框。

(2) 在“管理站点”对话框中单击“编辑当前选定的站点”按钮,弹出“站点设置”对话框,这也就是在创建站点时所弹出的对话框,在此对话框中可以对站点的名称和路径进行重新编辑。

2. 删除站点

如果不再需要某个本地站点,可以将其从站点列表中删除,具体步骤如下:

(1) 在“管理站点”对话框中,选中需要删除的站点,单击“删除当前选定的站点”按钮,此时会弹出一个提示对话框,提示用户执行后将不能撤销该操作。

(2) 单击“是”按钮,即可删除选定的站点。

3. 复制站点

如果希望创建多个结构相同或类似的站点,可以利用“管理站点”对话框将已有的站点复制为新站点,然后对新站点进行编辑即可。具体步骤如下:

在“管理站点”对话框中,选中要复制的站点,单击“复制当前选定的站点”按钮,即可复制该站点。

新复制出的站点会出现在“管理站点”对话框的站点列表中,站点名称采用原站点名称加后缀“复制”字样显示,如图 2.16 所示。

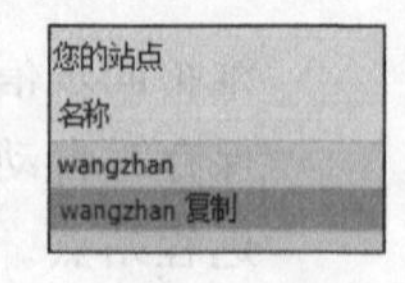

图 2.16

若要更改默认的站点名称,可以选中新复制出的站点,然后单击“编辑当前选定的站点”按钮编辑站点名称等属性。

4. 导出和导入站点

在“管理站点”对话框中,选中要导出的站点后,单击“导出当前选定的站点”按钮,即可将当前站点的设置导出成一个 XML 文件,以实现对站点设置的备份。单击“导入站点”按钮,则可以将以前备份的 XML 文件重新导入到“管理站点”对话框中。

导入和导出站点可以实现在各个计算机之间移动站点,或者与其他用户共享站点设置,以及备份站点设置等功能。

注意：导入/导出功能不会导入或导出站点文件。它仅会导入/导出站点设置以便节省在 Dreamweaver 中重新创建站点所需的时间。

2.5.2 管理站点文件或文件夹

1. 新建站点文件或文件夹

(1) 打开"文件"面板，在"文件"面板的站点列表中选择需要新建文件或文件夹的站点。

(2) 单击"文件"面板右上角的选项按钮，选择"文件"→"新建文件"或"新建文件夹"命令新建一个文件或文件夹；或者右击需要新建文件或文件夹的站点，在弹出的快捷菜单中选择"新建文件"或"新建文件夹"。例如，在 wangzhan 站点文件夹下新建一个默认文件和一个名为 02 的文件夹，执行上述操作即可，如图 2.17 所示。

图 2.17

2. 移动/复制文件或文件夹

(1) 在"文件"面板中选中要移动或复制的文件或文件夹，右击鼠标弹出快捷菜单。

(2) 如果要执行移动操作，可从快捷菜单中选择"编辑"→"剪切"命令；如果要进行复制操作，则执行"编辑"→"拷贝"命令。

(3) 选中目的文件夹，右击执行"编辑"→"粘贴"命令，即可将文件或文件夹移动或复制到相应的文件夹中。

用拖动鼠标的方法也可以实现文件或文件夹的移动操作，方法是：在"文件"面板中选中要移动的文件或文件夹，然后按下鼠标左键拖动选中的文件或文件夹到目标文件夹上，释放鼠标即可将选中的文件或文件夹移动到目标文件夹中。

移动文件后，由于文件的位置发生了变化，其中的链接信息也应该相应发生变化。此时会弹出"更新文件"对话框，提示用户更新被移动文件中的链接信息，如图 2.18 所示。单击"更新文件"对话框中的"更新"按钮，即可更新文件中的链接信息。

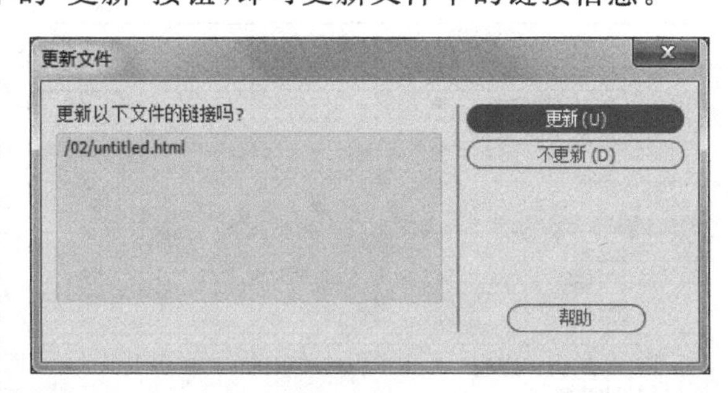

图 2.18

3. 删除站点文件或文件夹

(1) 在"文件"面板中选中要删除的文件或文件夹。

(2) 在其上右击，从弹出的快捷菜单中选择"编辑"→"删除"命令，或者直接按 Delete 键进行删除。此时系统出现一个提示对话框，询问用户是否确定要删除文件或文件夹。

(3) 单击“是”按钮后,即可将文件或文件夹从本地站点中删除。

注意:与删除站点的操作不同,这种对文件或文件夹的删除操作,会从磁盘上真正删除相应的文件或文件夹。

视频讲解

2.6 测试站点

在将站点上传到服务器供浏览者访问之前,需要对站点进行测试以便尽早发现错误,并对错误进行修改。例如,应该确保页面在目标浏览器中正常运行,没有断开的链接,并监视页面的文件大小以及下载这些页面所用的时间等。

下面以“lesson02/范例”文件夹下的 02complete 文件为例介绍如何测试站点。

(1) 在 Dreamweaver CC 2018 中创建一个本地站点 02complete,“本地站点文件夹”设置为“lesson02\范例\02complete”,如图 2.19 所示。单击“保存”按钮关闭对话框。

图 2.19

(2) 在“文件”面板中双击该站点文件夹下的 index.html 文件,将其在文档窗口中打开。

2.6.1 创建站点报告

使用站点报告功能可以检查可合并的嵌套字体标签、遗漏的替换文本、冗余的嵌套标签、可移除的空标签和无标题文档等项目,并可以为当前文档、选定的文件和整个站点的工作流程或 HTML 属性制作站点报告。

(1) 执行“站点”→“报告”命令,弹出“报告”对话框。

(2) 在“报告在”下拉列表框中选择“整个当前本地站点”选项,在“选择报告”列表框中选中“HTML 报告”分组下的所有复选框,如图 2.20 所示。

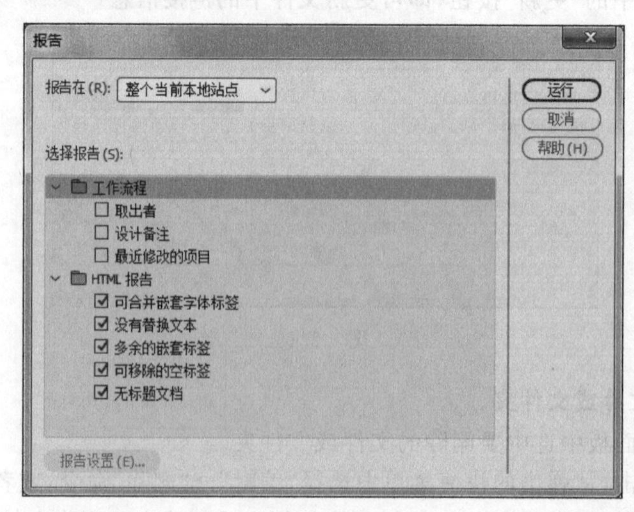

图 2.20

“报告”对话框中各选项的含义如下。

- 取出者：显示当前网站的网页正在被取出的情况。
- 设计备注：显示设置范围之内网页的设计备注的信息。
- 最近修改的项目：显示网页中最近更新的项目。
- 可合并嵌套字体标签：显示所有可以合并的嵌套字体标签以便清理代码。
- 没有替换文本：显示没有替换文本的 img 标签。
- 多余的嵌套标签：站点报告中将会显示网页中多余的嵌套标签。
- 可移除的空标签：报告中会显示所有可以移除的空标签以便清理 HTML 代码。
- 无标题文档：报告中会显示没有标题的文档。

(3) 单击“运行”按钮，Dreamweaver 将会对整个站点进行检查。检查完毕后，将会自动打开“站点报告”面板，在面板中显示检查结果。例如将 index.html 的文档标题“毕业季”删除后，再运行站点报告，检查结果将如图 2.21 所示。撤销此操作，还原文档标题。

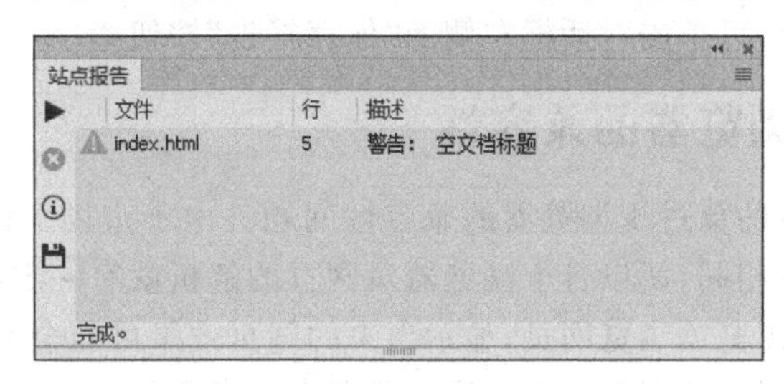

图　2.21

2.6.2　测试网页链接

在建设网站的过程中，如果网站的页面很多，则链接出错的可能性会很大。为了避免网站在上传到服务器后出现许多无效的链接，可以在上传前检查整个站点的链接。在网页过多的情况下，人工检查网页链接就比较麻烦，Dreamweaver CC 2018 提供了链接检查器帮助用户检查网页链接。

执行“站点”→“站点选项”→“检查站点范围的链接”命令，Dreamweaver 将自动检测当前站点中的所有链接。检查完毕后，Dreamweaver 会弹出“链接检查器”面板显示检查结果，如图 2.22 所示。

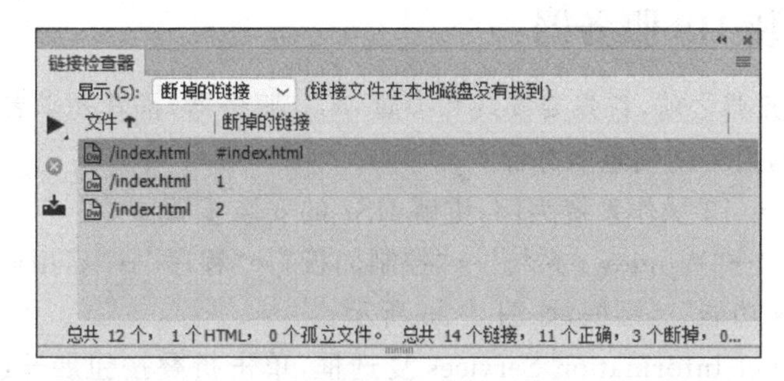

图　2.22

利用“链接检查器”面板可以检查断掉的链接、显示外部链接和检测孤立文件。打开“显示”选项的下拉列表即可进行切换，如图 2.23 所示。

如果发现了错误的链接,Dreamweaver 会在"链接检查器"面板的"文件"列表中列出链接错误所在的页面。在"文件"列表中双击检测到的一个结果,会自动打开相应的页面,并在"属性"面板上直接定位到错误的链接处。

在"链接检查器"面板中,用户还可以设置链接检查的范围,并保存检查结果。单击对话框左侧的"检查链接"按钮▶,可以选择检测范围,如图 2.24 所示。

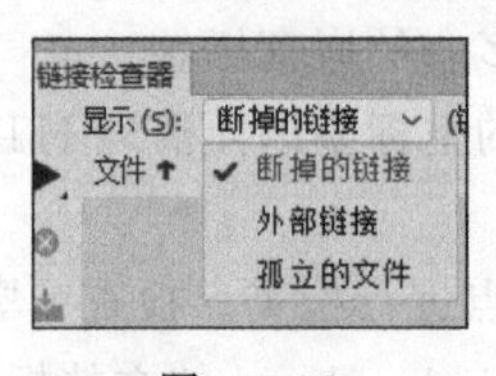

图 2.23

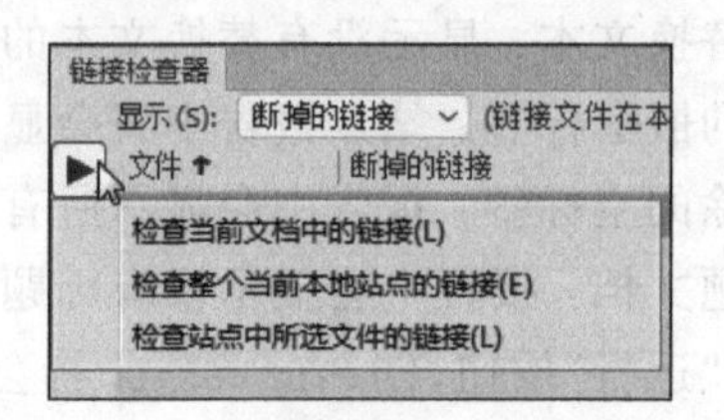

图 2.24

若要保存检测结果,可单击对话框左侧的"保存报告"按钮。

2.6.3 检查浏览器的兼容性

前端开发中最困难的莫过于浏览器的兼容性问题。由于市场上浏览器种类众多,而不同浏览器的内核亦不尽相同,所以各个浏览器对网页的解析就有一定出入。有时,在浏览网页时,会发现用不同的浏览器浏览网页,显示出来的网页效果可能会不一样。这时就需要对多个浏览器进行测试,以保证网页能在主流浏览器上正常运行。

目前市场上主流的浏览器有 IE、Firefox 和 Chrome 等。在设计网页时,可以对主流的浏览器进行全面的测试,针对不同的浏览器,进行对应的异常处理。

视频讲解

2.7 配置远程站点

测试完站点后,就可以将其上传到 Internet 上,形成真正的网站,供浏览者访问。在上传站点前要进行设置服务器站点、连接到远程服务器等工作。连接到服务器最常用的两种方法是 FTP 和"本地/网络",这里选择"本地/网络"连接方法,将本地计算机作为 Web 服务器。

2.7.1 安装 IIS 服务器

在设置本地服务器之前,首先要安装和设置 Web 服务器,推荐初学者使用 IIS(Internet Information Server,因特网信息服务器)。

下面以 Windows 10 操作系统为例,讲解 IIS7 的安装步骤。

(1) 执行"开始"→"Windows 系统"→"控制面板"→"程序"→"启用或关闭 Windows 功能",打开"Windows 功能"对话框,如图 2.25 所示。

(2) 选中 Internet Information Services 复选框,单击折叠按钮展开组件,按照图 2.26 选中 Internet Information Services 的组件,然后单击"确定"按钮开始安装。

安装完成后,可发现在安装操作系统的硬盘上多了一个 Inetpub 文件夹,这表示刚才的安装成功了。

图　2.25

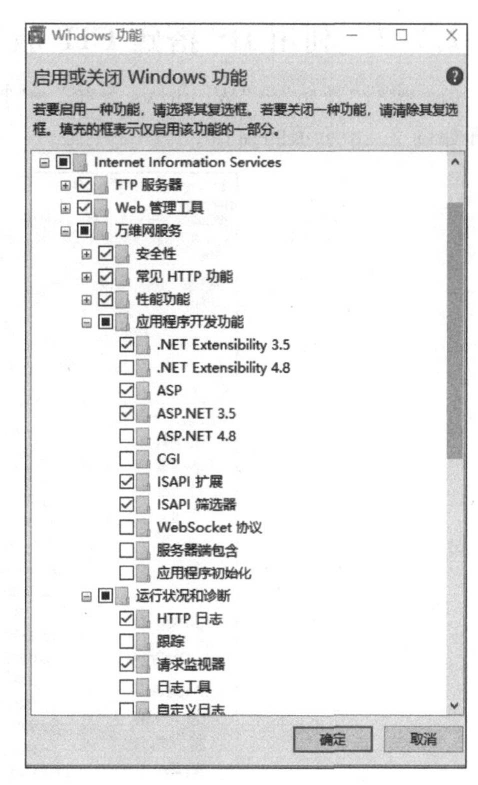

图　2.26

下面测试一下 Web 服务器 IIS 是否能正常运行。在浏览器的地址栏中输入“http://127.0.0.1”，或者输入“http://localhost”，然后按回车键进行浏览，如果页面显示的是 IIS 的默认页面，如图 2.27 所示，则表示 IIS 运行正常。如果没有显示 IIS 的默认页面，则请检查计算机的 IP 地址是否设置正确。

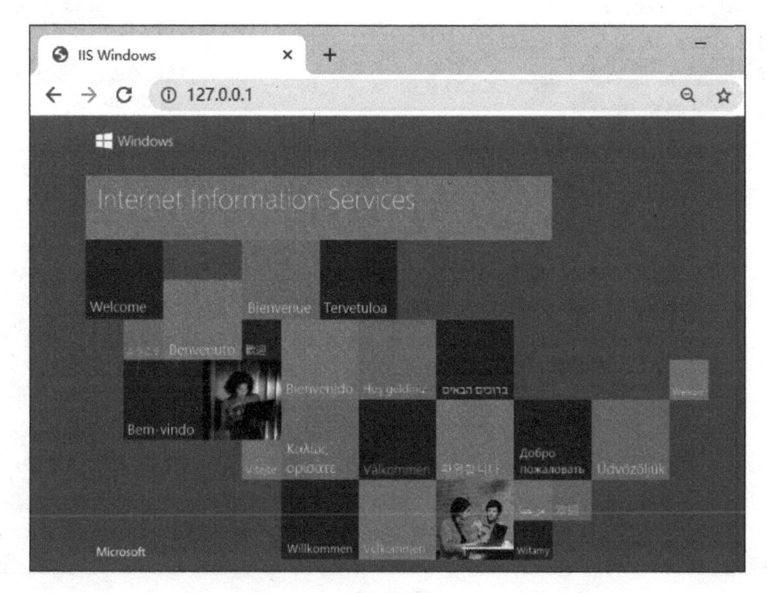

图　2.27

2.7.2 利用IIS搭建FTP服务器

(1) 执行"开始"→"Windows系统"→"控制面板"→"系统和安全"→"管理工具"命令，打开如图2.28所示的窗口。

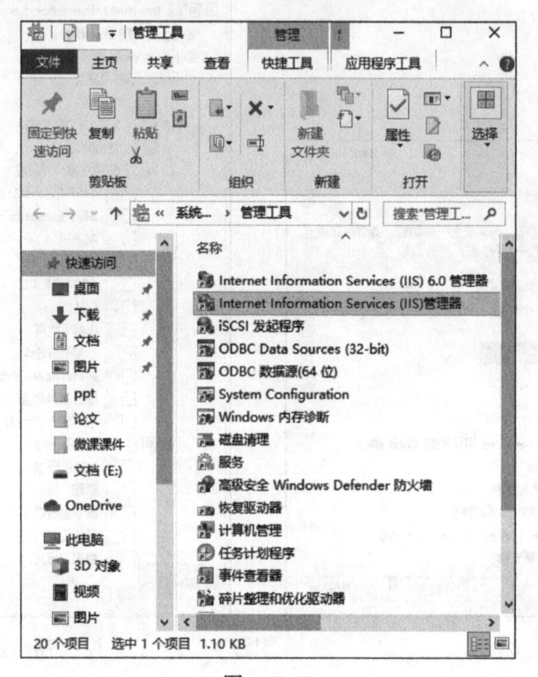

图 2.28

(2) 在右窗格的列表中双击"Internet Information Services(IIS)管理器"，打开如图2.29所示的管理器窗口。

图 2.29

(3) 单击左窗格的根节点,展开树状目录。然后在“网站”节点上右击,在弹出的快捷菜单中单击“添加 FTP 站点”,如图 2.30 所示。

(4) 在弹出的“添加 FTP 站点”对话框中,添加 FTP 站点名称,并设置 FTP 站点的物理路径,如图 2.31 所示。

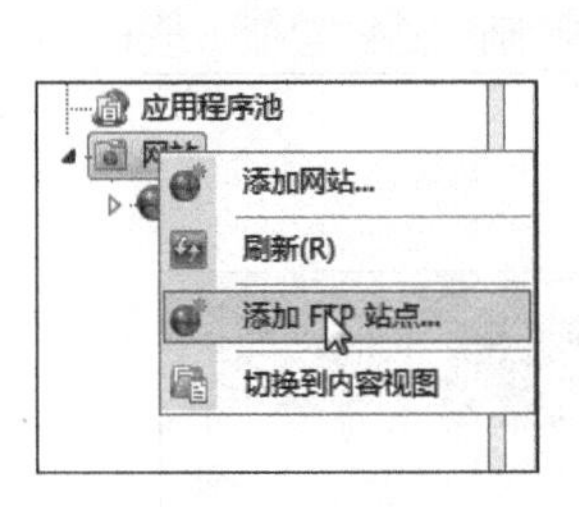

图　2.30

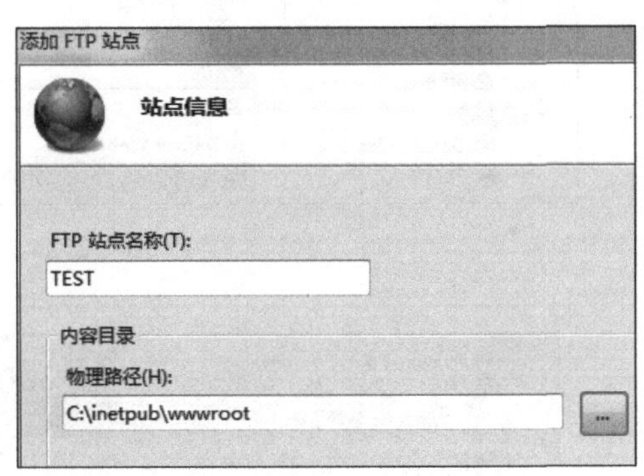

图　2.31

(5) 单击“下一步”按钮,进入 IP 地址绑定和 SSL 设置环节。输入要绑定的 IP 地址,端口默认为 21; SSL 是一种数字加密证书,此处没有,可选择“无”,如图 2.32 所示。

(6) 继续单击“下一步”按钮,进入“身份验证和授权信息”环节。由于后面还要给 FTP 设置账号以及账号的权限,所以“身份验证”选择“基本”,“授权”的“允许访问”选择“所有用户”,“权限”选择“读取”,如图 2.33 所示。

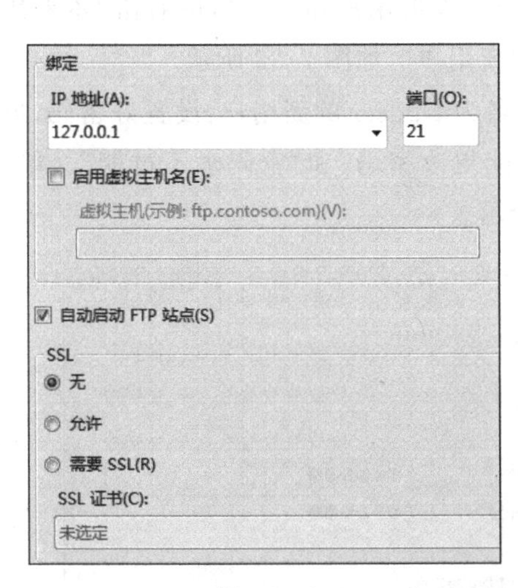

图　2.32

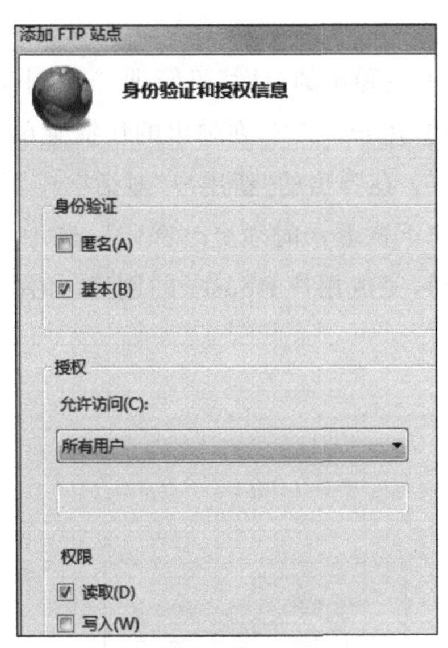

图　2.33

(7) 单击“完成”按钮,完成 FTP 站点的添加过程。这时会发现 IIS 管理器“网站”节点下多了一项刚才添加的 FTP 站点,如图 2.34 所示。

接下来设置 FTP 账号及其权限。

(8) 在 Windows 系统中添加一个名为 ftpuser 的用户。在“开始”→“Windows 系统”→“此电脑”上右击,在弹出的快捷菜单中选择“更多”→“管理”,如图 2.35 所示。

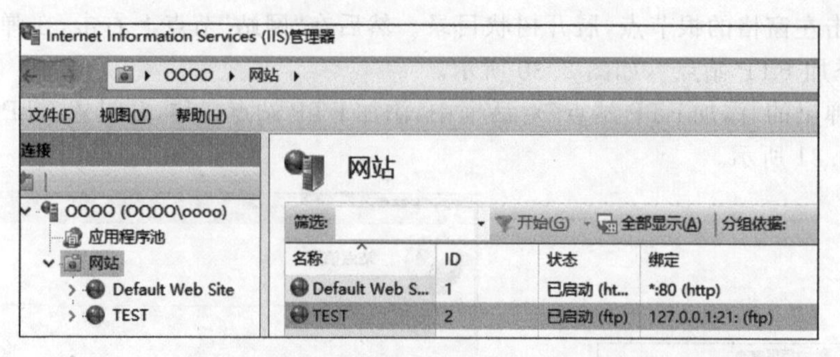

图 2.34

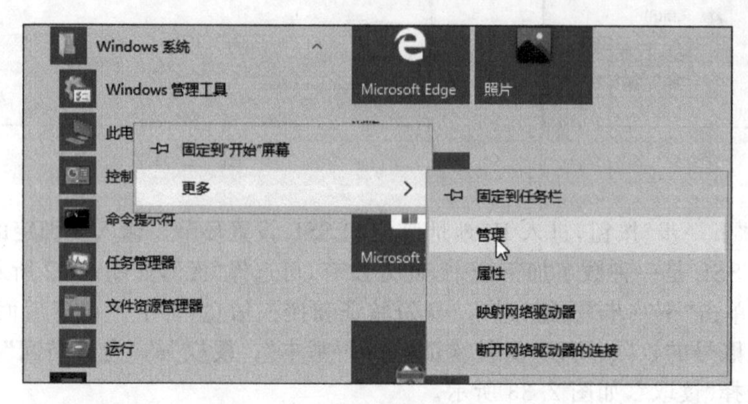

图 2.35

(9) 在弹出的“计算机管理”窗口中,单击展开“本地用户和组”,然后右击“本地用户和组”下的“用户”节点,在弹出的快捷菜单中选择“新用户”,如图 2.36 所示。

(10) 在弹出的“新用户”对话框中添加用户名为 ftpuser 的新用户,设置好密码,取消选中“用户下次登录时须更改密码”,选中“用户不能更改密码”和“密码永不过期”。单击“创建”按钮,完成用户 ftpuser 的创建,如图 2.37 所示。

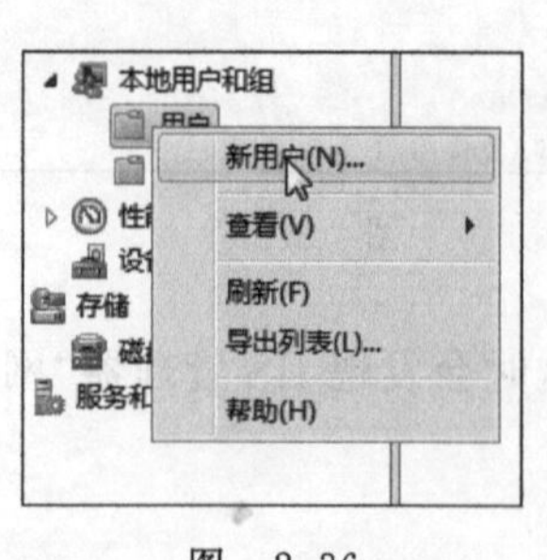

图 2.36

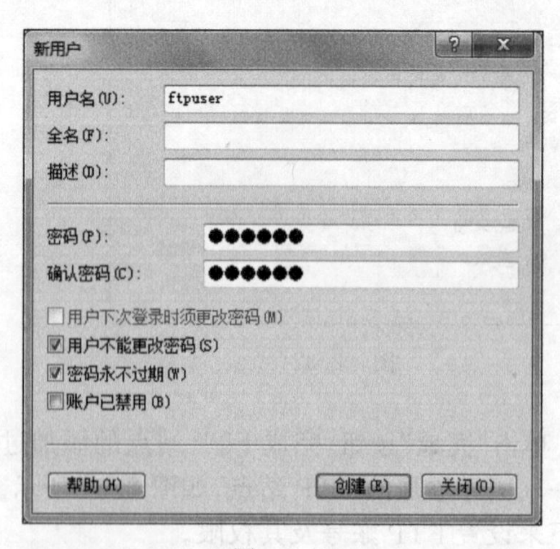

图 2.37

(11) 打开 Internet 信息服务(IIS)管理器，在左窗格中选中刚才新建的 FTP 站点 TEST，然后双击中间窗格的“FTP 授权规则”，进入“FTP 授权规则”管理界面，单击右窗格中的“添加允许规则”，弹出“添加允许授权规则”对话框。选择“指定的用户”并输入 ftpuser，设置其权限为“读取”和 “写入”，如图 2.38 所示。

图　2.38

(12) 单击“确定”按钮完成授权规则的添加。

(13) 至此，FTP 服务器已搭建成功，可在浏览器中输入服务器地址“127.0.0.1”进行浏览。

2.7.3　在本地/网络服务器上建立远程站点

(1) 在“\inetpub\wwwroot”文件夹下新建一个文件夹 blog。

(2) 在 Dreamweaver 中执行“站点”→“管理站点”命令，在弹出的“管理站点”对话框中选中现有的站点 02complete，然后单击“编辑当前选定的站点”按钮 。

(3) 在弹出的“站点设置对象”对话框中选择“服务器”选项，在“服务器”选项卡中单击“添加新服务器”按钮 ，为站点添加服务器。

(4) 在“服务器名称”文本框中指定新服务器的名称为 test；在“连接方法”下拉列表框中选择“本地/网络”；单击“服务器文件夹”文本框旁边的文件夹图标按钮，浏览并选择“\inetpub\wwwroot\blog”文件夹；在 Web URL 文本框中输入本地地址“http://localhost”，如图 2.39 所示。

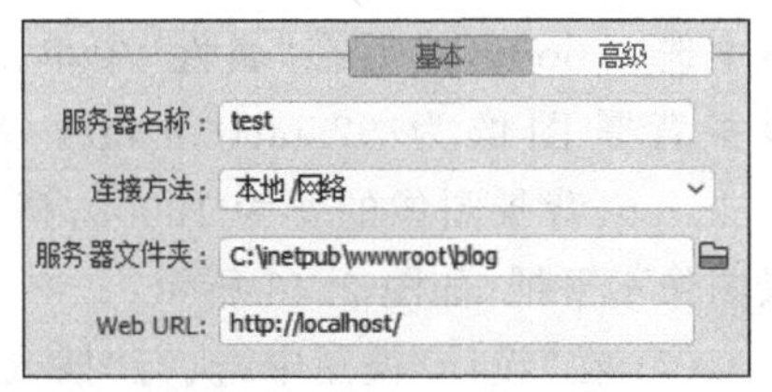

图　2.39

(5) 切换到“高级”选项卡，选中“维护同步信息”复选框。

(6) 单击“保存”按钮关闭“高级”选项卡，然后指定刚才添加或编辑的服务器为测试服务器，如图 2.40 所示。

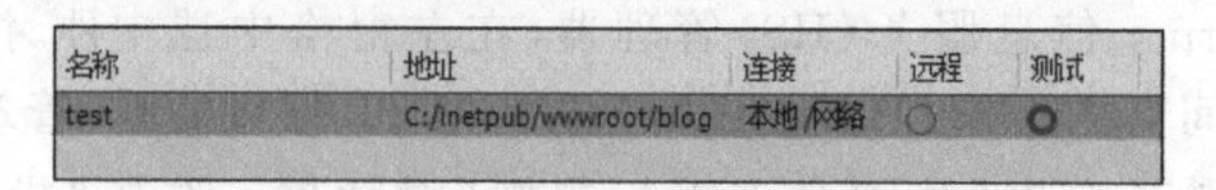

名称	地址	连接	远程	测试
test	C:/Inetpub/wwwroot/blog	本地/网络	○	●

图 2.40

(7) 设置完成后,单击“保存”按钮关闭对话框,完成在本地/网络服务器上的远程站点的配置。

视频讲解

2.8 本章范例

2.8.1 头部区域的制作

(1) 在桌面新建一个文件夹,将其命名为 02start,将“lesson02/范例/02complete”文件夹中的 images 文件夹复制到该文件夹内。

(2) 打开 Dreamweaver CC 2018,新建一个站点名称为 02start 的站点,站点文件夹为刚才新建的 02start 文件夹,如图 2.41 所示。

图 2.41

(3) 在“文件”面板中选中刚刚创建的站点,右击,执行“新建”→“新建文件”命令,创建一个空白的 html 文档,并将其重命名为 index. html。双击 index. html,在文档窗口中将其打开。

(4) 在“属性”面板中的“文档标题”文本框中输入网站标题“毕业季”。

(5) 执行“文件”→“页面属性”命令,在弹出的“页面属性”对话框中设置“外观(CSS)”的字体“大小”为 20px,“文本颜色”为 # FFFFFF,“页边距”均为 0,如图 2.42 所示,这就设置了整个网页的字体外观。设置完成后单击“确定”按钮关闭对话框。

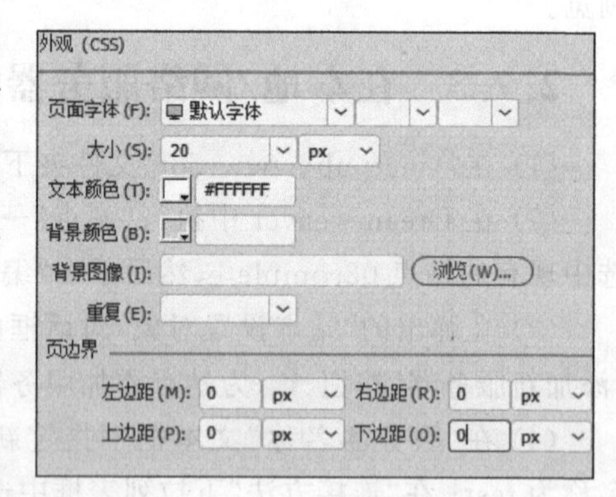

图 2.42

(6) 打开“CSS 设计器”面板,在“选择器”列表中选中 body,然后在“属性”中单击背景按钮,设置背景图像为 02start/images 文件夹下的 back. jpg,背景图像的宽为 100%,高为 100%,背景图像不平铺,如图 2.43 所示。

(7) 在“设计”视图中,执行“插入”→Table 命令,在文档中插入一个 6 行 1 列、宽度为 100%、边框为 0、边距为 0、间距为 0 的表格,如图 2.44 所示。

(8) 打开“属性”面板,选中第一行的单元格,在“属性”面板上单击“拆分单元格为行或列”按钮,将单元格拆分为 4 列,并设置“单元格”的“水平”选项为“左对齐”,“垂直”为“居中”,“高”为 60px。

图 2.43

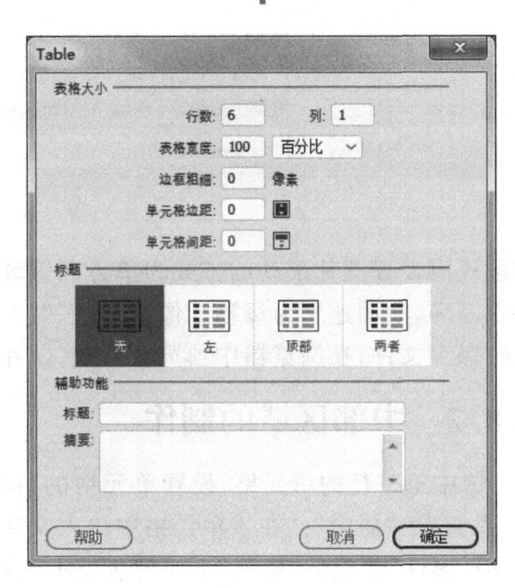

图 2.44

(9) 将光标定位在第一行的第一个单元格中，在“属性”面板中设置单元格的“宽”为70%，然后执行“插入”→Image 命令，将 02start/images 文件夹下的 logo.png 图片插入到该单元格中。将其余的 3 个单元格的“宽”均设置为 10%，并在单元格中分别输入导航标题“主页”“匆匆那年”“毕业心声”，如图 2.45 所示。

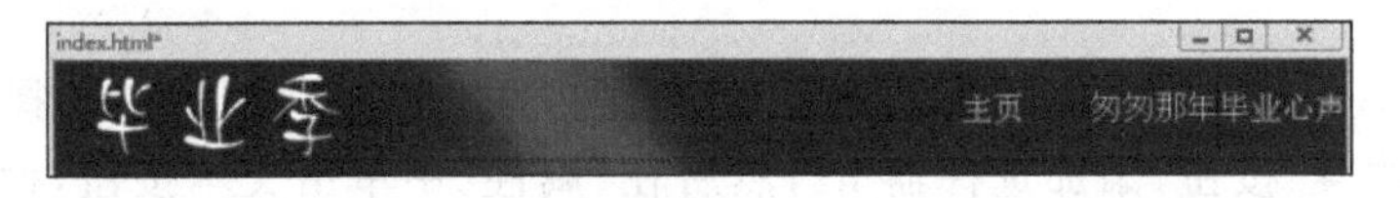

图 2.45

(10) 将光标置于第二行单元格中，设置该单元格的“高”为 700px，单元格的“垂直”选项为“底部”。

(11) 在“CSS 设计器”面板的 CSS“源”列表中选择< style >，单击“选择器”前面的  按钮，添加选择器.bg，然后在“属性”中单击背景按钮，设置背景图像为 02start/images 文件夹下的 01.jpg，背景图像位置的 X 方向为居中，Y 方向为居中，背景图像的宽为 100%，高为 100%，图像不平铺，如图 2.46 所示。在“HTML 属性”面板的“类”下拉列表框中选择 bg，为第二行单元格应用该样式。

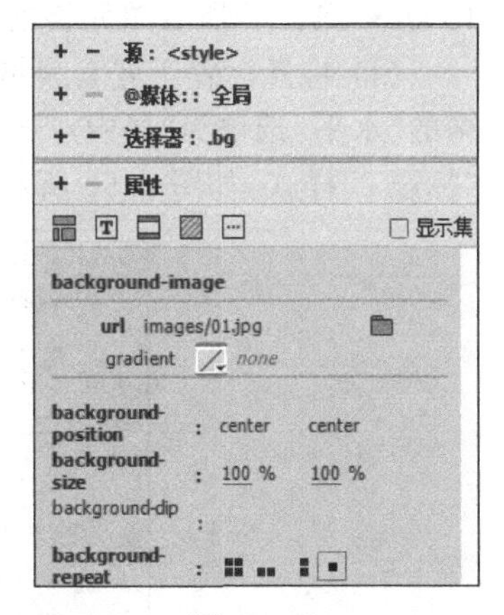

图 2.46

(12) 将光标置于第二行单元格中，执行“插入”→Image 命令，插入图像 02.png 并选中该图像。单击文档窗口顶部的“拆分”按钮，切换到“拆分”视图，在选中的图像代码之前添加以下代码：

```
<marquee behavior = "scoll" direction = "right" loop = " - 1" scrollamount = "5" scrolldelay =
"1" onMouseOver = "this.stop()" onMouseOut = "this.start()">
```

在选中的图像代码末尾加上</marquee>，如图 2.47 所示。

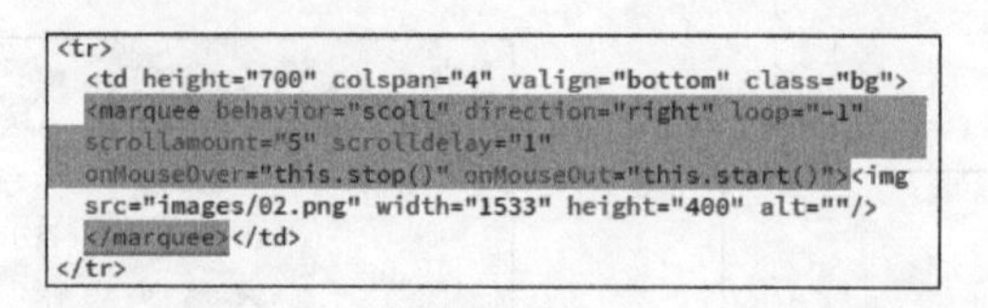

```
<tr>
  <td height="700" colspan="4" valign="bottom" class="bg">
  <marquee behavior="scoll" direction="right" loop="-1"
  scrollamount="5" scrolldelay="1"
  onMouseOver="this.stop()" onMouseOut="this.start()"><img
  src="images/02.png" width="1533" height="400" alt=""/>
  </marquee></td>
</tr>
```

图　2.47

该段代码设置图片滚动的方式为单方向循环滚动，图片滚动的方向为向右滚动，滚动次数为无限循环，滚动速度为每秒 5 像素，停顿时间为 1ms，鼠标指针移到图片区域时停止滚动。此时保存文件，在浏览器中预览会发现，图片 02.png 会从左至右滚动。

视频讲解

2.8.2　中部区域的制作

(1) 选中第三行的单元格，设置单元格的“高”为 100px，单元格的“水平”选项为“居中对齐”，“垂直”为“居中”。在该单元格中输入文字“青春不散场，归来仍少年”，选中该文字，在“HTML 属性”面板的“格式”下拉列表框中选择“标题 1”，为其添加“标题 1”样式，并设置其 ID 为 1，如图 2.48 所示。

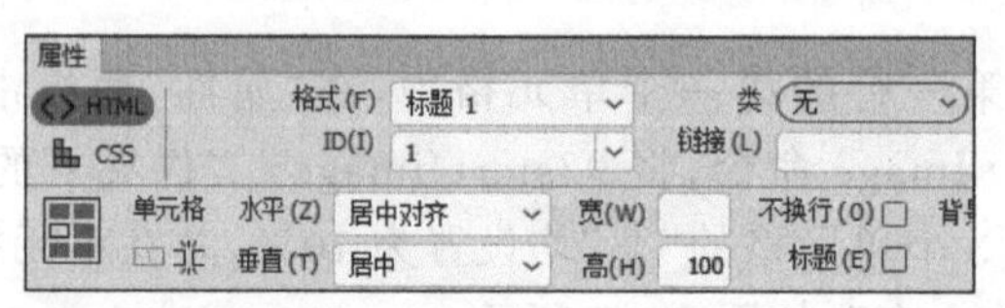

图　2.48

(2) 在“CSS 设计器”面板中修改“标题 1”样式。在 CSS“源”列表中选择< style >，单击“选择器”前面的 + 按钮，添加选择器 h1，然后在“属性”中单击文本按钮，设置“文本颜色”为＃000000，“文本大小”为 60px，“对齐方式”为居中对齐，如图 2.49 所示。

(3) 将光标定位在第四行单元格中，执行“插入”→Table 命令，插入一个 2 行 3 列、宽度为 100%、边框为 0、边距为 0、间距为 0 的表格。然后设置第一行所有单元格的“高”为 1000px，第二行所有单元格的“高”为 700px。

(4) 将光标置于嵌套表格的第一行第一列单元格内，设置该单元格的“宽”为 20%，单元格的“水平”选项为“居中对齐”，“垂直”为“顶端”。输入竖排文字“匆匆那年”，并为其应用“标题 2”样式，如图 2.50 所示。

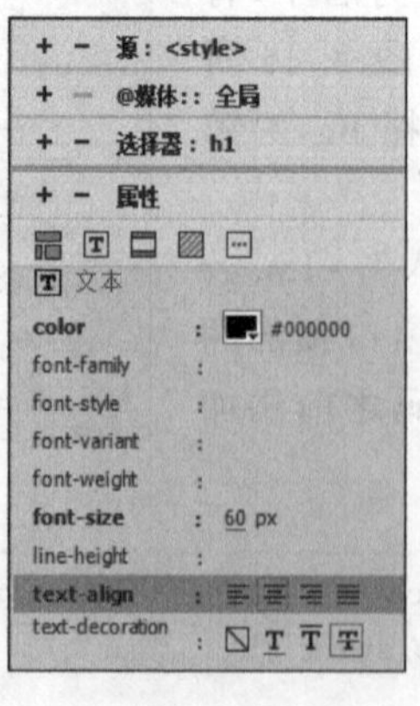

图　2.49

图　2.50

(5) 在“CSS 设计器”面板中修改“标题 2”的样式。添加选择器 h2，然后在“属性”中单击文本按钮，设置“文本颜色”为 #000000，“文本大小”为 50px，“对齐方式”为居中对齐。

(6) 将光标置于嵌套表格的第一行第二列单元格内，设置该单元格的“宽”为 50%，单元格的“水平”选项为“左对齐”，“垂直”为“居中”。然后执行“插入”→Table 命令，插入一个 2 行 2 列、宽度为 100%、边框为 0、边距为 0、间距为 5 的表格。

(7) 选中嵌套表格第一列的单元格，设置单元格的“宽”为 250px，“高”为 300px，单元格的“水平”选项为“右对齐”，“垂直”为“居中”。然后对第一列的两个单元格分别执行“插入”→Image 命令，插入图像 03.png 和图像 05.png。

(8) 选中嵌套表格的第二列单元格，设置单元格的“宽”为 250px，“高”为 300px，单元格的“水平”选项为“左对齐”，“垂直”为“居中”。然后对第二列的两个单元格分别插入图像 04.png 和图像 06.jpg，效果如图 2.51 所示。

图　2.51

(9) 选中外部嵌套表格的第一行第三列单元格，设置该单元格的“宽”为 30%，单元格的“垂直”选项为“居中”。在该单元格内输入文字“莎士比亚说：‘时间会刺破青春的华美精致，会把平行线刻上美人的额角，它会吞噬珍世稀宝、天生丽质，没有什么能逃过它横扫的镰刀。’时光，似快又慢。当日身处其中，是一幅画卷，长长的画卷，就像清明上河图，每一帧，有人，有物，流金而明媚。细细想去，光景沉沉。再回首，也许不过是用三言几语便能概述。留下的，只是模糊了的风景和人事，还有所有的种种措手不及的意外。但那种或欢悦或悲痛的心情，记忆会记紧。”并为其应用“段落”样式。选中该段文字，在对应的代码处添加一个换行符< br >，如图 2.52 所示。

```
<td width="30%" height="1000" valign="middle"><p>莎士比亚
说：&ldquo;时间会刺破青春的华美精致，会把平行线刻上美人的额角，它会吞噬珍世
稀宝、天生丽质，没有什么能逃过它横扫的镰刀。&rdquo;<br>时光，似快又慢。当
日身处其中，是一幅画卷，长长的画卷，就像清明上河图，每一帧，有人，有物，流金
而明媚。细细想去，光景沉沉。再回首，也许不过是用三言几语便能概述。留下的，只
是模糊了的风景和人事，还有所有的种种措手不及的意外。但那种或欢悦或悲痛的心
情，记忆会记紧。</p></td>
```

图　2.52

(10) 在“CSS 设计器”面板中修改“段落”样式。添加选择器 p，然后在“属性”中单击布局按钮，设置左填充为 5%，右填充为 30%；单击文本按钮，设置 color（字体颜色）为 #101741，font-size（字体大小）为 20px，line-height（行高）为 30px，text-align（文本对齐方式）为两端对齐，如图 2.53 所示。

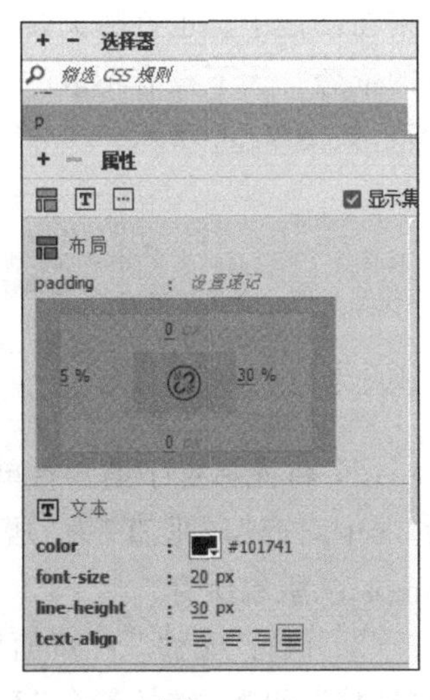

图　2.53

(11) 将光标置于嵌套表格的第二行第一列单元格内，设置该单元格的“宽”为 20%，单元格的“水平”选项为“居中对齐”，“垂直”为“顶端”。输入竖排文字“毕业心声”，在“属性”面板中设置其 ID 为 2，并为其应用“标题 2”样式。

(12) 将嵌套表格第二行的第三列和第四列单元格进行合并，设置单元格的“水平”选项为“居中对齐”，“垂直”为“居中”。然后执行“插入”→Table 命令，插入一个 2 行 2 列、宽度

为100%、边框为0、边距为0、间距为0的表格。设置该表格的所有单元格的“高”为300px，然后合并第一列的两个单元格。

(13) 将光标置于合并后的单元格内，设置该单元格的“宽”为35%，单元格的“垂直”选项为“顶端”。然后输入文字“一年不止有四季，还有一种季节，叫作毕业季。比四季更美好，更令人怀念，但却意味着要面临分离。正如宫崎骏所说‘人生就是一列开往坟墓的列车，路途上会有很多站，很难有人可以自始至终陪着走完。当陪你的人要下车时，即使不舍也该心存感激，然后挥手道别。’”，为其应用“段落”样式，并在该段文字对应的代码处添加合适的换行符< br >和段落标签< p >，如图2.54所示。

(14) 将光标置于嵌套表格第一行的第二列单元格内，设置单元格的“垂直”选项为“居中”。然后执行“插入”→Image命令，插入图像08.png和图像09.png。然后将光标置于第二行的第二列单元格内，设置单元格的“垂直”选项为“顶端”。执行“插入”→Image命令，插入图像07.jpg，结果如图2.55所示。

```
<tr>
  <td width="35%" rowspan="2"><p>一年不止有四季，<br>还有一种季节，<br>叫作毕业季。<br>比四季更美好，<br>更令人怀念，<br>但却意味着要面临分离。</p><p>正如宫崎骏所说&ldquo;人生就是一列开往坟墓的列车，路途上会有很多站，很难有人可以自始至终陪着走完。当陪你的人要下车时，即使不舍也该心存感激，然后挥手道别。&rdquo;</p></td>
  <td height="300"> </td>
</tr>
```

图 2.54

图 2.55

视频讲解

2.8.3 结尾区域和链接的制作

(1) 将光标置于整个表格的第五行单元格内，设置该单元格的“高”为150px，单元格的“水平”选项为“居中对齐”，“垂直”为“顶端”。输入文字“人生若只如初见，忧伤的美丽只能定格在回忆中。也许哪天转身而去，留下一个美丽的远去背影。完美的弧线，会诉说着对昨日的依恋。天下没有不散的筵席，愿青春不散场，归来仍少年！”，并在对应的代码处添加换行符，如图2.56所示。

```
<tr>
  <td height="150" colspan="4" align="center" valign="top">人生若只如初见，忧伤的美丽只能定格在回忆中。也许哪天转身而去，留下一个美丽的远去背影。完美的弧线，会诉说着对昨日的依恋。<br>天下没有不散的筵席，愿青春不散场，归来仍少年！</td>
</tr>
```

图 2.56

(2) 将光标置于第六行单元格内，设置该单元格的“高”为40px，单元格的“水平”选项为“居中对齐”，“垂直”为“居中”。然后在该单元格内输入版权信息“© 2017-2018 wiwi company 版权所有”。

(3) 执行“文件”→“页面属性”命令，在弹出的“页面属性”对话框左侧的分类列表中选择“链接”，设置“链接颜色”和“已访问链接”为#FFFFFF，“变换图像链接”为#6CB8E8，

“下画线样式”为“仅在变换图像时显示下画线”，如图 2.57 所示。设置完成后单击“确定”按钮关闭对话框。

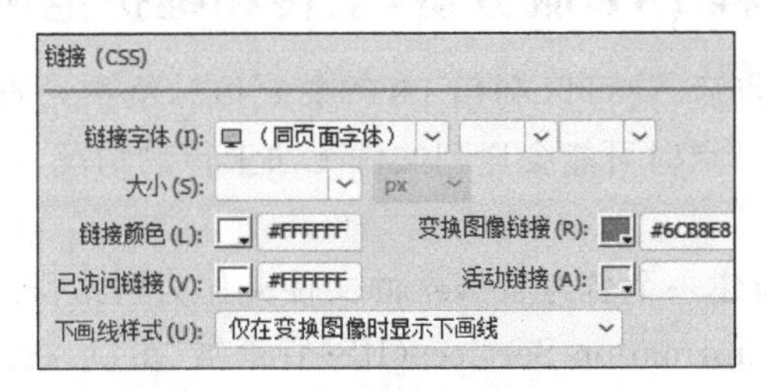

图 2.57

(4) 为第一行单元格的 3 个导航标题“主页”“匆匆那年”“毕业心声”添加链接。选择“主页”，在“属性”面板上单击“链接”文本框右侧的“浏览文件”图标，选择 02start 文件夹下的 index.html；选中“匆匆那年”，在“链接”文本框中输入 #1；选中“毕业心声”，在“链接”文本框中输入 #2。

(5) 保存文档，然后按下 F12 键，即可浏览网页的最终效果。

2.8.4 用“127.0.0.1”FTP 地址模拟建立远程 FTP 站点

视频讲解

(1) 在 Dreamweaver 中执行“站点”→“管理站点”命令，在弹出的“管理站点”对话框中选中现有的站点 02start，然后单击“编辑当前选定的站点”按钮。

(2) 在弹出的“站点设置对象”对话框中选择“服务器”类别，然后单击右侧的“添加新服务器”按钮。

(3) 在“服务器名称”文本框中指定新服务器的名称为 test1；在“连接方法”下拉列表框中选择 FTP；在“FTP 地址”文本框中输入“127.0.0.1”；在“用户名”文本框中输入用户名 ftpuser；在“密码”文本框中输入用户密码，并选中“保存”，单击“测试”按钮，测试 FTP 地址、用户名和密码。在“根目录”文本框中输入远程服务器上用于存储公开显示的文档的目录(文件夹)。如果不确定应输入哪些内容作为根目录，可与服务器管理员联系或将文本框保留为空白，如图 2.58 所示。

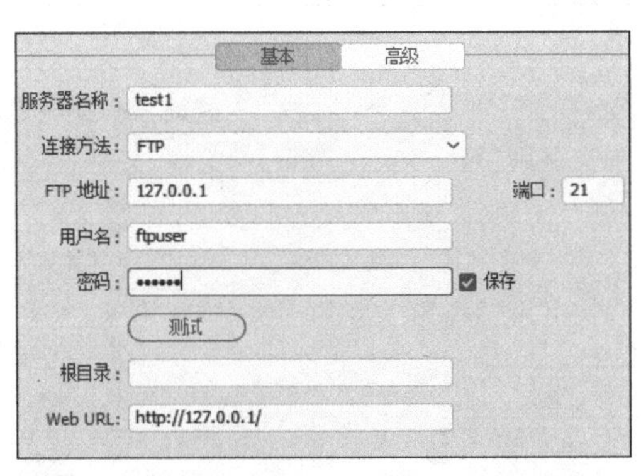

图 2.58

(4) 切换到“高级”选项卡，选中“维护同步信息”复选框。

(5) 单击“保存”按钮关闭“高级”选项卡，然后在“服务器”类别中指定刚才添加或编辑的服务器为远程服务器。

(6) 设置完成后,单击"保存"按钮关闭对话框,完成与 FTP 服务器的连接。

2.8.5 模拟远程 FTP 服务器,上传和维护范例网站

设置完远程 FTP 站点后,就可以利用 FTP 来上传和维护站点了。由于 IIS 网站目录的访问权限问题,在上传站点时可能会遇到文件无法上传的情况,可通过修改网站目录来解决此问题,步骤如下。

(1) 在本地 C 盘下新建一个名为 server 的文件夹作为网站目录。

(2) 打开"Internet Information Services(IIS)管理器"窗口,在左窗格中选中安装 IIS 后的默认网站 Default Web Site,然后单击右窗格的"基本设置",在弹出的"编辑网站"对话框中修改网站的物理路径为"C:\server",单击"确定"按钮完成设置,如图 2.59 所示。

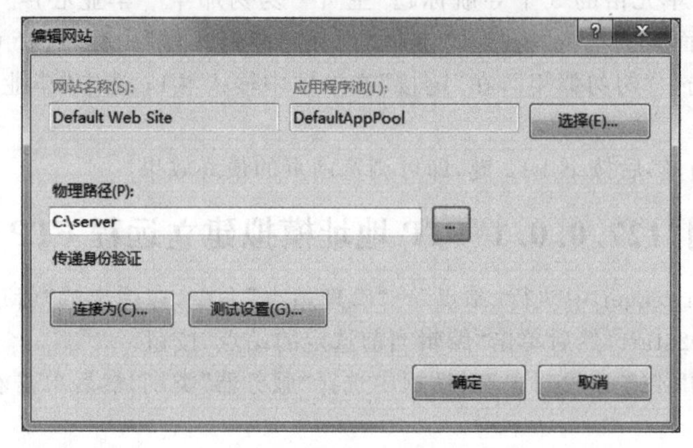

图 2.59

(3) 按照同样的方法修改 FTP 站点 test 的物理路径。

(4) 上传、下载站点文件。

① 在 Dreamweaver 的"文件"面板中单击"展开/折叠"按钮,展开"文件"面板,如图 2.60 所示。

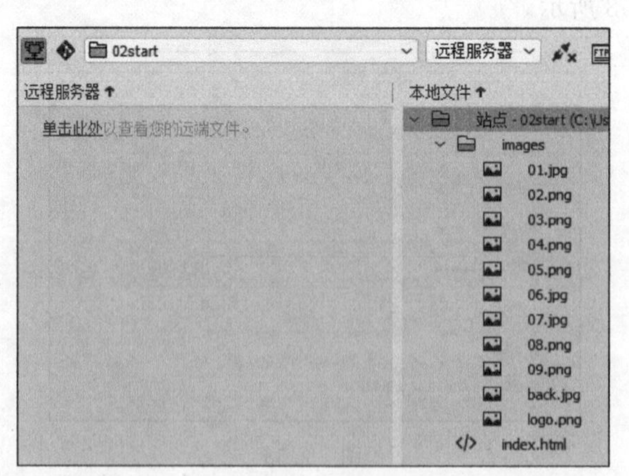

图 2.60

② 单击"连接到远程服务器"按钮,将站点与远程服务器连通。此时,"远程服务器"列表框中将显示远程服务器中的文件目录,如图 2.61 所示。

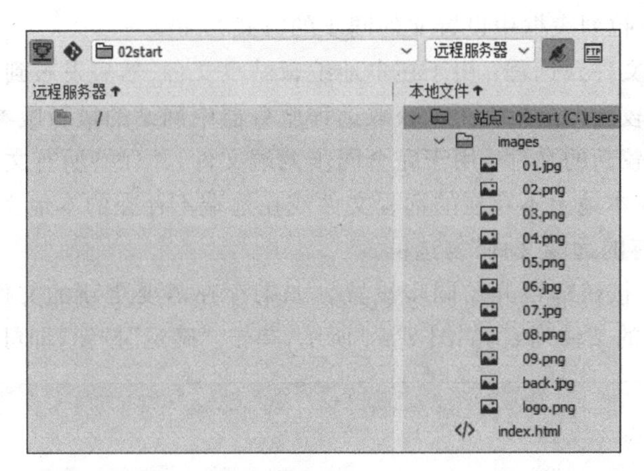

图　2.61

③ 在“文件”面板的“本地文件”列表框中选择要上传的文件(这里选择整个站点),然后单击“上传文件”按钮,或者右击所选对象,在弹出的快捷菜单中执行“上传”命令,即可将选中站点文件上传到服务器的远程文件夹中,如图 2.62 所示。

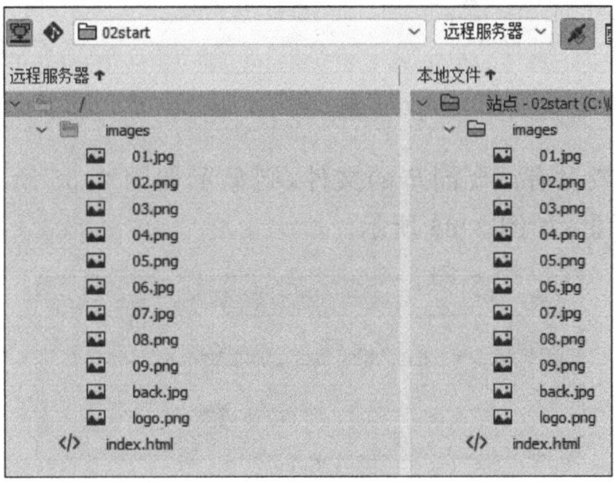

图　2.62

若要将远程服务器上的文件下载到本地计算机上,则在“远程服务器”列表框中选择需要下载的文件,然后单击“获取文件”按钮,即可下载文件。

(5) 同步本地和远程站点。

上传站点之后,需要时常更新维护。更新时通常先在本地站点进行操作,然后再链接到远程服务器。利用 Dreamweaver 的站点同步功能可以使本地站点和远程站点上的文件保持一致,这样可以把文件的最新版本上传到远程站点,也可以从远程站点传回本地,以便编辑。具体步骤介绍如下。

(a) 在“文件”面板的“远程服务器”列表框中任意删除几张图片,然后单击“同步”按钮,弹出“与远程服务器同步”对话框,如图 2.63 所示。

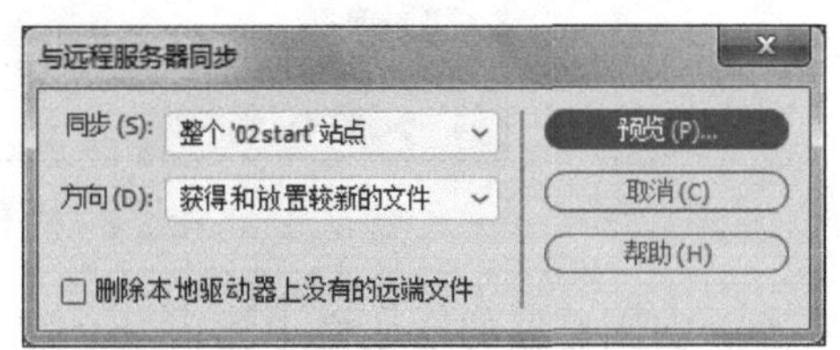

图　2.63

(b) 在“同步”下拉列表框中选择同步的范围,可以是当前整个站点或仅选中的本地文件。

(c) 在“方向”下拉列表框中设置文件同步的方式：

- 放置较新的文件到远程：用于在本地编辑站点文件，然后发布到远程服务器中。
- 从远程获得较新的文件：用于获取远程服务器中网站的最新版本文件。
- 获得和放置较新的文件：用于完全同步两端文件，并保持所有文件均为最新。

(d) 如果要将在本地上不存在的远程文件或在远端不存在的本地文件删除，则选中“删除本地驱动器上没有的远端文件”复选框。

(e) 单击“预览”按钮即可开始同步设置。如果存在需要更新的文件，将弹出“同步”对话框，显示需要同步的文件列表，如图 2.64 所示，单击“确定”按钮，即可完成同步。

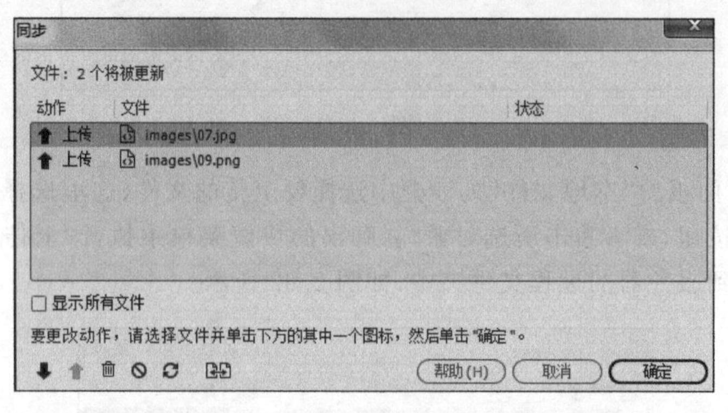

图 2.64

(f) 如果同步完成或没有需要同步的文件，则显示如图 2.65 所示的提示框，单击“是”按钮则弹出“同步”对话框，如图 2.66 所示。

图 2.65

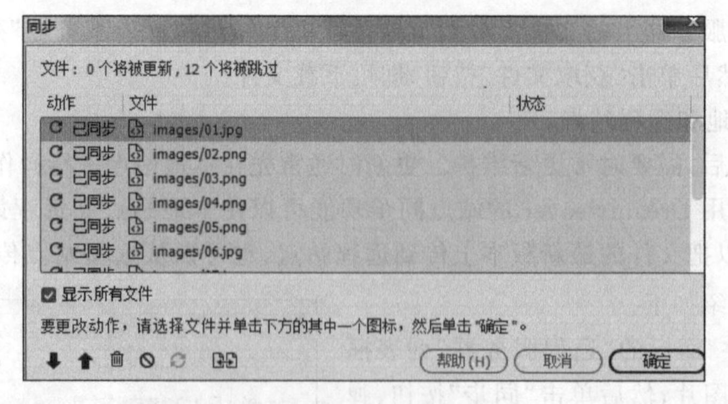

图 2.66

(6) 在浏览器的地址栏中输入“http://127.0.0.1”，即可浏览上传的网页，如图 2.67 所示。

图　2.67

作业

一、模拟练习

打开“lesson02/模拟/02complete/index.html”文件进行预览，根据本章所学知识制作、管理和维护该网站。作品资料已完整提供，获取方式见前言。

二、自主创意

应用本章所学习知识，自主管理和维护一个网站。

三、理论题

1. 什么是站点？在 Dreamweaver 中制作网页时，为何要先建立站点？
2. 在 Dreamweaver CC 2018 中可以对本地站点进行哪些方面的管理？
3. 如何快速检查网页的链接状况？
4. 网站管理和维护的主要工作有哪些？

第3章

HTML与CSS基础

本章学习内容

(1) HTML 语言概述；

(2) HTML 的语法结构；

(3) HTML 标签；

(4) CSS 的基本语法；

(5) 伪类、伪元素以及样式表的层叠顺序；

(6) CSS 的属性。

完成本章的学习需要大约 1.5 小时，相关资源获取方式见前言。

知识点

HTML 语言概述和基本结构　　常用标签　　CSS 的基本语法

伪类、伪元素以及样式表的层叠顺序　　层叠样式表　　CSS 预处理器

在 Dreamweaver 中移动 CSS 规则　　CSS 中的各种属性

使用 HTML 标签设计网页　　使用 CSS Designer

本章案例介绍

范例

本章范例是一个倡导阅读的网页，分为“主页”和“书类”两部分，如图 3.1 所示。通过范例的学习，掌握在 Dreamweaver 中使用 HTML 标签和 CSS 样式设计网页的技巧和方法。

模拟案例

本章模拟案例是一个综艺类的网站，主题是向往的生活，如图 3.2 所示，通过模拟练习进一步熟悉 HTML 标签和 CSS 样式的应用。

精 神 的 壳
孤独者的
温柔书单
上海译文
理想国
译林出版
磨铁
读客
小说
青春
漫画绘本
文艺
名著
外文原版
心理
历史
非虚构
了解更多

图 3.1

芒果tv
4月20日起 每周五 22:00
向往的生活
向往的生活
节目形式
固定嘉宾
节目片段
节目评价

图 3.2

3.1 预览完成的范例

(1) 右击“lesson03/范例/03complete”文件夹中的 index. html 文件,在弹出的菜单中选择已安装的浏览器对 index. html 文件进行浏览。

(2) 关闭浏览器。

(3) 也可以用 Dreamweaver CC 2018 打开源文件进行预览。在菜单栏中选择“文件”→“打开”按钮。选择“lesson03/范例/03complete”文件夹中的 index. html 文件,并单击“打开”按钮,切换到“实时”视图查看页面。

3.2 HTML 语言概述

HTML 是 Hypertext Markup Language 的字母缩写,通常称作超文本标记语言,或超文本链接标记语言,目前的版本已发展到了 HTML5。它是基于 SGML(Standard General Markup Language,标准通用标签语言)的一种描述性语言,由 W3C(World Wide Web Consortium,万维网联盟)推出,并被国际标准 ISO 8879 所认可,是用于建立 Web 页面和其他超级文本的语言,是 WWW 的描述语言。

HTML 并不是真正的程序设计语言,它只是标签语言,扩展名通常为. htm 或. html。了解网页的用户可能听说过许多可以编辑网页的软件,事实上,用户可以用任何文本编辑器建立 HTML 页面,如 Windows 的“记事本”程序。

HTML 文本是由 HTML 命令组成的描述性文本,可以说明文字、图形、动画、声音、表格和链接等,它独立于各种操作系统平台(如 UNIX、Windows 等)。使用 HIML 语言描述的文件,需要通过浏览器显示效果。浏览器先读取网页中的 HTML 代码,分析其语法结构,然后根据解释的结果,将单调乏味的文字显示为丰富多彩的网页内容,而不是显示事先存储于网页中的内容。正是因为如此,网页显示的速度与网页代码的质量有很大的关系,保持精简和高效的 HTML 源代码是非常重要的。

日前较为流行的 HTML5,是针对 HTML4 而言的,是 W3C 与 WHATWG(Web Hypertext Application Technology Working Group)双方合作创建的一个新版本的 HTML,其前身名为 Web Applications 1.0。HTML5 增加了更多样的 API,提供了嵌入音频、视频、图片的函数,客户端数据存储,以及交互式文档的功能。

Dreamweaver 默认的 HTML 文档类型为 HTML5。以下是 HTML5 一些有趣的特性:

- 用于绘画的 canvas 元素。
- 用于媒介回放的 video 和 audio 元素。
- 对本地离线存储的更好的支持。
- 特殊内容元素,如 article、footer、header、nav、sectlon。
- 表单控件,如 calendar、date、time、email、url、search。

HTML5 通过制定如何处理所有 HTML 元素以及如何从错误中恢复的精确规则,改进了互操作性,并减少了开发成本。

3.3 HTML 的语法结构

标准的 HTML 由标签和文本内容构成，并用一组“<”与“>”括起来，且与字母的大小写无关。例如，

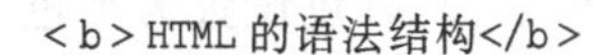

```
<b>HTML 的语法结构</b>
```

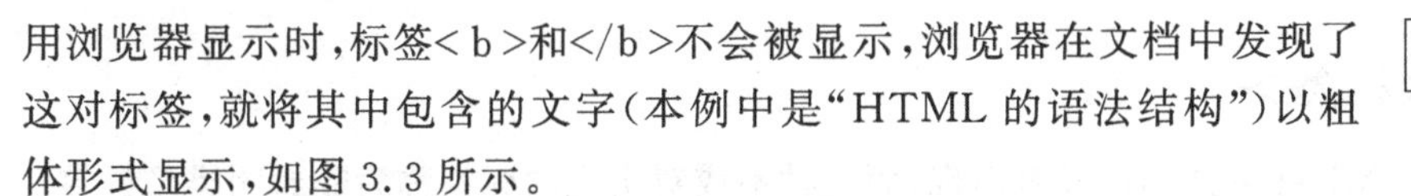

用浏览器显示时，标签<b>和</b>不会被显示，浏览器在文档中发现了这对标签，就将其中包含的文字(本例中是“HTML 的语法结构”)以粗体形式显示，如图 3.3 所示。

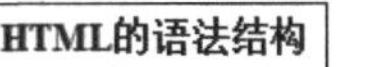

图 3.3

需要注意的是，标签通常是成对出现的。每当使用一个标签，如<font>，则必须用另一个标签</font>将它关闭。但是也有一些标签例外，例如，<input>标签就不需要另一个标签进行关闭。

严格地说，标签和标签元素不同：标签元素是位于“<”和“>”符号之间的内容，如上例中的“b”；而标签则包括了标签元素和“<”和“>”符号本身，如上例中的“<b>”。但是，通常将标签元素和标签当作一种东西，因为脱离了“<”和“>”符号的标签元素毫无意义。在后面的介绍中，若不做特别说明，则将标签和标签元素统一称作“标签”。

一般来说，HTML 的语法有以下 3 种表达方式：

- <标签>内容</标签>
- <标签 属性 1=参数 1 属性 2=参数 2>内容</标签>
- <标签>

下面分别对这 3 种形式及嵌套标签进行介绍。

3.3.1 <标签>内容</标签>

这种语法结构显示了使用封闭类型标签的形式。大多数标签是封闭类型的，也就是说，它们成对出现。所谓成对，是指一个起始标签总是搭配一个结束标签，在起始标签的标签名前加上符号“/”便是其终止标签，如<head>与</head>。起始标签和终止标签之间的内容受标签的控制。

例如，<i>内容</i>，<i>和</i>之间的内容受标签的控制。标签 i 的作用是将所控制的文本内容显示为斜体，所以在浏览器中看到的内容将是斜体字。

如果一个应该封闭的标签没有结束标签，则可能产生意想不到的错误，根据浏览器的不同，出错结果也可能不同。例如，如果在上例中，没有以标签</i>结束对文字格式的设置，可能后面所有的文字都会以斜体字的格式出现。

> **注意**：并非所有 HTML 标签都必须成对出现，3.3.3 节会具体介绍，建议在使用 HTML 标签时，最好先弄清标签是否为封闭类型。

3.3.2 <标签 属性 1=参数 1　属性 2=参数 2>内容</标签>

这种语法结构是上一种语法结构的扩展形式，利用属性进一步设置对象的外观，而参数则是设置的结果。

每个 HTML 标签都可以有多个属性，属性名和属性值之间用“=”连接，构成一个完整的属性，例如，< body bgcolor=" #FFFFFF">表示将网页背景设置为白色。多个属性之间用空格分开。例如：

```
< font face = "华文行楷" size = "45" color = " # 000000">小王子</font >
```

上述语句表示将“小王子”的字体设置为华文行楷，字号设置为 45，颜色设置为黑色，如图 3.4 所示。

3.3.3 <标签>

前面说过，HTML 标签并非都成对出现，而这种不成对出现的标签称为非封闭类型标签。在 HTML 语言中，非封闭类型的标签不多，最常见的应该是换行标签< br >。

例如，在 Dreamweaver 的“代码”视图的< body >与</body >标签之间输入如下内容：

```
< font face = "楷书" size = "5" color = " # 636363">
看东西只有用心才能看得清楚,< br >重要的东西用眼睛看不见的。
</font >
```

在浏览器中的显示效果如图 3.5 所示。

图 3.4

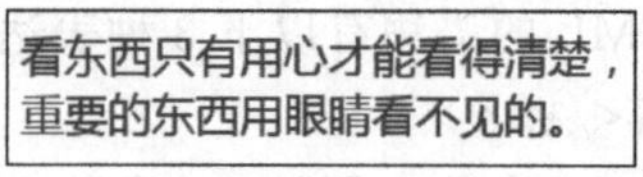

图 3.5

使用换行标签使一行字在中间换行，显示为两行，但结构上仍属于同一个段落。

3.3.4 标签嵌套

几乎所有的 HTML 代码都是上面 3 种形式的组合，标签之间可以相互嵌套，形成更为复杂的语法。例如，如果希望将一行文本同时设置粗体和斜体格式，则可以采用下面的语句：

```
< b >< i >真实的故事</ i ></ b >
```

在浏览器中的显示效果如图 3.6 所示。

注意，尽量不要写成如下的形式：

```
< i >< b >真实的故事</ i ></ b >
```

在上面的语句中，标签嵌套发生了错误。切换到“设计”视图，可以看到显示效果如图 3.7 所示，状态栏上的 linting 图标显示为 ⊗，表明代码中存在错误。单击标签为黄色的文本块，在“属性”面板中可以看到相关的错误提示，提示用户这是一个无效的标签，因为这是一个交叠的或未关闭的标签，如图 3.8 所示。单击状态栏上的 linting 图标，弹出如图 3.9 所示的“输出”面板，其中标明了错误所在的代码行和错误可能的原因。

图 3.6

图 3.7

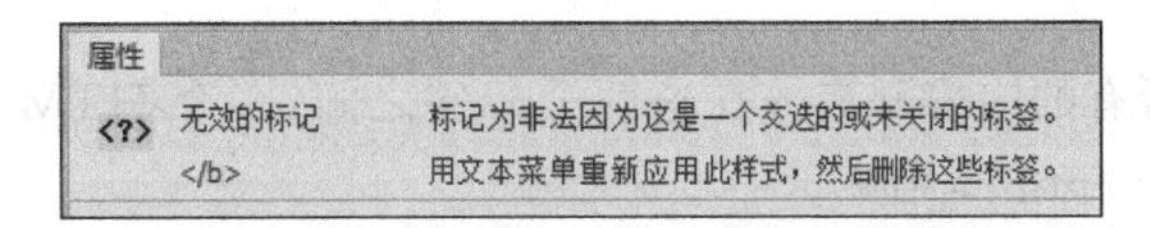

图　3.8

搜索 输出 Git		
行	列	错误/警告
14	13	Tag must be paired, missing: [</b>], start tag match failed [<b>] on line 14.
14	17	Tag must be paired, no start tag: [</b>]

图　3.9

尽管这个错误的例子在大多数浏览器中可以被正确识别，但是对于其他的一些标签，如果嵌套发生错误的话，就不一定会被正确显示。为了保证文档有更好的兼容性，尽量不要出现标签嵌套顺序的错误。

3.4　常用的 HTML 标签

本节将详细介绍 HTML 中常用的一些标签。掌握这些标签的用法，对今后的网页制作可以起到事半功倍的效果。

3.4.1　文档的结构标签

视频讲解

在 Dreamweaver 中创建一个空白的 HTML 文档(文档类型默认为 HTML5)后，如果切换到“代码”视图，用户会发现，尽管新建文档的“设计”视图是空白的，但是“代码”视图中已经有了不少源代码。在默认状态下，这些源代码如下所示：

```
<!doctype html>
<html>
<head>
<meta charset = "utf - 8">
<title>无标题文档</title>
</head>
<body>
</body>
</html>
```

基本 HTML 页面以 doctype 开始，它声明文档的类型，主要用来说明文档使用的 XHTML 或者 HTML 的版本。浏览器根据 doctype 定义的 DTD(文档类型定义)解释页面代码。doctype 声明必须放在每一个 XHTML 或 HTML 文档最顶部，在所有代码和标识之上，否则文档声明无效。

上面的代码包括了一个标准的 HTML 文件应该具有的 4 个组成部分。下面分别进行简要介绍。

1. <html>标签

<html>…</html>标签是 HTML 文档的开始和结束标签，告诉浏览器这是整个

HTML 文件的范围。

HTML 文档中所有的内容都应该在这两个标签之间，一个 HTML 文档非注释代码总是以<html>开始，以</html>结束。

2. <head>标签

<head>…</head>标签一般位于文档的头部，用于包含当前文档的有关信息，如标题和关键字等，通常将这两个标签之间的内容统称作 HTML 的“头部”。

位于头部的内容一般不会在网页上直接显示，而是通过另外的方式起作用。例如，在 HTML 头部定义的标题不会显示在网页中，但是会出现在网页的标题栏上。

3. <title>标签

<title>…</title>标签位于 HTML 文档的头部，即位于<head>…</head>标签之间，用于定义显示在浏览器窗口标题栏中的内容。

4. <body>标签

<body>…</body>标签用于定义 HTML 文档的正文部分，如文字、标题、段落和列表等，也可以用来定义主页背景颜色。<body>…</body>定义在</head>标签之后，<html>…</html>标签之间。所有出现在网页上的正文内容都应该写在这两个标签之间。

<body>标签有 6 个常用的可选属性，主要用于控制文档的基本特征，如文本和背景颜色等。各个属性介绍如下：

- background——为文档指定一幅图像作为背景。
- text——文档中非链接文本的默认颜色。
- link——文档中一个未被访问过的超级链接的文本颜色。
- alink——文档中一个正在打开的超级链接的文本颜色。
- vlink——文档中一个已经被访问过的超级链接的文本颜色。
- bgcolor——网页的背景颜色。

例如，如果要将文档的背景图像设置为主目录下的 1.jpg，文本颜色设置为#BDBDBD，未访问超级链接的文本颜色设置为#FFFFFF，已访问超级链接的文本颜色设置为#E5F571，正在访问的超级链接的文本颜色设置为#F43235，则可以使用如下的<body>标签：

```
<body background = "1.jpg" text = #BDBDBD link = "#FFFFFF" vlink = "#E5F571" alink =
"#F43235">
```

在页面中输入文本，并为其创建超级链接，预览效果如图 3.10 所示。

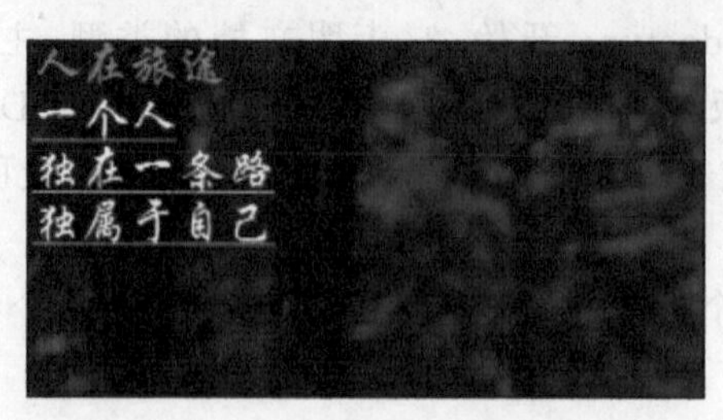

图 3.10

3.4.2 文本格式标签

文本格式标签用于控制网页中文本的样式，如大小、字体和段落样式等。

1. < font >标签

视频讲解

< font >…</font >标签用于设置文本字体格式，包括字体、字号、颜色和字形等，适当地应用可以使页面更加美观。

font 标签有 3 个属性：face、color 和 size。这 3 个属性可以自由组合，没有先后顺序。通过设置这 3 个标签属性，可以控制文字的显示效果。

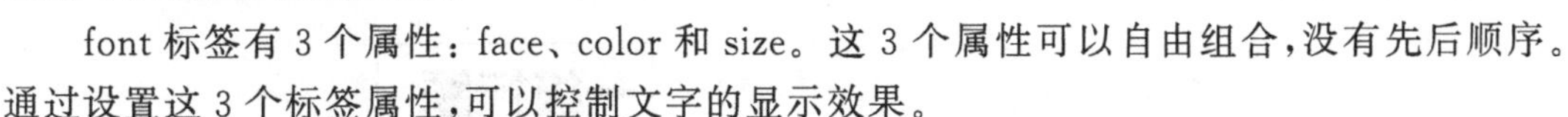

- face：用于设置文本字体名称，可以用逗号隔开多个字体名称。例如：

```
< font face = " Cambria,Times,serif">你好,明天!</font >
```

- size：用于设置文本字体大小，取值范围为－7～7，数字越大字号越大。
- color：用于设置文本颜色，可以用 red、white 和 green 等助记符，也可以用十六进制数表示，如红色为＃FF0000。

使用示例：

```
< font face = " 华文行楷" size = "7" color = " ＃DB292C">你好,明天!</font >
```

上述语句在浏览器中的显示效果如图 3.11 所示。

图 3.11

2. < b >、< i >、< em >、< h＃>标签

- < b >…</b >标签将标签之间的文本设置成粗体。例如：

```
文本设置为< b >粗体</b >
```

- < i >…</i >标签将标签之间的文本设置成斜体。例如：

```
文本设置为< i >斜体</i >
```

- < em >…</em >标签用于将标签之间的文字加以强调。不同的浏览器效果有所不同，通常会设置成斜体。例如：

```
文字加以< em >强调</em >
```

上述 3 个例子在浏览器中的显示效果如图 3.12 所示。

- < h＃>…</h＃>（＃＝1、2、3、4、5、6）标签用于设置标题字体（Header），有 1～6 级标题，数字越大字体越小。标题将显示为黑体字。< h＃></h＃>标签自动插入一个空行，不必用< p >标签再加空行。和< title >标签不一样，< h＃>标签中的文本将显示在浏览器中。

使用示例：

```
< h1 >一级标题</h1 >
```

```
<h2>二级标题</h2>
<h3>三级标题</h3>
<h4>四级标题</h4>
<h5>五级标题</h5>
<h6>六级标题</h6>
```

显示效果如图 3.13 所示。

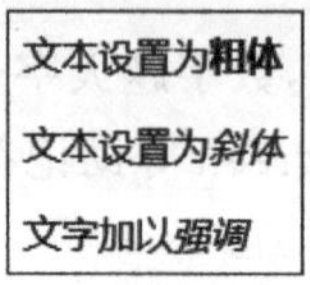

文本设置为**粗体**

文本设置为*斜体*

文字加以*强调*

图 3.12

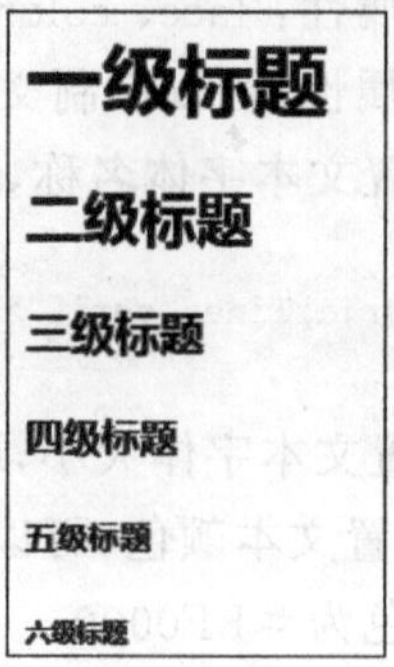

一级标题

二级标题

三级标题

四级标题

五级标题

六级标题

图 3.13

3.4.3 排版标签

1.
、<p>、<hr>标签

-
标签适用于在文本中添加一个换行符，它不需要成对使用。例如：

```
添加一个换行符<br>第二行
```

- <p>…</p>标签用来分隔文档的多个段落。属性 align 有 4 个取值，分别介绍如下：

left——段落左对齐。
center——段落居中对齐。
right——段落右对齐。
justify——段落两端对齐，即每行都有相等的宽度(就像在报纸和杂志中)。
例如：

```
<p align="left">左对齐</p>
<p align="center">居中对齐</p>
<p align="right">右对齐</p>
<p align="justify">两端对齐</p>
```

- <hr>标签用于在页面中添加一条水平线。例如：

```
水平线上<hr>水平线下
```

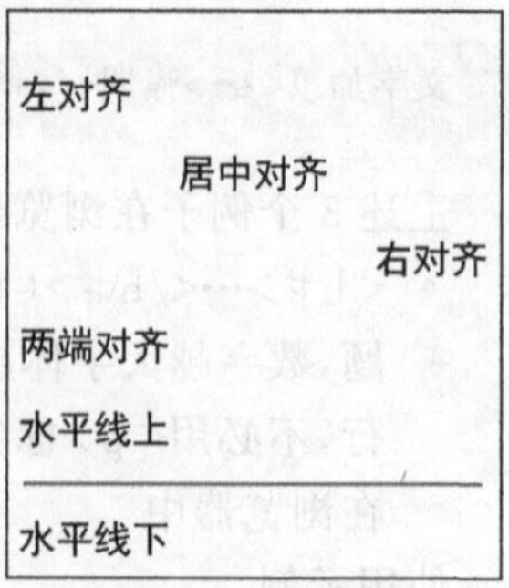

左对齐

居中对齐

右对齐

两端对齐

水平线上

水平线下

图 3.14

上述 3 个例子在浏览器中的显示效果如图 3.14 所示。

2. <sub>和<sup>标签

- _…标签将标签之间的文本设置成下标。例如：

```
123 是下标<sub>123</sub>
```

- […]标签将标签之间的文本设置成上标。例如：

```
456 是上标<sup>456</sup>
```

上述两个例子在浏览器中的显示效果如图 3.15 所示。

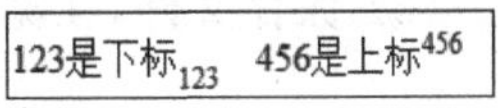

123是下标$_{123}$ 456是上标^{456}

图 3.15

3. <div>和<span>标签

- <div>…</div>用于块级区域的格式化显示。该标签可以把文档划分为若干部分，并分别设置不同的属性值，使同一文字区域内的文字显示不同的效果，常用于设置 CSS 样式。

<div>标签的常用格式如下：

```
<div align = 对齐方式 id = 名称 style = 样式 class = 类名 nowrap>…</div>
```

其中，对齐方式可以为 center、left 和 right，id 用于定义 div 区域的名称，style 用于定义样式，class 用于赋予类名，nowrap 说明不能换行(默认是不加 nowrap 的，也就是可以换行)。例如：

```
<div>地球可不是普通的地球哦!</div>
<div align = "center" style = "color: #F51D21" id = "nav">这里有一百一十一位国王(当然包括了
非洲的国王),七千多个地理学家……</div>
```

上例在浏览器中的显示效果如图 3.16 所示。

地球可不是普通的地球哦！
这里有一百一十一位国王（当然包括了非洲的国王），七千多个地理学家……

图 3.16

- <span>…</span>标签用于定义内嵌的文本容器或区域，主要用于一个段落、句子甚至单词中。其格式为

```
<span id = 名称 style = 样式 class = 类名>…</span>
```

<span>标签没有 align 属性，其他属性的意义和<div>标签类似。<span>标签同样在样式表的应用方面特别好用，它们都用于 HTML。例如：

```
<span style = "color: #E90FFF;font - size: 36px"> span 标签</span>
```

<div>标签和<span>标签的区别在于，<div>标签是块级元素，可以包含段落、标题、表格，甚至章节、摘要和备注等；而<span>标签是行内元素，<span>的前后是不会换行的，它纯粹地应用样式。下面以一个小实例来说明两者的区别。

(1) 新建一个 HTML 文档，并设置文档的背景图像。

(2) 切换到“代码视图”,在<body>和</body>标签之间输入以下代码:

```
<span>第一个 span</span>
<span>第二个 span</span>
<span>第三个 span</span>
<div>第一个 div</div>
<div>第二个 div</div>
<div>第三个 div</div>
```

(3) 保存文件,在浏览器中查看,结果如图 3.17 所示。

第一个span 第二个span 第三个span
第一个div
第二个div
第三个div

图 3.17

视频讲解

3.4.4 列表标签

在 HTML 中,列表标签分为无序列表、有序列表和普通列表 3 种。下面分别对它们进行简要介绍。

1. 无序列表

所谓无序列表,是指列表项之间没有先后次序之分。<ul>…</ul>用来标记无序列表的开始和结束。列表的标签格式为<ul><li>…</li></ul>,其中的每个<li>标签都表示一个列表项值。

例如:

```
<ul>
    <li>夜航</li>
    <li>人的大地</li>
    <li>小王子</li>
</ul>
```

上例在浏览器中的显示效果如图 3.18 所示。

- 夜航
- 人的大地
- 小王子

图 3.18

2. 有序列表

有序列表与普通列表不同之处在于有序列表存在序号。<ol>…</ol>用于标记有序列表的开始和结束。有序列表有一个属性 type,它取不同值时对应的功能如下:

- type=1 表示用数字给列表项编号,这是默认设置。
- type=a 表示用小写字母给列表项编号。
- type=A 表示用大写字母给列表项编号。
- type=i 表示用小写罗马字母给列表项编号。
- type=I 表示用大写罗马字母给列表项编号。

例如：

```
<ol>
    <li>夜航</li>
    <li>人的大地</li>
    <li>小王子</li>
</ol>
```

该示例在浏览器中的显示效果如图 3.19 所示。

3. 普通列表

普通列表通过< dl >…< dt >…< dd >…</dd >…</dt >…</dl >的形式实现，通常用于排版。其中，< dl >…</dl >用于创建一个普通列表；< dt >…</dt >用于创建列表中的上层项目；< dd >…</dd >用于创建列表中最下层的项目。< dt >…</dt >和< dd >…</dd >都必须放在< dl >…</dl >标签之间。

例如：

```
<dl>
  <dt>圣埃克苏佩里
 <dd>夜航</dd>
 <dd>人的大地</dd>
 <dd>小王子</dd>
  </dt>
  <dt>圣埃克苏佩里
 <dd>夜航</dd>
 <dd>人的大地</dd>
 <dd>小王子</dd>
  </dt>
</dl>
```

该示例在浏览器中的显示效果如图 3.20 所示。

```
1. 夜航
2. 人的大地
3. 小王子
```

图　3.19

```
圣埃克苏佩里
    夜航
    人的大地
    小王子
圣埃克苏佩里
    夜航
    人的大地
    小王子
```

图　3.20

3.4.5　表格标签

视频讲解

通过表格可以将数据内容分门别类地显示出来，从而使网页显得整齐美观。

1. < table >标签

表格由< table >…</table >标签构成。< table >标签还有很多属性用于控制表格的显示效果。表格的常用属性介绍如下：

- align——设置表格与页面对齐的方式，取值有 left、center 和 right。
- cellpadding——设置表格单元格内数据和单元格边框之间的边距，以像素为单位。
- cellspacing——设单元格之间的间距，以像素为单位。
- border——设置表格的边框，如果将该属性的值设置为 0，则不显示表格的边框线。
- width——设置表格的宽度，单位默认为像素，也可以使用百分比形式。
- height——设置表格的高度，单位默认为像素，也可以使用百分比形式。

例如，下面的代码新建了一个宽为 400px、边框为 1 像素量、边距和间距均为 2px 的 4 行 4 列的表格。

```
<table width = "400" border = "1" cellspacing = "2" cellpadding = "2">
  <tbody>
    <tr>
      <td> </td>
      <td> </td>
      <td> </td>
      <td> </td>
    </tr>
    <tr>
      <td> </td>
      <td> </td>
      <td> </td>
      <td> </td>
    </tr>
    <tr>
      <td> </td>
      <td> </td>
      <td> </td>
      <td> </td>
    </tr>
    <tr>
      <td> </td>
      <td> </td>
      <td> </td>
      <td> </td>
    </tr>
  </tbody>
</table>
```

2. <tr>、<td>和<th>标签

(1) <tr>…</tr>标签用于标记表格一行的开始和结束。常用的属性介绍如下：

- align——设置行中文本在单元格内的对齐方式，取值有 left、center 和 right。
- bgcolor——设置行中单元格的背景颜色。

(2) <td>…</td>标签用于标记表格内单元格的开始和结束，应位于<tr>标签内部。常用的属性介绍如下：

- align——设置单元格内容在单元格内的对齐方式，取值有 left、center 和 right。
- bgcolor——设置单元格的背景颜色。

- width——设置单元格的宽度，单位为像素。
- height——设置单元格的高度，单位为像素。

(3) <th>…</th>的作用与<td>大致相同，主要用于标记表格内表头的开始和结束，且其中的文本自动以粗体显示。常用的属性如下：

- colspan——设置<th>…</th>内的内容应该跨越几列。
- rowspan——设置<th>…</th>内的内容应该跨越几行。

3. <colspan>和<rowspan>标签

<colspan>和<rowspan>标签用于合并单元格，分别表示跨多列合并和跨多行合并。例如下面的代码：

```
<table width = "400" border = "1" cellspacing = "2" cellpadding = "2">
  <tbody>
    <tr>
      <th width = "79" scope = "col">姓名</th>
      <th colspan = "3" scope = "col">各分数</th>
    </tr>
    <tr>
      <td>小花</td>
      <td width = "95"> 80 </td>
      <td width = "95"> 98 </td>
      <td width = "95"> 92 </td>
    </tr>
    <tr>
      <td>小米</td>
      <td width = "95"> 95 </td>
      <td width = "95"> 86 </td>
      <td width = "95"> 69 </td>
    </tr>
    <tr>
      <td>小红</td>
      <td width = "95"> 75 </td>
      <td width = "95"> 99 </td>
      <td width = "95"> 87 </td>
    </tr>
  </tbody>
</table>
```

该表格包含4行4列，其中第一行设置了跨3列的合并形式，在浏览器中的效果如图3.21所示。

姓名	各分数		
小花	80	98	92
小米	95	86	69
小红	75	99	87

图 3.21

3.4.6 表单标签

表单是HTML文档中用于向用户显示信息,同时获取用户输入信息的网页元素。当数据输入完毕后,单击“提交”按钮,即可将表单内的数据提交到服务器,服务器再根据输入的数据做相应的处理。表单的应用相当广泛,登录注册、网上查询等功能都离不开表单。

视频讲解

1. <form>标签

<form>…</form>标签用于表示一个表单的开始与结束,并且通知服务器处理表单的内容。表单中的各种表单对象都要放在这两个标签之间。<form>标签的常用属性介绍如下:

- name——用于指定表单的名称。
- action——指定提交表单后,将对表单进行处理的文件路径及名称(即URL)。
- method——用于指定发送表单信息的方式,有GET方式(通过URL发送表单信息)和POST方式(通过HTTP发送表单信息)。其中POST方式适合传递大量数据,但速度较慢;GET方式适合传送少量数据,但速度快。

2. <input>标签

<input>标签用于在表单内放置表单对象,此标签不需成对使用。它有一个type属性,对于不同的type值,<input>标签有不同的属性。

(1) 当type="text"(文本域表单对象,在文本框中显示文字)或type="password"(密码域表单对象,在文本框中显示*号代替输入的文字,起保密作用)时,<input>标签的属性如下:

- size——文本框在浏览器中的显示宽度,实际能输入的字符数由maxlength参数决定。
- maxlength——在文本框中最多能输入的字符数。

(2) 当type="submit"(提交按钮,用于提交表单)或type="reset"(重置按钮,用于清空表单中已输入的内容)时,<input>标签的属性如下:

- value——在按钮上显示的内容。

(3) 当type="radio"(单选按钮)或type="checkbox"(复选框)时,<input>标签的属性如下:

- value——用于设定单选按钮或复选框的值。
- checked——可选参数,若带有该参数,则默认状态下该按钮是选中的。同一组radio单选按钮(name属性相同)中最多只能有一个带checked属性。复选框则无此限制。

(4) 当type="image"(图像)时,<input>标签的属性如下:

- src——图像文件的名称。
- alt——图像无法显示时的替代文本。
- align——图像的对齐方式,取值可以是top、left、bottom、middle或right。

3. <select>和<option>标签

<select>…</select>标签用于在表单中插入一个列表框对象。它与<option>…</option>标签一起使用,<option>标签用于为列表框添加列表项。

(1) <select>标签的常用属性简要介绍如下：

- name——指定列表框的名称。
- size——指定列表框中显示多少列表项(行)，如果列表项数目大于 size 参数值，那么通过滚动条来滚动显示。
- multiple——指定列表框是否可以选中多项，默认情况下只能选择一项。

(2) <option>标签有两个可选参数，介绍如下：

- selected——用于设定在初始时本列表项是被默认选中的。
- value——用于设定本列表项的值，如果不设此项，则默认为标签后的内容。

在 Dreamweaver 的"代码"视图的<body>...</body>标签之间输入以下代码：

```
<form method = "post">
 <select name = "balls" size = "3" multiple>
 <option selected>足球</option>
 <option selected>羽毛球</option>
 <option selected>乒乓球</option>
 <option selected>羽毛球</option>
 </select><p>
 <input type = "submit"><input type = "reset"></p>
 </form>
```

保存文档，并按 F12 键在浏览器中查看显示效果，如图 3.22 所示。

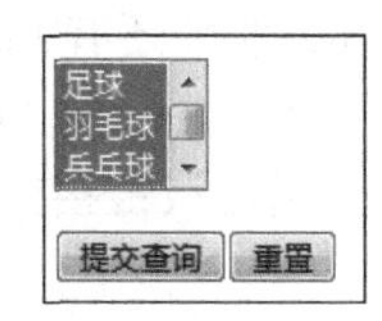

图　3.22

4. <textarea>标签

<textarea>…<textarea>标签的作用与<input>标签的 type 属性值为 text 时的作用相似，二者的不同之处在于，<textarea>显示的是多行多列的文本区域，而<input>文本框只有一行。<textarea>和</textarea>之间的文本是文本区域的初始文本。

<textarea>标签的常用属性如下：

- name——指定文本区域的名称。
- rows——文本区域的行数。
- cols——文本区域的列数。
- wrap——用于设置是否自动换行，取值有 off(不换行，是默认设置)、soft(软换行)和 hard(硬换行)。

在 Dreamweaver 的"代码"视图的<body>…</body>标签之间输入以下代码：

```
<form method = "post">
 <textarea name = "content" rows = "5" cols = "30">
  个人简介
</textarea><br>
 <input type = "submit"><input type = "reset">
</form>
```

保存文档，并按 F12 键在浏览器中预览显示效果，如图 3.23 所示。

图 3.23

3.4.7 其他标签

视频讲解

1. <img>标签

图像可以使页面更加生动美观。在 HTML 文本中可以通过<img>标签来为页面插入图像,该标签除 src 属性不可缺少以外,其他属性均为可选项。其属性如下所示:

- src——用于指定要插入图像的地址和名称。
- alt——用于设置当图像无法显示时的替换文本。
- width 和 height——用于设置图片的宽度和高度。

2. <a>标签

HTML 最显著的优点就在于它支持文档的超级链接,可以很方便地在不同文档以及同一文档的不同位置之间跳转。HTML 是通过链接标签<a>实现超级链接的,<a>标签是封闭性标签,其起止标签之间的内容即为锚标。<a>标签有两个不能同时使用的属性 href 和 name,此外还有 target 属性等,分别介绍如下。

- href——用于指定目标文件的 URL 地址或页内锚点。

当超级链接要链接到页内锚点时,应采用如下格式:

```
<a href = "#…">…</a>
```

href 后的第一个省略号为命名锚点的名字。

<a>标签使用此属性后,在浏览器中单击锚标,页面将跳转到指定的页面或本页中指定的锚点位置。例如:

```
<a href = "url">单击这里</a>
```

表示当单击链接文本"单击这里"时,会打开 url 所指向的文件页面。

```
<a href = "http://www.baidu.com">百度</a>
```

表示当单击链接文本"百度"时,将会打开 http://www.baidu.com 网页。

- name——用于标识一个目标,该目标终点在一个文件中指定。例如:

```
<a name = "name"> text </a>
```

- target——用于设定打开新页面所在的目标窗口。如果当前页面使用了框架技术,还可以把 target 设置为框架名。例如:

```
<a href = "http://www.baidu.com" target = "main">锚点链接</a>
```

表示当单击链接文字“锚点链接”时，将链接的页面在名为 main 的框架中打开。

3. <meta>标签

<meta>标签是实现元数据的主要标签，它能够提供文档的关键字、作者、描述等多种信息。在 HTML 的头部可以包括任意数量的<meta>标签。<meta>标签是非成对使用的标签，常用属性介绍如下：

- name——用于定义一个元数据属性的名称。
- content——用于定义元数据的属性值。
- http-equiv——可以用于替代 name 属性，HTTP 服务器可以使用该属性从 HTTP 响应头部收集信息。
- charset——用于定义文档的字符解码方式。

4. <link>标签

<link>标签定义了文档的引用关系，通常用于链接外部样式表。它把 CSS 写到一个扩展名为.css 的文件中，主要用于多个页面排版风格的统一控制，避免单个页面重复地设置 CSS 样式。<link>是一个非封闭性标签，只能在<head>…</head>中使用。

在 HTML 的头部可以包含任意数量的<link>标签。<link>标签有很多属性，下面介绍一些常用的属性：

- href——用于设置链接资源所在的 URL。
- title——用于描述链接关系的字符串。
- rel——用于定义文档和所链接资源的链接关系，可能的取值有 Alternate（定义交替出现的链接）、Stylesheet（定义一个外部加载的样式表）、Start（通知搜索引擎，文档的开始）、Next（记录文档的下一页，以告知浏览器下面要加载的页面）、Prev（记录文档的上一页，即定义浏览器的后退键）、Index（当前文档的索引）、Glossary（词汇）、Copyright（当前文档的版权）、Chapter（当前文档的章节）、Section（作为文档的一部分）、Subsection（作为文档的一部分）、Appendix（定义文档的附加信息）、Help（链接帮助信息）、Bookmark（书签）等。如果希望本页指定不止一个链接关系，可以在这些值之间用空格隔开。
- rev——用于定义文档和所链接资源之间的反向关系。其可能的取值与 rel 属性相同。

例如，下面的语句链接了一个外部的样式表：

```
<link rel = "stylesheet" type = "text/css" href = "theme.css" />
```

5. <bgsound>标签

<bgsound>标签常用于在网页中添加背景音乐，常用的两个属性为 src 属性和 loop 属性。

- src 属性用于设置要加载的背景音乐的 URL 地址。
- loop 属性用于设置背景音乐播放的循环次数。当 loop 属性值设置为−1 时，表示背景音乐无限循环播放，直到页面被关闭。

例如，<bgsound src="毛不易 － 无问.mp3" loop="3"></bgsound>表示添加网页相同目录下的“毛不易 － 无问.mp3”文件作为背景音乐，并设置循环播放次数为 3 次。

6. <style>标签

<style>…</style>标签用于在网页中创建样式(也叫嵌入样式表),它把 CSS 直接写入 HTML 的 head 部分,这是 CSS 最为典型的使用方法。在制作网站时不建议这样使用,应将网页结构与样式分离,便于维护。

在<style>标签中可以创建多个不同的命名样式。文档内容可以直接运用这些定义好的样式。例如:

```
<style type="text/css">
body {
 background-color: #B39797;
}
a:link{
 color: #FFFFF0;
 text-decoration: none;
}
a:visited{
 color: #8B8963;
 text-decoration: none;
}
a:hover{
 color: #F80004;
 text-decoration: none;
}
a:active{
 color: #166016;
 text-decoration: none;
}
</style>
```

在上面的代码中,<style>标签定义了 5 个样式,分别用于设置页面背景颜色、未访问过的链接颜色、已访问过的链接颜色、当前链接和活动链接颜色。如果要在文本中应用上述样式,可以在文字修饰标签中应用 class 属性和属性值。例如:

```
<font class="a:active">我的主页</font>
```

视频讲解

3.5 CSS 的基本语法

CSS 语句是内嵌在 HTML 文档内的,所以编写 CSS 的方法和编写 HTML 文档的方法是一样的,可以用任何一种文本编辑工具来编写,比如 Dreamweaver、Windows 下的记事本和写字板以及专门的 HTML 文本编辑工具(Frontpage、UltraEdit 等)。

CSS 的代码都是由一些最基本的语句构成的,其基本语句的语法如下:

```
selector{property:value;}
```

其中,property:value 指的是样式表定义,property 表示属性,value 表示属性值,属性与属

性值之间用冒号(:)隔开,各个属性之间用分号(;)隔开,因此以上语法也可以表示如下:

```
选择符{属性 1:属性值 1;属性 2:属性值 2;}
```

selector 是选择符,一般都是定义 HTML 样式的标签,比如 table、body、p 等,代码示例如下:

```
p {font - size: 48; font - style: bold; color: red}
```

这里 p 表示定义段落内的格式,font-size、font-style 和 color 是属性,分别用于定义 p 中字体的大小(size)、样式(style)和颜色(color),而 48、bold、red 是属性值,意思是以 48pt、粗体、红色的字体样式显示该段落。

3.6 伪类、伪元素以及样式表的层叠顺序

3.6.1 伪类和伪元素

一般来说,选择符可以和多个类采用捆绑的形式来设定,不过这样虽然能够为同一个选择符创建多个样式,但同时也限制了所设定的类不能被其他选择符所使用。伪类的产生就是为了解决这个问题,每个预声明的伪类都可以被所有的 HTML 标识符引用,当然有些块级内容的设置除外。

伪类和伪元素是 CSS 中特殊的类和元素,它们能够自动被支持 CSS 的浏览器所识别。伪类可以用于文档状态的改变、动态的事件等,例如,visited links(已访问链接)和 active links(可激活链接)描述了两个定位锚(anchors)的类型。伪元素指元素的一部分,例如,段落的第一个字母。

伪类或伪元素规则的形式有两种,分别如下:

```
选择符:伪类{属性: 属性值}
选择符:伪元素{属性: 属性值}
```

CSS 类也可以与伪类、伪元素一起使用,有两种表示方式,分别如下:

```
选择符.类:伪类{属性: 属性值}
选择符.类:伪元素{属性: 属性值}
```

1. 定位锚伪类

伪类可以指定以不同的方式显示链接(links)、已访问链接(visited links)和可激活链接(active links)。

一个有趣的效果是使当前链接以不同颜色、更大的字体显示,然后当网页的已访问链接被重选时,又以不同颜色、更小字体显示,这个样式表的示例如下:

```
a:link {color: red;}
a:active{color: blue;font - size: 200 % }
a:visited{color: black;font - size: 50 % }
```

2. 首行伪元素

通常在报纸上文章的文本首行都会以粗体且全部大写展示，CSS 也具有这个功能，可将其作为一个伪元素。首行伪元素可用于任何块级元素，例如 p、hl 等，以下是一个首行伪元素的例子：

```
p:first - line {font - variant: small - caps;font - weight: bold}
```

3. 首字母伪元素

首字母伪元素用于 drop caps（下沉行首大写字母）和其他效果。首字母伪元素可用于任何块级元素，例如以下代码：

```
p:first - letter{font - size: 500 % ; float: left}
```

以上代码表示首字母的显示效果比普通字体加大 5 倍。

3.6.2 样式表的层叠顺序

当使用了多个样式表时，样式表需要指定选择符的控制权。在这种情况下，总会有样式表的规则能获得控制权，以下的特性将决定互相对立的样式表的结果。

1. !important

可以用!important 把样式特指为重要的样式，一个重要的样式会大于其他相同权重的样式。以下是!important 声明的例子：

```
body {background: url(01.gif)white; background - repeat: repeat - x ! important}
```

2. 设计者样式和浏览者样式

网页设计者和浏览者都有能力去指定样式表，当两者的规则发生冲突时，在相同权重的情况下，网页设计者的规则会高于浏览者的规则。但网页设计者和浏览者的样式表都高于浏览器的内置样式表。

网页设计者应该谨慎使用!important 规则，例如，用户可能会要求以大字体显示或以指定颜色显示，因为这些样式对于用户阅读网页是极为重要的。任何!important 规则都会超越一般的规则，所以建议网页制作者使用一般的规则以确保有特殊样式需要的用户能阅读网页。

3. 特性的顺序

为了方便使用，当两个规则具有同样的权重时，取后面的那个规则。

3.7 CSS 的各种属性

从 CSS 的基本语句就可以看出，属性是 CSS 非常重要的部分。熟练掌握 CSS 的各种属性会使工作更加简单。下面就介绍 CSS 中的几种重要属性。

3.7.1　CSS中的字体以及文本控制

1. 字体属性

字体属性是最基本的属性,网页制作中经常都会使用到,它主要包括以下这些属性。

视频讲解

1) font-family

font-family 是指使用的字体名称,其属性值可以选择本机上所有的字体,基本语法如下:

```
font - family:字体名称
```

代码示例如下:

```
<p style = "font - family: '微软雅黑'">网页制作第三章学习</p>
```

网页制作第三章学习

图　3.24

这行代码定义了文本"网页制作第三章学习"将以微软雅黑的字体显示,如图 3.24 所示。

如果在 font-family 后加上多种字体的名称,浏览器会按字体名称的顺序逐一在用户的计算机中寻找已经安装的字体,一旦遇到与要求相匹配的字体,就按这种字体显示网页内容并停止搜索。如果不匹配就继续搜索直到找到为止。如果样式表中的所有字体都没有安装,浏览器就会用自己默认的字体来显示网页内容。

2) font-style

font-style 是指字体是否使用特殊样式,属性值为 italic(斜体)、bold(粗体)、oblique(倾斜),其基本语法如下:

```
font - style:特殊样式属性值
```

代码示例如下:

```
<p style = "font - style: italic">网页制作第三章学习</p>
```

这行代码定义了 font-style 属性为斜体(italic),显示效果如图 3.25 所示。

网页制作第三章学习

图　3.25

3) text-transform

text-transform 用于控制文字的大小写。该属性可以使网页的设计者不用在输入文字时就确定文字的大小写,而是在输入完毕后,根据需要对局部的文字设置大小写。其基本语法如下:

```
text - transform: 大小写属性值
```

控制文字大小写的属性值如下:

- uppercase 表示所有文字大写显示。
- lowercase 表示所有文字小写显示。
- capitalize 表示每个单词的首字母大写显示。
- none 表示不继承母体的文字变形参数。

4) font-size

font-size 定义字体的大小,其基本语法如下:

```
font - size:字号属性值
```

5) text-decoration

text-decoration 表示文字的修饰,文字修饰的主要用途是改变浏览器显示文字链接时下画线的样式,其基本语法如下:

```
text - decoration:下画线属性值
```

下画线属性值的相关介绍如下:

- underline——为文字加下画线。
- reline——为文字加上画线。
- line-through——为文字加删除线。
- blink——使文字闪烁。
- none——不显示上述任何效果。

2. 文本属性

1) word-spacing

word-spacing 表示单词词间距。单词词间距指的是英文单词之间的距离,不包括中文文字,其基本语法如下:

```
word - spacing: 间隔距离属性值
```

间隔距离的属性值为带单位(points、em、pixels、in、cm、mm、pc、ex)的值和 normal 等。

2) letter-spacing

letter-spacing 表示字母间距,字母间距是指英文字母之间的距离。该属性的功能、用法以及参数设置和 word-spacing 很相似,其基本语法如下:

```
letter - spacing: 字母间距属性值
```

字母间距的属性值与单词间距相同,分别为带单位(points、em、pixels、in、cm、mm、pc、ex)的值和 normal 等。

3) line-height

line-height 表示行距,行距是指上下两行基准线之间的垂直距离。一般来说,英文五线格练习本从上往下数的第三条横线就是计算机所认为的该行的基准线。line-height 基本语法如下:

```
line - height: 行间距属性值
```

关于行距的取值,不带单位的值是以 1 为基数,相当于比例关系的 100%; 带长度单位的值是以具体的单位为准。

如果文字字号很大,而行距相对较小,那么可能会发生上下两行文字互相重叠的现象。

4) text-align

text-align 表示文本水平对齐的方式,该属性可以控制文本的水平对齐,而且并不仅仅针对文字内容,也包括设置图片、影像资料的对齐方式,其基本语法如下:

```
text - align: 属性值
```

text-align 的属性值分别介绍如下。

- left——左对齐。
- right——右对齐。
- center——居中对齐。
- justify——两端对齐。

注意：text-align 是块级属性，只能用于<p>、<blockquote>、<ul>、<h1>～<h6>等标识符中。

5）vertical-align

vertical-align 表示文本垂直对齐的方式。文本的垂直对齐是相对于文本母体的位置而言的，而不是指文本在网页里垂直对齐。例如，表格的单元格里有一段文本，那么对这段文本设置垂直居中就是针对单元格衡量的，也就是说，文本将在单元格的正中显示，而不是整个网页的正中。vertical-align 的基本语法如下：

```
vertical - align: 属性值
```

vertical-align 的属性值分别介绍如下：

- top——顶端对齐。
- bottom——底端对齐。
- text-top——相对文本顶端对齐。
- text-bottom——相对文本底端对齐。
- baseline——基线对齐。
- middle——中心对齐。
- sub——以下标的形式显示。
- super——以上标的形式显示。

6）text-indent

text-indent 表示文本的缩进，主要用于中文版式的首行缩进，或是将大段的引用文本和备注做成缩进的格式，其基本语法如下：

```
text - indent: 缩进距离属性值
```

缩进距离属性值可以是带长度单位的值或是比例关系。

注意：在使用比例关系的时候，有人会认为浏览器默认的比例是相对段落的宽度而言的，但其实并非如此，整个浏览器窗口才是浏览器所默认的参照物。另外，text-indent 是块级属性，只能用于<p>、<blockquote>、<ul>、<h1>～<h6>等标识符中。

3.7.2　CSS 中的颜色及背景控制

视频讲解

CSS 中的颜色及背景控制主要是对颜色属性、背景颜色、背景图像、背景图像的重复、背景图像的固定和背景定位这 6 个部分的控制。

1. 对颜色属性的控制

颜色属性允许网页制作者指定一个元素的颜色，其基本语法如下：

```
color: 颜色参数值
```

颜色取值可以用 RGB 值表示,也可以使用十六进制数字色标值表示,或者以默认颜色的英文名称表示。以默认颜色的英文名称表示无疑是最为方便的,但由于预定义的颜色种类太少,因此更多的网页设计者会用 RGB 方式或十六进制的数字色标值。RGB 方式可以用数字的形式精确地表示颜色,也是很多图像制作软件(比如 Photoshop)默认使用的规范。

2. 对背景颜色的控制

在 HTML 中,要为某个对象加上背景色只有一种方式,即先做一个表格,在表格中设置完背景色,再把对象放进单元格中。这样做比较麻烦,不但代码较多,而且表格的大小和定位也有些麻烦。而使用 CSS 则可以解决这些问题,且对象的范围广,可以是一段文字,也可以只是一个单词或一个字母。背景颜色控制的基本语法如下:

```
background - color: 参数值
```

属性值同颜色属性取值相同,可以用 RGB 值表示,也可以使用十六进制数字色标值表示,或者以默认的英文名称表示,其默认值为 transparent(透明)。

3. 对背景图像的控制

对背景图像的控制的基本语法如下:

```
background - image:url(URL)
```

URL 就是背景图像的存放路径。如果用 none 来代替背景图像的存放路径,则不显示图像。用该属性来设置一个元素的背景图像,其代码如下:

```
body{background - image:url(images/01.jpg)}
p{background - image:url(http://baidu.com/bg.png)}
```

4. 对背景图像重复的控制

背景图像重复控制的是背景图像是否平铺。当属性值为 no-repeat 时,不重复平铺背景图像;当属性值为 repeat-x 时,图像只在水平方向上平铺;当属性值为 repeat-y 时,图像只在垂直方向上平铺。也就是说,结合背景定位的控制,可以在网页上的某处单独显示一幅背景图像。背景图像重复控制的基本语法如下:

```
background - repeat: 属性值
```

如果不指定背景图像重复的属性值,那么浏览器默认的是背景图像在水平、垂直两个方向上同时平铺。

5. 背景图像固定控制

背景图像固定控制用于指定背景图像是否随网页的滚动而滚动。如果不设置背景图像固定属性,那么浏览器默认背景图像随网页的滚动而滚动。背景图像固定控制的基本语法如下:

```
background - attachment: 属性值
```

当属性值为 fixed 时,网页滚动时背景图像相对于浏览器的窗口固定不动;当属性值为 scroll 时,背景图像随浏览器的窗口一起滚动。

6. 背景定位控制

背景定位用于控制背景图像在网页中的显示位置，基本语法如下：

```
background-position: 属性值
```

background-position 的属性值分别介绍如下：

- top——相对前景对象顶端对齐。
- bottom——相对前景对象底端对齐。
- left——相对前景对象左对齐。
- right——相对前景对象右对齐。
- center——相对前景对象中心对齐。

3.7.3 CSS 中边框的控制属性

CSS 样式表定义了一个容器(Box)，它可以存储一个对象的所有可操作的样式，各个方面之间的关系如图 3.26 所示。

1. 边界

如图 3.26 所示，边界位于 Box 模型的最外层，包括 4 项属性，分别如下：

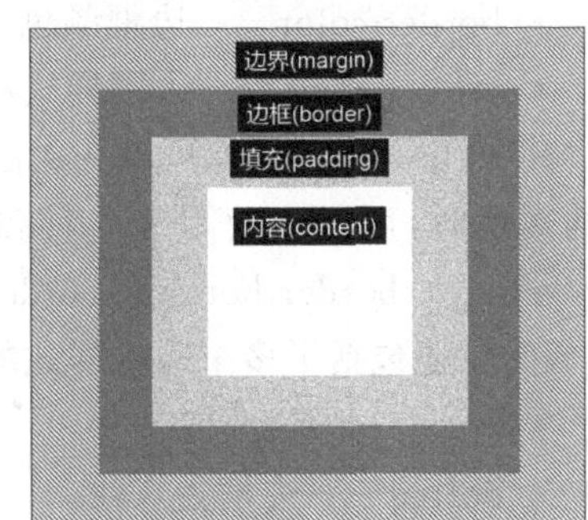

图 3.26

- margin-top——顶部空白距离。
- margin-right——右边空白距离。
- margin-bottom——底部空白距离。
- margin-left——左边空白距离。

空白距离可以用带长度单位的值表示。如果使用上述属性的简化方式 margin，可以在其后连续加上 4 个带长度单位的值，设置元素相应边与框边缘之间的相对或绝对距离，有效单位为 mm、cm、in、pixels、pt、pica、ex 和 em。

以父元素宽度的百分比设置边界尺寸或是 auto(自动)，这个设置取浏览器的默认边界，分别表示 margin-top、margin-right、margin-bottom、margin-left，每个数字中间要用空格分隔，例如以下代码：

```
<!doctype html>
<html>
<head>
<meta charset="utf-8">
<title>无标题文档</title>
</head>
<body bgcolor="#FFFFFF">
<p style="background:#FFF500; font-size: 30px; margin-top:auto">margin</p>
<p style="background:#C7C7C7; font-size: 16px; margin-left: 70px;margin-right: 50px">
margin</p>
</body>
</html>
```

将以上代码保存,在浏览器中打开,效果如图 3.27 所示。

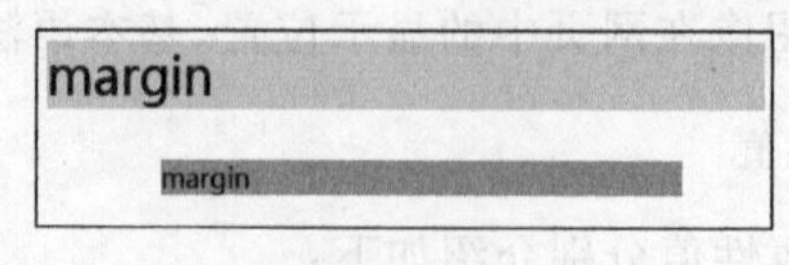

图 3.27

2. 边框

边框位于边框空白和对象间隙之间,包括了 7 项属性,分别如下:

- border-top——顶边框宽度。
- border-right——右边框宽度。
- border-bottom——底边框宽度。
- border-left——左边框宽度。
- border-width——所有边框宽度。
- border-color——边框颜色。
- border-style——边框样式参数。

其中,border-width 可以一次性设置所有的边框宽度。用 border-color 同时设置 4 条边框的颜色时,可以连续写上 4 种颜色并用空格分隔,连续设置的边框都是按 border-top、border-right、border-bottom、border-left 的顺序。border-style 相对其他属性而言稍微复杂,因为它还包括了多个边框样式的参数。

- none——无边框。
- dotted——边框为点线。
- dashed——边框为长短线。
- solid——边框为实线。
- double——边框为双线。
- groove——定义 3D 凹槽边框。
- ridge——定义 3D 垄状边框。
- inset——定义 3D 内嵌边框。
- outset——定义 3D 外凸边框。

3. 填充

填充即填充距,指的是文本边框与文本之间的距离,位于对象边框和对象之间,包括了 4 项属性,分别如下:

- padding-top——顶部间隙。
- padding-right——右边间隙。
- padding-bottom——底部间隙。
- padding-left——左边间隙。

与 margin 类似,也可以用 padding 一次性设置所有的对象间隙,格式与 margin 相似。

3.7.4 CSS中的分类属性

在 HTML 中,用户无须使用前面提到的一些字体、颜色、容器属性来对字体、颜色、边距、填充距等进行初始化，因为在 CSS 中已经提供了进行分级的专用分类属性。

1. 显示控制样式

显示控制样式的基本语法如下：

```
display:属性值
```

各属性值如下：

- block(默认)——在对象前后都换行。
- inline——在对象前后都不换行。
- list-item——在对象前后都换行且增加了项目符号。
- none——无显示。

2. 空白控制样式

空白属性决定如何处理元素内的空格。空白控制样式的基本语法如下：

```
white-space: 属性值
```

各属性值如下：

- normal——把多个空格替换为一个空格。
- pre——按输入显示空格。
- nowrap——禁止换行。

注意：white-space 也是一个块级属性。

3. 列表项前的项目编号控制

控制列表项前面的项目编号的基本语法如下：

```
list-style-type: 属性值
```

各属性值如下：

- none——无强调符。
- disc——圆形强调符(实心圆)。
- circle——圆形强调符(空心圆)。
- square——方形强调符(实心)。
- decimal——十进制数强调符。
- lower-roman——小写罗马字强调符。
- upper-roman——大写罗马字强调符。
- lower-alpha——小写字母强调符。
- upper-alpha——大写字母强调符。

4. 在列表项前加入图像

在列表项前加入图像的基本语法如下：

```
list-style-image: 属性值
```

属性值为 url 时，指定的是所加入图像的 URL 地址；属性值为 none 时，表示不加入图像。例如以下代码：

```
ul. check list - style - image: url(/li - markers/checkmark.gif);
ul lix1 list - style - image: url(x. png);
```

5. 目录样式位置

目录样式位置的基本语法如下：

```
list - style - position: 属性值
```

目录样式用于设置强调符的缩排或伸排，这个属性可以让强调符突出于清单以外或与清单项目对齐。

各属性值如下：

- inside——内部缩排，将强调符与清单项目内容左边界对齐。
- outside——外部伸排，强调符突出到清单项目内容左边界以外。

其中，outside是默认值。整个属性决定关于目录项的标记应放在哪里。如果使用inside值，换行会移到标记下，而不是缩进。

6. 目录样式

目录样式属性是目录样式类型、目录样式位置和目录样式图像属性的缩写，它将所有目录样式属性放在一条语句中，基本语法如下：

```
list - style: 属性值
```

其属性值为“目录样式类型”“目录样式位置”或url。

以下是一个关于分类属性的例子。

```
<!doctype html>
<html>
<head>
<meta charset = "utf - 8">
<title>css</title>
<style type = "text/css">
p {
 display: block;white - space: normal
}

em {
 display: inline;
}
body ul li {
 display: list - item;
 list - style - type: square;
}
body p img {
 display: block;
}
</style>
</head>

<body>
<p>
 <em>sample</em>text<em>sample</em>text<em>sample</em>
```

```
text<em>sample</em>text<em>sample</em>
</p>
<ul>
 <li>list-1</li>
 <li>list-2</li>
 <li>list-3</li>
</ul>
<p><img src="1 - 副本.jpg" width="200" height="133" alt=""/></p>
</body>
</html>
```

上述代码的显示效果如图 3.28 所示。

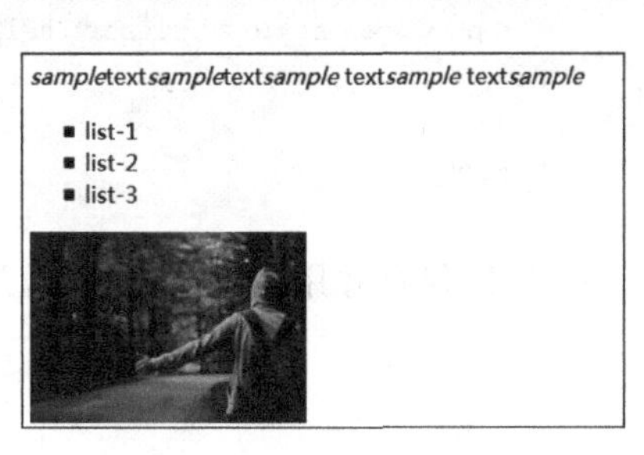

图　3.28

7. 控制鼠标指针属性

当把鼠标指针移动到不同的地方时，或当鼠标指针需要执行不同的操作时，或当系统处于不同的状态时，都会使指针的形状发生改变。也可以用 CSS 来改变鼠标指针的属性，就是当鼠标指针移动到不同的元素对象上面时，让指针以不同的形状、图案显示。在 CSS 中，这种样式是通过 cursor 属性来实现的，其基本语法如下：

```
cursor: 属性值
```

属性值为 auto、crosshair、default、hand、move、help、wait、text、w-resize、s-resize、n-resize、e-resize、sw-resize、se-resize、nw-resize、pointer 和 url，它们所代表的含义如下。

- style="cursor:hand"——手形。
- style="cursor:crosshair"——十字形。
- style="cursor:text"——文本形。
- style="cursor:wait"——沙漏形。
- style="cursor:move"——十字箭头形。
- style="cursor:help"——问号形。
- style="cursor:e-resize"——右箭头形。
- style="cursor:n-resize"——上箭头形。
- style="cursor:nw-resize"——左上箭头形。
- style="cursor:w-resize"——左箭头形。
- style="cursor:s-resize"——下箭头形。
- style="cursor:se-resize"——右下箭头形。
- style="cursor:sw-resize"——左下箭头形。

示例代码如下：

```
<!doctype html>
<html>
<head>
<meta charset="utf-8">
<title>鼠标效果</title>
```

```
</head>

<body>
<h1 style="font-family: '宋体'">鼠标效果</h1>
<p style="font-family: '华文楷体';font-size: 20px;color: #034EFB">把鼠标移到相应的位置
观看效果。</p>
<div style="font-family: '微软雅黑';font-size: 24px;color: #252525">
    <p><span style="cursor: hand">手的形状</span></p>
    <p><span style="cursor: move">移动</span></p>
    <p><span style="cursor: ne-resize">反方向</span></p>
    <p><span style="cursor: wait">等待</span></p>
    <p><span style="cursor: help">求助</span></p>
</div>
</body>
</html>
```

将代码保存并用浏览器打开,效果如图 3.29 所示。

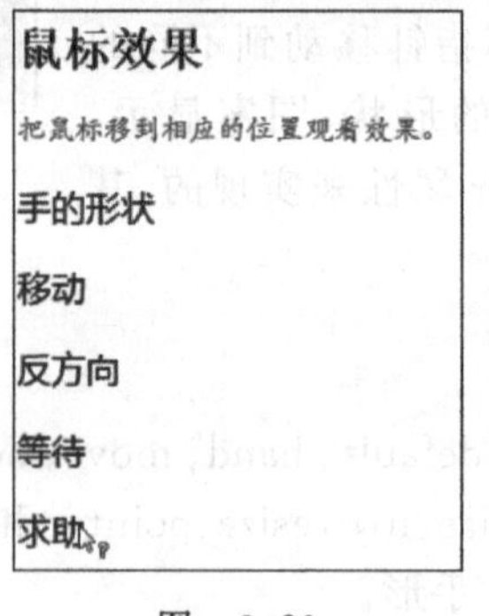

图 3.29

视频讲解

3.8 本章范例

3.8.1 index 网页区域的制作

该部分由 3 个 div 和 1 个 table 组成,3 个 div 分别为 jsdk、content 和 btn,如图 3.30 所示。

图 3.30

（1）新建一个文件夹，命名为03start。将“lesson03/范例/03complete”文件夹中的images文件夹复制到该文件夹内。

（2）打开Dreamweaver CC 2018，新建站点，站点名称为03start，站点文件夹为刚才新建的03start文件夹，如图3.31所示。

图　3.31

（3）在Dreamweaver CC 2018中新建一个HTML文件，然后执行“文件”→“保存”命令，将文件保存为start.html。

（4）切换到“拆分”视图，将title标签间的文字更改为“阅读”，如图3.32所示。

```
1   <!doctype html>
2 ▼ <html>
3 ▼ <head>
4   <meta charset="utf-8">
5   <title>阅读</title>
6   </head>
```

图　3.32

（5）执行“窗口”→“属性”命令，出现“属性”窗口。选中body标签，在属性窗口中单击“页面属性”，弹出“页面属性”对话框，设置背景图像如图3.33所示。

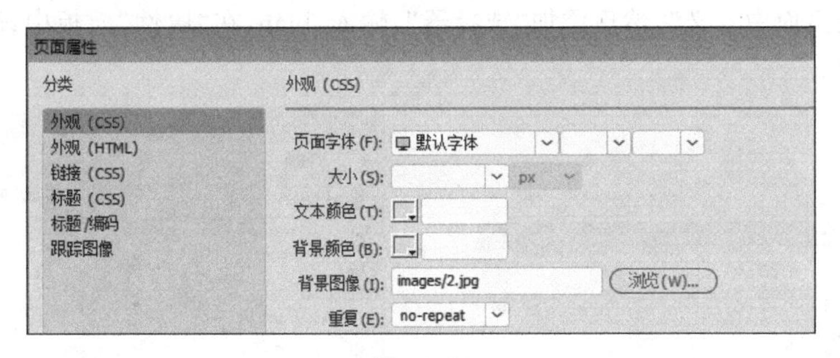

图　3.33

（6）切换到“设计”视图，将光标置于页面中，执行“插入”→Div命令，打开“插入Div”对话框，在ID文本框中输入jsdk，如图3.34所示。

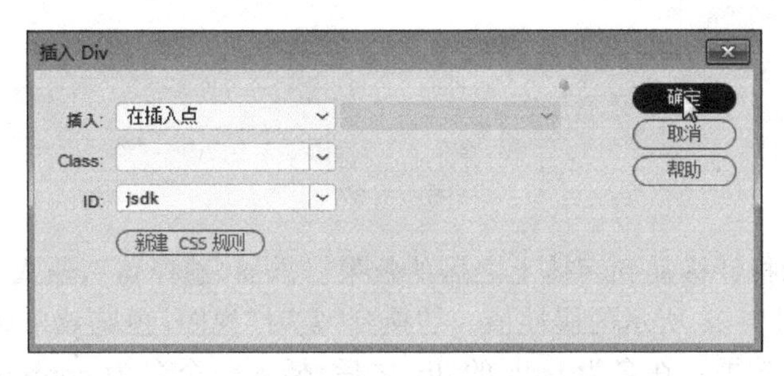

图　3.34

（7）设置完成后单击“确定”按钮，即可在页面中插入名称为jsdk的div。将多余的文本内容删除，输入“精神的壳”文字，然后逐字添加链接，如图3.35所示。最终代码效果如图3.36所示。

（8）为链接效果应用class属性和属性值，最后代码如下：

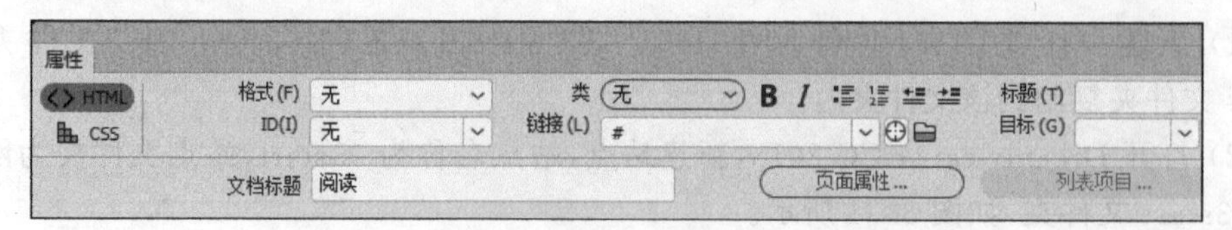

图 3.35

```
<div id="jsdk">
  <a href="#">精</a>
  <a href="#">神</a>
  <a href="#">的</a>
  <a href="#">壳</a>
</div>
```

图 3.36

```
<a href = "#" class = "bian">精</a>
<a href = "#" class = "bian">神</a>
<a href = "#" class = "bian" >的</a>
<a href = "#" class = "bian">壳</a>
```

(9) 制作字体放大镜效果，为其添加相应的样式。选择 "CSS 设计器"→"+"(添加 CSS 源)→"在页面中定义"，然后添加"选择器"，输入.bian，在"属性"面板中设置如图 3.37 所示的属性值。

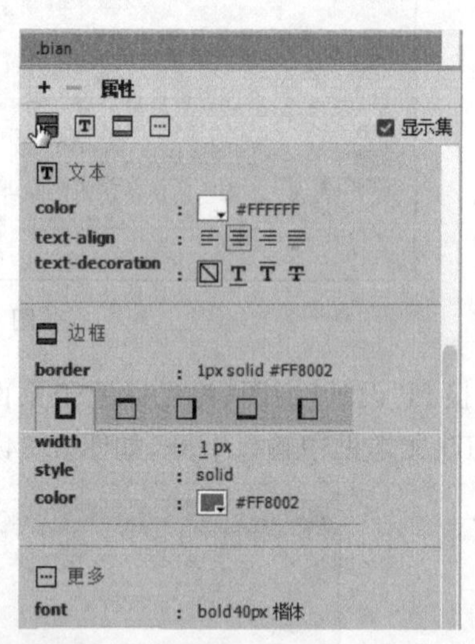

图 3.37

(10) 设置鼠标指针移动到字体上之后的效果。添加"选择器"，输入.bian:hover，在"属性"面板中设置如图 3.38 所示的属性值。切换到"实时"视图，预览效果如图 3.39 所示。

(11) 制作文本效果。在名为 jsdk 的 div 之后，插入一个名为 content 的 div，然后在其内部再插入名为 content-1 和 content-2 的 div，并添加相应文本，代码如下。

```
<div id = "content">
<div id = "content - 1">孤独者的<br>温柔书单</div>
<div id = "content - 2">用文字，温柔地推翻这个世界</div>
</div>
```

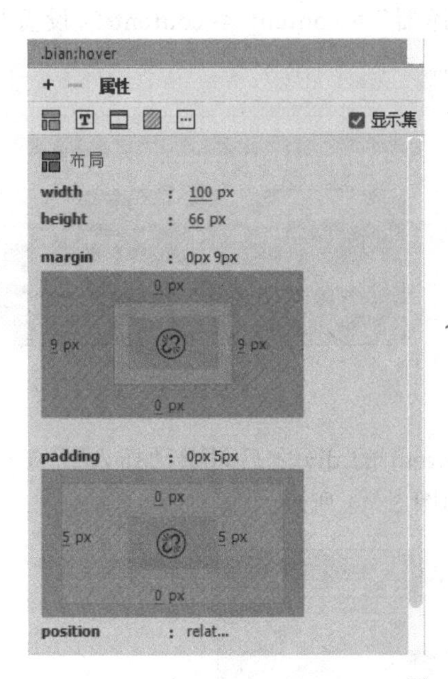

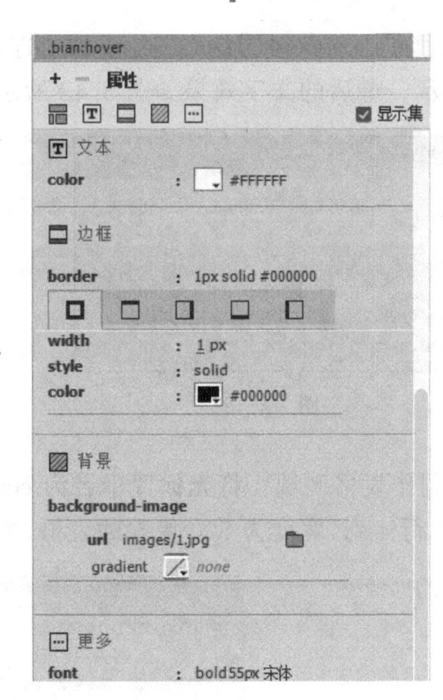

图 3.38

图 3.39

(12) 为文本添加效果样式。在"CSS 设计器"中添加"选择器",输入#content,将其float属性设置为左浮动。

(13) 将光标置于"代码"视图中的名为 content-1 的 div 上,在"CSS 设计器"中添加"选择器",自动显示#content #content-1,如图 3.40 所示,设置属性值如图 3.41 所示。

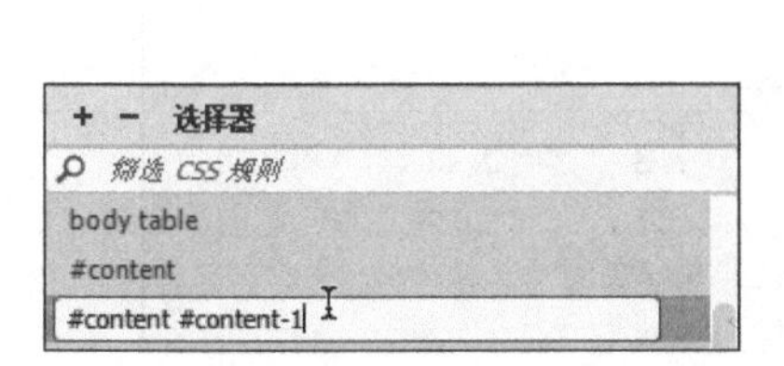

图 3.40

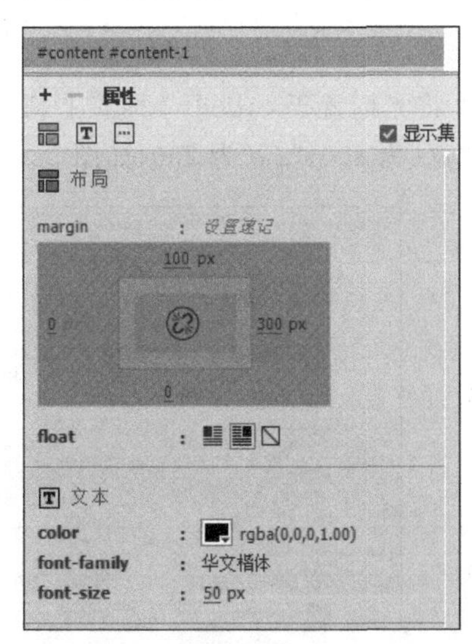

图 3.41

(14) 用与上一步相同的方法，添加“选择器”# content # content-2，设置属性值如图 3.42 所示。最后的文字效果如图 3.43 所示。

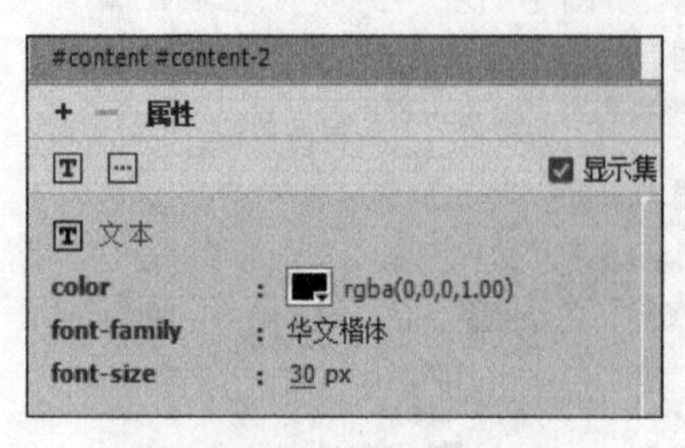

图 3.42

图 3.43

(15) 制作表格区域。将光标置于名为 content 的 div 之后，执行“插入”→Table 命令，插入一个 4 行 4 列、宽度为 800 像素的表格，如图 3.44 所示。

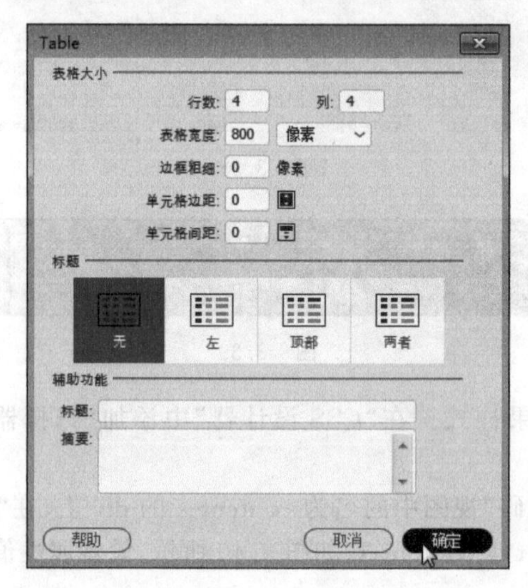

图 3.44

(16) 将光标置于< tbody >标签上，在“属性”面板中设置单元格水平“居中对齐”、垂直“居中”，“宽”为 800，“高”为 200，如图 3.45 所示。

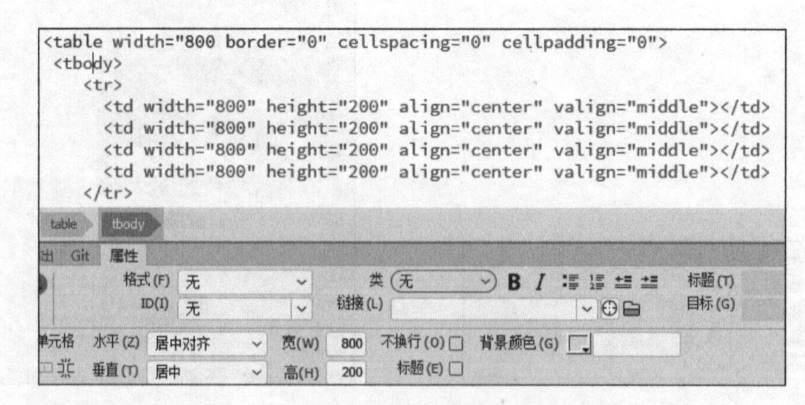

图 3.45

(17) 在表格中输入如图 3.46 所示的文字,然后分别选中每个表格的文字,为其添加链接并应用 class 属性,如图 3.47 所示。

```
上海译文</a></td>
理想国</a></td>
译林出版</a></td>
果麦</a></td>

磨铁</a></td>
读客</a></td>
小说</a></td>
青春</a></td>

漫画绘本</a></td>
文艺</a></td>
名著</a></td>
外文原版</a></td>

心理</a></td>
历史</a></td>
社科</a></td>
非虚构</a></td>
```

图　3.46

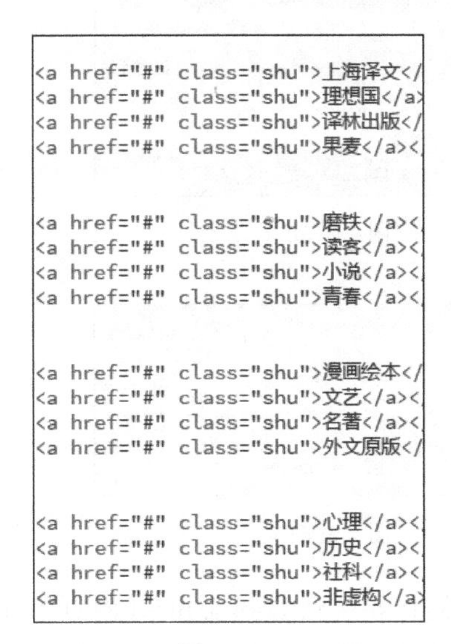

```
<a href="#" class="shu">上海译文</
<a href="#" class="shu">理想国</a
<a href="#" class="shu">译林出版</
<a href="#" class="shu">果麦</a><

<a href="#" class="shu">磨铁</a><
<a href="#" class="shu">读客</a><
<a href="#" class="shu">小说</a><
<a href="#" class="shu">青春</a><

<a href="#" class="shu">漫画绘本</
<a href="#" class="shu">文艺</a><
<a href="#" class="shu">名著</a><
<a href="#" class="shu">外文原版</

<a href="#" class="shu">心理</a><
<a href="#" class="shu">历史</a><
<a href="#" class="shu">社科</a><
<a href="#" class="shu">非虚构</a>
```

图　3.47

(18) 设置表格内的字体样式。在 CSS 设计器中添加选择器,输入 body table,设置如图 3.48 所示的属性值,效果如图 3.49 所示。

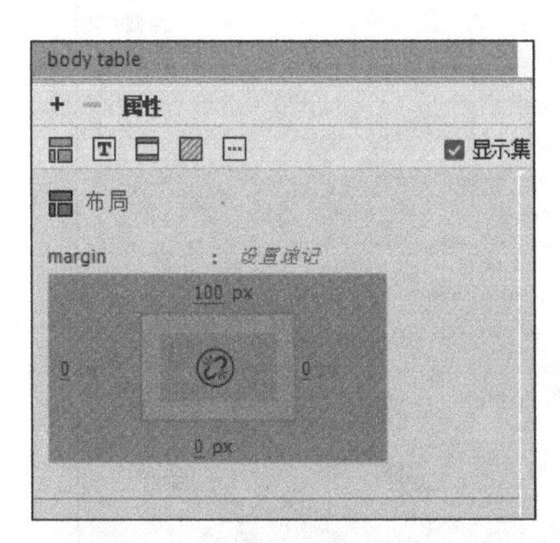

图　3.48

图　3.49

(19) 为每个小表格添加边框,代码如下:

```
tbody tr td {
 border: 1px dotted rgba(180,180,180,1.00);
}
```

(20) 为链接添加样式。在 CSS 设计器中添加选择器,分别输入.shu 和.shu:hover,属性设置如图 3.50 和图 3.51 所示，预览效果如图 3.52 所示。

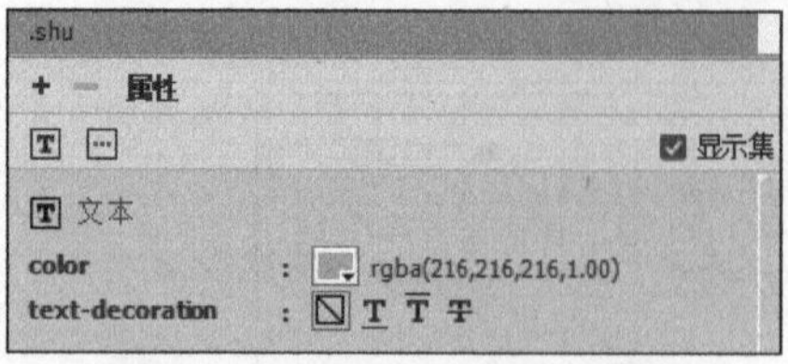

.shu
+ — 属性
显示集
文本
color : rgba(216,216,216,1.00)
text-decoration :

图 3.50

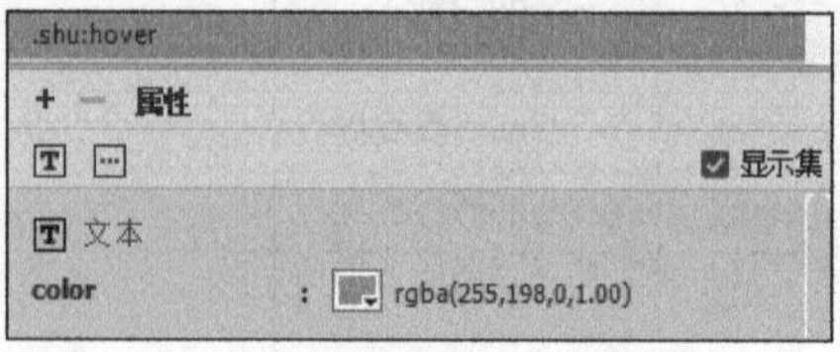

.shu:hover
+ — 属性
显示集
文本
color : rgba(255,198,0,1.00)

图 3.51

图 3.52

(21) 最后制作导航到 books.html 网页的导航按钮。在 table 标签之后，执行“插入”→ Div 命令，在“设计”视图中输入“了解更多”，并为其加上链接，代码如下：

```
<a class = "btn" href = "books.html">了解更多</a>
```

然后为链接添加样式。在 CSS 设计器中添加选择器，分别输入.btn、.btn:hover，.btn:focus、.btn-large，属性设置如图 3.53～图 3.56 所示。

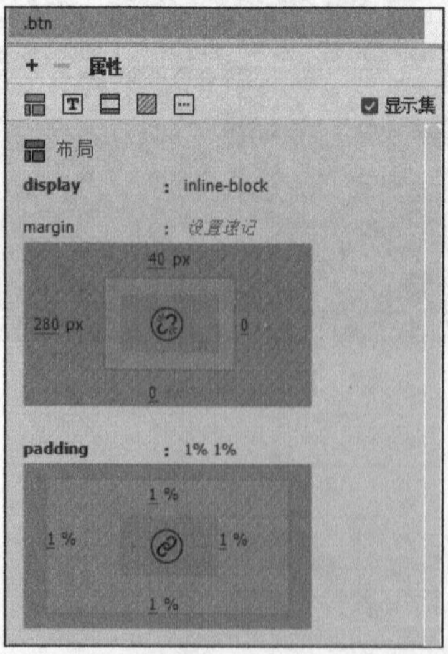

.btn
+ — 属性
显示集
布局
display : inline-block
margin : 设置速记
40 px
280 px
0
0
padding : 1% 1%
1 %
1 %
1 %
1 %

图 3.53

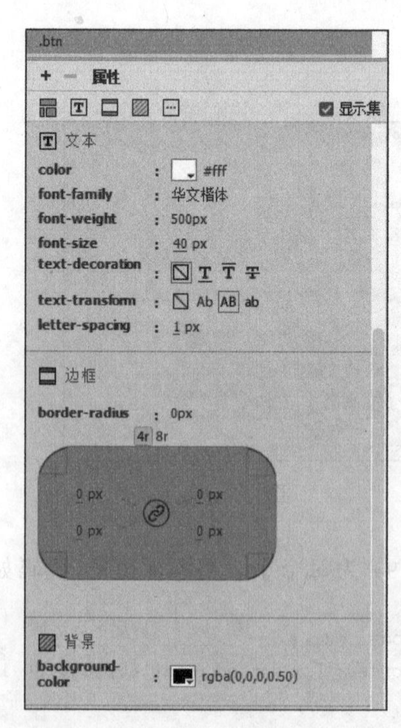

图 3.54

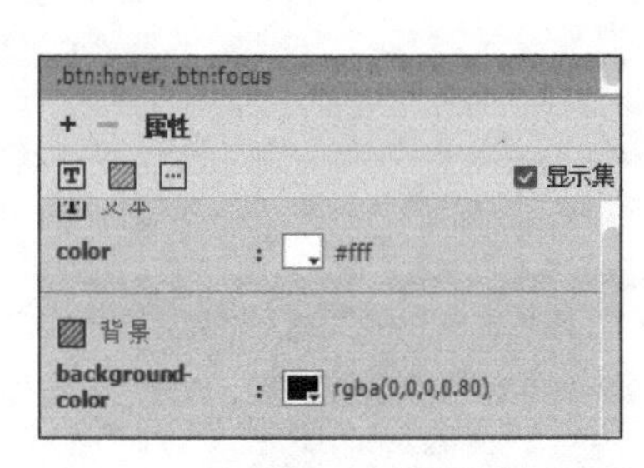

图 3.55

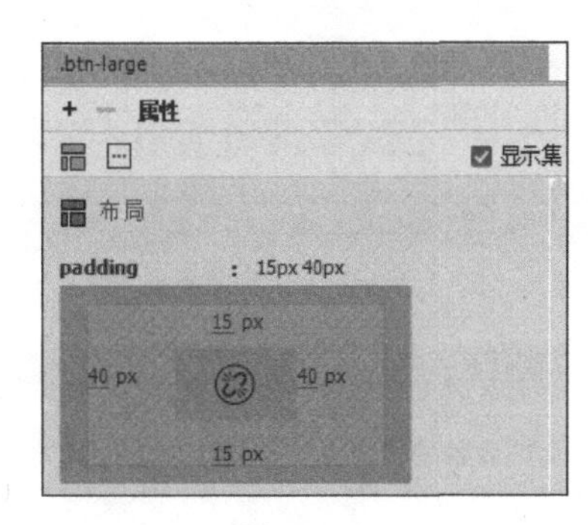

图 3.56

3.8.2 books 网页区域的制作

该部分由一个 table 和一个 div 组成，如图 3.57 所示。

(1) 新建一个 HTML 文件，然后执行“文件”→“保存”命令，将文件保存为 books.html。切换到“拆分”视图，将 title 标签间的文字更改为“书类”。

(2) 执行“窗口”→“属性”命令，出现“属性”窗口。选中 body 标签，在“属性”窗口中单击“页面属性”，弹出“页面属性”对话框，设置背景图像如图 3.58 所示。

(3) 新建制作表格区域。将光标置于页面中，执行“插入”→Table 命令，插入一个 13 行 2 列、宽度为 800 像素的表格，如图 3.59 所示。

(4) 在“CSS 设计器”中添加“选择器”，输入 body table，设置如图 3.60 所示的属性值。

(5) 在“属性”窗口中设置表格第一列单元格的属性如图 3.61 所示，第二列单元格的属性如图 3.62 所示。

图 3.57

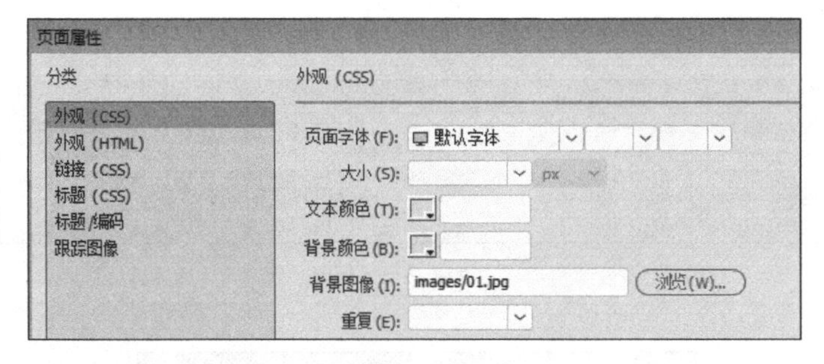

图 3.58

(6) 在表格的第一列第一行单元格中设置背景图片为“image/3.jpg”，并输入文字“上海译文”；在表格的第二列第一行中输入文字“以译介和传播世界各民族优秀文化为己任，专注出版国际文坛举足轻重的名家名作，享有良好的声誉。”表格的第一行代码如下，效果如图 3.63 所示。

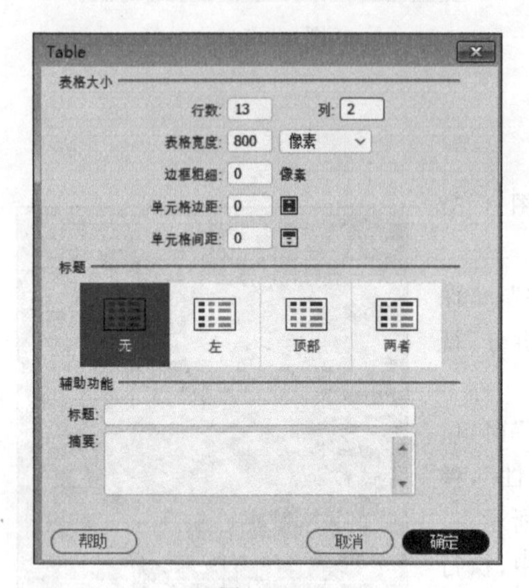

图 3.59

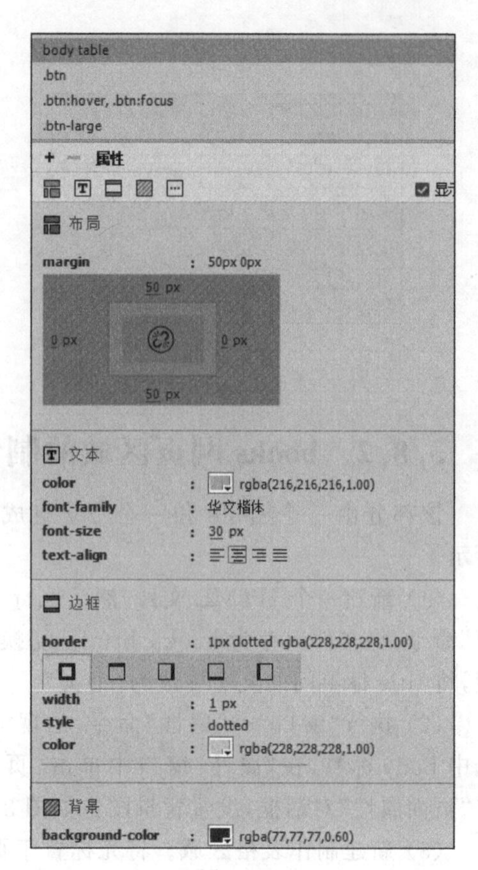

图 3.60

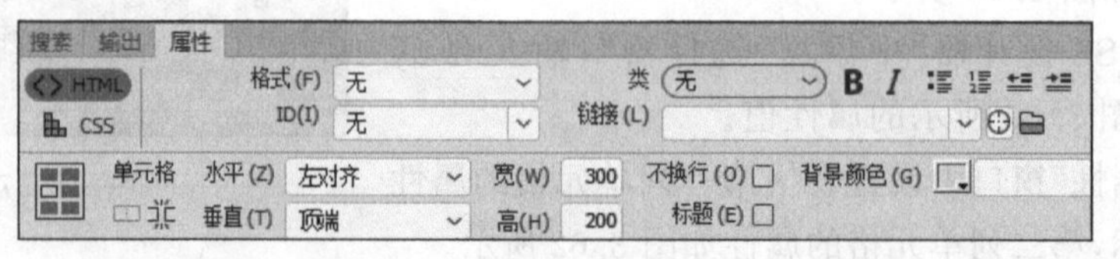

图 3.61

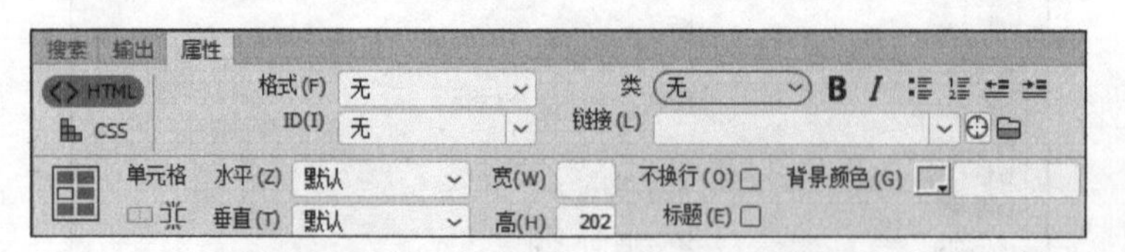

图 3.62

图 3.63

```
<tr>
        <td width = "300" height = "200" background = "image/3.jpg" align = "left" valign = "top" >
上海译文</td>
        <td height = "202">以译介和传播世界各民族优秀文化为己任，专注出版国际文坛举足轻重
的名家名作，享有良好的声誉.</td>
</tr>
```

(7) 接下来的12行与第1行插入方法相同，所以按照第(7)步的方法添加内容即可，代码参照范例文件。

(8) 最后制作导航到index.html网页的导航按钮。在table标签之后，执行“插入”→Div命令，在“设计”视图中输入“返回”，并为其加上链接，代码如下：

```
<a class = "btn" href = "index.html">返回</a>
```

然后为链接添加样式。在“CSS设计器”中添加选择器，分别输入.btn、.btn:hover，.btn:focus、.btn-large，属性设置如图3.64～图3.66所示。最终效果如图3.1所示。

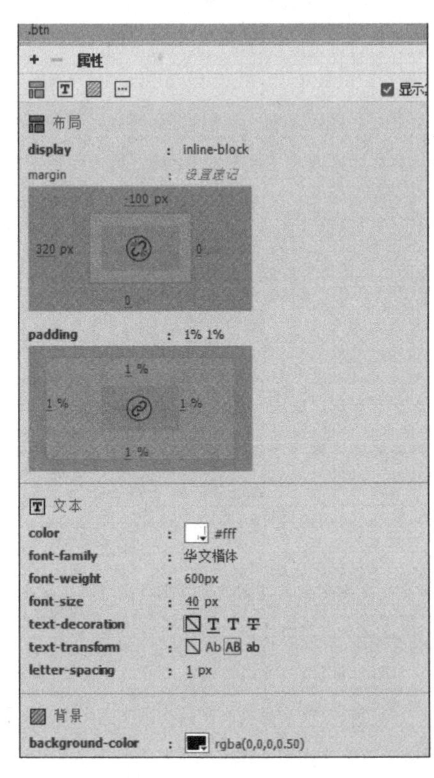

图　3.64

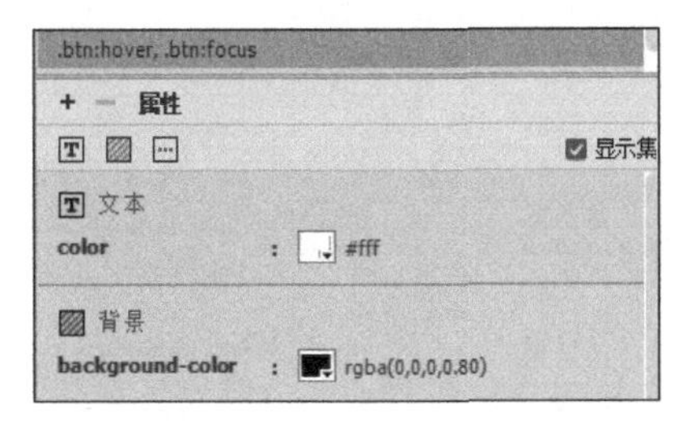

图　3.65

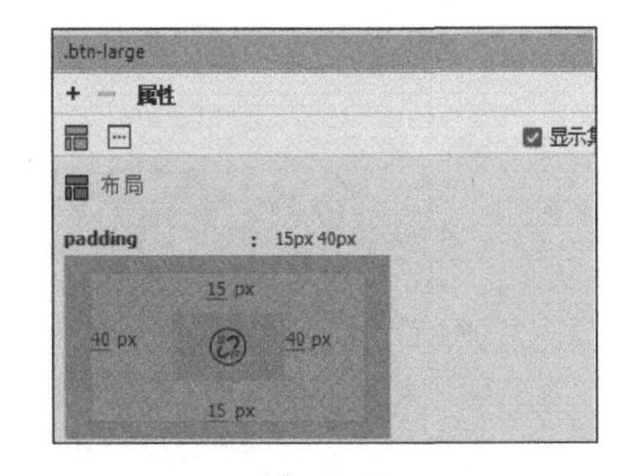

图　3.66

作业

一、模拟练习

打开“lesson03/模拟/03complete/index.html”文件进行预览，根据本章所述知识做一个类似的作品。作品资料已完整提供，获取方式见前言。

二、自主创意

自主设计制作一个网页,应用本章所学习知识,熟练使用 HTML 标签和 CSS 样式进行网页设计。

三、理论题

1. HTML 的基本结构是什么?
2. 什么是 CSS 的 id 属性?
3. 什么是 CSS 的 class 属性?
4. 什么是 span 元素?

第4章

对网站进行编码

本章学习内容

(1) Dreamweaver 代码编辑器介绍；
(2) 设置编码的首选项；
(3) 快捷键的使用；
(4) 自定义代码颜色；
(5) 代码编辑。

完成本章的学习需要大约 2 小时，相关资源获取方式见前言。

知识点

在 Dreamweaver 中编码	Dreamweaver 的编码环境	设置编码首选项参数
自定义代码颜色	编写和编辑代码	代码提示和代码完成
折叠和展开代码	使用代码片段重用代码	应用行为
使用 Linting 检查和优化代码	使用页面的文件头内容	

本章案例介绍

范例

本章范例是一个简要介绍唐宋元明清的网页，该网页主要分为“主页”和各年代页面两部分，如图 4.1 所示。通过范例的学习，掌握在 Dreamweaver 中对网页进行编码的技巧和方法。

模拟案例

本章模拟案例是一个个人主页类的网站，如图 4.2 所示。通过模拟练习进一步熟悉对网页进行编码的操作。

图 4.1

图 4.2

4.1 预览完成的范例

(1) 右击“lesson04/范例/04complete”文件夹中的 index. html 文件，在弹出的快捷菜单中选择已安装的浏览器对 index. html 文件进行浏览。

(2) 关闭浏览器。

(3) 也可以用 Dreamweaver CC 2018 打开源文件进行预览。在菜单栏中选择“文件”→“打开”按钮，选择“lesson04/范例/04complete”文件夹中的 index. html 文件，并选择“打开”按钮，切换到“实时”视图查看页面。

视频讲解

4.2 Dreamweaver 代码编辑器介绍

4.2.1 Dreamweaver 支持的编程语言

在设计和开发网站时，几种最常见的编程语言为 HTML、HTML5、PHP、XHTML、CSS、JavaScript、ColdFusion 标记语言（CFML）。

Dreamweaver 的语言特定编码功能并不支持其他语言(如 Perl)。例如,创建和编辑 Perl 文件时提示该功能不能应用于该语言。

4.2.2 代码检查器的使用

利用代码检查器,可以在单独的编码窗口中工作,就像在"代码"视图中工作一样。可以选择"窗口"→"代码检查器"打开。

- 文件管理:上传或获取文件。
- 在浏览器中预览/调试:在浏览器中对文档进行预览或调试。
- 刷新"设计"视图:更新"设计"视图中的文档,使之反映在代码中所做的任何更改。在执行某些操作(如保存文件或单击该按钮)之前,在代码中所做的更改不会自动显示在"设计"视图中。
- 代码导航:可以在代码中快速移动。
- 视图选项:用于确定代码显示方式。

4.3 设置编码的首选项

视频讲解

在 Dreamweaver 中设置编码首选项(例如,代码格式和颜色等)、代码主题、格式和通过代码改写首选项,以满足相应的需求。

4.3.1 设置代码外观

通过"查看"→"代码视图选项"菜单可设置文本换行、显示代码行号、设置代码元素的语法颜色、设置缩进和显示隐藏字符。

(1) 在"代码"视图或"代码检查器"中查看文档。

(2) 选择"查看"→"代码视图选项"。

(3) 选择或取消选择以下任一选项,如图 4.3 所示。

- 自动换行:对代码进行换行,以便查看代码时无须水平滚动。此选项不插入换行符;它只是使代码更易于查看。
- 行数:在代码的旁边显示行号。
- 隐藏字符:显示用来替代空白处的特殊字符。例如,用点取代空格,用双人字标记取代制表符,用段落标记取代换行符。
- 语法颜色:启用或禁用代码颜色。
- 自动缩进:在编写代码过程中按回车键时使代码自动缩进。新的一行代码的缩进级别与上一行的相同。

还要注意不同文件类型的代码颜色不同。Dreamweaver 支持 HTML、JS、CSS、PHP、XML 等语言的代码颜色。

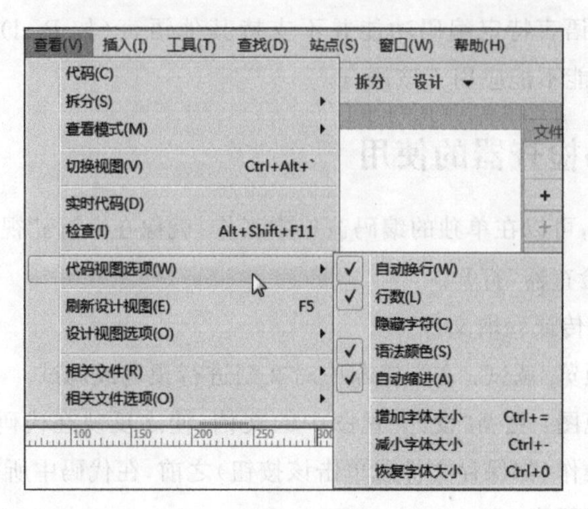

图 4.3

4.3.2 更改代码格式

通过指定格式设置首选项(例如,缩进、行长度以及标签和属性名称的大小写)可以更改代码的外观。除了“覆盖大小写”选项之外,所有“代码格式”选项均只会自动应用到随后创建的新文档或新添加到文档中的部分。

若要重新设置现有 HTML 文档的格式,则可以打开文档,然后选择“编辑”→“代码”→“应用源格式”。

(1) 选择“编辑”→“首选项”。从左侧的“分类”列表中选择“代码格式”,如图 4.4 所示。

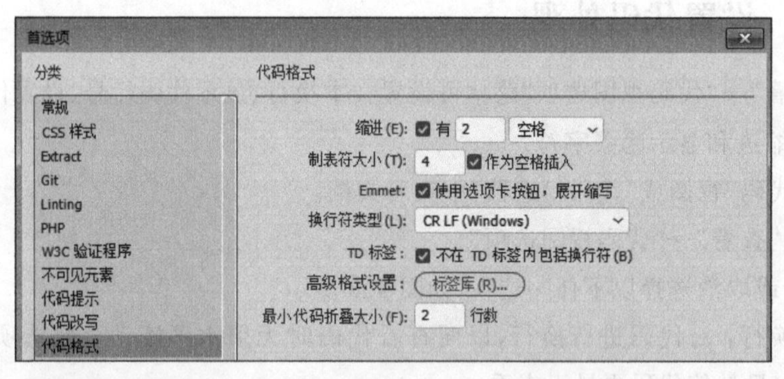

图 4.4

(2) 设置以下任一选项。

- 缩进:指示由 Dreamweaver 生成的代码是否应该缩进,以及缩进多少。
- 制表符大小:确定每个制表符在“代码”视图中显示为多少个字符宽度。
- Emmet:如果希望在编码时使用 Emmet 缩写,请选择此选项。选择此选项可确保按 Tab 键时,Dreamweaver 会将 Emmet 缩写转换为完整的 HTML 或 CSS 代码。
- 换行符类型:选择正确的换行符类型可以确保使用的 HTML 源代码在远程服务器上能够正确显示。

- TD 标签(不在 TD 标签内包括换行符)：解决当< td >标签之后或</td >标签之前紧跟有空白或换行符时，某些较早浏览器中发生的显示问题。选择此选项后，即使标签库中的格式设置指示应在< td >之后或</td >之前插入换行符，Dreamweaver 也不会在这些地方写入换行符。
- 高级格式设置：用于设置标签库编辑器中个别标签和属性的格式选项。
- 最小代码折叠大小：默认代码折叠大小是两行。

4.3.3　设置代码改写首选项

用代码改写首选项可以指定在打开文档、复制或粘贴表单元素或在使用诸如属性检查器之类的工具输入属性值和 URL 时，Dreamweaver 是否修改代码，以及如何修改。在“代码”视图中编辑 HTML 或脚本时，这些首选项不起作用。

如果禁用改写选项，则在“文档”窗口中对它本应改写的 HTML 显示无效标记项。

(1) 选择“编辑”→“首选项”。从左侧的“分类”列表中选择“代码改写”，如图 4.5 所示。

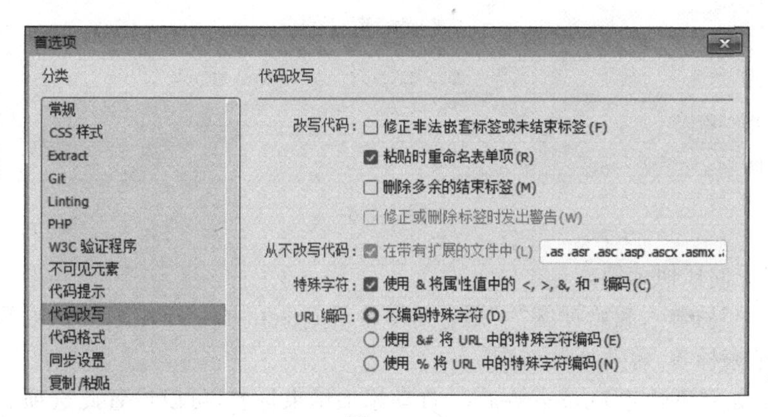

图　4.5

(2) 设置下面任何选项。

- 修正非法嵌套标签或未结束标签：改写重叠标签。

例如，< b >< i > text </b ></i >改写为< b >< i > text </i ></b >。如果缺少右引号或右括号，则此选项还将插入右引号或右括号。

- 粘贴时重命名表单项：确保表单对象不会具有重复的名称。默认情况下启用该选项。
- 删除多余的结束标签：删除不具有对应的开始标签的结束标签。
- 修正或删除标签时发出警告：显示 Dreamweaver 试图更正的、技术上无效的 HTML 的摘要。该摘要记录了问题的位置(使用行号和列号)，以便找到更正内容并确保其按预期方式呈现。
- 从不改写代码：在带有扩展的文件中，防止 Dreamweaver 改写具有指定文件扩展名的文件中的代码。
- 使用 & 将属性值中的<,>,& 和"编码：确保使用 Dreamweaver 工具(例如属性检查器)输入或编辑的属性值中只包含合法的字符。默认情况下启用该选项。

- 不编码特殊字符：防止 Dreamweaver 将 URL 更改为仅使用合法字符。默认情况下启用该选项。
- 使用&#将 URL 中的特殊字符编码：确保使用 Dreamweaver 工具(例如属性检查器)输入或编辑的 URL 只包含合法的字符。
- 使用%将 URL 中的特殊字符编码：与前一选项的操作方式相同，但是使用另一方法对特殊字符进行编码。这种编码方法(使用百分号)可能对较早版本的浏览器更为兼容，但对于某些语言中的字符并不适用。

4.3.4 设置代码提示首选项

使用代码提示首选项配置偏好的代码提示工作方式。

(1) 选择“编辑”→“首选项”。从左侧的类别中选择“代码提示”，如图 4.6 所示。

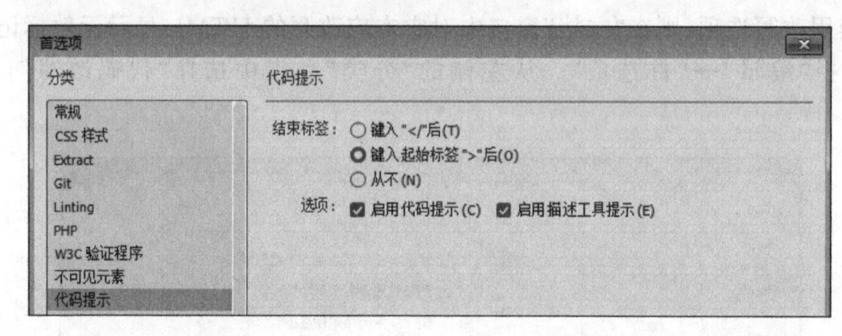

图 4.6

(2) 设置下面任何选项。

- 键入“</”后输入起始标签“>”后：如果希望 Dreamweaver 结束开始标签后自动添加一个结束标签，请选择此选项。
- 从不：如果不希望 Dreamweaver 自动添加结束标签，可以设置此选项。
- 启用代码提示：选择此选项可在 Dreamweaver 中启用或禁用代码提示和代码完成。
- 启用描述工具提示：选择此选项可启用与代码提示一起显示的说明。这些说明会提供与目前编写的代码有关的详细信息。

4.3.5 设置 PHP 首选项

设置要在其中工作的 PHP 编码开发环境。可以为特定站点进行此项设置(适用于需要处理的单个站点)，也可以对保存在 Dreamweaver 站点之外的所有 PHP 文件进行总体设置。Dreamweaver 会为选定的 PHP 语言版本设置代码提示和 Linting 检查。

要为非站点特定的文件设置 PHP 代码版本首选项，步骤如下：

(1) 选择“编辑”→“首选项”。

(2) 从左侧的“分类”列表中设置 PHP。

(3) 在“PHP 版本”下拉列表框中选择 PHP 版本，然后单击“应用”按钮，如图 4.7 所示。

要为特定站点设置 PHP 版本，步骤如下：

(1) 在“站点设置”对话框中的“高级设置”下，选择 PHP。

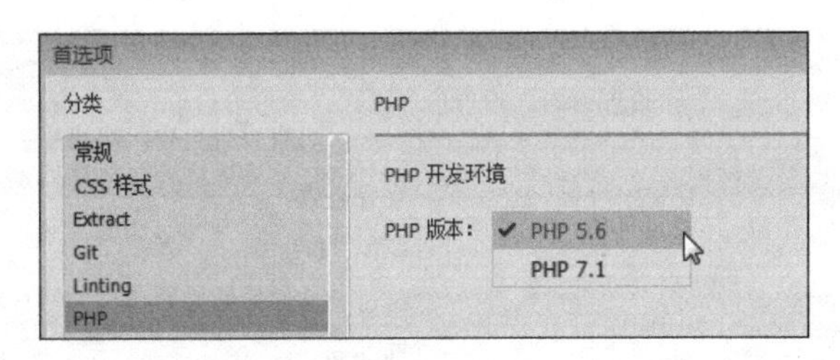

图　4.7

(2) 在“PHP 版本”下拉列表框中选择 PHP 版本，然后单击“保存”按钮，如图 4.8 和图 4.9 所示。

图　4.8

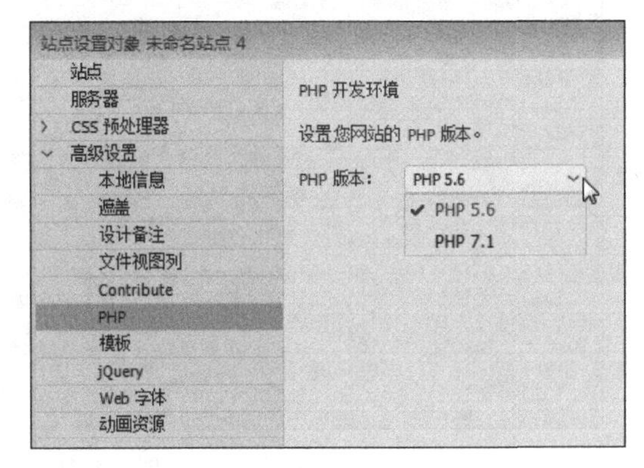

图　4.9

4.3.6　使用外部编辑器

可以指定一个外部编辑器来编辑带有特定文件扩展名的文件。例如，可以从 Dreamweaver 启动文本编辑器(例如，BBEdit、记事本或 TextEdit)编辑 JavaScript (JS)文件，可以为不同的文件扩展名分配不同的外部编辑器等。

要为文件类型设置外部编辑器，步骤如下：

- 选择“编辑”→“首选项”。
- 从左侧的“分类”列表框中选择“文件类型/编辑器”，设置选项，然后单击“应用”按钮，如图 4.10 所示。

(1) 在代码视图中打开：指定在 Dreamweaver“代码”视图中自动打开的文件扩展名。

(2) 重载修改过的文件：指定当 Dreamweaver 检测到对 Dreamweaver 中打开的文档从外部进行了更改时应采取的行为。

(3) 运行时先保存文件：指定 Dreamweaver 是应始终在启动编辑器之前保存当前的文档、从不保存文档，还是在每次启动外部编辑器时询问是否保存文档。

(4) Fireworks：可以通过在此处提供应用程序的路径来连接 Fireworks 和 Dreamweaver。

图 4.10

视频讲解

4.4 快捷键的使用

4.4.1 常见的快捷键

这里仅列举一些常用的编辑代码的快捷键,如表 4.1 所示,如果有兴趣,可以自行查找相关内容。

表 4.1 常用快捷键

操　作	快 捷 键	操　作	快 捷 键
快速编辑	Ctrl+E	折叠所选内容外部的内容	Ctrl+Alt+C
快捷文档	Ctrl+K	展开所选内容	Ctrl+Shift+E
在上方打开/添加行	Ctrl+Shift+Enter	折叠整个标签	Ctrl+Shift+J
显示参数提示	Ctrl+,	折叠完整标签外部的内容	Ctrl+Alt+J
多光标列/矩形选择	按住 Alt 键选择并拖动	全部展开	Ctrl+Alt+E

续表

操　作	快　捷　键	操　作	快　捷　键
多光标不连续选择	按住 Ctrl 键并选择	缩进代码	Ctrl+Shift+>
显示代码提示	Ctrl+空格键	减少代码缩进	Ctrl+Shift+<
选择子项	Ctrl+]	切换行注释	Ctrl+/
转到行	Ctrl+G	代码导航器	Ctrl+Alt+N
选择父标签	Ctrl+[	折叠所选内容	Ctrl+Shift+C

4.4.2　自定义键盘快捷键

可以在 Dreamweaver 中使用自己喜欢的键盘快捷键。如果习惯使用特定的键盘快捷键(例如,使用 Shift+Enter 添加一个换行符,或使用 Ctrl+G 转到代码中的特定位置),则可以使用键盘快捷键编辑器将它们添加到 Dreamweaver 中,如图 4.11 和图 4.12 所示。

图　4.11

- 选择"编辑"→"快捷键"。
- 设置相应操作,然后单击"确定"按钮。

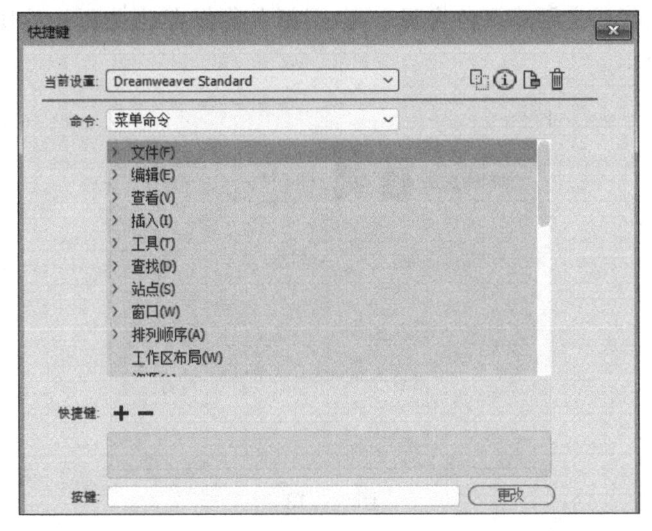

图　4.12

4.5　自定义代码颜色

视频讲解

在 Dreamweaver 中自定义代码注释等代码元素的颜色(代码着色),可以使用"编辑"→"首选项"→"界面"来更改界面颜色首选项。

一共有 4 种不同的颜色主题可供选择,还有多种代码主题。

设置颜色和代码主题后,可以在 Dreamweaver 中通过编辑内置的 main.less 文件中的选择器,来对代码颜色进行进一步的个性化设置。

4.5.1 关于 Dreamweaver CC 2018 中的代码颜色

Dreamweaver CC 2018 中的代码颜色功能由 main. less 文件中的选择器控制。要在 Dreamweaver CC 2018 中自定义代码颜色，请执行以下操作：

- 在 Dreamweaver 中设置默认颜色和代码主题首选项。
- 以现有代码主题为基础创建代码主题。
- 编辑新代码主题。
- 了解需要修改的选择器及其对其他代码元素的影响。
- 编辑 main. less 文件中的选择器并保存更改。

4.5.2 设置颜色主题和代码主题

启动 Dreamweaver 时，可以根据自己的偏好选择颜色主题，也可以随时更改此首选项。

- 选择"编辑"→"首选项"。
- 从左侧的"类别"列表框中选择"界面"。
- 从颜色主题列表中选择主题。
- 设置界面主题后，请设置代码主题。

可以选择浅色代码主题或深色代码主题，用新名称保存此主题并对其进行进一步的自定义，如图 4.13 所示。

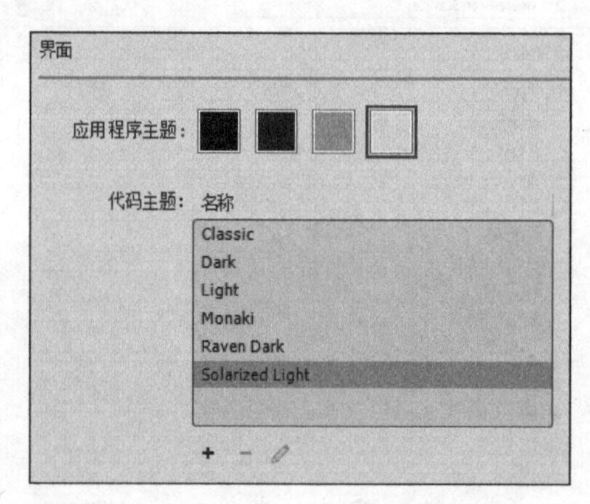

图 4.13

4.5.3 自定义代码主题

选择某个代码主题后，请用新名称保存该代码主题并对其进行编辑以自定义代码颜色。

- 选择"编辑"→"首选项"。
- 选择一个浅色代码主题或深色代码主题，然后单击加号图标，并用新名称保存该主题。
- 用新名称保存默认代码主题。
- 选择新创建的代码主题，然后单击"编辑"图标。

Dreamweaver 会打开 main. less 文件，现在可以通过编辑主题中的选择器来自定义代码颜色。当保存 main. less 文件时，"代码"视图将刷新为新的颜色，如图 4.14 和图 4.15 所示。

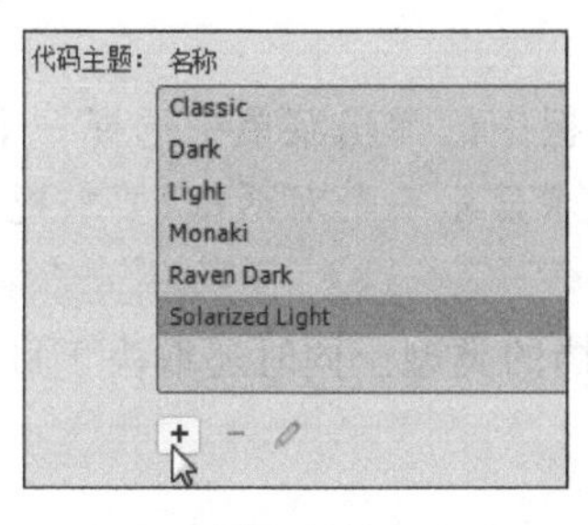

图　4.14

图　4.15

4.6　代码编辑

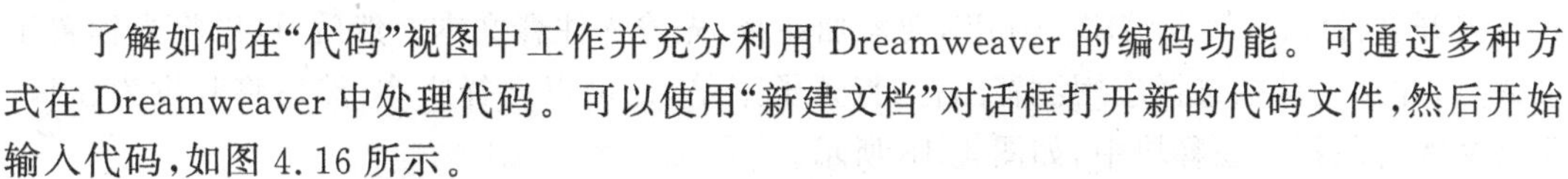

了解如何在“代码”视图中工作并充分利用 Dreamweaver 的编码功能。可通过多种方式在 Dreamweaver 中处理代码。可以使用“新建文档”对话框打开新的代码文件，然后开始输入代码，如图 4.16 所示。

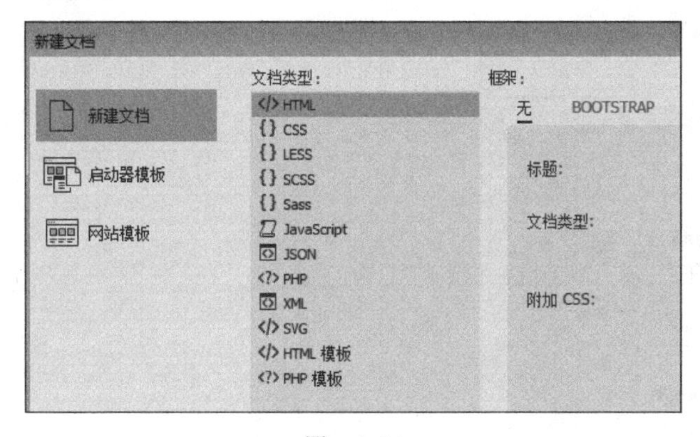

图　4.16

输入代码时，Dreamweaver 会显示代码提示以帮助选择代码和避免打字错误。可以使用“插入”面板或使用编码快捷方式（如 Emmet 缩写）插入代码。多次复制并粘贴同一段代码时，可以选择如下功能：

- “代码片段”面板便于快速创建预先格式化的代码片段并将其插入到代码中。
- 如果要在不替换任何现有文本的情况下在多个位置添加相同文本，可添加多个光标，这样可以一次性创建并编辑多行代码，便于浏览代码和更改代码。
- Dreamweaver 的查找和替换功能可以在代码中搜索标签、属性或文本。
- 代码导航器可以导航至当前文件内部和外部的相关代码，快速编辑功能可以在相关文件中编辑代码，无须在新选项卡中打开文件。
- 右键选择代码可显示一个简单且相关的上下文菜单，便于直接编辑代码。
- 使用环绕标签可将文本包含在标签中。

4.6.1　使用“插入”面板插入代码

使用“插入”面板插入代码，具体操作如下：

- 确定插入点在代码中的位置。

- 在“插入”面板中选择适当的类别。
- 选择“插入”面板中的一个按钮，或者从“插入”面板中的弹出菜单中选择一个项目。当选择一个图标时，代码将立即出现在页面中，或者显示一个对话框，要求提供完成该代码更多所需的信息。

“插入”面板提供的按钮的数目和类型取决于当前文档的类型。同时还取决于目前使用的视图是“代码”视图还是“设计”视图，如图 4.17 所示。

4.6.2 使用代码注释

注释是插入到 HTML 代码中的描述性文本，用来解释该代码或提供其他信息。注释文本只在“代码”视图中出现，不会显示在浏览器中。

1. 向代码添加注释

打开文件“4.6 代码编辑.html”，要添加注释，先输入注释文本。然后，可以将光标置于插入点，并从工具栏选择应用注释图标，打开子菜单，也可以选择文本，然后将其设为注释。所选文本将包括在注释块中，如图 4.18 所示。

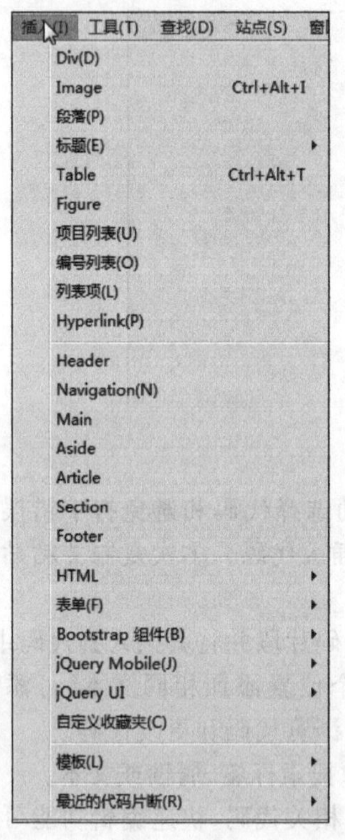

图 4.17

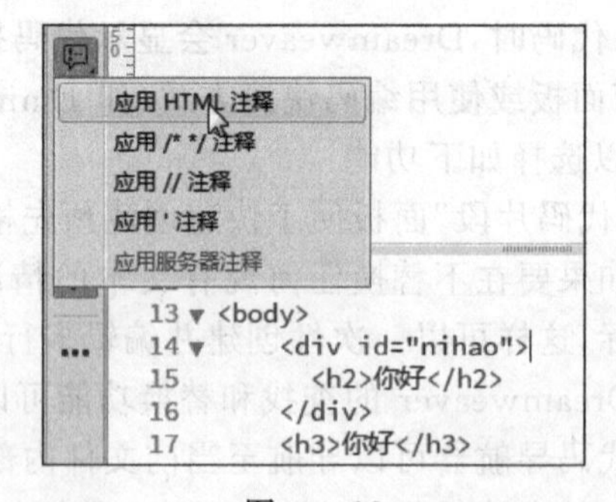

图 4.18

可以使用各种语法选项添加注释。选择相应语法，Dreamweaver 自动插入注释标签，输入注释文本即可。也可以使用 Ctrl+/快捷键来添加注释。

如果在未选择任何文本的情况下使用键盘快捷键，则注释将应用于当前行。如果已选择文本并使用键盘快捷键，则注释将应用于所选文本。

2. 从代码中删除注释

要删除代码注释，请选择该代码，然后选择工具栏中的“删除注释”图标。也可以使用 Ctrl+/快捷键删除注释，如图 4.19 所示。

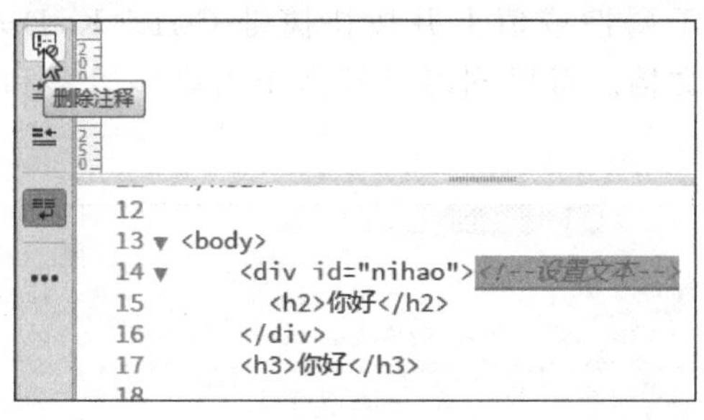

图 4.19

3. 切换代码注释

要在“代码”视图中的显示注释和隐藏注释之间切换，只需对所选注释或行按快捷键 Ctrl+/。

4.6.3 使用多个光标在多个位置添加或更改文本

使用 Dreamweaver 的多光标功能在多个位置添加光标，或选择多个代码部分并同时编辑这些部分，可以根据自己的需求采用不同的方式。

如果在不替换任何现有文本的情况下在多个位置中添加相同文本，则可以添加多个光标。如果要替换现有文本，则可进行多个选择。可以选择连续文本行和/或非连续文本行，然后对它们添加光标，如图 4.20 所示。

在连续行中的相同列上添加多个光标或多个选择，可以按住 Alt 键，然后选择以垂直拖动。在垂直拖动时，光标将添加到鼠标拖过的每一行。

若要选择连续文本行，按住 Alt 键并沿对角线方向拖动。在沿对角线方向拖动时，Dreamweaver 将在该选区内选择一个矩形文本块。

一旦在多个位置添加光标(或所选文本)，即可继续操作并开始输入。如果有多个光标，则将添加新文本。如果在多个文本行中选择了内容，则所选文本将替换为输入的新文本。

要在各行中的不同列上添加多个光标，如将光标添加到非连续文本行，按住 Ctrl 键，然后选择要将光标放置到的各个行，如图 4.20 和图 4.21 所示。

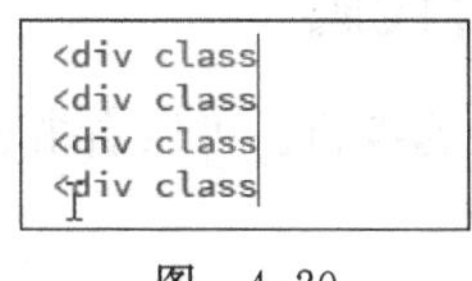

图 4.20

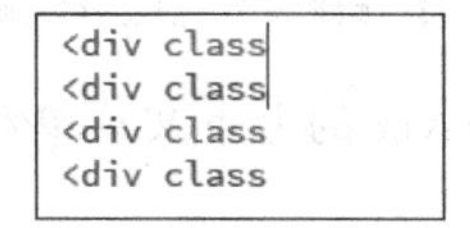

图 4.21

若要选择非连续文本行，可以选择一些文本，然后按 Ctrl 键，对其进行进一步的选择，如图 4.22 所示。

```
<div id="nav">此处显示  id "nav" 的内容</div>
<div id="bottom">此处显示  id "bottom" 的内容</div>
```

图 4.22

4.6.4 使用“快捷文档”获取 Dreamweaver 中的 CSS 相关帮助

在 Dreamweaver 中处理 CSS、LESS 或 SCSS 文件时，可以快速获取有关 CSS 属性或值的更多信息。将光标置于属性或值上并按快捷键 Ctrl＋K，Dreamweaver 将打开 Web Platform Docs 项目中的文档。可以同时打开多个内联编辑器和文档查看器，如图 4.23 所示。

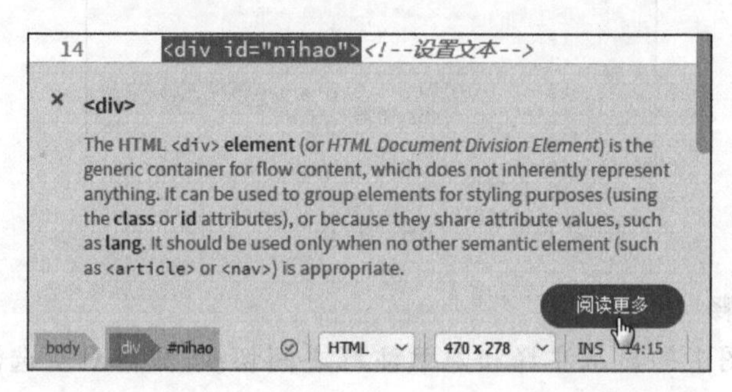

图 4.23

若要关闭一个内联编辑器或文档查看器，则在“快捷文档”处于“焦点”状态时选择左上角的“X”或按 Esc 键。若要关闭所有内联编辑器和文档，则将光标放回到主要封闭代码编辑器中，然后按 Esc 键。

4.6.5 使用“环绕标签”将文本包含在标签中

在“代码”视图中使用“环绕标签”以使某个标签环绕特定文本行。在“设计”或“实时”视图中，可使用此功能来使某个标签环绕对象。

- 在“代码”视图中选择文本或在“设计”视图中选择对象，然后按快捷键 Ctrl＋T。此时会出现一个弹出窗口，可让从大量 HTML 标签中选择，如图 4.24 所示。
- 从菜单中选择一个标签。在“代码”视图中，使用该标签环绕所选文本。在“设计”视图或“实时”视图中，使用该标签环绕所选对象。

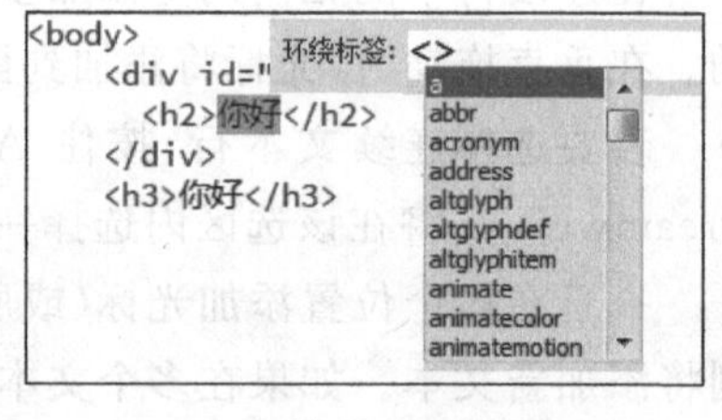

图 4.24

4.6.6 使用“编码”上下文菜单编辑代码

使用 Dreamweaver 的上下文菜单对代码进行快速编辑。可以右击访问上下文菜单，如图 4.25 所示。

(1) 快速编辑：选择此选项可进入“快速编辑”模式。在此模式下，Dreamweaver 提供上下文特定的内联代码和工具，可以快速获取所需的代码片段。

(2) 剪切、复制、粘贴：选择这些选项可快速剪切、复制和粘贴文本，无须访问“编辑”菜单。

(3) 创建新代码片段：使用此选项可创建可保存以供将来重用的代码片段。选择该代码，然后选择“创建新代码片段”以将所选代码设为代码片段。

(4) 打开相关文件：右键选择链接/脚本标签，并选择打开的相关文件以打开该文件。

(5) 附加样式表：将现有 CSS 样式表附加到的页面。

(6) 所选区域："所选区域"子菜单包含各种代码编辑选项(可对所选代码片段使用这些选项)，例如，切换行和块注释、展开和折叠选定内容、将内联 CSS 转换为规则、移动 CSS 规则以及打印代码。

要快速更改代码，请将光标放在特定代码片段上并使用上下文菜单，或按快捷键 Ctrl＋E 来进行"快速编辑"。Dreamweaver 会显示上下文特定的内联代码选项和工具，如图 4.26 所示。

快速编辑	Ctrl+E
剪切(C)	Ctrl+X
复制(O)	Ctrl+C
粘贴(P)	Ctrl+V
选择性粘贴(S)...	Ctrl+Shift+V
在当前文档中查找...	Ctrl+F
在文件中查找和替换......	Ctrl+Shift+F
在当前文档中替换...	Ctrl+H
查找下一个(N)	F3
查找前一个	Shift+F3
查找全部并选择	Ctrl+Alt+F3
创建新代码片段(S)	
快捷文档	Ctrl+K
打开相关文件	
附加样式表(A)...	
所选区域	▸
代码浏览器(C)...	Ctrl+Alt+N

图 4.25

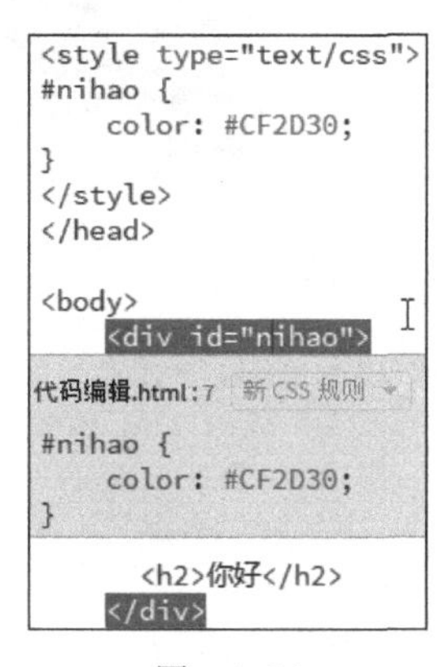

图 4.26

4.6.7 代码折叠

Dreamweaver 可以折叠某些代码部分，以便专注于正在编辑的部分。可以基于标签或括号折叠代码，也可以基于选定内容折叠代码，如图 4.27 和图 4.28 所示。

```
13 ▾ <body>
14 ▾     <div id="nihao">
15         <h2>你好</h2>
16       </div>
17       <h3>你好</h3>
18 </body>
```

图 4.27

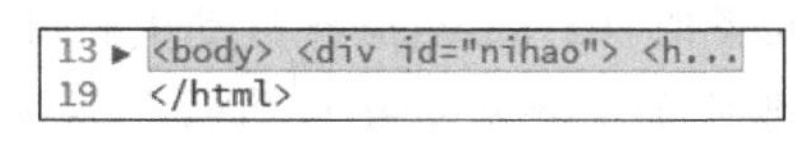

图 4.28

4.6.8 缩进代码块

在"代码"视图中或代码检查器中编写和编辑代码时，可以更改所选的代码块或代码行的缩进级别，方法是以制表符为单位向右或向左移动它们。

1. 缩进所选的代码块的 3 种方法

- 按 Tab 键。
- 按 Ctrl＋]键。

- 选择“编辑”→“缩进代码”。

2. 取消缩进所选的代码块的3种方法

- 按 Shift+Tab 键。
- 按 Ctrl+[键。
- 选择“编辑”→“凸出代码”。

4.6.9 保存和重复使用代码片段

在“代码片段”面板中，将常用代码块另存为代码片段。然后可以将这些代码块插入多个页面。“代码片段”面板中保存的代码片段不是特定于站点的，因此可以跨站点重用它们。也可以使用同步设置跨不同设备、Dreamweaver 的不同版本来使用代码片段，如图 4.29 所示。

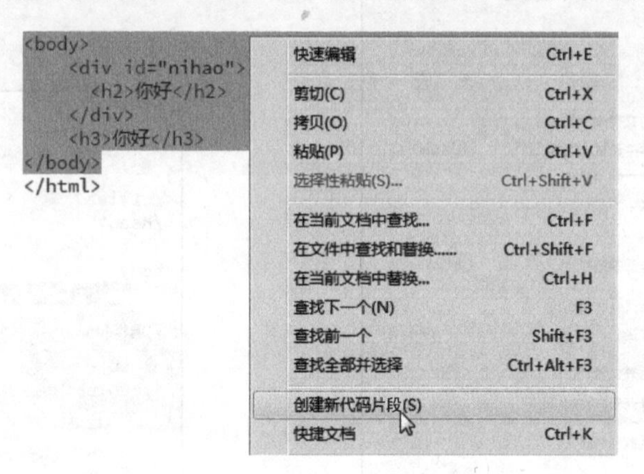

图 4.29

4.6.10 代码提示

1. 基本代码提示

通过 Dreamweaver 中的代码提示(或代码完成)功能，在输入时可以从弹出的菜单中选择标签、属性、CSS 样式。这个自动代码完成功能既便于编码，又能减少错误。

下面通过示例说明它在 HTML 中的工作方式。

开始输入“<”时，Dreamweaver 打开一个弹出菜单，其中列出所有可用的 HTML 标签。当继续输入标签时，Dreamweaver 自动更新可用的 HTML 选项，并允许选择一个适用的标签。按回车键时，Dreamweaver 自动插入标签。然后显示第二个弹出菜单，其中列出该标签的所有可用属性，如图 4.30 和图 4.31 所示。

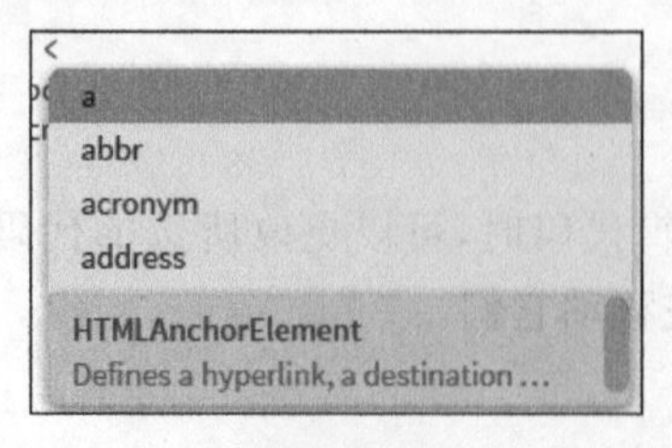

图 4.30

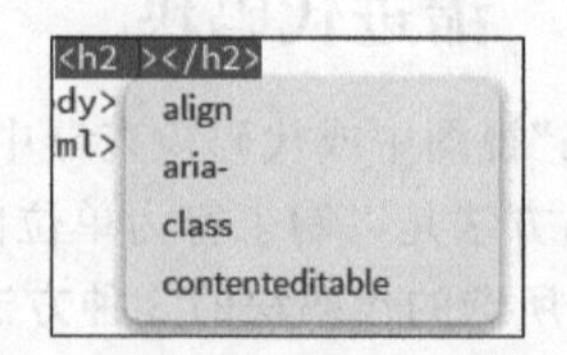

图 4.31

代码提示支持也适用于 CSS、JavaScript 和 PHP(PHP 5.6 和 7.1 版)。

2. JavaScript 对象代码提示

Dreamweaver 在 JavaScript 中支持对象代码提示。Dreamweaver 提供针对基本 JavaScript 对象(如数组、日期、数字和字符串)的代码提示。此外,Dreamweaver 还可以创建的 JavaScript 函数并使用自己的函数名称提供代码提示。

4.6.11　转到 JavaScript 或 VBScript 函数

在"代码"视图和代码检查器中,可以查看代码中所有 JavaScript 或 VBScript 函数的列表,并跳转到其中的任意函数。

- 在"代码"视图("查看"→"代码")或"代码检查器"("窗口"→"代码检查器")中查看文档。
- 两种方法:

(1) 在"代码"视图中,右击"代码"视图中的任何位置,然后从弹出的快捷菜单中选择"函数"子菜单。代码中的所有 JavaScript 或 VBScript 函数都会显示在子菜单中。

(2) 在代码检查器中,请在工具栏中选择"代码导航"按钮 ({ })。

- 选择某个函数名称以跳转至代码中的该函数。

4.7　认识行为

视频讲解

行为是 Dreamweaver 提供的一个 JavaScript 程序库,是基于 JavaScript 来创建具有动态效果的网页的一种工具。在网页中使用行为可以实现用户与页面的简单交互,以及丰富的动态页面效果;可以使不熟悉 JavaScript 编码的网页设计者也能轻松地将原本需要通过编写 JavaScript 代码才能实现的功能添加到网页中去,如果网页设计者熟悉 JavaScript 编码,也可以对代码进行修改,实现自己想要的网页效果。

在 Dreamweaver 中,行为是事件及该事件所触发的动作的结合。其中对象是产生行为的主体,大部分网页元素都可以称为对象,如文本、图片、多媒体文件等;事件是触发动作的原因,是浏览器响应访问者的操作行为;动作通常是一段 JavaScript 代码,通过执行该段代码完成特定的任务。例如,当用户将鼠标指针移动到网页中的某张图片上时,图片变换成另一张图,此时鼠标移动称为事件,图片变换称为动作,网页中的图片称为对象。

4.7.1　"行为"面板的基本操作

在 Dreamweaver 中,行为的添加和编辑主要是通过"行为"面板来实现的,在"行为"面板中可以将 Dreamweaver 内置的行为附加到页面元素,也可以修改以前所添加行为的参数。

启动 Dreamweaver CC 2018,新建一个空白的 HTML 文档,执行"窗口"→"行为"命令,打开"行为"面板,如图 4.32 所示。

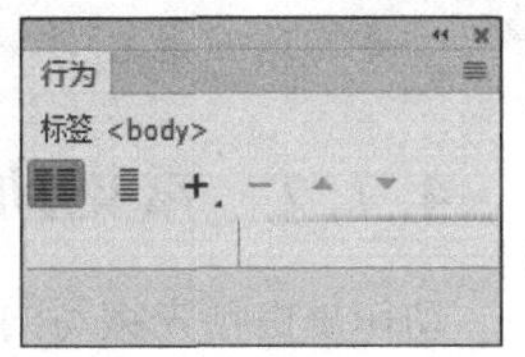

图　4.32

下面通过一个实例来展示如何使用"行为"面板为页面元素附加行为,操作步骤如下:

(1) 在 Dreamweaver 中新建一个名为"4.7.1 交换图像.

html”的空白文档。

(2) 在文档中插入“lesson04/文档讲解案例/images”文件夹下的girl1.jpg图片，并使其居中，然后展开“行为”面板。

(3) 为图片附加一个“交换图像”的行为，选中图片，在“行为”面板中单击“添加行为”按钮，从弹出的快捷菜单中选择“交换图像”，弹出如图4.33所示的“交换图像”对话框。

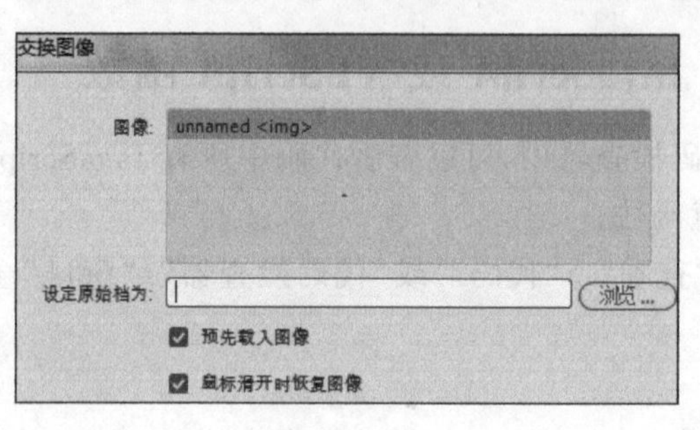

图 4.33

(4) 在“交换图像”对话框中，“设定原始档为”文本框用来设置替换后显示的图像文件；“预先载入图像”复选框用来选择是否在加载页面时对要交换的图像进行缓存，防止图像由于下载速度而导致显示延迟；“鼠标滑开时恢复图像”复选框用来选择是否在鼠标移开图像后显示原图像。本例中，在“设定原始档为”文本框中输入或单击“浏览”按钮选择用来交换的图像girl2.jpg，默认选中“预先载入图像”和“鼠标滑开时恢复图像”复选框，单击“确定”按钮，关闭对话框。

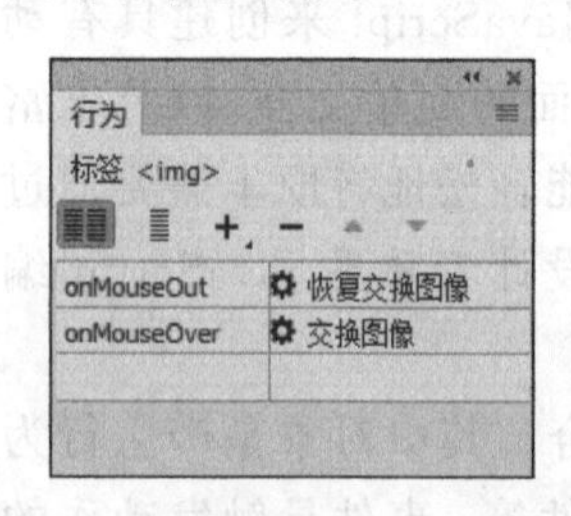

图 4.34

(5) 此时，在“行为”面板中可以看到给图像附加的行为，如图4.34所示。保存文档，在浏览器中浏览网页，可以发现当访问者鼠标移动到图片girl1.jpg上时，图像变换成另外一张图像girl2.jpg，将鼠标指针移开图像区域时，图片恢复为原始图像。

(6) 回到Dreamweaver CC 2018对已附加的行为进行简单的编辑，使访问者在单击图像区域时，图像girl1.jpg变换成另外一张图像girl3.jpg。在“行为”面板中选中onMouseOver，然后单击右侧的下拉箭头按钮 onMouseOver ，在弹出的事件列表中选择onClick事件，在动作列中双击“交换图像”动作，在弹出“交换图像”对话框中将“设定原始档为”文本框中之前的图像路径替换为图像girl3.jpg的路径，其他设置不变，单击“确定”按钮，完成修改。

(7) 保存文档，进行浏览，此时只有当访问者单击图像时，图像才会变换成图像girl3.jpg，鼠标指针移开图像时，恢复原始图像。

注意：在附加“交换图像”行为时，因为只有src属性受此动作的影响，所以应选择与原始图像的尺寸相同的图像进行交换，否则，换入的图像在浏览器中显示时会被压缩或扩展，以使其适应原图像的尺寸。

4.7.2 常见动作

动作是由预先编写的JavaScript代码组成的，这些代码可以完成特定的任务。Dreamweaver CC 2018提供了很多动作，可供用户直接调用。在“行为”面板中单击 + 按钮即可看到

Dreamweaver 所提供的动作。部分动作的功能介绍如表 4.2 所示。

表 4.2 各动作的功能

动 作 类 型	功 能 介 绍
交换图像	事件触发后,用其他图像来取代选定的图像
弹出信息	事件触发后,弹出警告信息对话框
恢复交换图像	事件触发后,变换后的图像恢复为原图像
打开浏览器窗口	事件触发后,打开一个新的浏览器窗口
拖动 AP 元素	事件触发后,可以移动网页中绝对定位的元素
改变属性	事件触发后,某一对象的属性发生变化
效果	可以为对象添加百叶窗、弹跳、淡入/淡出、高亮、增大/收缩、晃动、滑动等效果
显示-隐藏元素	事件触发后,显示或隐藏一个或多个页面元素
检查插件	检查是否有运行网页的插件
检查表单	检查输入的表单内容是否符合预先设定的格式
设置文本	可以设置容器、文本域、框架和状态栏中的文本
调用 JavaScript	调用用户自定义或网上的 JavaScript 代码
转到 URL	在当前窗口或指定的框架中打开一个新的页面
预先载入图像	可使图像完整显示的时间更快
获取更多行为	从网上获得第三方行为

4.7.3 常见事件

事件是浏览器响应访问者的操作行为,用来触发动作发生,例如,当访问者单击浏览器中的超链接时,该链接就会生成一个 onClick 事件;当鼠标指针移动到链接上时,该链接会生成 onMouseOver 事件;当鼠标指针从链接上移开时,该链接会生成 onMouseOut 事件。在 Dreamweaver 中,不同的页面元素定义了不同的事件,因此事件类型大致可分为窗口事件、鼠标事件、键盘事件和表单事件等。在"行为"面板中单击"显示所有事件"按钮,即可查看当前页面元素所支持的事件类型。下面来介绍 Dreamweaver 中提供的一些常见事件,如表 4.3 所示。

表 4.3 常见事件

事 件 类 型	含 义
onBlur	选定的元素不再是访问者交互动作的焦点时触发的事件
onChange	访问者改变表单中的值时触发的事件
onClick	访问者单击选定元素时触发的事件,可以看作是 onMouseDown 和 onMouseUp 的结合
onDblClick	访问者在选定元素上单击时触发的事件
onError	浏览器在加载页面的过程中发生错误时触发的事件
onFocus	选定元素通过访问者的交互动作获得焦点时触发的事件,与 onBlur 事件相反
onKeyDown	访问者按下键盘上的任意键时触发的事件,无论是否释放该键
onKeyPress	访问者按下并释放键盘上的任意键时触发的事件,可以看作是 onKeyDown 和 onKeyUp 的结合
onKeyUp	访问者释放已按下的按键时触发的事件

续表

事件类型	含义
onLoad	页面完全载入到浏览器中时触发的事件
onMouseDown	访问者按下鼠标键且尚未释放时触发的事件
onMouseMove	鼠标指针在选定元素上移动时触发的事件
onMouseOut	鼠标指针移开选定对象时触发的事件
onMouseOver	鼠标指针移动到选定元素上时触发的事件
onMouseUp	访问者释放已按下的鼠标键时触发的事件
onReset	将表单内容重新设置为初始值时触发的事件
onSubmit	访问者提交表单时触发的事件
onUnload	访问者退出网页时触发的事件

4.7.4 应用 Dreamweaver CC 2018 中内置行为

Dreamweaver CC 2018 内置了很多行为，如交换图像、弹出信息、改变属性等，用户只需直接调用它们或修改一些参数变量就可以轻松地实现各种功能，使网页具有交互性。

虽然 Dreamweaver 内置行为的编写已经尽可能地提高了跨浏览器的兼容性，但有些较旧的浏览器不支持 JavaScript，并且很多访问者关闭了浏览器中的 JavaScript。如果想要获得最佳的跨平台效果，网站设计者可以在< noscript >标签中提供可替换的界面，以使访问者在使用不支持 JavaScript 的浏览器浏览网站时，网页也能正常显示。

下面以弹出信息为例介绍 Dreamweaver CC 2018 中的内置行为的使用。

注意：如果用户手动删除或修改 Dreamweaver 内置行为的代码，则可能会失去跨浏览器兼容性。行为不能附加到纯文本，但可以附加到链接。因此，若要为文本附加行为，可先为文本添加一个空链接。

使用“弹出消息”行为可以在网页中显示一个带有指定消息的 JavaScript 警告，当事件发生时，弹出信息提示框，该提示框只有一个“确定”按钮，只能给访问者提供信息，不能选择。使用“弹出信息”行为的操作方法如下：

(1) 在 Dreamweaver 中打开之前做的“4.7.1 交换图像.html”案例。

(2) 选中图片，在“行为”面板中单击“添加行为”按钮，从弹出的菜单中选择“弹出信息”，弹出“弹出信息”对话框，如图 4.35 所示。

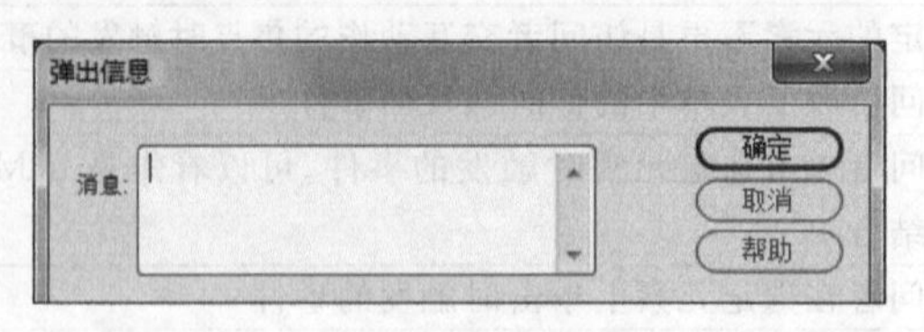

图 4.35

(3) 在“消息”文本框中输入想要显示的内容，如“Hello girl!”，单击“确定”按钮关闭对话框。

(4) 此时在“行为”面板中可以看到一个动作为“弹出信息”、事件为 onClick 的行为，如图 4.36 所示。

(5) 将文档另存为“4.7.2 弹出信息.html”,在浏览器中浏览效果,单击图像,弹出信息提示框,如图 4.37 所示。

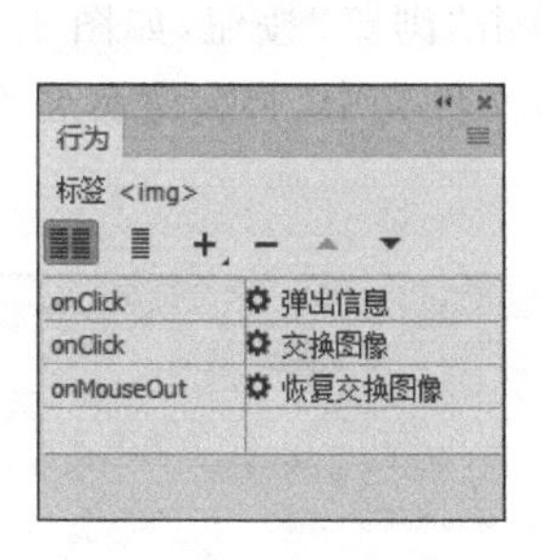

图 4.36

图 4.37

注意：JavaScript 警告的外观取决于访问者的浏览器,如果希望对信息提示框的外观进行更多的控制,可考虑使用“打开浏览器窗口”行为。

4.8 本章案例

视频讲解

4.8.1 index 网页区域的制作

(1) 新建一个文件夹,命名为 04start。将“lesson04/范例/04complete”文件夹中的 image 和 fonts 文件夹复制到该文件夹内。

(2) 在 04start 文件夹中新建 css 文件夹,如图 4.38 所示。

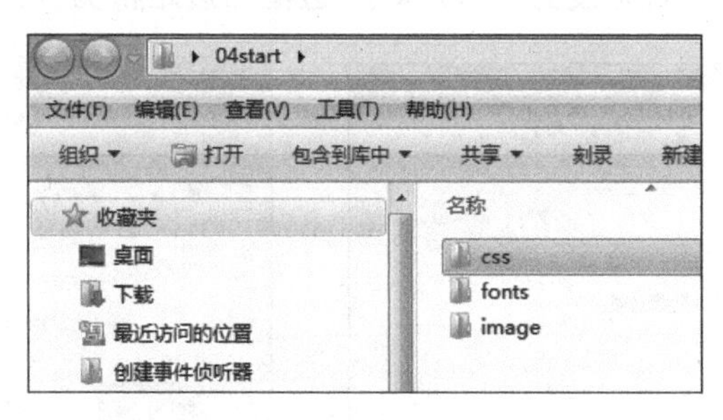

图 4.38

(3) 打开 Dreamweaver CC 2018,新建站点,站点名称为 04start,站点文件夹为刚才新建的 04start 文件夹,如图 4.39 所示。

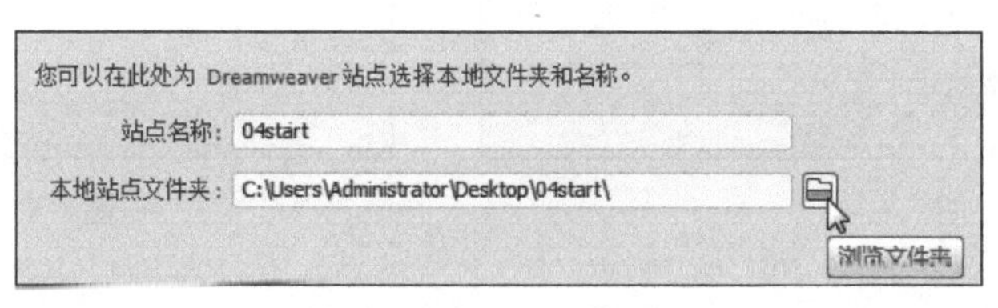

图 4.39

(4) 在 Dreamweaver CC 2018 中新建一个 HTML 文件，将标题更改为“时代之旅”，如图 4.40 所示，单击“确定”按钮，然后执行“文件”→“保存”命令，将文件保存为 index.html。

(5) 打开“CSS 设计器”，单击添加 CSS 源按钮 +，选择“创建新的 CSS 文件”命令，如图 4.41 所示。在弹出的“创建新的 CSS 文件”对话框中单击“浏览”按钮，如图 4.42 所示。此时弹出“将样式表文件另存为”对话框，选择“保存在”css 文件夹中，将文件命名为 layout，单击“保存”按钮，如图 4.43 所示。

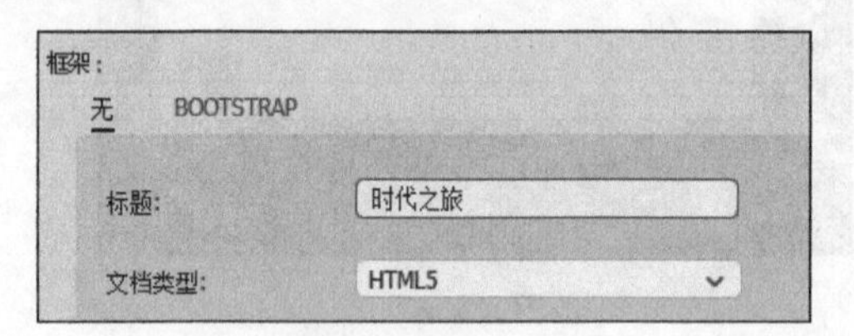

图 4.40

图 4.41

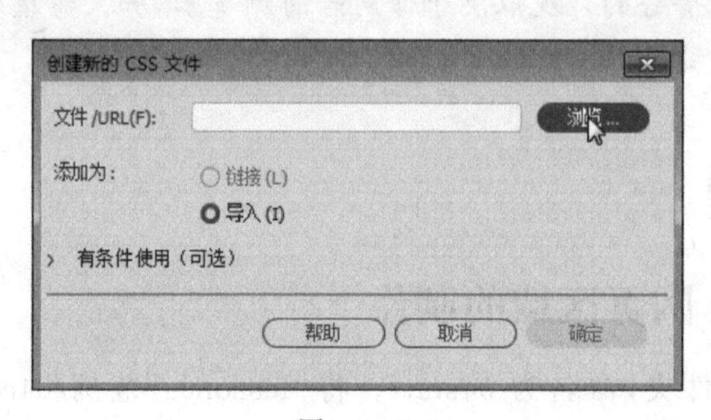

图 4.42

(6) 新建一个 1 行 3 列，宽度为 1920 像素，边框和边距都为 0 的表格，如图 4.44 所示。

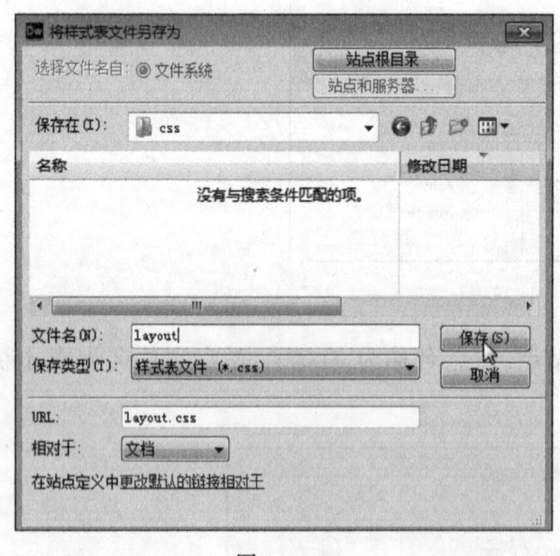

图 4.43

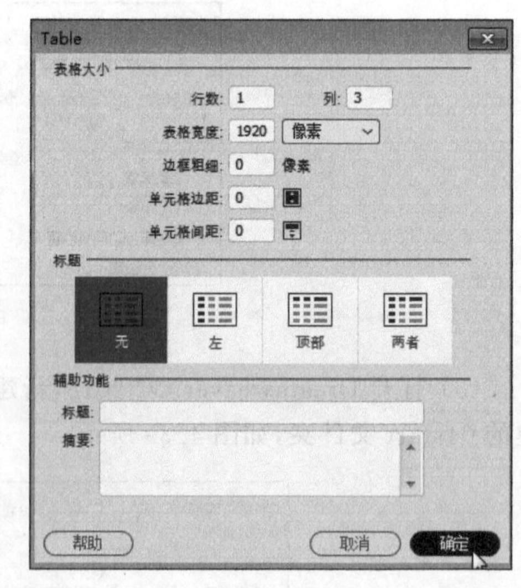

图 4.44

(7) 在 CSS 文件中为 body 设置如图 4.45 所示参数。

(8) 切换到源代码的“代码”视图，将第一列的宽度设置为 400，顶部对齐，Dreamweaver

中会有相应的提示，如图 4.46 所示。

```
body {
    background-image:
    url(../image/index.jpg);
    background-repeat: no-repeat;
    width: 1920px;
}
```

图 4.45

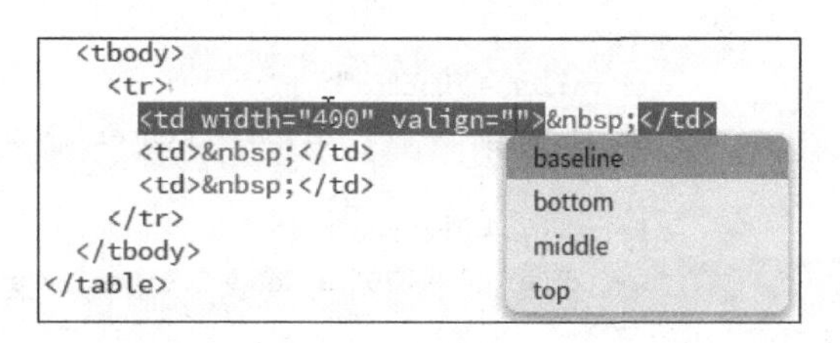

图 4.46

(9) 在第一列中插入 index1. png，浏览“实时”视图，发现图片较大，在“属性”面板中锁定宽高比，设置宽度为 400px，如图 4.47 所示。

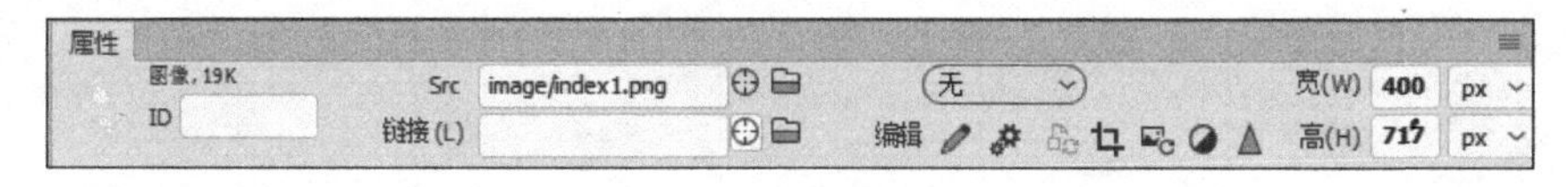

图 4.47

(10) 设置第二、三列的属性，代码如下：

```
<tr>
    <td width="400" valign="top"><img src="image/index1.png"></td>
    <td width="545" align="left" valign="top"> </td>
    <td width="975"> </td>
</tr>
```

(11) 在第二列中，输入“时代中的追寻”，代码如下：

```
<td width="545" align="left" valign="top"><h2>时<br>代<br>中<br>的<br>追<br>寻
</h2></td>
```

(12) 设置 layout. css 中 h2 的样式，设置相应的颜色、字体和字号，如图 4.48 所示。

```
h2 {
    color: #FFFFFF;
    font-family: "华文楷体";
    font-size: 96px;
}
```

图 4.48

(13) 切换到“源代码”视图，在第三列中，新建一个 3 行 1 列，宽度为 950 像素，边框和边距都为 0 的表格。在第一行中继续插入一个 6 行 1 列，宽度为 200 像素，边框和边距都为 0 的表格，统一设置高度为 70，垂直底部，水平居中对齐，并依次输入“主页”“唐”“宋”“元”“明”和“清”，为这些文字添加相应的链接，代码如下：

```
<tr>
    <td height="600" align="right" valign="top"><table width="200" border="0"
cellspacing="0" cellpadding="0">
      <tbody>
        <tr valign="bottom">
          <td height="70" align="center"><a href="index.html">主页</a></td>
        </tr>
        <tr valign="bottom">
```

```
            <td height = "70" align = "center"><a href = "tang.html">唐</a></td>
        </tr>
        <tr valign = "bottom">
            <td height = "70" align = "center"><a href = "song.html">宋</a></td>
        </tr>
        <tr valign = "bottom">
            <td height = "70" align = "center"><a href = "yuan.html">元</a></td>
        </tr>
        <tr valign = "bottom">
            <td height = "70" align = "center"><a href = "ming.html">明</a></td>
        </tr>
        <tr valign = "bottom">
            <td height = "70" align = "center"><a href = "qing.html">清</a></td>
        </tr>
      </tbody>
    </table></td>
</tr>
```

(14) 为链接添加相应的样式。此时需要用到外部古风字体,添加选择器 a,在 CSS 设计器的"属性"面板中设置 font-family→"设置字体系列"→"管理字体"→"本地 Web 字体"→"TIF 字体",如图 4.49 所示,浏览最开始复制进来的字体,将其添加到本地 Web 字体的当前列表,选中"我已经对以上字体进行了正确许可,可以用于网站。"复选框单击"添加"按钮,完成即可,如图 4.50 所示。

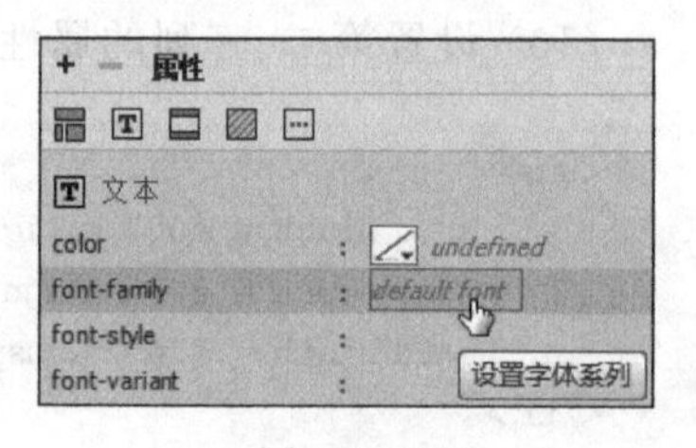

图 4.49

(15) 链接的样式代码如图 4.51 所示。

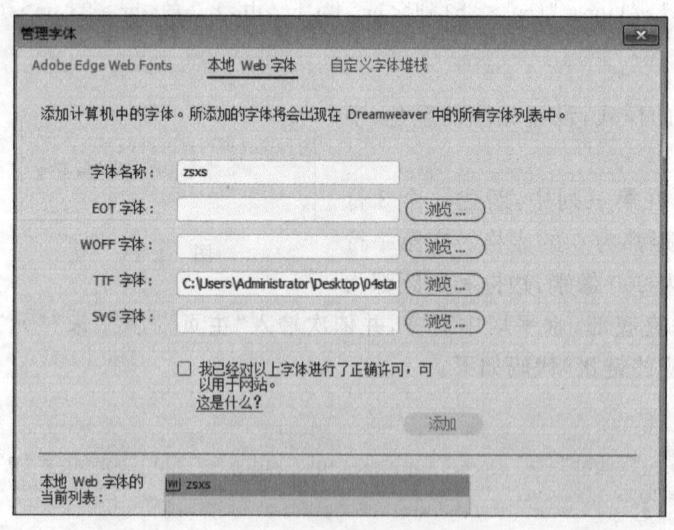

图 4.50

```
a {
    color: #FFFFFF;
    font-family: zsxs;
    text-decoration: none;
    font-size: 36px;
}
a:hover {
    color: #BA9E91;
}
```

图 4.51

(16) 第二行和第三行的输入文本,代码如图 4.52 所示。

(17) 为 h1 和 h3 添加相应的样式,如图 4.53 所示。

```
<tr>
  <td height="200" valign="bottom"><h1>时光之旅</h1></td>
</tr>
<tr>
  <td height="200"><h3>诗："千里不辞行路远，时光早晚到天涯。"<br>
      清 纳兰性德 《浣溪沙》词："泪浥红笺第几行，唤人娇鸟怕开窗，那能闲过好时光。"<br>
      郭小川 《甘蔗林－－青纱帐》诗："时光像泉水一般涌啊，生活像海浪一般推进。"</h3></td>
</tr>
```

图 4.52

```
h1 {
    font-family: "宋体";
    font-size: 72px;
    color: #FFFFFF;
}
h3 {
    color: #F9F9F9;
    font-family: "宋体";
    font-size: 28px;
    padding-top: 0px;
    padding-right: 10px;
}
```

图 4.53

4.8.2 分页区域的制作

分页区域5个页面的总体版式一样，以 tang.html 为例进行讲解。

(1) 新建一个网页，标题为“盛唐气象”，将其保存到04start文件夹下，命名为 tang.html。

(2) 新建一个5行1列，宽度为1920像素，高度为1000像素，边框和边距都为0的表格。设置第一行的高度为80，垂直底部，在第一行中嵌套一个1行7列，宽度为1920像素，边框和边距都为0的表格，并输入相应的文字，并为其添加链接和样式，代码如下：

```
<table width="1920" border="0" cellspacing="0" cellpadding="0">
  <tbody>
    <tr>
      <td width="700" align="left" valign="bottom"><h1>盛唐气象</h1></td>
      <td width="100" align="left" valign="bottom"><a href="index.html">主页</a></td>
      <td width="100" align="left" valign="bottom"><a href="tang.html">唐</a></td>
      <td width="100" align="left" valign="bottom"><a href="song.html">宋</a></td>
      <td width="100" align="left" valign="bottom"><a href="yuan.html">元</a></td>
      <td width="100" align="left" valign="bottom"><a href="ming.html">明</a></td>
      <td width="100" align="left" valign="bottom"><a href="qing.html">清</a></td>
    </tr>
  </tbody>
</table>
```

(3) 设置第二行的高度为40像素，垂直底部，在其中输入“唐——恢宏的时代 盛世繁华”。

(4) 设置第三行的高度为400像素，不输入任何内容。设置第四行垂直底部，嵌套一个1行2列，宽度为1900像素，边框和边距都为0的表格，表格代码如下：

```
<table width="1900" border="0" cellspacing="0" cellpadding="0">
  <tbody>
```

```
    <tr>
      <td width="1100"> </td>
      <td width="800" height="50" align="right"><h3>盛世更多的是一种国民心态,一种集体无意识的满足感,一种物质充盈和人身安全前提下的内心宁静和骄傲自豪,以及无处不在可以触摸的繁荣昌盛、青春活力和雍容华贵。</h3></td>
    </tr>
  </tbody>
</table>
```

(5) 设置第五行的高度为 300 像素,垂直居中,代码如下:

```
<td height="300" valign="middle" class="tang">
大唐精神和大唐梦——在社会安定、国家富强和对外开放的前提下,每个人张扬个性和追求幸福的无限可能。唐诗就是这种精神的最好诠释。<br><br>比如李白的诗,兴之所至,汪洋恣肆。比如:弃我去者,昨日之日不可留;乱我心者,今日之日多烦忧。又如:君不见,黄河之水天上来,奔流到海不复回。君不见,高堂明镜悲白发,朝如青丝暮成雪。人生得意须尽欢,莫使金樽空对月。天生我材必有用,千金散尽还复来。<br><br>显然,这里面没有什么谋篇布局、遣词造句,只有随心所欲的痛快淋漓,脱口而出的波澜壮阔。实际上李白的诗句不少口气吓人,这会儿要搥碎黄鹤楼,倒却鹦鹉洲,过会儿又恨不得把一江春水都变成好酒:遥看汉水鸭头绿,恰似葡萄新酦醅(读如坡胚)。明明是些大话、疯话、牛皮话,但他自己乐意说,别人也乐意听,还百听不厌。<br><br>
这才是盛唐气象。
</td>
```

(6) 读者也可以根据自己的需要来进行排版设计,这里只是提供了一种参考的 CSS 样式,最后的效果预览如图 4.1 所示。

作业

一、模拟练习

打开“lesson04/模拟/04complete/index.html”文件进行预览,根据本章所述知识做一个类似的作品。作品资料已完整提供,获取方式见前言。

二、自主创意

自主设计制作一个网页,应用本章所学习知识,熟练使用对网站进行编码进行网页设计。

三、理论题

1. 代码改写首选项有哪些?相应参数的作用是什么?
2. 如何在 Dreamweaver 中自定义键盘快捷键?
3. 如何使用外部编辑器?

第5章

处理多媒体素材

本章学习内容

(1) 文本的插入与属性设置;
(2) 图像的插入与编辑;
(3) 在网页中应用音频;
(4) 在网页中插入视频;
(5) 鼠标经过图像的效果;
(6) 插入日期和时间、特殊符号和水平线。

完成本章的学习需要大约 2 小时,相关资源获取方式见前言。

知识点

插入文本	使用列表项	插入并编辑图像
添加音频	插入视频	插入和更新日期
向字体列表添加 Edge 和 Web 字体	插入水平线和特殊字符	制作鼠标经过图像效果
插入其他元素		

本章案例介绍

范例

本章范例是一个关于钢琴演奏的案例,该案例主要运用 Div+CSS 布局,并在其中插入了相关音频和视频素材。通过范例的学习,掌握在网页中处理多媒体素材的方法,如图 5.1 所示。

模拟案例

本章模拟案例是一个关于茶道的网站,通过模拟练习进一步熟悉对多媒体素材的应用,如图 5.2 所示。

图 5.1

图 5.2

5.1 预览完成的范例

(1) 右击“lesson05/范例/05complete”文件夹中的 index. html 文件，在打开方式中选择已安装的浏览器对 index. html 文件进行浏览，如图 5.1 所示。

(2) 关闭预览窗口。

(3) 可以用 Dreamweaver CC 2018 打开源文件进行预览，在菜单栏中选择“文件”→“打开”按钮。选择“lesson05/范例/05complete”文件夹中的“index. html”文件，并单击“打开”按钮，切换到“实时视图”查看页面。

5.2 在网页中插入文本

文本是网页中最基本的元素，是传递网页信息的重要媒介，也是网页中必不可少的内容。在制作网页时，文本的设计是否合理将直接影响整个网页的美观程度。

视频讲解

5.2.1 插入文本

在 Dreamweaver CC 2018 中插入文本有以下几种方法：

(1) 将光标定位到文档窗口中需要插入文本的位置，然后直接输入文字内容即可。

(2) 在其他的应用程序中复制所需要的文本内容，然后在 Dreamweaver 文档窗口中将光标放置到要插入文本的位置，执行“编辑”→“粘贴”或“选择性粘贴”命令，或者在要插入文本的位置右击，在弹出的快捷菜单中选择“粘贴”或“选择性粘贴”命令。当使用“粘贴”命令从其他应用程序粘贴文本时，可在“首选项”面板中设置粘贴首选参数作为默认选项。使用“选择性粘贴”命令时，可以指定所粘贴文本的格式，如图 5.3 所示。例如，如果要将 Microsoft Word 文档中的文本复制粘贴到 Dreamweaver 文档中，但是想要去掉所有格式设置，以便能够向所粘贴的文本应用自己的 CSS 样式表，可以在 Word 文档中选择文本，将其复制到剪贴板，然后在 Dreamweaver 中使用“选择性粘贴”命令实现只粘贴文本的功能。

注意： 在代码视图中，Ctrl＋V(Windows)和 Command＋V(Macintosh)始终仅粘贴文本(无格式)。

(3) 执行“文件”→“导入”命令导入文本文件，如 XML 或表格式数据。

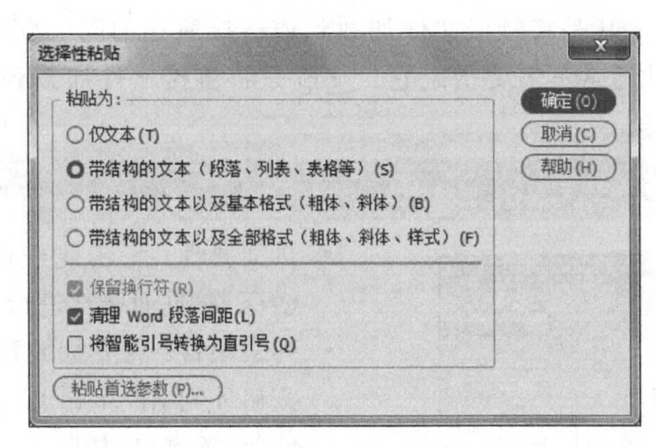

图　5.3

(4) 从支持文本拖放功能的应用程序中，直接将需要的文本内容拖放到 Dreamweaver 的文档窗口。

5.2.2　设置文本属性

视频讲解

为了使文本与网页中的其他元素相协调，使整个网页看起来更加的精美，就要设置文本属性。打开“属性”面板，Dreamweaver CC 2018 的“属性”面板包含 HTML 和 CSS 两个界面，系统默认打开的是 HTML“属性”面板，如图 5.4 所示。

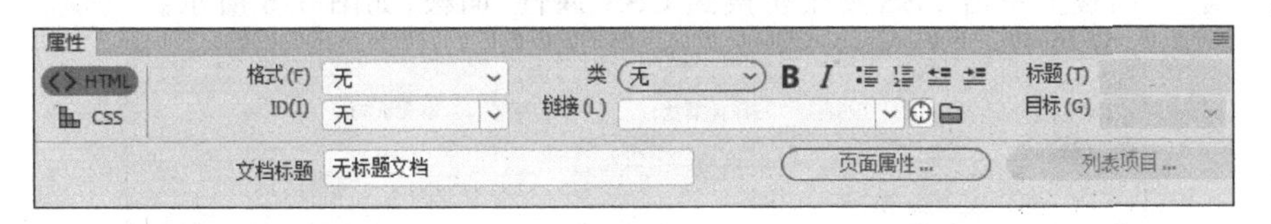

图　5.4

1. HTML“属性”面板

HTML“属性”面板中各个选项的功能介绍如下。

- 格式：设置所选文本的段落样式，该选项包含段落格式、标题格式和预先格式化的格式。
- ID：标识字段，为所选内容分配一个 ID。如果已经声明过 ID，则该下拉列表中将列出文档中所有未使用的已声明 ID。
- 类：显示当前应用于所选文本的类样式。如果对所选内容没有应用过任何样式或应用了多个样式，则该菜单将显示“无”。
- 链接：为所选文本创建超文本链接。选中需要添加超链接的对象，单击浏览文件按钮 浏览站点中的文件，或直接键入 URL，或者将指向文件图标 拖动到文件面板中要链接的文件。
- 标题：为超级链接指定文本工具提示，即在浏览器中浏览网页时，当鼠标指针移到链接上时显示的提示文本。
- 目标：用于指定将链接文档加载到哪个框架或窗口。_blank 是将链接文件加载到一个新的、未命名的浏览器窗口；_parent 是将链接文件加载到该链接所在框架的父框架集或父窗口中，如果包含链接的框架不是嵌套的，则链接文件加载到整个浏览器窗口中；_self 是将链接文件加载到该链接所在的同一框架或窗口中。此目标是默认的，因此通常不需要指定它；_top 是将链接文件加载到整个浏览器窗口，从而删除所有框架。

注意： 将光标放置在链接对象上时，“标题”和“目标”按钮才变为可用。

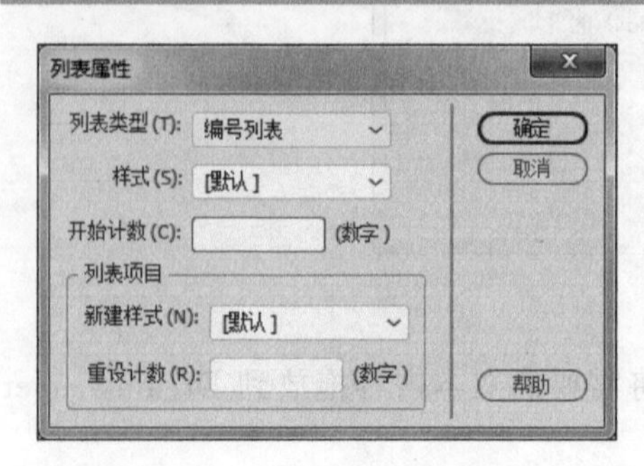

图 5.5

- 页面属性：单击此按钮将弹出页面属性对话框，对页面属性进行设置。
- 列表项目：将光标放置在任意列表位置，该按钮才可用，单击该按钮将弹出“列表属性”设置窗口，如图 5.5 所示。
- **B**：将所选文本的字体设置为粗体。
- *I*：将所选文本的字体设置为斜体。
- ：项目列表，为所选文本创建无序列表。
- ：编号列表，为所选文本创建有序列表。
- ：删除内缩区块，删除文本右缩进。
- ：内缩区块，使文本右缩进。

2. CSS“属性”面板

在“属性”面板上单击 CSS 按钮切换到 CSS“属性”面板，如图 5.6 所示。

图 5.6

CSS“属性”面板中各个选项的功能介绍如下：

- 目标规则：显示当前选中文本已应用的规则，或在 CSS 面板中正在编辑的规则。使用目标规则下拉列表可以创建新的 CSS 规则、新的内联样式或将现有类应用于所选文本。

注意： 在创建 CSS 内联样式时，Dreamweaver 会将样式属性代码直接添加到页面的 body 部分。

- 编辑规则：单击该按钮可以打开目标规则的 CSS 规则定义对话框。
- CSS 和设计器：单击该按钮可以打开 CSS 设计器面板，并在面板中显示目标规则的属性。
- 字体：设置目标规则的字体。
- 大小：设置目标规则的字体大小。
- ：设置目标规则中的字体颜色。单击该按钮打开 Web 调色板选取颜色即可，或直接在相邻的文本框中输入十六进制值(例如，#FFFFFF 表示白色)。

注意： “字体”“大小”“文本颜色”“粗体”“斜体”和“对齐”属性始终显示应用于文档窗口中当前所选内容的规则的属性。在更改其中的任何属性时，都将会影响目标规则。

下面通过一个实例来介绍如何设置文本属性，步骤如下。

(1) 在 Dreamweaver 中新建一个文档，切换到“设计”视图，然后在文档窗口中竖排输入文本内容“中国地理区划 东北 黑龙江省 吉林省 辽宁省 华东 上海市 江苏省 浙江省 安徽省……”，如图 5.7 所示。

(2) 调整字体样式、大小以及字体颜色，在“CSS 属性”面板中，单击“字体”下拉按钮，选择“管理字体”，打开如图 5.8 所示的对话框，切换到“自定义字体堆栈”选项卡，然后在“可用字体”列表中选择“华文行楷”，然后单击按钮 << ，即可将字体添加到字体列表中，如图 5.9 所示，单击“完成”按钮关闭对话框，添加字体完毕。选中所有文本内容，在“字体”下拉列表框中选择“华文行楷”；在“大小”下拉列表框中选择 14px；单击“颜色”按钮，设置字体颜色为＃081F68。此时文本效果如图 5.10 所示。

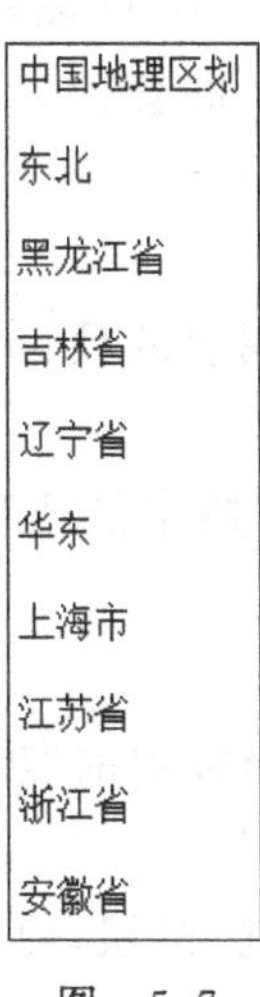

图　5.7

图　5.8

字体列表：
Gill Sans, Gill Sans MT, Myriad Pro, DejaVu Sans Condensed, Helvetica, Arial, sans-serif
Gotham, Helvetica Neue, Helvetica, Arial, sans-serif
Lucida Grande, Lucida Sans Unicode, Lucida Sans, DejaVu Sans, Verdana, sans-serif
Segoe, Segoe UI, DejaVu Sans, Trebuchet MS, Verdana, sans-serif
Impact, Haettenschweiler, Franklin Gothic Bold, Arial Black, sans-serif
Consolas, Andale Mono, Lucida Console, Lucida Sans Typewriter, Monaco, Courier New, monos...
华文行楷
选择的字体：
华文行楷
可用字体：
方正兰亭超细黑简体
方正舒体
方正姚体
仿宋
黑体
华文彩云
华文仿宋
华文行楷
华文琥珀
华文楷体
华文隶书
华文宋体

图　5.9

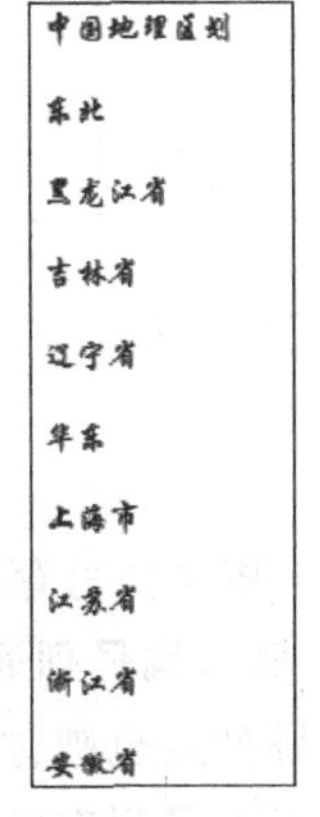

图　5.10

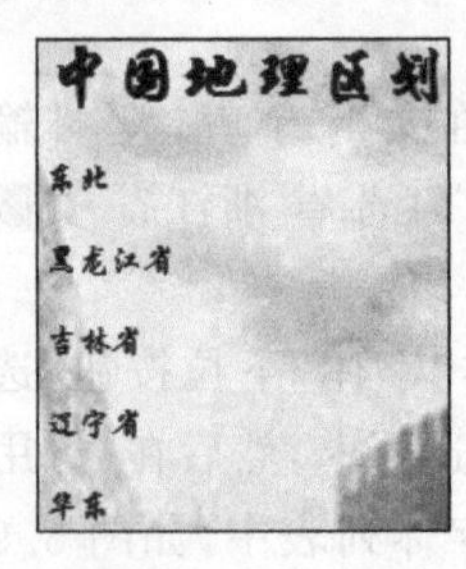

图 5.11

(3) 选中文字“中国地理区划”，在“HTML属性”面板中，单击“格式”下拉按钮，在下拉列表框中选择“标题1”。

(4) 下面为页面添加背景图片，在“CSS属性”面板单击“编辑规则”，打开CSS设计器面板，单击“添加CSS源”按钮，在弹出的下拉列表中选择“在页面中定义”，然后单击“添加选择器”按钮，添加选择器body。切换到“属性”面板的“背景”类别，设置背景图像为“5.2.2设置文本属性”文件夹中的China.jpg，图像的水平位置为居中，垂直位置为居中。最终效果如图5.11所示。

视频讲解

5.2.3 创建列表项

在设计网页时，通常需要对同级或不同级的多个项目进行排列，以显示多个项目之间的层次关系，这样可以使网页的文本内容显得更有条理，更加工整直观。在Dreamweaver中，可以创建两种类型的列表：项目列表和编号列表。列表还可以嵌套，嵌套列表是包含其他列表的列表。

1. 插入项目列表

项目列表也被称作无序列表，即项目之间没有顺序规定。项目列表的项目默认使用项目符号，也就是黑色圆点来进行标记。

下面利用上一个案例“5.2.2设置文本属性.html”来展示在文档中插入项目列表的步骤。

(1) 在Dreamweaver中打开案例“5.2.2设置文本属性.html”。

(2) 选中除“中国地理区划”以外的其他文本内容，单击“属性”面板中的“项目列表”按钮[☰]，则所有项目左边都会出现黑色圆点符号●，如图5.12所示。

(3) 选中“黑龙江省”至“辽宁省”3项，单击“属性”面板中的“缩进”按钮，使它们向右缩进，则这3项的左边的●符号变成了○符号，表示它们是列表的第二层，同理设置其他项，最终效果如图5.13所示。

图 5.12

图 5.13

(4) 将文档另存为“5.2.3插入项目列表.html”。

2. 插入编号列表

编号列表也被称作有序列表，列表项目按照数字或字母等顺序进行排列。

设置编号列表的方法同设置项目列表的方法一致，继续使用上例，步骤如下。

(1) 在Dreamweaver中打开案例“5.2.2设置文本属性.html”。

(2) 选中除“中国地理区划”以外的其他文本内容，单击“属性”面板中的“编号列表”按钮，则所有项目左边都会出现数字序号，如图 5.14 所示。

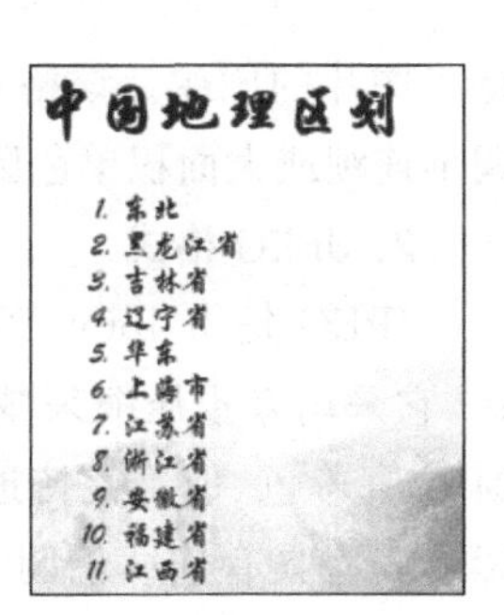

图　5.14

(3) 选中“黑龙江省”至“辽宁省”3 项，单击“属性”面板中的“缩进”按钮，使它们向右缩进，则这 3 项的左边会按顺序加入数字，表示它们是列表的第二层，同理设置其他项，最终效果如图 5.15 所示。

(4) 将文档另存为“5.2.3 插入编号列表.html”。

3. 项目列表和编号列表混排

(1) 打开之前保存的“5.2.3 插入编号列表.html”文档。

(2) 选中“黑龙江省”至“辽宁省”3 项，单击“属性”面板中的“项目列表”按钮，则这 3 项左边的数字将变成项目符号，同理设置其他项，最终效果如图 5.16 所示。

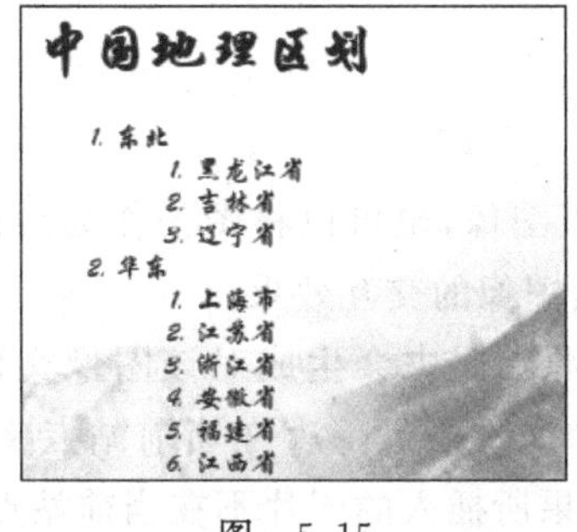

图　5.15

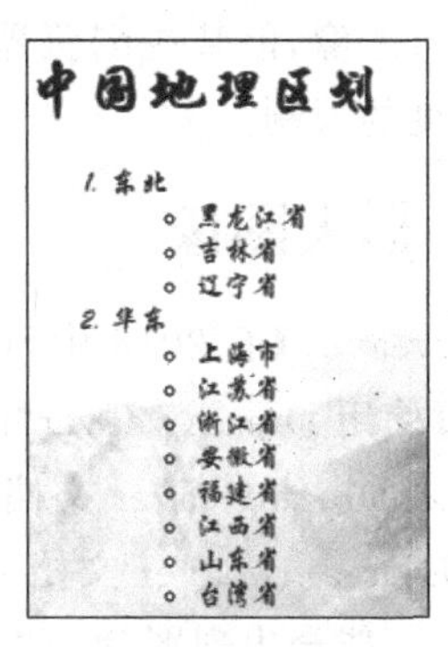

图　5.16

(3) 将文档另存为“5.2.3 项目列表和编号列表混排.html”。

> **注意**：编号列表的结果是带有前后顺序之分的编号，如果插入和删除一个列表项，编号会自动调整。

5.3　在网页中插入图像

一个好的网页除了文本之外，还应该用合适的图像来进行点缀和渲染，图像是网页中最重要的元素之一，在网页中插入适当的制作精良的图像可以大大增强网页的美观性，使网页更加生动，从而吸引浏览者的眼球，并且可以反映出网站的主题。

5.3.1　网页中常用的图像格式

图像有很多种格式，如 GIF、JPEG、PNG、BMP、TIF 等，但网页中通常使用 GIF、JPEG 和 PNG 3 种格式。其中使用最多的是 GIF 和 JPEG 格式，因为这两种文件格式的支持情况最好，在大多数浏览器中均可查看。

1. GIF 格式

GIF(Graphics Interchange Format，图像交换格式)采用无损压缩(在压缩过程中不丢失图像的质量)的算法进行图像压缩处理，使图形文件所占的存储空间大大减少，并基本保持了图片的原貌。该格式支持的颜色最多只能达到256色,在网页制作中适用于显示一些色调不连续或大面积单色区域的图像。另外,GIF格式图像还可以做成透明形式和动画形式。

2. JPEG 格式

JPEG是由Joint PhotoGraphic Experts Group(联合图像专家组)制定的图像压缩格式,它采用有损压缩来减小图片文件的大小,压缩比越高,图像质量损失越大。该格式支持24位真彩色,但不支持透明背景色,这种格式的图像文件能够保存数百万种颜色,适用于摄影或一些具有连续色调的图像。

3. PNG 格式

PNG是Portable Network Graphic(可移植网络图形)的缩写,它是一种替代GIF格式的无专利权限制的格式,它包括对索引色、灰度、真彩色图像以及alpha通道透明度的支持。目前最保真的图像格式就是PNG,由于PNG文件较小,并且具有较大的灵活性,所以它非常适合用作网页图像,但某些浏览器版本只能部分支持PNG图像,因此,它在网页中的使用受到一定程度的限制。

视频讲解

5.3.2 插入图像

在Dreamweaver CC 2018中,可以直接插入图像,也可以将图像作为页面的背景。另外,还可以通过使用Dreamweaver的行为创建出图像的交互效果。

将图像插入Dreamweaver文档时,HTML源代码中会生成对该图像文件的引用。需要注意的是,在Dreamweaver文档中插入的图像文件必须保存在当前站点文件夹中,否则在浏览网页时,可能会出现图片丢失的情况。如果所插入的图片不在当前站点文件夹内,在插入图片时,Dreamweaver将提示用户复制该图像文件到当前站点文件夹内。

在网页中插入图像的操作步骤如下。

(1) 在Dreamweaver中新建一个文档,切换到"设计"视图。

(2) 执行"插入"→Table命令,插入一个1行2列,宽为1000像素,边框、边距、间距均为0的表格,并使其居中,并设置表格的高为400像素,两列单元格的宽均为500像素,单元格内容为垂直居中。

(3) 将光标置于第一列单元格中,执行"插入"→Image命令,插入"5.3.2 插入图像"文件中的图片Britain.jpg,在第二列的单元格中输入文本内容,如图5.17所示。

图 5.17

(4) 打开“CSS设计器”面板，单击“添加CSS源”按钮，在弹出的下拉列表中选择“在页面中定义”，然后单击“添加选择器”按钮，添加选择器.text，设置字体颜色为#0F2B56，对齐方式为居中，左填充为50像素。设置完成后应用该样式，选中所有文本，在“属性”面板中单击“格式”下拉按钮，在下拉列表框中选择“标题3”。

(5) 保存文档为“5.3.2插入图像.html”，在浏览器中的效果如图5.18所示。

图　5.18

5.3.3　编辑图像

在网页中添加图像后，Dreamweaver会自动按照图像的原始大小显示，但为了使图像与文本等其他页面元素相协调，常常需要对图像的大小、位置和边框等属性进行设置。这些操作主要通过“属性”面板来完成。

选定要编辑的图像(以5.3.2节中的图片为例)，窗口下方将会出现图像“属性”面板，如图5.19所示，该属性界面中的主要功能如下。

图　5.19

- ID：在文本框中输入图像的名称。以便在使用Dreamweaver行为或脚本撰写语言(如JavasScript或VBScript)时可以利用该名称引用该图像。
- Src：用于设置插入图像的路径及名称。单击右侧的文件夹图标以浏览到源文件，或者直接在文本框中键入图像的路径。
- 链接：用来给图像或图像热区添加超链接，实现页面跳转。将“指向文件”图标拖动到文件面板中的某个文件，或者单击文件夹图标浏览到站点上的某个文档，或手动键入URL。
- [热点工具图标]：热点工具，用来将图像分割为若干区域，并为这些区域添加链接，实现页面跳转。

• 原始：文本框中可以设置当前图像原始的 PNG 或 PSD 格式的图像文件。
• 替换：用于设置图像的说明性内容。通常在图像不能正常显示时，显示指定的提示文本。
• 编辑：单击“编辑”按钮，启动默认的外部图像编辑器，可以在图像编辑器中编辑并保存图像，在页面中的图像将会自动更新，外部图像编辑器可以在首选项中进行设置；单击“编辑图像设置”按钮可以打开“图像优化”对话框，优化图像；“从原始更新”按钮，如果当前页面上的 Web 图像与原始图像不同步，单击该按钮，图像将自动更新，以反映对原始图像文件所做的任何更改；“裁剪”按钮用于裁剪图片；“重新取样”按钮，调整图片大小后此按钮可用，对已调整大小的图片进行重新取样，可提高图片质量；“亮度和对比度”按钮用于调整图片的亮度和对比度；“锐化”按钮用于锐化图像，改变图片内部边缘对比度。
• 宽和高：分别用于设置图像的宽度和高度。

此外，还可以以可视方式调整图像大小，方法如下。

图 5.20

(1) 在文档窗口中选择需要调整大小的图像，在图像的底部、右侧及右下角将会出现调整手柄，如图 5.20 所示。如果未出现调整手柄，则单击要调整大小的图片以外的部分然后再重新选择它，或在标签选择器中单击相应的标签以选择该图片。

(2) 执行下列操作之一，调整图像的大小：
• 拖动底部的控制点调整图像的高度。
• 拖动右侧的控制点调整图像的宽度。
• 拖动右下角的控制点同时调整图片的宽度和高度。
• 按住 Shift 键的同时拖动右下角的控制点，可以按比例缩放图像。

(3) 调整图像的“宽”和“高”以后，文本框右侧将显示“重置为原始大小”按钮和“提交图像大小”按钮。若要将已调整大小的图像还原到原始尺寸，可以单击“重设大小”按钮，或者删除“宽”和“高”域中的值；若要保留修改大小后的图像，单击“提交图像大小”按钮即可。

视频讲解

5.3.4 制作鼠标经过图像的效果

鼠标经过图像是指当鼠标经过某一幅图像时，该图像会变成另外一幅图像，并且带有链接功能。鼠标经过图像实际上是由两幅图像组成的：初始图像(页面首次加载时显示的图像)和替换图像(当鼠标指针经过时显示的图像)，用于鼠标经过图像的两幅图像大小必须相同，如果不同，Dreamweaver 会自动调整第二幅图像的大小，使之与第一幅图相匹配。

制作鼠标经过图像的步骤如下。

(1) 新建一个空白的 html 文档，插入一个 1 行 1 列，宽为 370 像素，边框、边距和间距均为 0 的表格，并使其居中。

(2) 将光标置于表格中，执行“插入”→HTML→“鼠标经过图像”，弹出“插入鼠标经过图像”对话框，如图 5.21 所示。

插入鼠标经过图像

图像名称: Image1

原始图像: 浏览...

鼠标经过图像: 浏览...

☑ 预载鼠标经过图像

替换文本:

按下时，前往的 URL: 浏览...

图 5.21

(3) 分别单击"原始图像"和"鼠标经过图像"右侧的"浏览"按钮，在"5.3.4 制作鼠标经过图像的效果/images"文件夹中选择相应的图像 medusa1.jpg 和 medusa2.jpg，如图 5.22 所示，单击"确定"按钮，关闭对话框。

插入鼠标经过图像

图像名称: Image1

原始图像: images/medusa1.jpg 浏览...

鼠标经过图像: images/medusa2.jpg 浏览...

☑ 预载鼠标经过图像

替换文本:

按下时，前往的 URL: 浏览...

图 5.22

(4) 保存文件，按下 F12 键在浏览器中查看效果，鼠标没有移到图像上时显示的图片(左)和鼠标移至图片上时显示图片(右)，如图 5.23 所示。

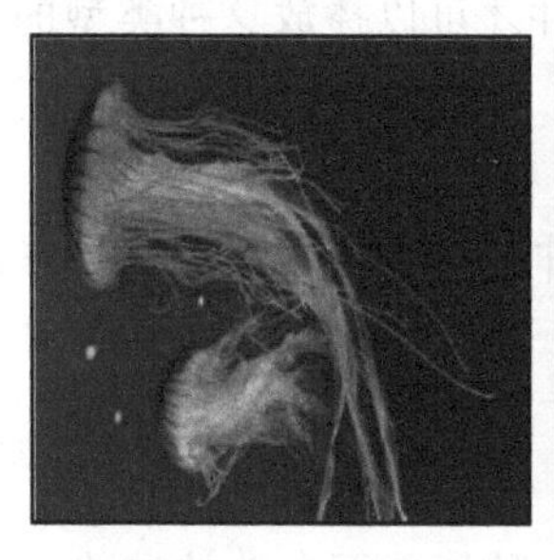
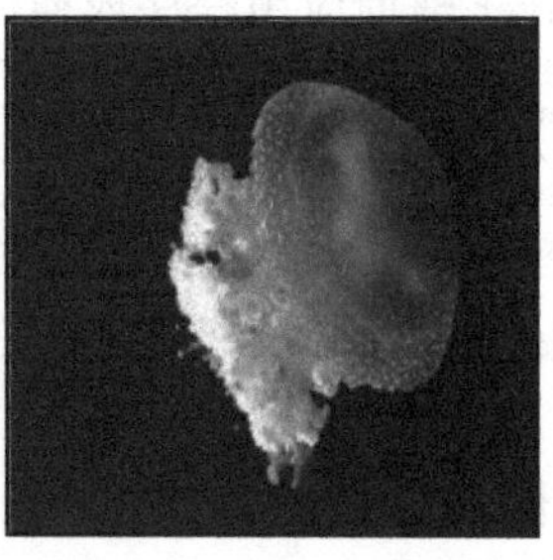

图 5.23

5.4 在网页中应用音频

视频讲解

随着多媒体技术的发展，如今的网页已不再是单一的图像加文字组成的页面了，在网页中越来越多地使用到了一些多媒体元素。声音就是多媒体元素中的一种，在网页中适当的加入一些音乐，会给浏览者带来不一样的感受。

5.4.1 网页中常见的音频文件格式

音频文件格式有很多种类型，如WAV、MIDI、MP3、AIFF、Real Audio等，在为网页添加音频文件前，需要考虑不同浏览器对音频格式的兼容性，以免用户在浏览网页时，不能正常播放声音文件。下面介绍几种常见的音频文件格式。

1. MP3格式

MP3格式是一种音频压缩格式，它能够在音质损失很小的情况下把文件压缩到更小的程度，而且还非常好地保持了原来的音质。这种格式也支持流式处理，即边下载边播放，访问者不必等待整个文件下载完成即可收听该文件。若要播放MP3文件，访问者必须下载并安装辅助应用程序或插件，如QuickTime、Windows Media Player或Realplayer。

2. MIDI格式

MIDI格式主要用于电子乐器音乐。许多浏览器都支持MIDI文件，并且不需要插件。一个很小的MIDI文件也可以提供相当长的声音剪辑，但MIDI文件不能进行录制，并且必须使用特殊的硬件和软件在计算机上合成。

3. WAV格式

WAV格式是最接近无损的音频格式，具有良好的声音品质，许多浏览器都支持此类格式文件并且不需要插件。

4. AIFF格式

AIFF是音频交换文件格式(Audio Interchange File Format)的英文缩写，它是一种文件格式存储的数字音频(波形)的数据。AIFF格式与WAV格式类似，也具有较好的声音品质，大多数浏览器都可以播放它并且不需要插件。

5. RAM格式

RAM格式具有非常高的压缩度，文件大小要小于MP3，且支持流式处理，但访问者必须下载并安装RealPlayer辅助应用程序或插件才可以播放这种类型的文件。

5.4.2 添加声音

在网页中添加声音的方法大致可分为3种：一是链接到音频文件；二是以嵌入声音文件的形式，访问者可以通过播放器控制音频；三是以添加背景音乐的形式，在加载网页时自动播放音频。

1. 链接到音频文件

链接到音频文件是将声音添加到网页的一种简单而有效的方法。这种方法可以在单击超链接时自动调用外部播放器来播放音乐文件。创建音频文件链接和创建网页链接一样，具体方法如下。

(1) 在Dreamweaver中新建一个html文档，切换到“设计”视图，在文档中输入文本内容，并为其添加“编号列表”，如图5.24所示。

(2) 选中文本Kiss The Rain，单击“属性”面板的“链接”文本框右边的浏览文件按钮，在“5.4添加声音/music”文件夹中找到对应的音频文件。

(3) 按照同样的方法，为其余的2行文本添加对应的音频文件链接。

(4) 保存文件为“5.4.2链接到音频文件.html”，按下F12键在浏览器中浏览页面效果。

在网页中单击链接文本将会播放指定的音乐文件，如图 5.25 所示。

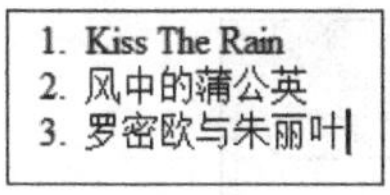

1. Kiss The Rain
2. 风中的蒲公英
3. 罗密欧与朱丽叶

图　5.24

127.0.0.1:49808/preview/app...
0:21 / 4:20

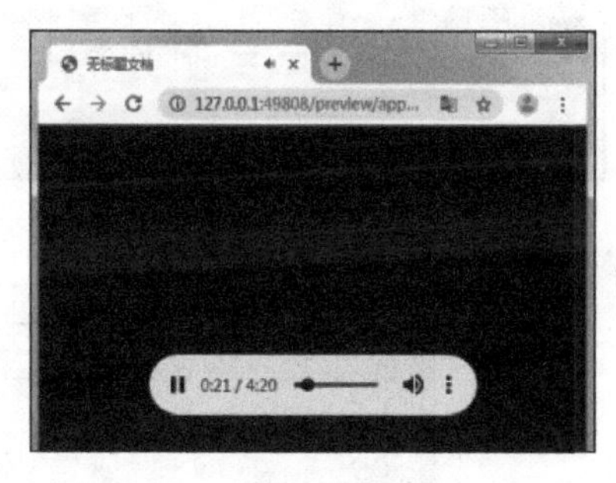

图　5.25

2. 嵌入声音文件

嵌入声音文件就是将声音播放器直接插入到页面中，只有当访问者的计算机上安装有合适的插件时，才可以在网页中播放声音文件。

在网页中嵌入声音文件的步骤如下。

(1) 打开需要嵌入声音的文档，切换到“设计”视图，将光标放置在要嵌入声音文件的位置。

(2) 执行“插入”→HTML→“插件”命令，弹出“选择文件”对话框，如图 5.26 所示。

选择文件
« 5.4添加声音 ▸ music
搜索 music
组织 ▾
新建文件夹
收藏夹
下载
桌面
最近访问的位置
库
视频
图片
文档
音乐
优酷影视库
名称
#
标题
Kiss The Rain - Th...
6
Kiss The Rain
Kiss The Rain - Th...
Kiss The Rain - Th...
风中的蒲公英 - 张...
3
风中的蒲公英
罗密欧与朱丽叶 - R...
4
罗密欧与朱丽叶 (钢琴曲)
相对于:
文档
文件名(N):
所有文件 (*.*)
站点根目录
确定
取消

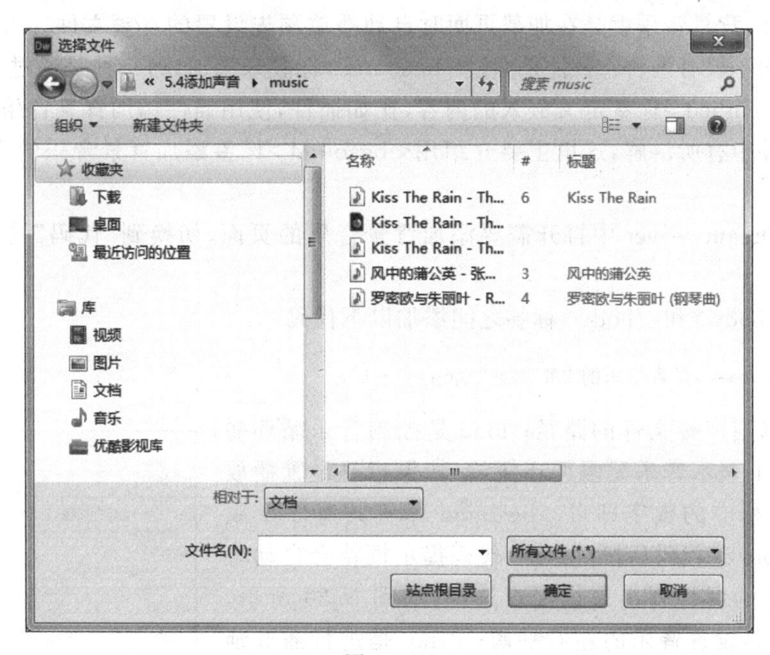

图　5.26

(3) 在弹出的对话框中选择要播放的声音文件，然后单击“确定”按钮关闭对话框，此时可在页面上看到插件的占位符 。选中插件占位符，打开对应的“属性”面板，如图 5.27 所示。

(4) 单击“参数”按钮，弹出“参数”对话框。单击对话框中的添加参数按钮 + ，在“参数”列表框中输入参数名称 loop，在“值”列表框中输入 true，如图 5.28 所示，使音频文件循环播放。

图 5.27

图 5.28

若想要将该音频文件设置为网页的背景音乐，在“属性”面板中将插件占位符的“宽”和“高”均设为 0 即可。

3. 添加背景音乐

顾名思义，背景音乐就是在加载页面时自动播放预先设置的音频文件。为网页添加背景音乐的方法一般有两种：一种是通过< bgsound >标签来添加，另一种是通过< embed >标签来添加。< embed >标签定义嵌入的内容，比如插件，使用插件添加背景音乐的方法已在嵌入声音文件中有所讲解，这里主要介绍用< bgsound >标签添加背景音乐的方法，具体步骤如下。

(1) 在 Dreamweaver 中打开需要添加背景音乐的页面，切换到“代码”视图或“拆分”视图。

(2) 在< body >和</body >标签之间添加以下代码：

```
< bgsound src = "背景音乐的 URL 地址"loop = " - 1">
```

其中，src 是指定声音文件的路径；loop 是控制音乐循环播放的次数，－1 表示音乐无限循环播放，如果想要设置播放次数，则改为相应的数字即可。bgsound 标签共有 5 个属性，在“< bgsound”代码后按空格键，代码提示框将会自动将 bgsound 标签的属性列出来供用户选择，如图 5.29 所示。其中 balance 是设置音乐的左右平衡；delay 是进行播放延时的设置；volume 是设置音量。一般在为网页添加背景音乐时，只需设置 src 和 loop 参数即可。

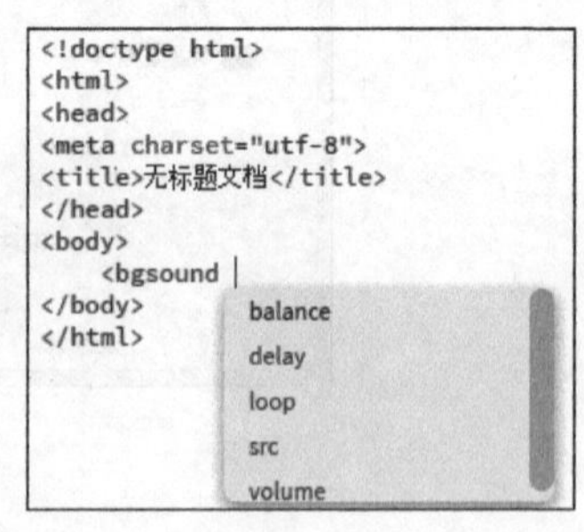

图 5.29

5.4.3 使用 HTML5 音频标签

互联网有很多不同格式的音频文件，但 HTML 标签所支持的音乐格式并不是很多，并且不同的浏览器所支持的格式也不相同，在线的音频和视频都是通过插件(比如 Flash)或者第三方工具来实现的，但并非所有浏览器都拥有同样的插件。HTML5 针对这种情况新增了<audio>标签来统一网页上的音频格式，用户可以直接使用该标签在网页中添加相应格式的音频文件。在一个支持 HTML5 的浏览器中浏览网页时，不需要安装任何插件就能播放网页中音频或视频。

目前，audio 元素所支持的音频格式有 3 种：MP3、Wav 和 Ogg，主流浏览器对这 3 种音频格式的支持情况如表 5.1 所示。

表 5.1 浏览器的音频格式的支持情况

浏 览 器	MP3	Wav	Ogg
IE 9+	√	×	×
Chrome 6+	√	√	√
Firefox 3.6+	√	√	√
Safari 5+	√	√	×
Opera 10+	√	√	√

在网页中插入 HTML5 音频的步骤如下。

(1) 在 Dreamweaver 中打开需要插入音频的页面，切换到“代码”视图或“拆分”视图。

(2) 将光标放置在要插入音频的位置，执行“插入”→HTML→HTML5 Audio 命令，即可插入音频到指定位置，所插入的 HTML5 音频以图标的形式显示。

(3) 选中该图标，打开对应的“属性”面板如图 5.30 所示。

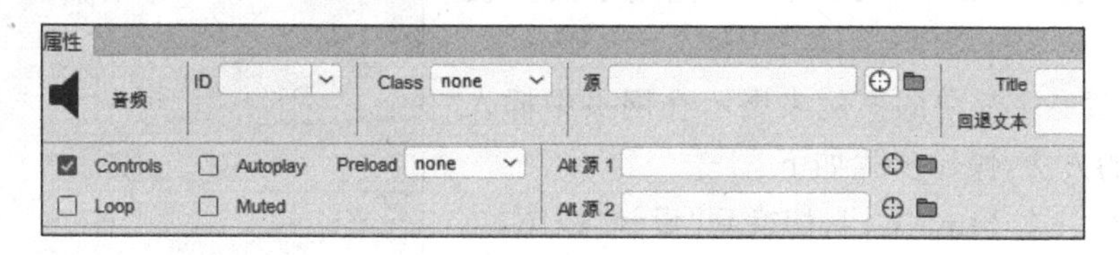

图 5.30

下面简要介绍该“属性”面板中各选项的功能。

- 源：指定源音频文件的位置。
- Title：该选项用于设置 HTML5 Audio 在浏览器中当鼠标移至该对象上时所显示的文字。
- 回退文本：当浏览器不支持 HTML5 Audio 时所显示的文字。
- Controls(控件)：用于设置是否在网页中显示音频播放控件。
- Autoplay(自动播放)：用于设置是否在打开网页的同时自动播放音频文件。
- Loop(循环)：用于设置音频是否重复播放。
- Muted(静音)：用于设置是否将音频静音。
- Preload(预加载)：该选项用于设置是否在页面加载后是否载入音频。在该下拉列表框中包含共有 3 个选项：none、auto 和 metadata(元数据)，选择 none 会在页面加载后不载入音频；选择 auto 会在页面加载后自动载入整个音频；选择 metadata 会在页面加载完成之后仅载入元数据。如果选中了 Autoplay 复选框，则忽略该选项的设置。

- Alt 源 1/Alt 源 2：也叫替换源，用于指定第二个、第三个音频文件的位置。如果浏览器不支持“源”中指定的音频文件格式，则会使用“Alt 源 1”或“Alt 源 2”中所指定的音频文件格式。

图 5.31

(4) 在“属性”面板中单击“源”选项框右边的“浏览文件”按钮，弹出“选择文件”对话框，选择“5.4 添加声音”文件夹下的 music 文件夹中的“Kiss The Rain - The Best Of Piano. mp3”，此时，Ogg 格式和 Wav 格式的音频文件将会自动填写“Alt 源 1”和“Alt 源 2”，如图 5.31 所示。

视频讲解

5.5 在网页中插入 Flash 动画和视频

在 Dreamweaver CC 2018 中，不仅能在网页中插入声音文件，还可以插入 Flash 动画、Flash Video 和 HTML5 等多媒体对象，下面分别进行简单介绍。

5.5.1 插入 Flash 动画

Flash 动画基于矢量图形制作，随意放大也不会降低画面质量，其扩展名为. swf。在网页中插入 Flash 动画既能够使页面充满动感，又能够实现交互功能，另外，Flash 动画文件较小，适合在网络上使用，所以 Flash 动画被广泛应用于网页设计中。

下面通过一个简单的案例来展示在网页中插入 Flash 动画的方法，操作步骤如下。

(1) 新建一个 html 文档，切换到“设计”视图。

(2) 执行“插入”→HTML→Flash SWF 命令，弹出“选择 SWF”对话框，选择“5.5 在网页中插入 Flash 动画和视频”文件夹中的“球. swf”，此时页面上会出现一个占位符，如图 5.32 所示。

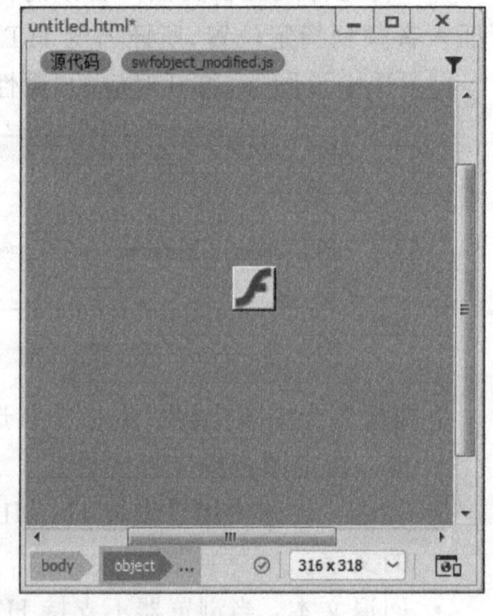

图 5.32

(3) 选中占位符，在“属性”面板中设置“宽”为 800 像素，“高”为 500 像素，“对齐”为“居中”，如图 5.33 所示。

(4) 保存文档为“5.5.1 插入 Flash 动画. html”，按下 F12 键在浏览器中进行浏览，效果如图 5.34 所示。

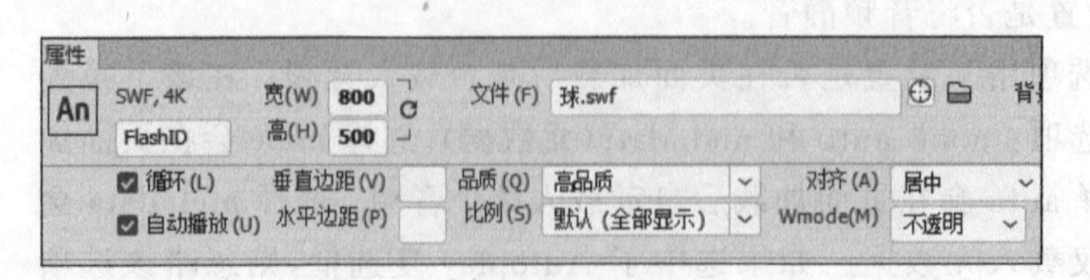

图 5.33

图 5.34

5.5.2 插入 Flash Video

Flash Video 即 Flash 视频，它是一种流媒体视频格式，其文件扩展名为.flv。Flash 视频文件极小、加载速度极快，它的出现有效地解决了视频文件导入 Flash 后，使导出的 SWF 文件体积庞大，不能在网络上很好地使用等缺点。访问者只要能看 Flash 动画，就能看 FLV 格式的视频，而不需要额外安装其他视频插件。

在网页中插入 Flash Video 的步骤如下。

(1) 在 Dreamweaver 中新建一个空白的 html 文档，切换到“设计”视图，执行“插入”→HTML→Flash Video 命令，弹出“插入 FLV”的对话框，如图 5.35 所示。

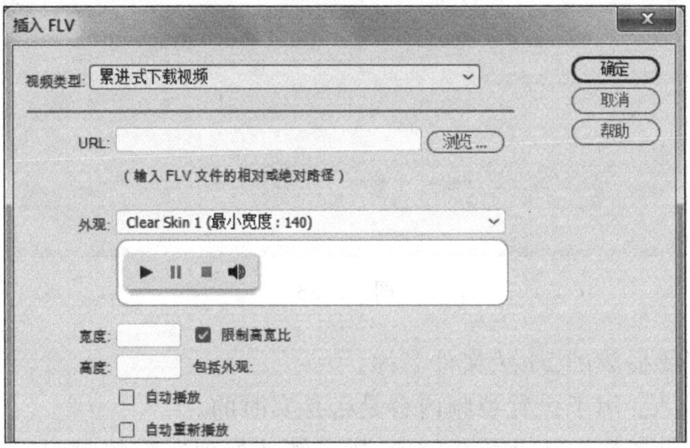

图 5.35

该对话框用来设置所插入的 FLV 格式文件的视频类型，以及不同视频类型下的相关属性。在 Dreamweaver CC 2018 中，FLV 格式文件有两种视频类型：一种是累进式下载视频；另一种是流视频。

“累进式下载视频”是将 FLV 视频文件下载到站点访问者的硬盘上，然后进行播放。与传统的“下载并播放”视频传送方法不同，累进式下载允许在下载完成之前就开始播放视频文件。该类型的选项说明如下。

- URL：指定 FLV 文件的相对路径或绝对路径。若要指定相对路径，则单击“浏览”按钮，找到需要的 FLV 文件；若要指定绝对路径，则输入 FLV 文件的 URL 地址。
- 外观：在下拉列表框中指定 Flash 视频组件的外观。
- 宽度/高度：以像素为单位指定 FLV 文件的宽度和高度。
- 限制高宽比：用于设置是否保持 Flash 视频组件的宽度和高度之间的比例不变。默认情况下选中此复选框。
- 自动播放：设置在打开网页时是否自动播放视频。
- 自动重新播放：设置播放控件在视频播放完之后是否返回到起始位置。

“流视频”是对视频内容进行流式处理，并在一段可确保流畅播放的很短的缓冲时间后在网页上播放该内容。在“视频类型”下拉列表框中选择“流视频”类型，如图 5.36 所示。

该对话框中的选项说明如下(与“累进式下载视频”类型相同的选项不再重复介绍)。

- 服务器 URLI：指定服务器名称、应用程序名称和实例名称。

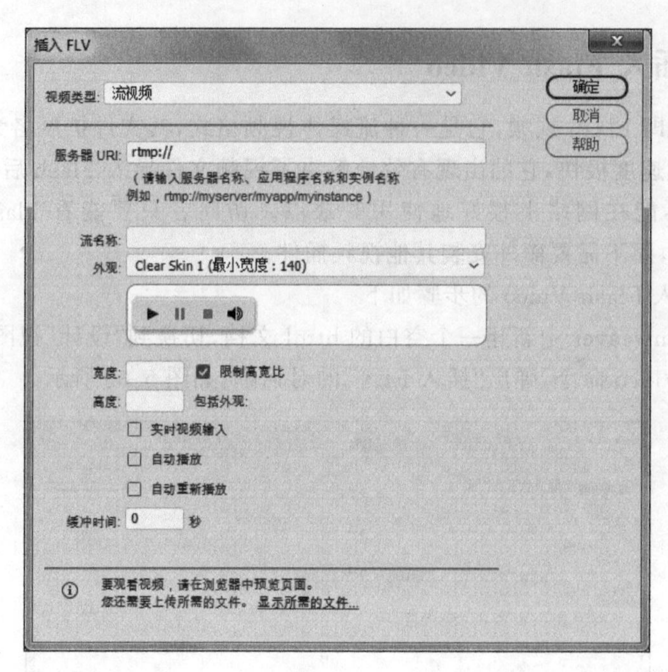

图 5.36

- 流名称：想要播放的 FLV 文件名称。
- 实时视频输入：用于设置视频内容是否是实时的。
- 缓冲时间：设置在视频开始播放前，进行缓冲处理所需的时间。默认的缓冲时间为 0，这样在单击了“播放”按钮后视频会立即开始播放。

该案例中的“视频类型”选择“累进式下载视频”。

(2) 在“视频类型”的下拉列表框中选择“累进式下载视频”；单击 URL 输入框右侧的“浏览”图标按钮，在弹出的对话框中选择“5.5 在网页中插入 Flash 动画和视频”文件夹中的“骆驼.flv”；在“外观”下拉列表框中选择“Clear Skin 2(最小宽度：160)”，选中“自动播放”复选框，如图 5.37 所示。

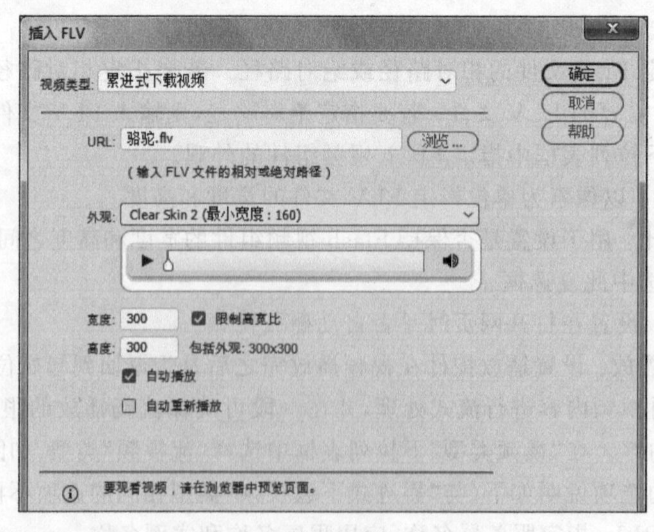

图 5.37

(3) 保存文档为“5.5.2 插入 Flash Video.html”，按下 F12 键进行浏览，效果如图 5.38 所示。

图　5.38

5.5.3　使用 HTML5 视频标签

以前在网页中插入的视频一般是通过插件(比如 Flash)来显示的，然而，并非所有浏览器都拥有同样的插件。HTML5 提供了一种播放视频的标准元素 video，通过使用< video >标签，可以直接在网页中播放视频文件，免除了浏览器安装插件这一部分，只需一个支持 HTML5 的浏览器。

目前，video 元素所支持的视频格式有 3 种：MPEG4、WebM 和 Ogg，主流浏览器对这 3 种视频格式的支持情况如表 5.2 所示。

表 5.2　浏览器的音频格式的支持情况

格　式	IE	Chrome	Firefox	Safari	Opera
MPEG4	9.0+	5.0+	×	3.0+	×
WebM	×	6.0+	4.0+	×	10.6+
Ogg	×	5.0+	3.5+	×	10.5+

MPEG4＝带有 H.264 视频编码和 AAC 音频编码的 MPEG4 文件；

WebM＝带有 VP8 视频编码和 Vorbis 音频编码的 WebM 文件；

Ogg＝带有 Theora 视频编码和 Vorbis 音频编码的 Ogg 文件。

注意：不同视频文件的编码方式是不同的，如 MPEG4 格式的视频文件的编码方式有 4 种：MPEG4(DivX)、MPEG4(Xvid)、AVC(H264)、HEVC(H265)。如果 MPEG4 中的视频解码器与下载的视频的编码器不一致，则视频就无法正常播放。可在视频格式转换器中分别选用 MPEG4(DivX)、MPEG4(Xvid)、AVC(H264)、HEVC(H265)进行尝试，通常对 DivX 编码的支持比较多。

在网页中插入 HTML5 视频的步骤如下。

(1) 打开需要插入视频的文档，切换到“设计”视图，将光标放置在要插入视频的位置。

(2) 执行“插入”→HTML→HTML5 Video 命令,此时页面上会出现一个占位符,选中该占位符,对应的“属性”面板如图 5.39 所示。

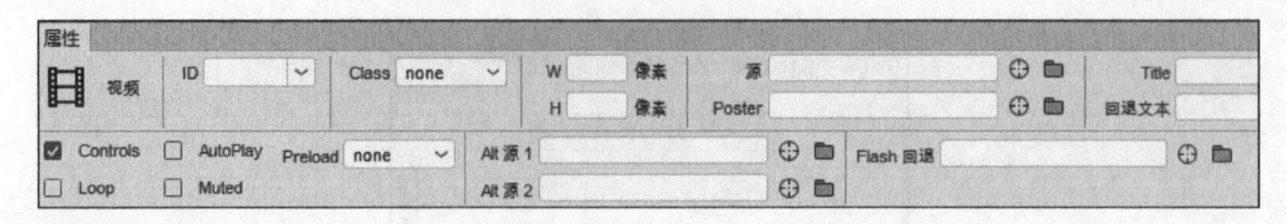

图 5.39

HTML5 视频的“属性”面板中选项功能与 HTML5 音频的“属性”面板中的选项功能类似,此处不再赘述。

视频讲解

5.6 其他元素的插入

在网页中,除了可以插入文本、图像、音视频外,还可以根据需求插入一些其他的元素,如水平线、特殊符号以及日期和时间等,下面一一介绍。

5.6.1 插入水平线和特殊符号

1. 插入水平线

水平线也可看作是分界线,在页面中适当的插入水平线可分隔页面内容,使信息看起来更清晰。

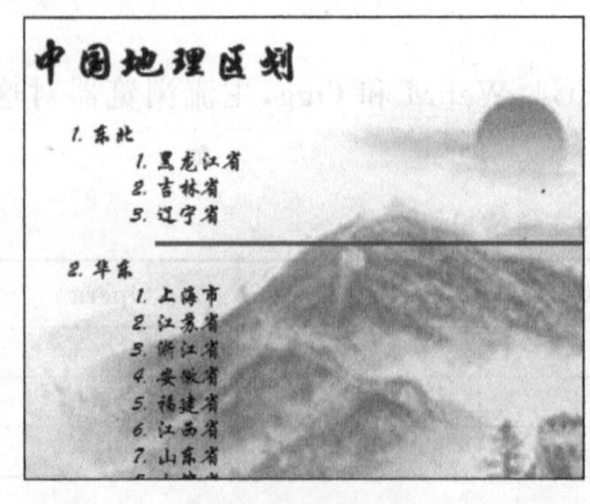

图 5.40

下面利用前面的案例来展示在页面中插入水平线的步骤。

(1) 在 Dreamweaver 中打开“5.2.3 插入编号列表.html”,切换到“设计”视图。

(2) 将光标放置在“辽宁省”的后面,执行“插入”→HTML→“水平线”命令,即可在光标所处的位置插入一条水平线,如图 5.40 所示。

(3) 选中水平线,在“属性”面板中设置“宽”为 100%,“高”为 3 像素;“对齐”为“居中对齐”,取消选中“阴影”复选框;水平线 ID 为 line,如图 5.41 所示。定义 CSS 样式 #line,设置背景颜色为 #F4091F,边框粗细为 0 像素。

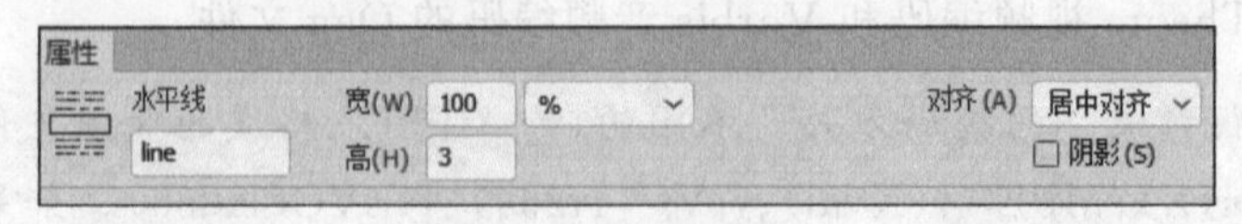

图 5.41

(4) 将文档另存为“5.6.1 插入水平线.html”,并在浏览器中进行浏览,如图 5.42 所示。

2. 插入特殊符号

在制作网页时通常会用到一些特殊符号,这里所说的特殊符号是指在键盘上不能直接输入的字符,如版权符©、注册符®等,具体步骤如下。

(1) 切换到“设计”视图，将光标放置在所要插入的位置，在“插入”面板中执行 HTML→“字符”命令，在弹出的快捷菜单中选择要插入的特殊字符即可，如图 5.43 所示。

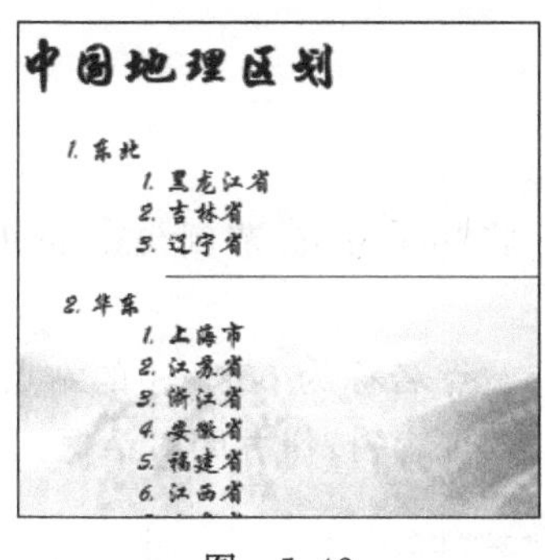

图　5.42

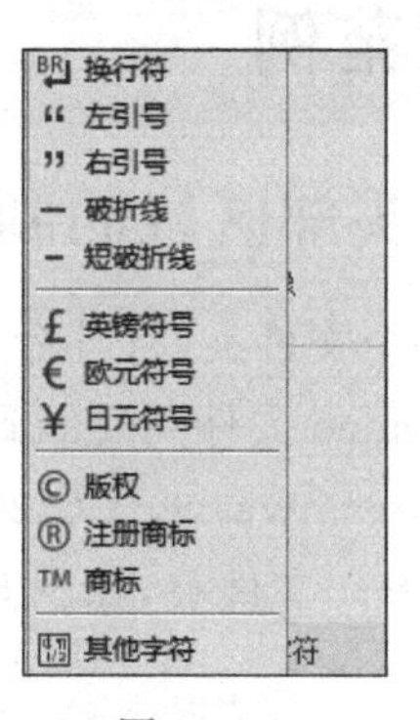

图　5.43

(2) 若在菜单中不能找到需要的特殊符号，可以选择“其他字符”，打开插入其他字符对话框，如图 5.44 所示。在其中选择要插入的“字符”后单击“确定”按钮即可。

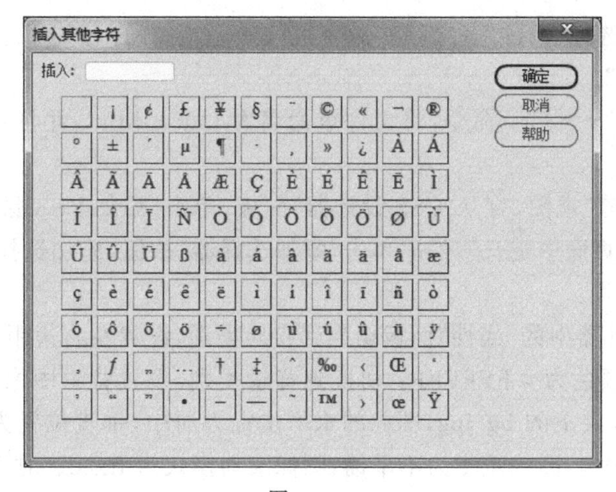

图　5.44

5.6.2　插入日期和时间

Dreamweaver 提供了一种非常方便的插入日期的方法，它可以以任何格式在文档中插入当前时间。同时它还提供了日期更新选项，每次保存文件时，日期都自动更新。具体步骤如下。

(1) 切换到“设计”视图，将光标放置在所要插入日期和时间的位置，在“插入”面板中执行 HTML→“日期”命令，打开“插入日期”对话框，如图 5.45 所示。

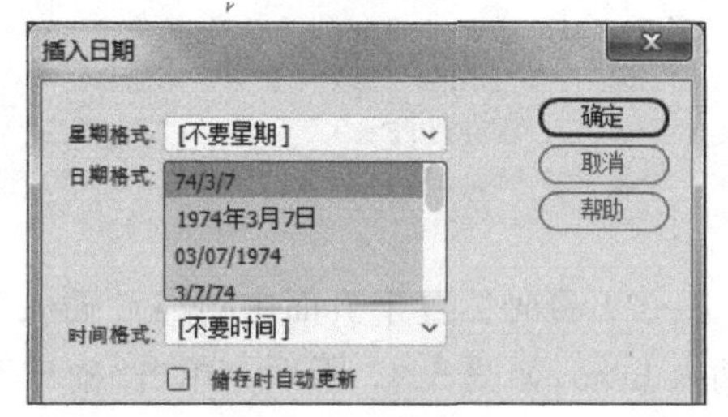

图　5.45

(2) 在打开的“插入日期”对话框中，对日期和时间的格式进行设置，然后单击“确定”按钮即可。若希望插入的日期在每次保存文档时都自动进行更新,则可以选中“储存时自动更新”复选框。

5.7 本章范例

5.7.1 头部区域的制作

视频讲解

(1) 新建一个文件夹,将其命名为05start。将“lesson05/范例/05complete”文件夹中的images、music、video文件夹复制到该文件夹内。

(2) 打开Dreamweaver CC 2018,新建一个站点名称为05start的站点,站点文件夹为刚才新建的05start文件夹,如图5.46所示,单击“保存”按钮关闭对话框。

图 5.46

(3) 在页面中,选择“文件”→“新建”命令,新建一个空白的HTML文档,在标题栏中输入网站的标题“钢琴”。

(4) 执行“文件”→“保存”命令,将文件重命名为index.html,并将其保存在05start文件夹下。

(5) 切换到“拆分”视图,打开“CSS设计器”面板,单击“添加CSS源”按钮,在弹出的下拉列表框中选择“在页面中定义”,然后单击“添加选择器”按钮,添加选择器body,用于设置整个页面的外观。

(6) 将CSS设计器中的“属性”面板切换到布局类别,设置左右边距为0px;切换到“文本”类别,设置字体颜色为#FFFFFF;切换到背景类别,设置背景图像为“lesson05/范例/05start/images”文件夹下的bg.jpg,图像的水平位置为居中,垂直位置为居中,图像的宽度为100%,高度为100%,图像重复为不平铺,图像滚动模式为fixed。对应的代码如下:

```
body {
 background-image: url(images/bg.jpg);
 background-repeat: no-repeat;
 background-position: center center;
 background-attachment: fixed;
 background-size: 100% 100%;
 margin-top: 0px;
 margin-left: 0px;
 margin-right: 0px;
 color: #FFFFFF;
}
```

(7) 将光标置于页面中,执行“插入”→Div命令,打开插入Div对话框,在ID文本框中输入head,如图5.47所示。单击“确定”按钮关闭对话框,即可在页面中插入名为head的Div,页面效果如图5.48所示。

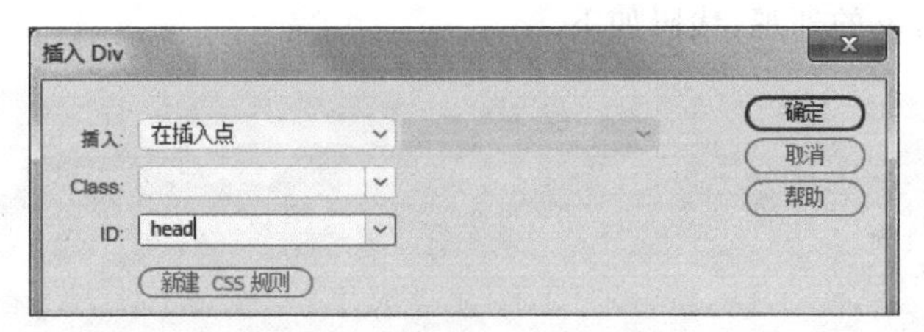

图 5.47

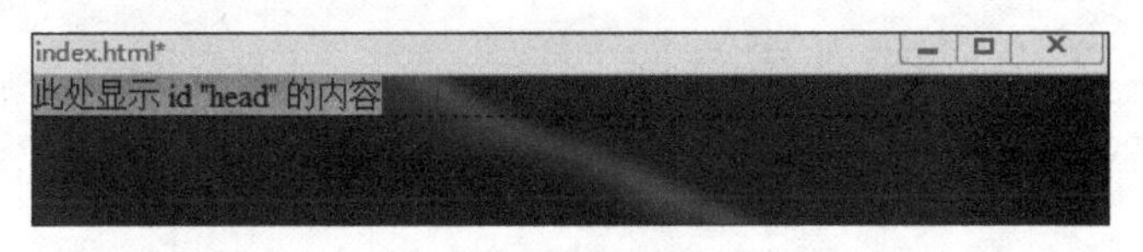

图 5.48

(8) 下面来制作网站的 logo 和导航条，将光标置于 ID 为 head 的 Div 框中，删除 Div 标签中的占位文本，插入 ID 为 head_nav 的 Div 标签。按照同样的方法，在 ID 为 head_nav 的 Div 框中插入 ID 分别为 logo 和 nav 的 Div，代码如图 5.49 所示。

```
<body>
<div id="head">
  <div id="head_nav">
    <div id="logo">此处显示  id "logo" 的内容</div>
    <div id="nav">此处显示  id "nav" 的内容</div>
  </div>
</div>
</body>
```

图 5.49

(9) 将光标置于 ID 为 logo 的 Div 中，删除占位文本，输入英文 The Piano。

(10) 将光标置于 ID 为 nav 的 Div 中，删除占位文本，执行“插入”→“列表项”命令，内容为 Home。按照同样的方法，继续在后面插入 3 个列表项，内容分别为 About、PlayList 和 Think，代码如图 5.50 所示，页面效果如图 5.51 所示。

```
<div id="head_nav">
  <div id="logo">The Piano</div>
  <div id="nav">
    <li>Home</li>
    <li>About</li>
    <li>PlayList</li>
    <li>Think</li></div>
</div>
```

图 5.50

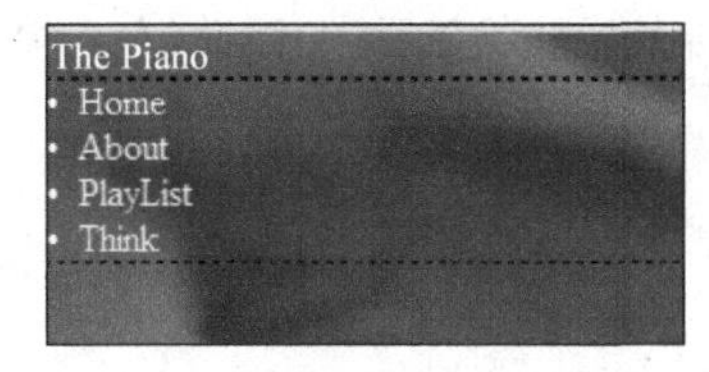

图 5.51

(11) 下面来设置整个头部内容的外观。打开“CSS 设计器”面板，单击“添加选择器”按钮，输入选择器名称 #head，用于设置 Div 标签 head 的外观。代码如下：

```
#head {
 background-image: url(images/1.jpg);
 background-position: center center;
 background-repeat: no-repeat;
 width: 100%;
 height: 800px;
 background-size: 100% 100%;
}
```

(12) 按照以上方法，定义 CSS 规则 #head_nav、logo 和 nav，分别用于设置 Div 标签

head_nav、logo 和 nav 的外观，代码如下：

```
#head_nav {
 height: 80px;
 width: 100%;
 position: fixed;
 z-index: 999;
}
#logo {
 text-align: right;
 color: #FFFFFF;
 font-size: 70px;
 width: 30%;
 height: 70px;
 padding-top: 10px;
 float: left;
}
#nav {
 width: 35%;
 height: 70px;
 float: right;
 padding-left: 0px;
 text-align: center;
 padding-top: 50px;
 font-size: 18px;
}
```

(13) 继续定义 CSS 规则 #nav li 规则，用于设置导航条的外观。在 CSS 设计器的“属性”面板中设置导航成块状显示，左浮动，左右填充为 25px，文本水平对齐方式为居中，代码如下：

```
#nav li {
 display: block;
 float: left;
 padding-left: 25px;
 text-align: center;
 padding-right: 25px;
}
```

(14) 按 Ctrl+S 键保存文档，按下 F12 键，在浏览器中浏览网页的头部部分，如图 5.52 所示。

图 5.52

5.7.2 中间区域的制作

(1) 中间区域的制作主要是由 3 个 Div 组成：content1、content2 和 content3，这里首先插入一个 ID 为 content 的 Div 标签，用于放置中间区域的所有元素。将光标置于 ID 为 head 的 Div 外部，执行“插入”→Div 命令，打开“插入 Div”对话框，在 ID 文本框中输入 content，单击“确定”按钮关闭对话框。

(2) 将光标置于 ID 为 content 的 Div 中，删除该标签中的占位文本，插入 3 个 Div 标签，ID 分别为 content1、content2 和 content3，对应的代码效果如图 5.53 所示。

此处显示 id "content1" 的内容
此处显示 id "content2" 的内容
此处显示 id "content3" 的内容

```
73 ▼ <div id="content">
74       <div id="content1">此处显示  id "content1" 的内容</div>
75       <div id="content2">此处显示  id "content2" 的内容</div>
76       <div id="content3">此处显示  id "content3" 的内容</div>
77   </div>
```

图 5.53

(3) 下面来制作 content1 的内容，删除 ID 为 content1 的 Div 标签中的占位文本，插入标签 content1_text，删除占位文本，为其添加文本本内容，在对应的代码处添加以下代码：

```
< div id = "content1_text">
        < h1 > About < hr >
        </h1 >
        < div id = "text1">钢琴(意大利语: pianoforte)是西洋古典音乐中的一种键盘乐器,有"乐器之王"的美称。由 88 个琴键(52 个白键,36 个黑键)和金属弦音板组成。意大利人巴托罗密欧·克里斯多佛利(Bartolomeo Cristofori,1655 - 1731)在 1709 年发明了钢琴。钢琴音域范围从 A0(27.5Hz)至 C8(4186Hz),几乎囊括了乐音体系中的全部乐音,是除了管风琴以外音域最广的乐器。钢琴普遍用于独奏、重奏、伴奏等演出,作曲和排练音乐十分方便。演奏者通过按下键盘上的琴键,牵动钢琴里面包着绒毡的小木槌,继而敲击钢丝弦发出声音。钢琴需定时的护理,来保证他的音色不变。
            < div id = "more">< a href = " # ">更多</a ></div >
        </div >
</div >
```

此时的页面效果如图 5.54 所示。

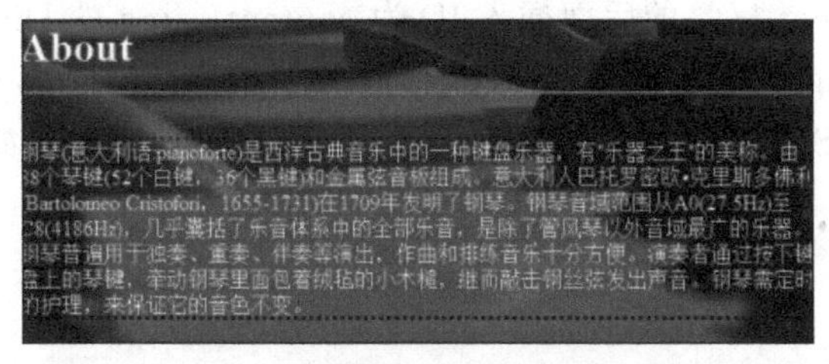

图 5.54

(4) 定义 CSS 规则 # content、# content1、# content_text1、h1、# text1 和 # more，为文本内容添加样式，代码如下：

```
# content {
    margin - left: auto;
```

```
        margin-right: auto;
        text-align: center;
        width: 90%;
    }
    #content1 {
        margin-top: 100px;
    }
    #content1_text {
        width: 900px;
        height: 600px;
        background-color: #1B1B1B;
        float: right;
        margin-top: 120px;
        text-align: left;
    }
    h1 {
        color: #CF5D8A;
        font-size: 60px;
        font-weight: lighter;
        padding-left: 100px;
    }
    #text1 {
        width: 450px;
        color: #959595;
        line-height: 30px;
        padding-top: 20px;
        text-align: justify;
        margin-left: 400px;
    }
    #more {
        border: thin solid #6C6C6C;
        width: 150px;
        text-align: center;
        margin-top: 20px;
    }
```

此时的页面效果如图 5.55 所示。

(5) 在 content1_text 标签的后面插入 ID 为 content1_img 的 Div 标签,用来放置图片,删除标签 content1_img 中的占位文本,执行"插入"→Image 命令,插入图片 2.jpg,并在 CSS 设计器中定义 CSS 规则#content1_img,设置图像的属性,代码如下:

```
    #content1_img {
        width: 600px;
        height: 350px;
        float: left;
        top: 1350px;
        position: absolute;
        right: 700px;
    }
```

页面效果如图 5.56 所示。

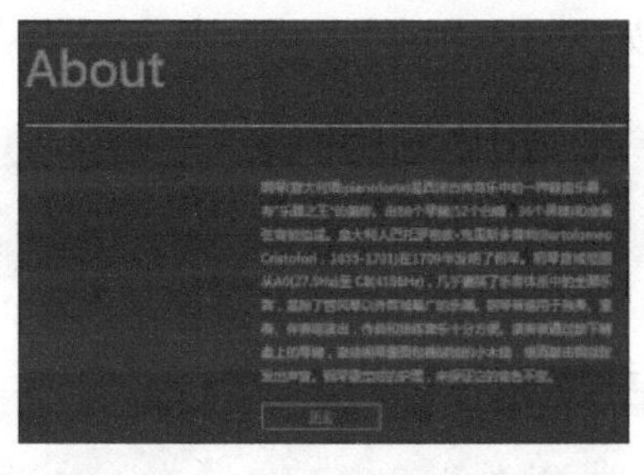

图　5.55

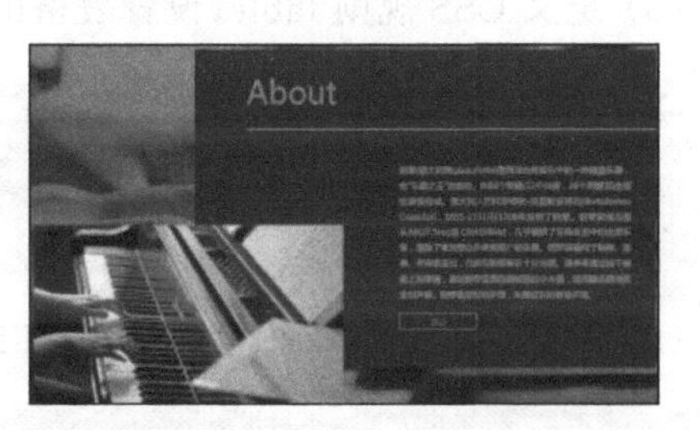

图　5.56

(6) 下面来制作 content2 的内容，删除 ID 为 content2 的 Div 标签中的占位文本，输入第二部分的标题 PlayList，并为其运用 h1 样式。在将光标放置</h1 >后面，执行"插入"→HTML→"水平线"命令，插入水平线。定义 CSS 规则 #content2，设置 content2 的外观，代码如下：

```
#content2 {
    position: absolute;
    top: 1900px;
    width: 90 %;
    height: 1250px;
    background - color: #1B1B1B;
}
```

页面效果如图 5.57 所示。

图　5.57

(7) 在水平线的下方插入一个 6 行 2 列，宽为 900 像素，边距、边框为 0，间距为 10 的表格，并使其居中对齐，用于放置音频文件的名称和播放器。将每个单元格的"高"设为 60 像素，在第一列单元格中输入音乐的名称，在第二列单元格中，执行"插入"→HTML→HTML5 Audio 命令，插入与第一列该单元格中的名称相对应的音频文件，如果对插入步骤不熟悉，请参考 5.4.2 节的内容，页面效果如图 5.58 所示。

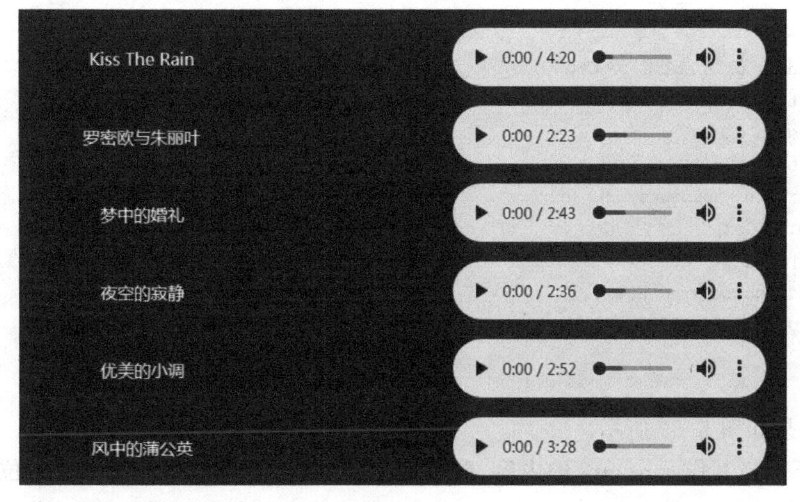

图　5.58

(8) 定义 CSS 规则 table,设置表格的样式,代码如下:

```
table {
    padding-top: 50px;
  }
```

(9) 下面在 content2 内插入一个 HTML5 视频,继续添加以下代码:

```
<div id="title"><h3>Video</h3><h4>Appreciation</h4></div>
     <div id="video">
       <video width="600" height="400" controls="controls">
         <source src="久石让 --- 天空之城(钢琴).mp4" type="video/mp4">
       </video>
</div>
```

(10) 定义 CSS 规则 #title、h3、h4 和 #video,代码如下:

```
#title {
 width: 400px;
 height: 400px;
 top: 750px;
 position: absolute;
 text-align: left;
 font-size: 40px;
 color: #959595;
 margin-left: 20px;
}
h3 {
    padding-left: 50px;
    padding-top: 50px;
}
h4 {
    padding-left: 150px;
}
#video {
    border: thin solid #6C6C6C;
    width: 650px;
    height: 420px;
    color: #959595;
    position: absolute;
    top: 800px;
    text-align: center;
    padding-bottom: 20px;
    margin-left: 500px;
}
```

页面效果如图 5.59 所示。

(11) 下面来制作 content3 的内容,删除 ID 为 content3 的 Div 标签中的占位文本,插入 3 个 Div 标签,ID 分别为 content3_text、content3_img1、content3_img2,分别用于放置

图 5.59

content3 中的文本和图片。在代码中添加以下代码：

```
<div id = "content3">
    <div id = "content3_text"><h2>Think<hr></h2>
  <div id = "text3">有人喜欢钢琴那恬静的声音,他使人仿佛置身云雾中;有人喜欢钢琴那铿锵有力的声音,他使人充满力量,仿佛平静的湖面上,被指腹敲起的一个个音符,坠落,荡起的一阵涟漪,却震撼着聆听者的内心。<br><br>生活就像一架钢琴,白键是快乐,黑键是悲伤。但是,没有黑键的钢琴不能合奏出美妙的音乐。你演奏出几分精彩,他就为你流淌出几分美妙。</div>
</div>
    <div id = "content3_img1"><img src = "images/3.jpg" width = "500" height = "250" alt = ""/></div>
    <div id = "content3_img2"><img src = "images/4.jpg" width = "500" height = "250" alt = ""/></div>
  </div>
```

（12）在 CSS 设计器面板中添加选择器 #content3、#content3_text、h2、text3、#content3_img1、#content3_img2，并分别定义规则，代码如下：

```
#content3 {
    position: absolute;
    top: 3700px;
}
#content3_text {
    width: 900px;
    height: 600px;
    text-align: left;
    margin-top: -400px;
}
h2 {
    color: #CF5D8A;
    font-size: 60px;
    font-weight: lighter;
}
#text3 {
    border: thin solid #6C6C6C;
    width: 600px;
    height: 250px;
    color: #959595;
    line-height: 30px;
    margin-top: 100px;
}
```

```
#content3_img1 {
    width: 500px;
    height: 335px;
    position: absolute;
    bottom: 140px;
    left: 650px;
}
#content3_img2 {
    width: 500px;
    height: 250px;
    position: absolute;
    top: 50px;
    left: 250px;
}
```

页面效果如图 5.60 所示。

图 5.60

5.7.3 结尾区域和链接的制作

(1) 在 content 标签的后面插入 ID 为 footer 的 Div 标签，删除占位文本，输入版权信息"© 2017-2018 wiwi company 版权所有"，然后定义 CSS 规则 #footer，设置标签 footer 的外观，代码如下：

```
#footer {
    position: absolute;
    top: 4100px;
    width: 100%;
    height: 30px;
    text-align: center;
    background-color: #000000;
    padding-top: 15px;
}
```

(2) 下面为导航添加链接，将文本 About、PlayList 和 Think 分别链接到 #content1、#content2 和 #content3，为文本 Home 添加空链接。

(3) 定义 CSS 规则 a、a:link、a:visited 和 a:hover，设置链接的样式，代码如下：

```
a {
 color: #ffffff;
 font-size: 20px;
}
a:link {
 text-decoration: none;
}
a:visited {
 text-decoration: none;
 color: #ffffff;
}
a:hover {
 text-decoration: none;
 color: #CF5D8A;
}
```

(4) 保存文档，在浏览器中浏览该网页，最终效果如图 5.1 所示。

作业

一、模拟练习

打开"lesson05/模拟/05complete/index.html"文件进行预览，根据本章所述知识做一个类似的作品。作品资料已完整提供，获取方式见前言。

二、自主创意

应用本章所学习知识，自主设计一个网站。

三、理论题

1. Dreamweaver 中常用的列表类型有哪些？各有什么特点？
2. 列举几种在网页中插入文本的方法。
3. 在 Dreamweaver 文档中插入图像时需要注意什么？
4. 在网页中通过< video >标签插入视频的优点是什么？

第6章

建立超链接

本章学习内容

(1) 超级链接的基本概念；

(2) 创建和管理超链接；

(3) 使用热点制作图像映射。

完成本章的学习需要大约 1.5 小时，相关资源获取方式见前言。

知识点

超级链接	文本链接	图片链接	链接到文档中的特定位置
电子邮件链接	空链接和脚本链接	使用热点制作图像映射	

本章案例介绍

范例

本章范例是一个萌宠大世界的网页，分为“主页”“欣赏”“博主”和“联系”4 部分，通过范例的学习，掌握在 Dreamweaver 中运用各类超级链接设计网页的技巧和方法，如图 6.1 所示。

模拟案例

本章模拟案例是一个关于诗词类的网站，主题是诗词之家，通过模拟练习进一步熟悉超链接的应用，如图 6.2 所示。

图　6.1

图　6.2

6.1　预览完成的范例

视频讲解

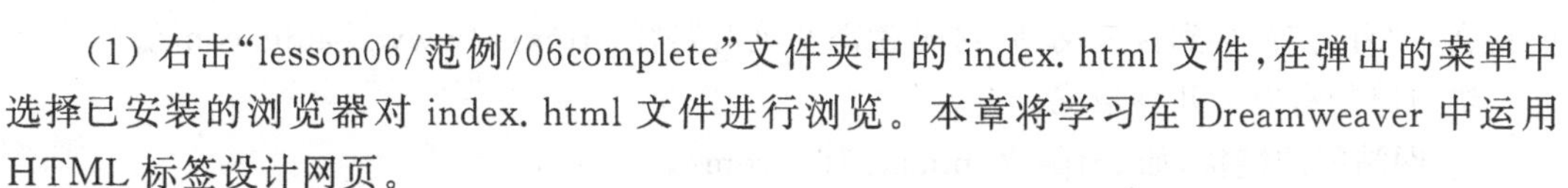

(1) 右击"lesson06/范例/06complete"文件夹中的 index. html 文件，在弹出的菜单中选择已安装的浏览器对 index. html 文件进行浏览。本章将学习在 Dreamweaver 中运用 HTML 标签设计网页。

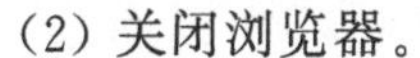

(2) 关闭浏览器。

(3) 也可以用 Dreamweaver CC 2018 打开源文件进行预览，在菜单栏中选择"文件"→"打开"按钮。选择"lesson06/范例/06complete"文件夹中的 index. html 文件，并单击"打开"按钮，切换到"实时"视图查看页面。

6.2 超级链接

超级链接简称超链接,它是网页中用于从一个页面跳转到另一个页面或从页面中的一个位置转到另一个位置的途径和方式。超级链接使得一个独立的页面与庞大的网络紧密相连,通过任何一个页面都可以直达链接到的其他页面。正是超级链接的广泛应用,才使得Internet成为四通八达的信息网格,可以说,超级链接是网络最显著的特点。超级链接的表现形式有多种,如文本链接、图像链接等。

6.2.1 URL简介

URL(Uniform Resource Locator)是一个网页地址。URL可以由字母表示,如runoob. com,也称为“域名”,也可以使用IP地址表示,如192. 68. 20. 50。大多数人都使用网站域名来访问网站,因为名字比数字更容易记住。

URL用于定位万维网上的文档。Web浏览器通过URL从Web服务器请求页面。当单击HTML页面中的某个链接时,对应的<a>标签指向万维网上的一个地址。

例如,http://www. runoob. com/html/html-tutorial. html网页地址的语法规则是:scheme://host. domain:port/path/filename。

- Scheme:定义因特网服务的类型。最常见的类型是http。
- host:定义域主机(http的默认主机是www)。
- domain:定义Internet域名,比如runoob. com。
- port:定义主机上的端口号(http的默认端口号是80)。
- path:定义服务器上的路径(如果省略,则文档必须位于网站的根目录中)。
- filename:定义文档/资源的名称。

6.2.2 超级链接路径

超级链接的方式有相对路径和绝对路径两种。相对路径又分为相对文档路径和相对站点路径两种。

绝对路径,如https://helpx. adobe. com/dreamweaver/tutorials. html。

相对文档路径,如tutorials. html。

相对站点路径,如/web/tutorials. html。

1. 绝对路径

绝对路径提供所链接文档的完整URL,必须使用绝对路径才能链接到其他服务器,如要将文本“百度”链接到百度网站,这时就需要绝对路径https://www. baidu. com/。

绝对路径有以下几种情况。

- 网站间的链接,如https://music. 163. com/。
- 链接FTP,如ftp://125. 220. 71. 247。
- 文件链接,如file://d:/网站/web/chan/index. html。

2. 相对路径

对本地链接(即到同一站点内文档的链接)建议使用相对路径,但不建议采用绝对路径,因为一旦将此站点移动到其他域,则所有本地绝对路径链接都将断开。通过对本地链接使用相对路径,还能够在需要在站点内移动文件时提高灵活性。

1) 相对文档路径

相对路径用于在本地站点中的文档间建立链接,使用相对路径时不需要给出完整的URL地址,只需给出源端点与目标端点不同的部分。当链接的源端点和目标点的文件位于同一目录下时,只需要指出目标端点的文件名即可。当不在同一个父目录下时,应将不同的层次结构表述清楚,每向上进一级目录,就要使用一次"/"符号,直至相同的一级目录。

例如,假设一个站点的结构如图 6.3 所示。

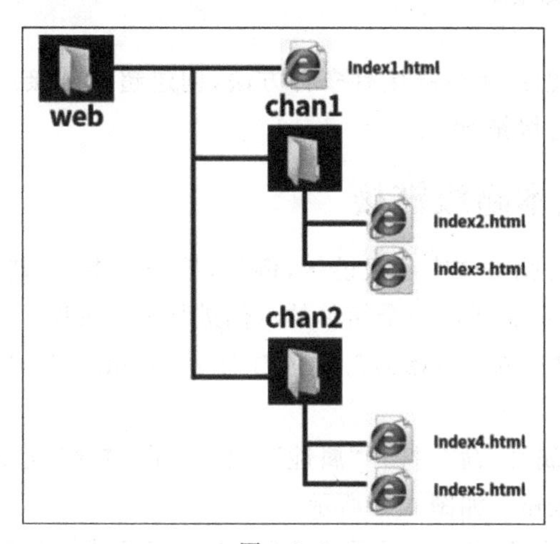

图 6.3

- 若要从 index2.html 链接到 index3.html(两个文件位于同一文件夹中),则使用相对路径 index3.html。
- 若要从 index1.html 链接到 index2.html(在 chan1 子文件夹中),则使用相对路径 chan1/index2.html。每出现一个斜杠 (/),表示在文件夹层次结构中向下移动一个级别。
- 若要从 index2.html 链接到 index1.html(位于父文件夹中 index2.html 的上一级),则使用相对路径 ../index1.html。两个点和一个斜杠 (../) 可在文件夹层次结构中向上移动一个级别。如果 index2.html 到 index1.html 跨越了两级目录,那么链接的写法为 ../../index1.html。
- 若要从 index2.html 链接到 index4.html(位于父文件夹的不同子文件夹中),则使用相对路径 ../chan2/index4.html。其中,../向上移至父文件夹,而 chan2/向下移至 chan2 子文件夹中。

由上可知,相对路径间的相互关系并没有发生变化,因此当移动整个文件夹时就不用更新了。该文件夹内使用基于文档相对路径建立的链接。但如果只是移动其中的某个文件,则必须更新与该文件相链接的所有相对路径。

注意:如果是在站点面板中移动文件,那么 Dreamweaver 会提示是否更新,单击"更新"按钮即可,就不再需要逐一去更改了。

2) 相对站点路径

相对站点路径的所有路径都从站点的根目录开始表示,通常用"/"表示根目录,所有路径都从该斜线开始。例如/web/index1. html,其中,index1. html是文件名,web是站点根目录下的一个目录。

如图6.3所示,若要从index1. html链接到index2. html(在chan1子文件夹中),使用相对站点路径为/web/chan1/index2. html。此时,移动index1. html文件到站点任一目录中,链接依然有效,index1. html文件中含有的原相对文档路径就会失效,并实时更新为新的相对文档路径。

视频讲解

6.3 创建超级链接

在Dreamweaver中创建超级链接有多种方法,创建超级链接后,可以通过URLs面板统一管理网站中的所有超级链接。

6.3.1 创建文本超级链接

在网页上用到最多的就是文本超级链接,例如,单击文本,跳转到另一个页面。创建文本超级链接的方法很多,下面通过一个简单的示例进行简要说明。

(1) 打开"6.2创建连接(初始)/6.2创建链接. html",选中需要建立链接的文本https://500px. com/。

(2) 选择"窗口"→"属性"命令打开"属性"面板。在"链接"文本框中输入链接目标,这里输入https://500px. com/,如图6.4所示。

操作完成后,在浏览器中该文本显示为蓝色,带有下画线。将鼠标指针移到文本上时,鼠标指针变为手形,如图6.5所示。

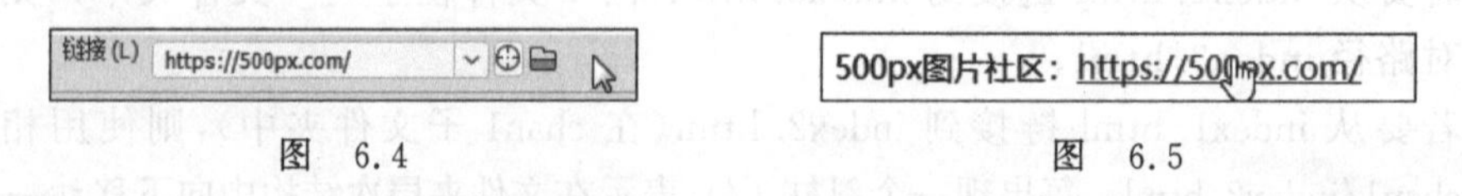

图 6.4　　图 6.5

默认情况下,文本链接显示为蓝色,并加有下画线,可以选择"文件"→"页面属性"命令,在"页面属性"对话框的"链接"分类设置超级链接在各种状态下的颜色,以及是否显示下画线,如图6.6所示。

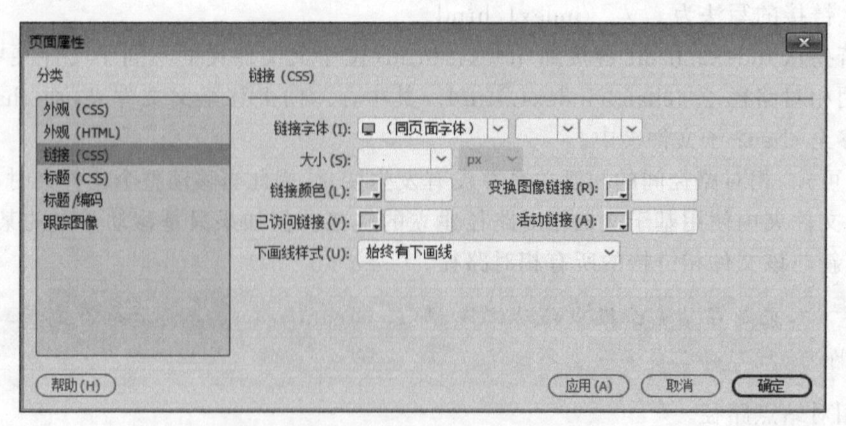

图 6.6

如果链接目标是计算上的一个文件或图片，可以单击“链接”文本框右侧的文件夹图标，打开“选择文件”对话框，查找并选择文件，如图 6.7 所示。或者在“指向文件”图标上按下鼠标左键并拖动到文件面板中一个已有的页面，如图 6.8 所示。

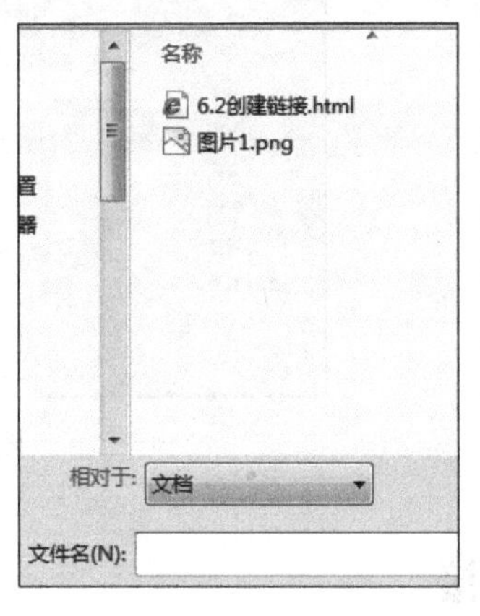

图　6.7

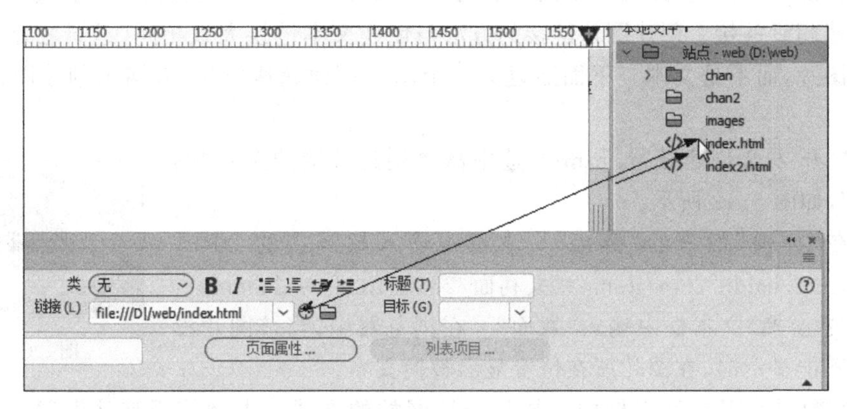

图　6.8

(3) 在“目标”下拉列表框中选择打开链接目标的方式，即可创建超级链接，如图 6.9 所示。

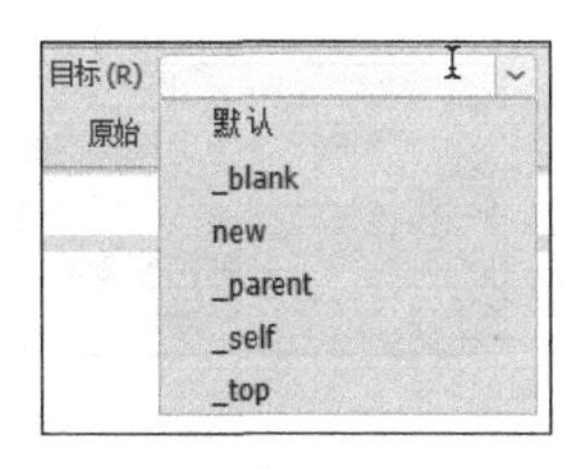

图　6.9

- _blank：将链接的文件载入新的未命名浏览器窗口。
- new：将链接文档载入一个新窗口。
- _parent：将链接的文件加载到含有该链接的框架的父框架集或父窗口中。如果包含链接的框架不是嵌套的，则链接文件加载到整个浏览器窗口中。
- _self：将链接的文件加载到该链接所在的同一框架或窗口中。此目标是默认的，所以通常不需要指定它。
- _top：将链接的文件加载到整个浏览器窗口中，因而会删除所有框架。

此外还可以通过执行“插入”→HTML→Hyperlink 命令，或直接单击“插入”栏 HTML 面板下的 Hyperlink 按钮，打开 Hyperlink 对话框，设置选定文本的超级链接，如图 6.10 和图 6.11 所示。

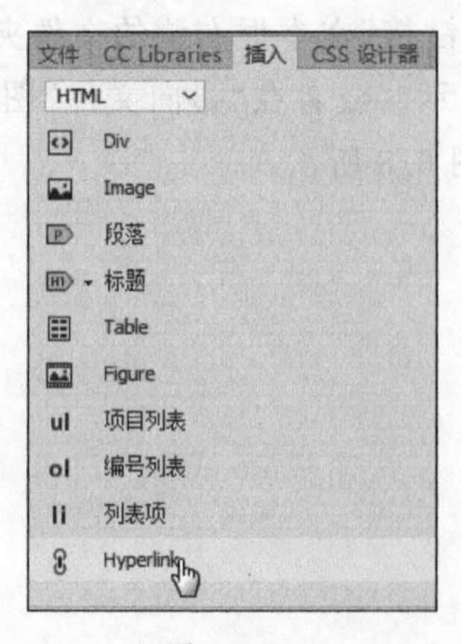

图 6.10

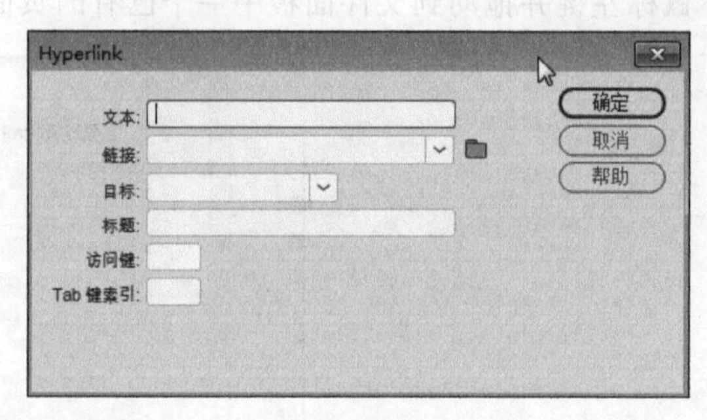

图 6.11

6.3.2 创建图片链接

很多情况下,为了去掉文本默认的下画线效果或美化页面,网页设计者会选择用图片代替文本创建超级链接。创建图片链接的方法与创建文本链接大致相同,不同之处在于链接的载体是图片,而不是文本。下面通过为一个图片创建超级链接,来演示创建图片链接的步骤。

(1) 打开“6.2 创建链接.html”,选中需要创建链接的图片“图片 1.png”,如图 6.12 所示。

图 6.12

(2) 在“属性”面板的“链接”文本框中输入超链接的 URL,https://baike.baidu.com/item/意大利面/2845613?fr=aladdin。

(3) 在“替换”文本框中输入“意面”。在浏览器中,当该图片没有下载或不能显示时,在图片所在位置显示替换文本。

(4) 在“目标”下拉列表框中选择打开该网站的方式。本例使用默认设置,如图 6.13 所示。

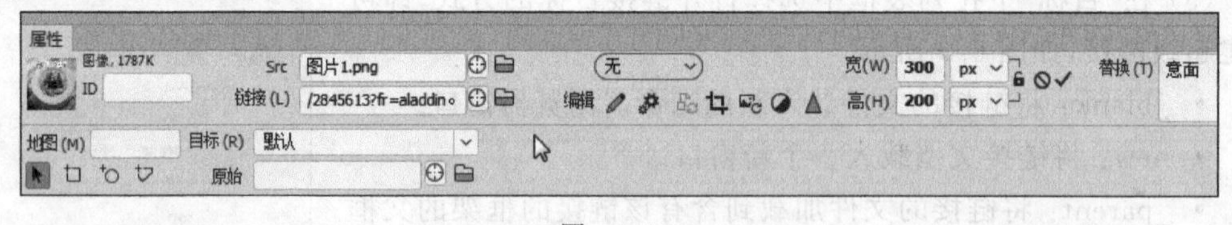

图 6.13

6.3.3 链接到文档中的特定位置

通过创建命名锚点,可使用“属性”面板链接到文档的特定部分。命名锚点可以在文档中设置标记,这些标记通常放在文档的特定主题处或顶部,可以创建到这些命名锚点的链接,这些链接可快速将访问者带到指定位置。

创建到命名锚点的链接的过程分为两步:第一步,创建命名锚点;第二步,创建到该命名锚点的链接。下面通过一个简单实例来介绍。

1. 创建锚点

(1) 在“文档”窗口中,选中需要设置为锚点的图片“图片 2.jpg”,打开“属性”面板并检查所选项目是否具有 ID。如果 ID 字段为空,则添加 ID,这里添加 ID 为 beizi,如图 6.14 所示。

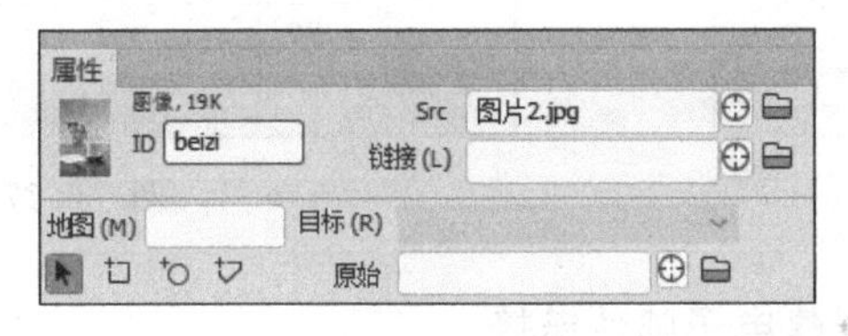

图 6.14

(2) 添加 ID 后,请注意代码所发生的更改。id="< ID name >" 已插入选择的代码中,如图 6.15 所示。

```
<div><img src="图片2.jpg" alt="" width="200" height="300" id="beizi"/></div>
```

图 6.15

2. 链接回锚点

选中“图片 3.jpg”,在“属性”面板的“链接”文本框中,输入一个数字符号 # 和锚点名称。例如,要链接到当前文档中名为 top 的锚点,请输入 #top。若要链接到同一文件夹内其他文档中名为 top 的锚点,则输入 filename.html#top。

注意:锚点名称区分大小写。

6.3.4 创建电子邮件链接

为了在访问网站时能轻松地通过网络与网络管理者取得联系,一个最简单的方法就是在页面的适当位置加上网络管理者的电子邮件地址的超级链接。

单击电子邮件链接时,该链接将打开一个新的空白信息窗口(使用的是与用户浏览器相关联的邮件程序)。在电子邮件消息窗口中,“收件人”框自动更新为显示电子邮件链接中指定的地址。

下面介绍几种创建电子邮件链接的方法。

1. 使用“插入电子邮件链接”命令创建电子邮件链接

(1) 在“文档”窗口的“设计”视图中,将插入点放在希望出现电子邮件链接的位置,或者选择要作为电子邮件链接出现的文本或图像,这里将光标置于文本“联系作者:”之后。

(2) 执行下列操作之一,插入该链接:

- 如图 6.16 所示,选择“插入”→“电子邮件链接”。
- 在“插入”面板的“常用”类别中,单击“电子邮件链接”按钮。

(3) 在“文本”框中,输入或编辑电子邮件的正文。

(4) 在“电子邮件”框中,输入电子邮件地址,然后单击“确定”按钮,如图 6.17 所示。

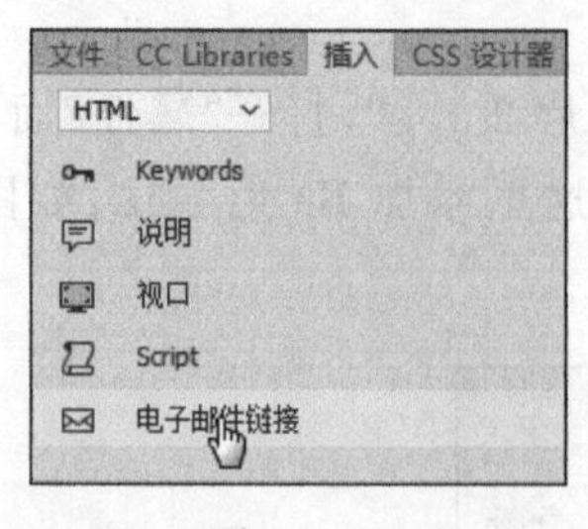

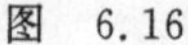
图 6.16

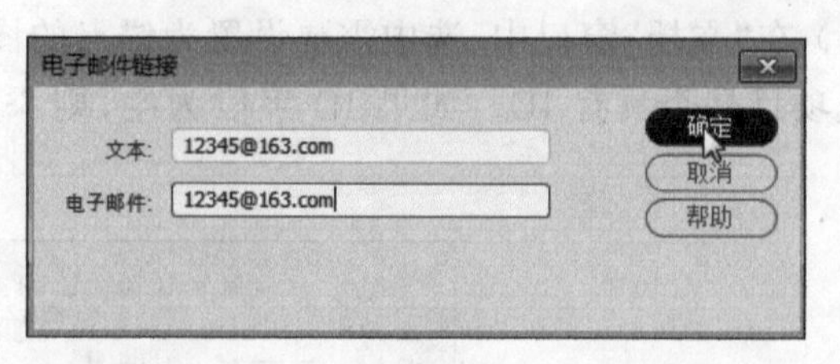

图 6.17

2. 使用“属性”面板创建电子邮件链接

(1) 在“文档”窗口的“设计”视图中选择文本“12345@163. com”。

(2) 在“属性”面板的“链接”框中,输入 mailto:,后跟电子邮件地址。

在冒号与电子邮件地址之间不能有任何空格,如图 6.18 所示。

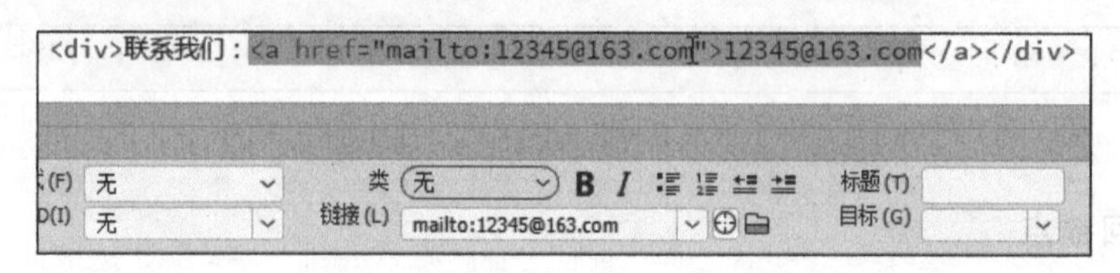

图 6.18

3. 自动填充电子邮件的主题行

(1) 如上所述,使用“属性”面板创建电子邮件链接。

(2) 在属性检查器的“链接”框中,在电子邮件地址后添加? subject=,并在等号后输入一个主题。在问号和电子邮件地址结尾之间不能键入任何空格。

完整输入如下所示:

```
mailto:someone@yoursite.com?subject = Mail from Our Site
```

6.3.5 创建空链接和脚本链接

空链接是未指派的链接。空链接用于向页面上的对象或文本附加行为。例如,可向空链接附加一个行为,以便在指针滑过该链接时会交换图像或显示绝对定位的元素(AP 元素)。

脚本链接执行 JavaScript 代码或调用 JavaScript 函数。它非常有用,能够在不离开当前网页面的情况下为访问者提供有关某项的附加信息。脚本链接还可用于在访问者单击特定项时,执行计算、验证表单和完成其他处理任务。

1. 创建空链接

(1) 打开“6.3.5 创建空链接. html”,在“文档”窗口的“设计”视图中选择文本“雨季不再来”,如图 6.19 所示。

(2) 在“属性”面板的“链接”框中输入#,如图 6.20 所示。这就为文本“雨季不再来”创建了空链接。

(3) 按照同样的方法为其他文本创建空链接。按 F12 键浏览,如图 6.21 所示。此时将指针指向链接对象时,指针会变成手的形状。这

图 6.19

似乎是创建了超级链接的情形，但其实它并不链接到任何网页及对象。

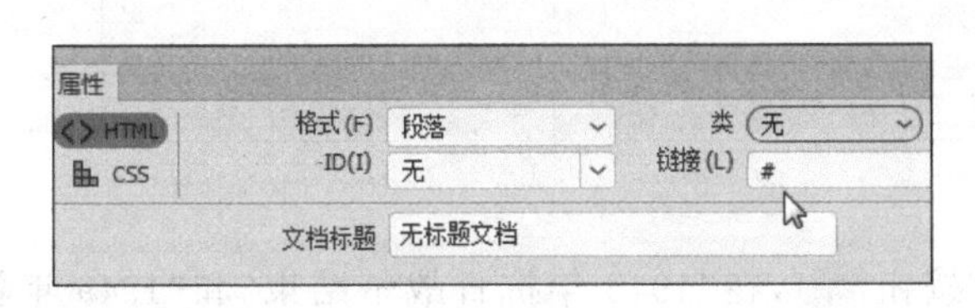

图　6.20

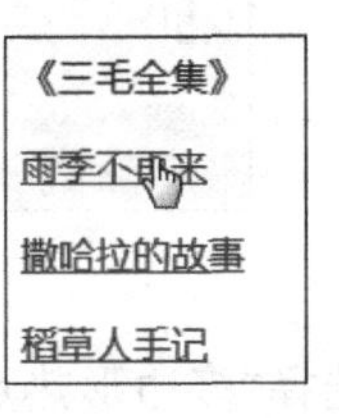

图　6.21

2. 创建脚本链接

在“文档”窗口的“设计”视图中选择文本、图像或对象。在“属性”面板的“链接”框中，键入 javascript，后跟一些 JavaScript 代码或一个函数调用。

6.4　使用热点制作图像映射

在通常情况下，一个图像只能对应一个超级链接。而在浏览网页的过程中，读者可能会遇到一个图像的不同部分建立了不同的超级链接的情况，这就是图像映射。只要使用热点工具就可以轻松实现图像映射。

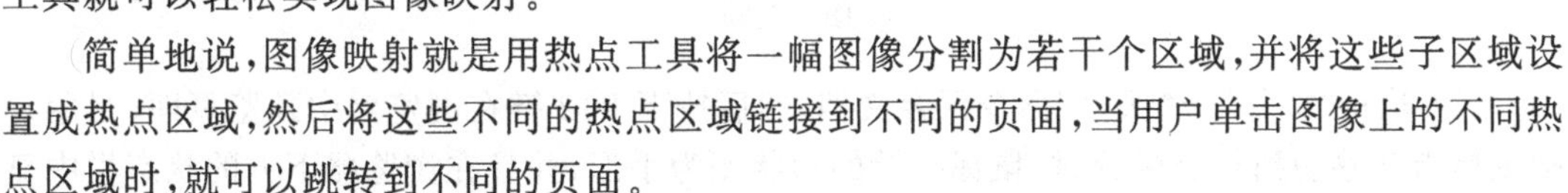

简单地说，图像映射就是用热点工具将一幅图像分割为若干个区域，并将这些子区域设置成热点区域，然后将这些不同的热点区域链接到不同的页面，当用户单击图像上的不同热点区域时，就可以跳转到不同的页面。

下面通过一个实例来说明如何创建图像映射。

(1) 新建一个 HTML 文件。执行“插入”→“图像”命令。在文档窗口中插入一幅图 history. png，如图 6.22 所示。

图　6.22

(2) 选中图像，单击“属性”面板上的“矩形热点工具”按钮 ，此时该图标会下凹，表示被选中，在图像上的“1919 年五四运动”文字左上角按下鼠标左键并向右下角拖动，直到出现的矩形框将文字包围后释放鼠标，这样第一个热点建立完成，热点区域显示为半透明。

(3) 选中矩形热点，在“属性”面板中设置链接目标、打开方式和替换文字，如图 6.23 所示。

(4) 选择“圆形热点工具”按钮 ，在“1921 年中国共产党成立”的左上角按下鼠标左键并向右下角拖动，将文字包围后释放鼠标。然后在“属性”面板上设置其链接属性。

图 6.23

(5) 选择“多边形热点工具”按钮 ，在“1945 年抗日战争结束”和“1949 年新中国成立”的左上角单击鼠标左键，加入一个定位点，然后在左下角单击，加入第二个定位点，这时两个定位点间会连成一条直线。按同样的方法再添加 4 个定位点，此时 6 个定位点会连成一个六边形，将文字包围。

(6) 选中多边形热点区域，在“属性”面板中设置其链接属性最终效果如图 6.24 所示。

图 6.24

(7) 执行“文件”→“保存”命令保存文档，然后按下 F12 键在浏览器中预览页面，当用户把鼠标指针移动到热点区域时，鼠标指针的形状变为手形，并且在浏览器下方的状态栏中显示链接的路径，单击各个热点区域，会打开相应的超级链接。

在绘制热点区域后，常常需要调整热点区域的大小和形状，以满足设计需要。步骤如下。

① 在“属性”面板左下角单击“指针工具”按钮 ，然后单击需要调整大小的热点区域，此时被选中的热点区域周围会出现控制手柄。

② 将鼠标指针移到控制手柄上，然后按下鼠标左键拖动，即可改变热点区域的大小或形状如果是矩形或多边形热点区域，上述操作会改变区域的形状；而对于圆形热点区域，上述操作只会改变形状的大小。

③ 如果要改变热点区域的位置，可以选择“指针工具”按钮 ，并在需要移动的热点区域单击，然后按下鼠标左键进行拖动，但这种移动方式很难精确地将热点移动到需要的位置，此时用键盘方向键可以以像素为单位移动热点位置。选中热点，按 Shift+方向键，一次可以移动 10 个像素。如果直接按方向键，一次只能移动一个像素。

④ 如果需要选择多个热点，使用指针热点工具选择一个热点。按下 Shift 键的同时单击要选择的其他热点。或者按 Ctrl+A(在 Windows 中)快捷键，选择所有热点。

视频讲解

6.5 本章范例

6.5.1 主页区域的制作

(1) 新建一个文件夹，命名为 06start。将“lesson06/范例/06complete”文件夹中的“images”文件夹复制到该文件夹内，如图 6.25 所示。

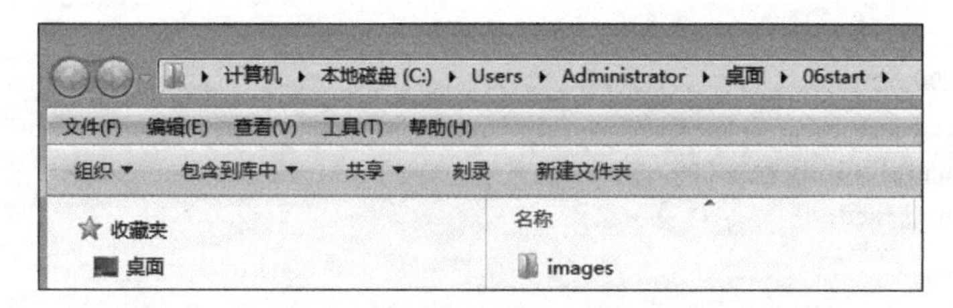

图 6.25

(2) 打开 Dreamweaver CC 2018，新建站点，站点名称为 06start，站点文件夹为刚才新建的 06start 文件夹，如图 6.26 所示。

图 6.26

(3) 在 Dreamweaver CC 2018 中新建一个 HTML 文件，标题更改为“萌宠大世界”，并将文件保存为 index.html，如图 6.27 所示。

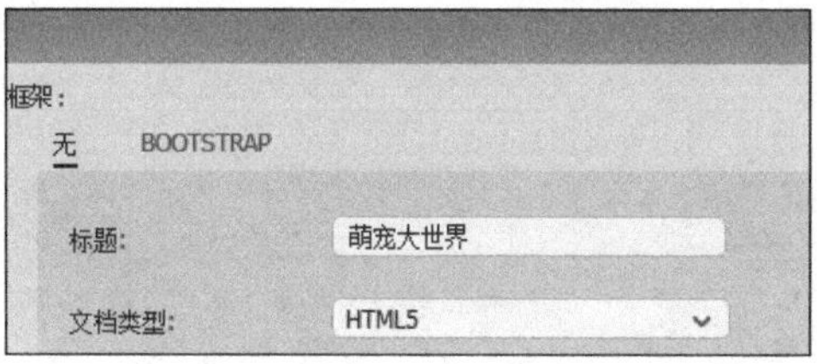

图 6.27

(4) 将光标置于<body>标签之内，选择“插入”→Div 命令，设置 ID 为 header-slider，单击“确定”按钮，如图 6.28 所示。

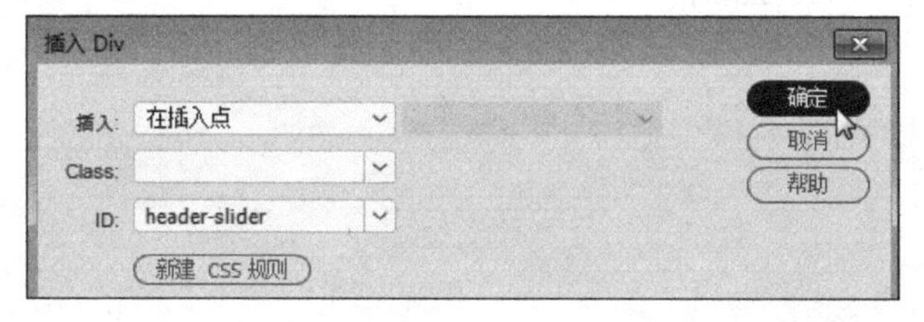

图 6.28

(5) 添加规则代码。创建名为 body 和 #header-slider 的 CSS，代码如下：

```
body {
    background - image: url(images/background.jpg);
    background - repeat: no - repeat;
    background - size: 100 % auto;
    background - attachment: scroll;
}
```

```
#header-slider {
    height: 90px;
    width: 100%;
    background-color: rgba(0,0,0,1.00);
    position: fixed;
top: 0;
}
```

(6) 将光标移至名为 header-slider 的 Div 中，将多余的文本内容删除，执行“插入”→Div 命令，打开“插入 Div”对话框，在 ID 文本框中输入 header，单击“确定”按钮。用相同的方法在 header-slider 的 Div 中，再插入名为 nav 的 Div，如图 6.29 所示。

```
<body>
<div id="header-slider">
  <div id="header">此处显示  id "header-slider" 的内容</div>
  <div id="nav">此处显示  id "nav" 的内容</div>
</div>
</body>
```

图 6.29

(7) 添加规则代码。创建名为#header 和#nav 的 CSS，代码如下：

```
#header {
    width: 30%;
    height: 90px;
    margin-top: 8px;
    margin-right: 8px;
    margin-bottom: 8px;
    margin-left: 8px;
    text-align: center;
    font-size: 60px;
    color: #DCFCF0;
    font-family: "华文行楷";
    float: left;
}
#nav {
 width: 35% ;
 height: 90px;
 float: right;
 margin-right: 8px;
 margin-left: 8px;
 text-align: right;
}
```

(8) 将光标移至名为 header 的 Div 中，将多余的文本内容，输入“萌宠大世界”。在 nav 的 Div 中建一个 4 行的列表，内容分别为“主页”“欣赏”“博主”和“联系”，并为其添加空链接，代码如图 6.30 所示，效果视图如图 6.31 所示。

(9) 将导航栏设置为横排，设置 CSS 代码如下，效果如图 6.32 所示。

```
#nav li {
    float: left;
    display: inline-block;
    padding-right: 25px;
}
```

```
<body>
<div id="header-slider">
        <div id="header">萌宠大世界</div>
        <div id="nav">
            <li><a href="#">主页</a></li>
            <li><a href="#">欣赏</a></li>
            <li><a href="#">博主</a></li>
            <li><a href="#">联系</a></li>
        </div>
    </div>
</body>
```

图　6.30

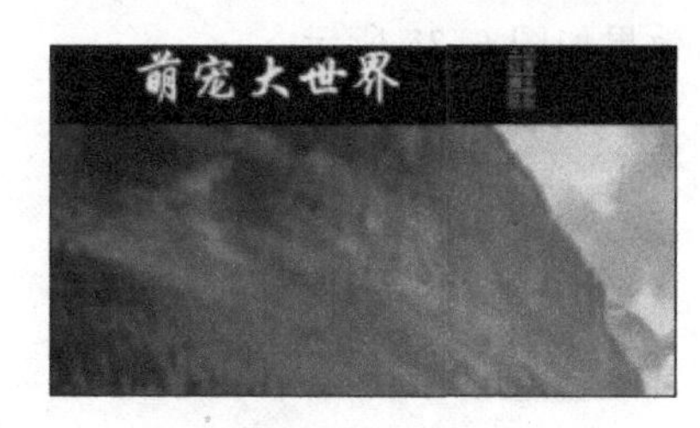

图　6.31

（10）添加CSS代码。创建名为#nav li a和#nav li a:hover的CSS规则来美化导航栏，代码如下，效果如图6.33所示。

图　6.32

```
#nav li a {
    text-decoration: none;
    color: #DCFCF0;
    font-size: 20px;
    width: 80px;
    height: 60px;
    display: block;
    text-align: center;
    padding-top: 30px;
}
#nav li a:hover{
    color: #FFFFFF;
    display: block;
    background-color: rgba(220,252,240,0.37);
}
```

图　6.33

（11）设置主页内容。在名为header-slider的Div之后，新建名为main的Div，将光标移至新建的Div中，将多余的文本内容删除，执行"插入"→Div命令，打开"插入Div"对话框，在ID文本框中输入main_title，单击"确定"按钮，输入文本"带你走进萌宠的世界"。用相同的方法在main的Div中再插入名为main_images的Div，如图6.34所示。

```
<div id="main">
    <div id="main_title">带你走进萌宠的世界</div>
    <div id="main_images">此处显示  id "main_images" 的内容</div>
</div>
```

图　6.34

(12) 在名为 main_images 的 Div 中插入 3 张图片,代码如下:

```
<img src="images/1.jpg" width="250" height="300" alt=""/>
<img src="images/2.jpg" width="194" height="300" alt=""/>
<img src="images/3.jpg" width="444" height="293" alt=""/>
```

(13) 添加规则代码。创建名为#main、#main_title 和# main_images 的 CSS,代码如下,效果如图 6.35 所示。

```
#main {
    margin-top: 120px;
    margin-right: 80px;
    margin-left: 150px;
    margin-bottom: 50px;
    height: 780px;
    width: 30%;
    background-color: rgba(0,0,0,0.50);
}
#main_title {
    color: rgba(220,252,240,1.00);
    text-align: center;
    font-size: 52px;
    font-family: "华文行楷";
    display: block;
    height: 100px;
    padding-top: 60px;
}
#main_images {
  text-align: center;
}
#main_images img {
    border: medium solid rgba(220,252,240,1.00);
    text-shadow: 0px 0;
}
```

图 6.35

(14) 在名为 main 的 Div 之后，新建一个名为 blank 的 Div，将光标移至新建的 Div 中，将多余的文本内容删除。设置它的 CSS 规则 #blank，将高设置为 20px。

6.5.2 欣赏区域的制作

(1) 在名为 blank 的 Div 之后，新建名为 appreciate 的 Div，将光标移至新建的 Div 中，将多余的文本内容删除，执行"插入"→Div 命令，打开"插入 Div"对话框，在"类"文本框中输入 appreciate_title，单击"确定"按钮，输入文本"欣赏"。用相同的方法在 appreciate 的 Div 中，再插入 ID 名为 appreciate_content1、appreciate_content2、appreciate_content3_1、appreciate_content3_2、appreciate_content3_3、appreciate_content3_4 的 Div，并删除多余的文本内容，代码如图 6.36 所示。

```
<div id="appreciate">
  <div class="appreciate_title">欣赏</div>
  <div id="appreciate_content1"></div>
    <div id="appreciate_content2"></div>
    <div id="appreciate_content3_1"></div>
    <div id="appreciate_content3_2"></div>
    <div id="appreciate_content3_3"></div>
    <div id="appreciate_content3_4"></div>
</div>
```

图 6.36

(2) 在 appreciate_content2 中插入相应的图片，分别在 appreciate_content3_1、appreciate_content3_2、appreciate_content3_3、appreciate_content3_4 中插入相应的文字，代码如下，效果如图 6.37 所示。

```
<div id = "appreciate">
  <div class = "appreciate_title">欣赏</div>
  <div id = "appreciate_content1"></div>
 <div id = "appreciate_content2">
 <img src = "images/图片 3.png" width = "500" height = "431" alt = ""/>   
 <img src = "images/图片 2.png" width = "500" height = "431" alt = ""/>
 <div id = "appreciate_content2_title">这些小可爱有没有萌到你呀</div>
 <img src = "images/图片 4.png" width = "500" height = "431" alt = ""/>   
 <img src = "images/图片 5.png" width = "500" height = "431" alt = ""/>
 </div>
 <div id = "appreciate_content3_1">白狐(学名: Alopex lagopus)别名蓝狐、北极狐,身长达 50～
75 厘米,比一般狐小,尾长 25～30 厘米。白狐分布于北冰洋的沿岸地带及一些岛屿上的苔原地带,
能在零下 50℃ 的冰原上生活。喜欢在丘陵地带筑巢,而白狐的巢有几个出入口。白狐的食物包括
旅鼠、鱼、鸟类与鸟蛋、浆果和北极兔,有时也会漫游海岸捕捉贝类.</div>
 <div id = "appreciate_content3_2">荷兰垂耳兔据悉是由荷兰的 Adrian De Cock 先生发展出来
的。在 1949 年,他以迷你兔(侏儒兔)与英国垂耳兔所生的后代,与法国垂耳兔交配,尝试生产缩小
版的法国垂耳兔,因此他诞生的年代,比起法国垂耳兔、英国垂耳兔晚了许多。一般所说的迷你兔,
则是 20 世纪 70 年代发展出来的,在 1980 年 ARBA(American Rabbit Breeder's Association)的展览
会中,才获得公认的新品种。</div>
 <div id = "appreciate_content3_3">白狐(学名: Alopex lagopus)别名蓝狐、北极狐,身长达 50～
75 厘米,比一般狐小,尾长 25～30 厘米。白狐分布于北冰洋的沿岸地带及一些岛屿上的苔原地带,
能在零下 50℃ 的冰原上生活。喜欢在丘陵地带筑巢,而白狐的巢有几个出入口。白狐的食物包括
旅鼠、鱼、鸟类与鸟蛋、浆果和北极兔,有时也会漫游海岸捕捉贝类.</div>
```

```
<div id="appreciate_content3_4">荷兰垂耳兔据悉是由荷兰的 Adrian De Cock 先生发展出来的。
在 1949 年,他以迷你兔(侏儒兔)与英国垂耳兔所生的后代,与法国垂耳兔交配,尝试生产缩小版的
法国垂耳兔,因此他诞生的年代,比起法国垂耳兔、英国垂耳兔晚了许多。一般所说的迷你兔,则是
20 世纪 70 年代发展出来的,在 1980 年 ARBA(American Rabbit Breeder's Association)的展览会中,
才获得公认的新品种。</div>
</div>
```

图 6.37

(3) 可以发现图片和文字的位置有些错乱,接下来设置 CSS 规则美化效果,效果如图 6.38 所示,代码如下:

```
#appreciate {
    text-align: center;
}
.appreciate_title {
    color: rgba(255,255,255,1.00);
    font-size: 45px;
    text-align: center;
    width: 20%;
margin-top:80px;
    margin-left: 860px;
    background-color: rgba(0,0,0,1.00);
}
#appreciate_content1 {
    width: 150px;
    height: 150px;
    background-color: rgba(8,102,93,1.00);
    margin-left: 100px;
    margin-top: 50px;
float: left;
}
#appreciate_content2 {
    width: 1200px;
    height: 900px;
    background-color: rgba(205,247,242,1.00);
    margin-left: 175px;
    margin-top: 125px;
```

```
    text-align: center;
}
#appreciate_content2_title {
    font-family: "华文行楷";
    font-size: xx-large;
}
#appreciate_content3_1 {
    width: 400px;
    height: 200px;
    float: right;
    margin-top: -900px;
    margin-right: 50px;
    background-color: rgba(0,0,0,0.46);
}
#appreciate_content3_1 {
    width: 400px;
    height: 200px;
    float: right;
    margin-top: -900px;
    margin-right: 50px;
    background-color: rgba(255,253,253,1.00);
    color: rgba(0,118,120,1.00);
    padding: 10px;
    font-family: "思源黑体 CN Bold";
    font-size: 19px;
    text-align: left;
    text-indent: 38px;
}
#appreciate_content3_2 {
    width: 400px;
    height: 200px;
    float: right;
    margin-top: -680px;
    margin-right: 50px;
    background-color: rgba(255,253,253,1.00);
    color: rgba(0,118,120,1.00);
    padding: 10px;
    font-family: "思源黑体 CN Bold";
    font-size: 19px;
    text-align: left;
    text-indent: 38px;
}
#appreciate_content3_3 {
    width: 400px;
    height: 200px;
    float: right;
    margin-top: -445px;
    margin-right: 50px;
    background-color: rgba(255,253,253,1.00);
    color: rgba(0,118,120,1.00);
```

```
    padding: 10px;
    font - family: "思源黑体 CN Bold";
    font - size: 19px;
    text - align: left;
    text - indent: 38px;
}
#appreciate_content3_4 {
    width: 400px;
    height: 200px;
    float: right;
    margin - top: - 230px;
    margin - right: 50px;
    background - color: rgba(255,253,253,1.00);
    color: rgba(0,118,120,1.00);
    padding: 10px;
    font - family: "思源黑体 CN Bold";
    font - size: 19px;
    text - align: left;
    text - indent: 38px;
}
```

图 6.38

6.5.3 博主区域的制作

(1) 在名为 appreciate 的 Div 之后，新建名为 bozhu 的 Div，在该 Div 中继续新建一个类为 appreciate_title 的 Div，单击“确定”按钮，输入文本“博主”。用相同的方法在 bozhu 的 Div 中，再插入 ID 名为 bozhu_image 的 Div，并在这个 Div 中插入图片“博主.png”，设置图片的宽为 1800px、高为 728px，代码如图 6.39 所示。

```
<div id="bozhu">
  <div class="appreciate_title">博主</div>
  <div id="bozhu_image"><img src="images/博主.png" width="1800" height="728" alt=""/></div>
</div>
```

图 6.39

（2）添加相应的 CSS 规则美化效果，代码如下，效果如图 6.40 所示。

```
#bozhu {
    margin-top: 50px;
}
#bozhu #bozhu_image {
    text-align: center;
    margin-top: 60px;
    margin-bottom: 0;
}
```

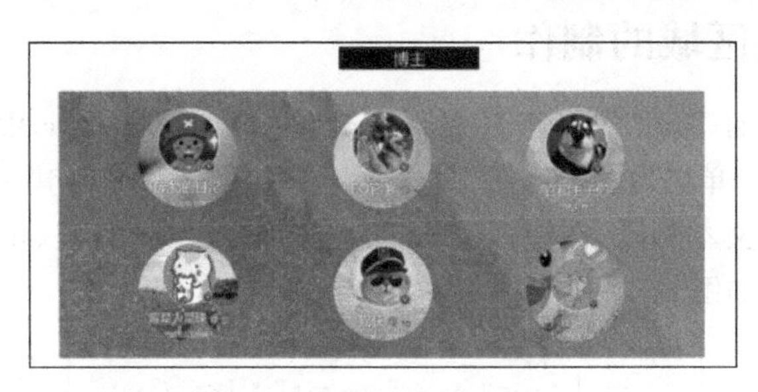

图 6.40

（3）使用热点为博主图片制作图像映射。切换到“设计”视图，选中图片“博主.png”，在图片上绘制圆形热点，如图 6.41 所示。使用指针热点工具选中圆形热点区域，在“属性”面板中设置其链接属性，链接为 https://weibo.com/u/2855071827? is_hot=1，如图 6.42 所示。接下来在其他区域重复相同的动作，链接依次为

```
https://weibo.com/u/5243061255?topnav=1&wvr=6&topsug=1&is_hot=1
https://weibo.com/u/1895289983?is_hot=1
https://weibo.com/234517972?is_hot=1
https://weibo.com/u/2165285463?topnav=1&wvr=6&topsug=1&is_hot=1
https://weibo.com/ganyuxuan?topnav=1&wvr=6&topsug=1&is_hot=1
```

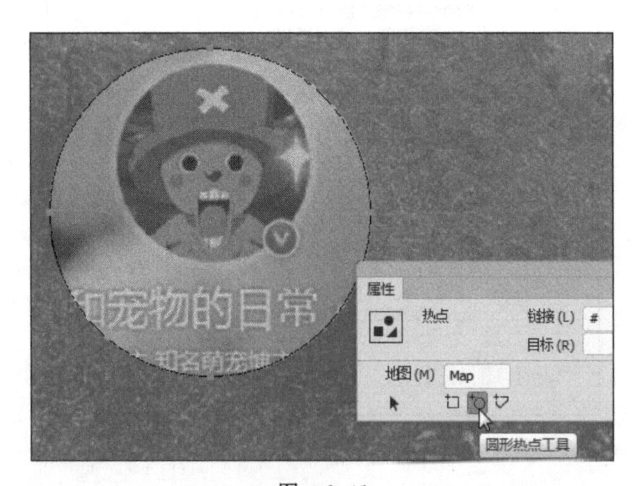

图 6.41

绘制后的最终效果如图 6.43 所示。

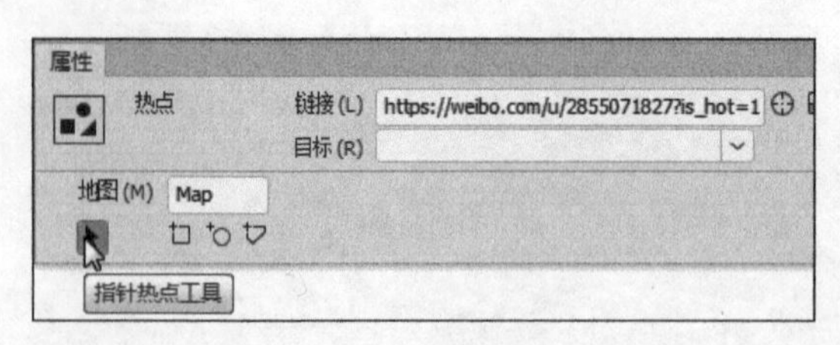

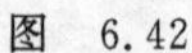

图 6.42

图 6.43

6.5.4 联系区域的制作

(1) 在名为博主的 Div 之后,新建名为 link 的 Div,在该 Div 中继续新建一个类为 appreciate_title 的 Div,单击“确定”按钮,输入文本“联系”。继续新建一个名为 link_content 的 Div,将其中多余的文本删除,在里面插入 ID 名为 link_content1、link_content2 和 link_content3 的 Div,代码如图 6.44 所示。

```
<div id="link">
    <div class="appreciate_title">联系</div>
    <div id="link_content">
      <div id="link_content1"></div>
      <div id="link_content2"></div>
      <div id="link_content3"></div>
    </div>
</div>
```

图 6.44

(2) 在名为 link_content1、link_content2 和 link_content3 的 Div 中输入相应文字,代码如图 6.45 所示。

```
<div id="link">
    <div class="appreciate_title">联系</div>
    <div id="link_content">
      <div id="link_content1">
            欢迎关注萌宠之家<br><br>
            <p>买家地址:某市某地</p>
            <p>官网信息:http://www.wozhua.mobi</a></p>
            <p>新浪微博:http://www.sina.com.cn</a></p>
      </div>
      <div id="link_content2">
            友情链接<br><br>
            <p>猫侠</a></p>
            <p>喵星人星球</a></p>
            <p>LEO他爹</a></p>
        </div>
      <div id="link_content3">
            <br><br>
            <p>我和宠物的日常</a></p>
            <p>铲屎官和主子们</a></p>
            <p>别扯到我的腿毛了</a></p>
        </div>
    </div>
</div>
```

图 6.45

(3) 创建文本超级链接。选择页面中的 http://www.wozhua.mobi,在“属性”面板的“链接”文本框中输入链接目标 http://www.wozhua.mobi,如图 6.46 所示。

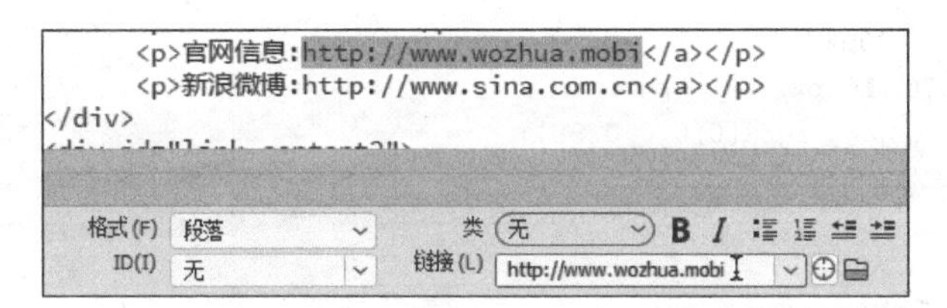

图　6.46

(4) 为页面中的“http://www.sina.com.cn”“猫侠”“喵星人星球”“我和宠物的日常”“铲屎官和主子们”和“别扯到我腿毛了”文字添加相应的链接,代码如下:

```
<div id = "link">
 <div class = "appreciate_title">联系</div>
 <div id = "link_content">
  <div id = "link_content1">
     欢迎关注萌宠之家<br><br>
        <p>买家地址:某市某地</p>
            <p>官网信息:<a href = "http://www.wozhua.mobi"> http://www.wozhua.mobi </a></p>
            <p>新浪微博:<a href = "http://www.sina.com.cn"> http://www.sina.com.cn </a></p>
  </div>
  <div id = "link_content2">
     友情链接<br><br>
  <p><a href = "https://weibo.com/u/2165285463?topnav = 1&wvr = 6&topsug = 1&is_hot = 1">猫
侠</a></p>
  <p><a href = "https://weibo.com/234517972?is_hot = 1">喵星人星球</a></p>
        <p><a href = "https://weibo.com/u/5243061255?topnav = 1&wvr = 6&topsug = 1&is_hot =
1"> LEO 他爹</a></p>
       </div>
        <div id = "link_content3">
            <br><br>
        <p><a href = "https://weibo.com/u/2855071827?is_hot = 1">我和宠物的日常</a></p>
        <p><a href = "https://weibo.com/u/1895289983?is_hot = 1">铲屎官和主子们</a></p>
            <p><a href = "https://weibo.com/ganyuxuan?topnav = 1&wvr = 6&topsug = 1&is_hot = 1">
别扯到我的腿毛了</a></p>
    </div>
  </div>
</div>
```

(5) 使用 CSS 规则美化联系区域,代码如下,效果如图 6.47 所示。

```
#link {
    margin - top: 50px;
}
#link_content {
    width: 100 % ;
    height: 300px;
    text - align: left;
    font - family: "思源黑体 CN Bold";
    font - size: 28px;
```

```
    margin - top: 100px;
    padding - left: 100px;
    background - color: rgba(0,0,0,0.88);
    color: rgba(217,217,217,1.00);
}
# link_content1 {
    width: 30 % ;
    height: 250px;
margin - top: 50px;
    margin - left: 150px;
    font - family: "思源黑体 CN Bold";
    font - weight: bold;
float: left;
}
p {
    font - size: 20px;
}
# link_content2 {
    width: 20 % ;
    height: 250px;
margin - top: 50px;
    margin - left: 150px;
    font - family: "思源黑体 CN Bold";
    font - weight: bold;
float: left;
}
# link_content3 {
    width: 12 % ;
    height: 250px;
margin - top: 50px;
    font - family: "思源黑体 CN Bold";
    font - weight: bold;
float: left;
}

# link a {
    text - decoration: none;
    color: rgba(217,217,217,1.00);
}
# link a:hover {
    text - decoration: none;
    color: rgba(139,139,139,1.00);
}
```

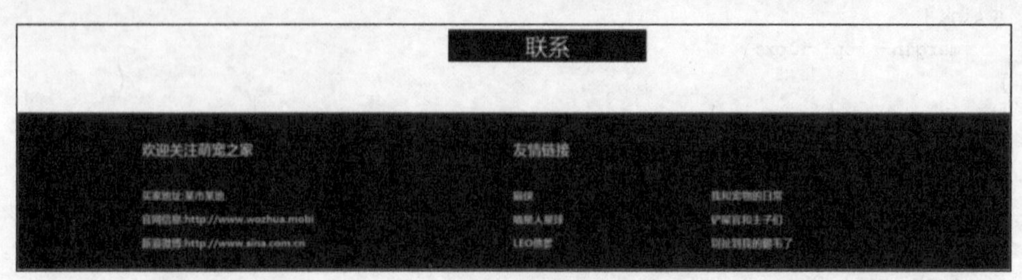

图 6.47

(6) 链接到文档中的特定位置。回到导航栏，为“主页”“欣赏”“博主”和“联系”等字样添加链接，使其分别链接到页面中的相应位置。分别选中这些字样，在“属性”面板的“链接”文本框中输入＃mian、＃appreciate、＃bozhu 和＃link。代码如图 6.48 所示。

```
<div id="header-slider">
    <div id="header">萌宠大世界</div>
    <div id="nav">
        <li><a href="#main">主页</a></li>
        <li><a href="#appreciate">欣赏</a></li>
        <li><a href="#bozhu">博主</a></li>
        <li><a href="#link">联系</a></li>
    </div>
</div>
```

图 6.48

(7) 各个区域的制作已经全部完成，最终效果如图 6.1 所示。

作业

一、模拟练习

打开“lesson06/模拟/06complete/index.html”文件进行预览，根据本章所述知识做一个类似的作品。作品资料已完整提供，获取方式见前言。

二、自主创意

自主设计制作一个网页，应用本章所学习知识，熟练使用 HTML 标签和 CSS 样式进行网页设计。

三、理论题

1. 超级链接主要有哪几种？
2. 能直接在“属性”面板中创建电子邮件链接吗？
3. 怎样才能使单击空链接时页面不自动跳转到页面顶端？

第7章

表格与浮动框架

本章学习内容

(1) 表格的创建；
(2) 选取表格元素；
(3) 插入或删除行和列；
(4) 拆分和合并单元格；
(5) 调整表格、行和列的大小；
(6) 设置表格与单元格的属性；
(7) 表格数据的导入与导出；
(8) 对表格内容进行排序；
(9) 创建浮动框架。

完成本章的学习需要大约 2 小时，相关资源获取方式见前言。

知识点

创建表格　编辑表格　设置表格属性　设置单元格属性
导入或导出表格数据　表格内容的排序　创建浮动框架

本章案例介绍

范例

本章范例是一个关于鲜花的网页，分为“首页”“鲜花资讯”“鲜花展览”和“花语大全”4 个子页面，主要运用了表格布局，并在其中嵌入了 iframe 浮动框架，如图 7.1 所示。通过范例的学习，掌握使用表格布局网页和通过浮动框架来嵌入外部网页的方法。

模拟案例

本章模拟案例是一个关于人工智能的网站，通过模拟练习来熟练使用表格布局网页的操作，如图 7.2 所示。

图　7.1

图　7.2

7.1　预览完成的范例

(1) 右击"lesson07/范例/07complete"文件夹中的 index.html 文件，在打开方式中选择已安装的浏览器对 index. html 文件进行浏览，如图 7.1 所示。

(2) 关闭预览窗口。

(3) 也可以用 Dreamweaver CC 2018 打开源文件进行预览。在菜单栏中选择"文件"→"打开"按钮，选择"lesson07/范例/07complete"文件夹中的 index.html 文件，并单击"打开"按钮，切换到"实时视图"查看页面。

7.2　表格的基本操作

表格是用于网页布局设计的常用工具，它一方面可以用来存放数据，另一方面还可以用来排列图片和文字。熟练掌握和应用表格可以更快捷地设计网页，本节主要介绍表格的一些基本操作，如创建表格、选取表格元素、拆分和合并单元格等。

7.2.1 创建表格

表格是由行、列和单元格组成的，其中，表格中横向的多个单元格叫作行，纵向的多个单元格叫作列，行和列交叉的部分叫作单元格；单元格中的内容与单元格边框之间的距离称为单元格边距；单元格和单元格之间的距离称为单元格间距。

Dreamweaver CC 提供了多种创建表格的方法，下面演示创建表格的具体操作步骤。

(1) 在 Dreamweaver CC 2018 中新建一个 HTML 文档，切换到“设计”视图。

(2) 执行“插入”→Table 命令，或者在插入面板中选择 HTML 类别，然后单击 HTML 列表中的 Table 按钮 ，或者直接按 Ctrl+Alt+T 快捷键，打开 Table 对话框，如图 7.3 所示。

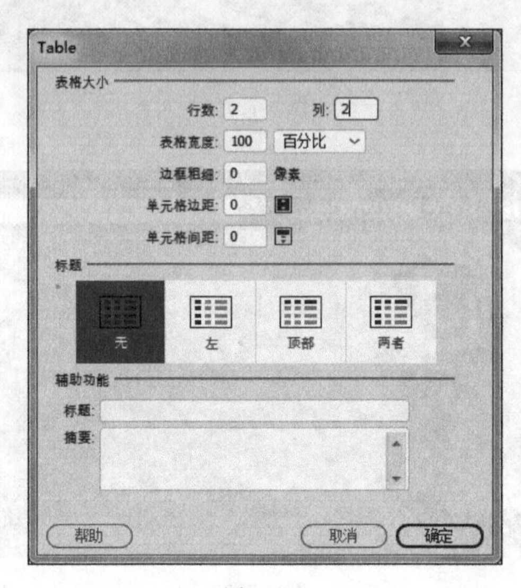

图 7.3

(3) 在该对话框中设置表格的“行数”为 3；“列数”为 4；“表格宽度”为 500 像素；“边框粗细”为 3 像素；“单元格边距”为 2；“单元格间距”为 2；在“标题”文本框中输入标题“表格”；单击“确定”按钮关闭对话框，页面效果如图 7.4 所示。

表格

图 7.4

提示：当表格的“边框粗细”设为 0 像素时，如果要查看表格的边框，可执行“查看”→“设计视图选项”→“可视化助理”→“表格边框”命令。

7.2.2 选取表格元素

在编辑表格之前，必须先选中表格元素。在 Dreamweaver 中可以选择整个表格、行或列和连续或不连续的单元格。下面分别进行介绍。

1. 选择整个表格

选中整个表格的操作方法有多种，可以执行下列操作之一。

(1) 将鼠标指针放置在表格的左上角、右下角或表格边缘的任意位置，当鼠标指针变成网格图标时，单击即可选中整个表格。

(2) 将光标放置在表格中的任意一个单元格中，然后单击状态栏中的< table >标记即可，如图 7.5 所示。

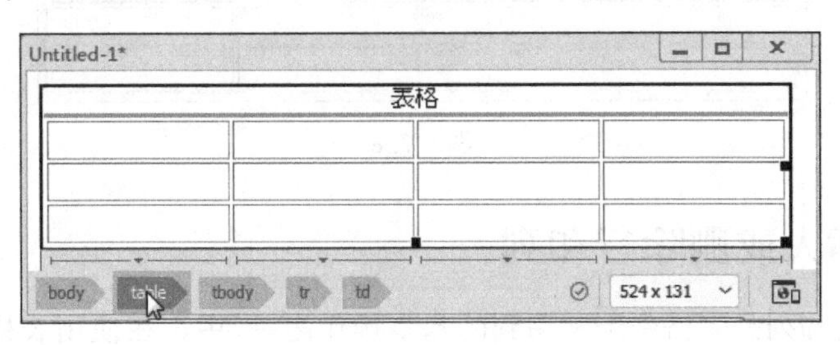

图 7.5

(3) 将光标放置在表格中的任意一个单元格中，执行"编辑"→"表格"→"选择表格"命令选中表格；或右击，在弹出的快捷菜单中选择"选择表格"命令，如图 7.6 所示。

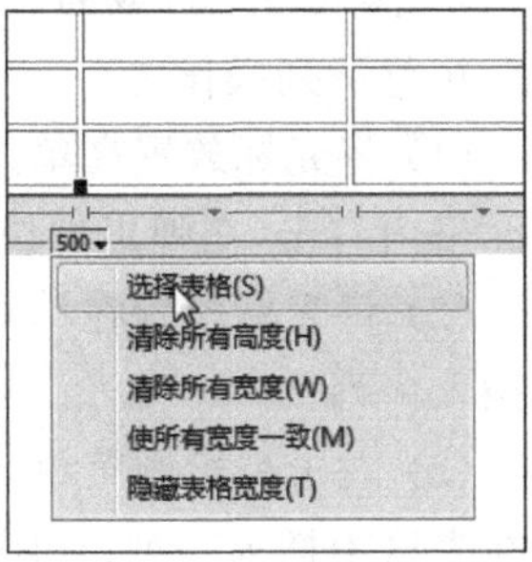

图 7.6

2. 选择行或列

要选择表格中的某行或某列单元格，可根据具体要求执行下列中的操作。

(1) 将光标放置在要选择的一行单元格的左边界，或者放置在要选择的一列单元格的顶端，当鼠标指针变成选择箭头→或↓时单击，即可选中整行或整列单元格。

(2) 将光标放置在要选择的一行单元格中，然后单击状态栏中的< tr >标记可选中整行；若要选择一列单元格，可右击列标题菜单，在弹出的快捷菜单中选择"选择列"命令。

(3) 选中要选择的行或列中的一个单元格，单击并横向或纵向拖动鼠标，可选中一行或一列单元格，或者选中连续的多行或多列单元格。

(4) 若要选中不连续的多行或多列，可以按住 Ctrl 键，然后逐一单击选中要选择的行或列，如图 7.7 所示。

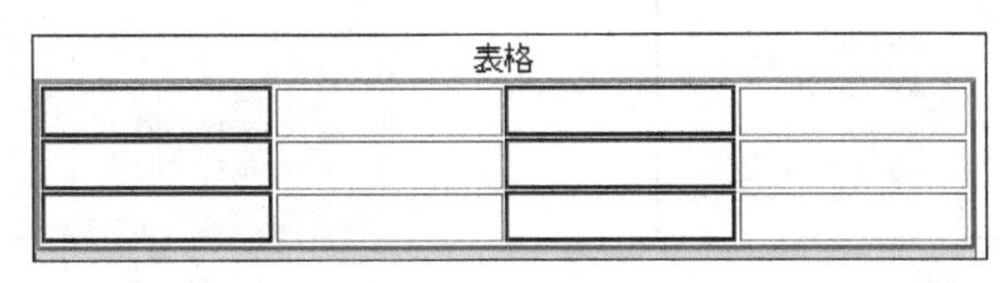

图 7.7

3. 选择连续或不连续的单元格

在 Dreamweaver 中可以选择单个单元格，也可以选择连续的多个单元格或不连续的多个单元格，具体操作如下。

(1) 选中一个单元格，单击并横向或纵向拖动鼠标，就可以选择多个连续的单元格；或者选中一个单元格,然后在按住 Shift 键的同时单击另一个单元格,则这两个单元格定义的直线或矩形区域中的所有单元格都将被选中。

(2) 若要选择不连续的单元格,可在按住 Ctrl 键的同时单击需要选择的单元格,若再次单击被选中的单元格,则可以取消对单元格的选择,如图 7.8 所示。

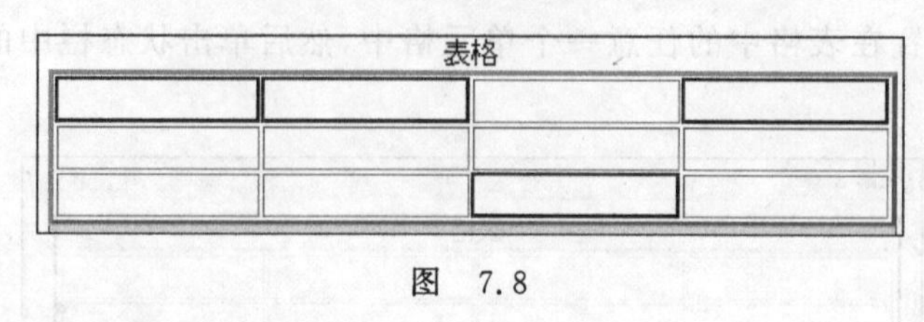

图 7.8

7.2.3 插入或删除行和列

插入或删除行和列是表格中经常用到的基本操作之一,用户在使用表格布局网页时难免会估算错表格的行数和列数,使用插入或删除行和列命令可解决此问题。在 Dreamweaver CC 2018 中插入或删除行和列的方法有多种。

1. 插入单个行或列

执行下列操作之一:

(1) 将光标放置在单元格中,执行"编辑"→"表格"→"插入行"/"插入列"命令,或者在单元格内右击,在弹出的快捷菜单中执行"表格"→"插入行"/"插入列"命令。

(2) 将光标放置在单元格内,按 Ctrl+M 快捷键可插入一行,按 Ctrl+Shift+A 快捷键可插入一列。

(3) 右击列标题菜单,在弹出的快捷菜单中选择"左侧插入列"或"右侧插入列"命令,即可在表格中插入一列,如图 7.9 所示。

2. 插入多行或多列

将光标放置在单元格内,执行"编辑"→"表格"→"插入行或列"命令,或者在单元格内右击,在弹出的快捷菜单中执行"表格"→"插入行或列"命令,弹出"插入行或列"对话框,如图 7.9 和图 7.10 所示,在该对话框中设置相关参数即可。

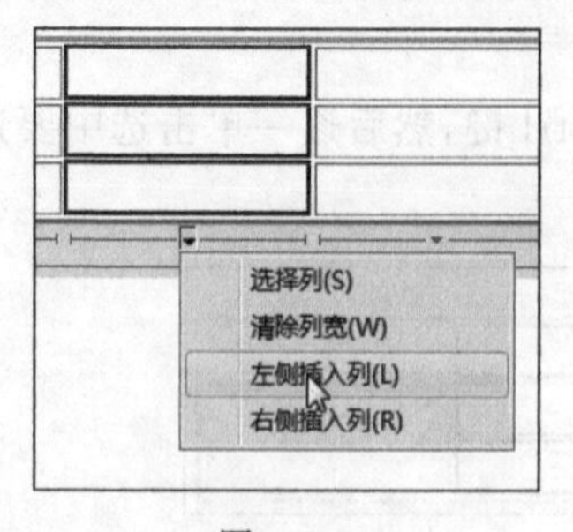

图 7.9

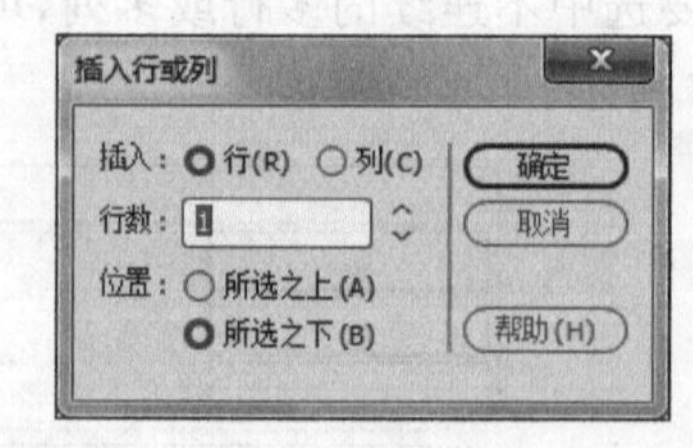

图 7.10

3. 删除行或列

执行下列操作之一:

(1) 将光标放置在单元格内或选中要删除的行或列,然后执行"编辑"→"表格"→"删除行"/"删除列"命令,或者在单元格内右击,在弹出的快捷菜单中执行"表格"→"删除行"/"删除列”命令。

(2) 选中要删除的行或列,然后按 Delete 键即可。

(3) 选中要删除的行或列,执行“编辑”→“剪切”命令也可删除行或列,此时被删除的行或列将被临时保存在剪贴板中。

7.2.4 拆分和合并单元格

在制作网页时,有时会用到一些不规则的表格来布局,这时候就需要对单元格进行合并或拆分。合并单元格就是多个连续的单元格合并成一个单元格,拆分单元格就是将一个单元格拆分成多个单元格。下面介绍合并和拆分单元格的操作方法。

1. 合并单元格

执行下列操作之一:

(1) 选中需要合并的连续单元格,如图 7.11 所示,然后在“属性”面板中单击合并单元格按钮 即可,合并效果如图 7.12 所示。

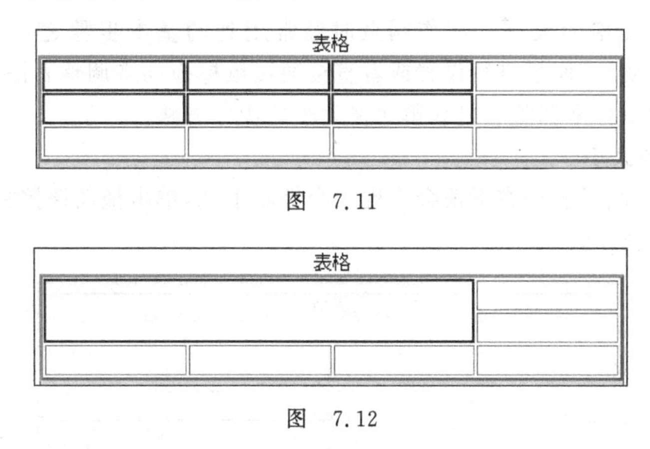

图 7.11

图 7.12

(2) 选中需要合并的连续单元格,执行“编辑”→“表格”→“合并单元格”命令,或者右击,在弹出的快捷菜单中执行“表格”→“合并单元格”命令。

(3) 选中需要合并的连续单元格,按下 Ctrl+Alt+M 快捷键即可合并选中的单元格。

提示:合并前单元格中的内容将被放置在合并后的单元格内。合并后单元格属性将和合并前所选的第一个单元格属性相同。

2. 拆分单元格

执行下列操作之一:

(1) 选中要拆分的单元格,如图 7.13 所示,然后在“属性”面板中单击拆分单元格按钮 ,弹出“拆分单元格”对话框,设置需要拆分的行数或列数,如图 7.14 所示,单击“确定”按钮,拆分效果如图 7.15 所示。

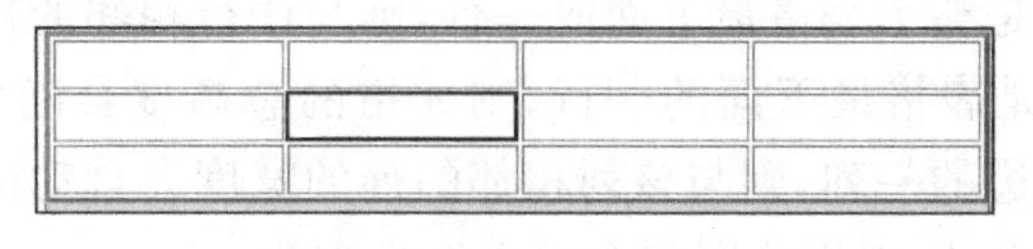

图 7.13

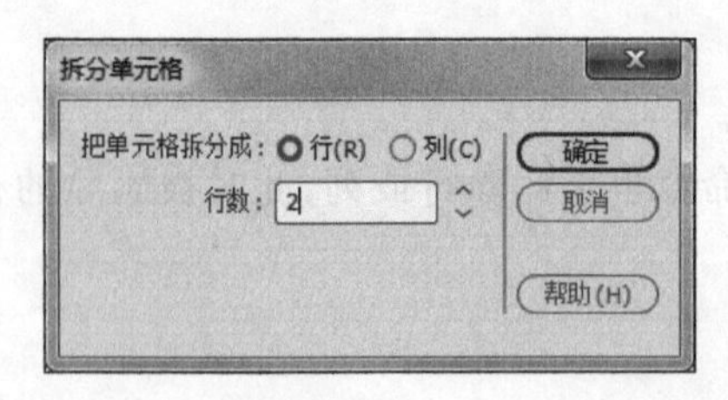

图 7.14

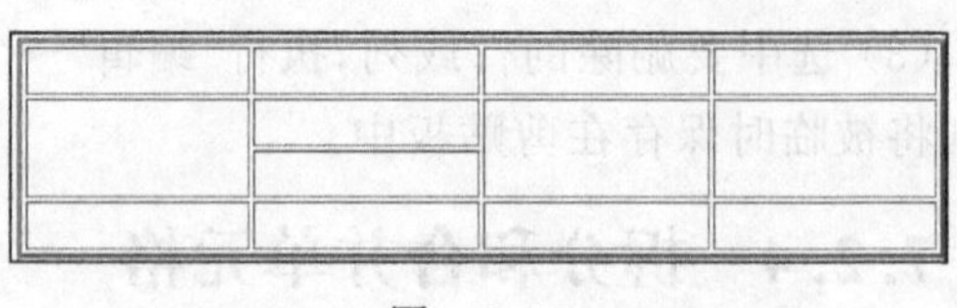
图 7.15

(2) 选中需要拆分的单元格,执行“编辑”→“表格”→“拆分单元格”命令,或者右击,在弹出的快捷菜单中执行“表格”→“拆分单元格”命令。

(3) 选中需要拆分的单元格,按 Shift+Ctrl+Alt+T 快捷键弹出“拆分单元格”对话框,设置相关参数即可。

7.2.5 调整表格、行和列的大小

调整表格和单元格的大小是制作网页时经常用到的基本步骤之一,在 Dreamweaver 中,用户可以通过“属性”面板进行设置或者直接通过鼠标拖动来调整表格和单元格的尺寸。下面介绍通过拖动鼠标来调整表格和单元格大小的操作方法。

1. 调整表格的大小

选中整个表格,此时表格右下角会出现 3 个控制手柄,单击拖动该控制手柄可调整表格的大小,如图 7.16 所示。

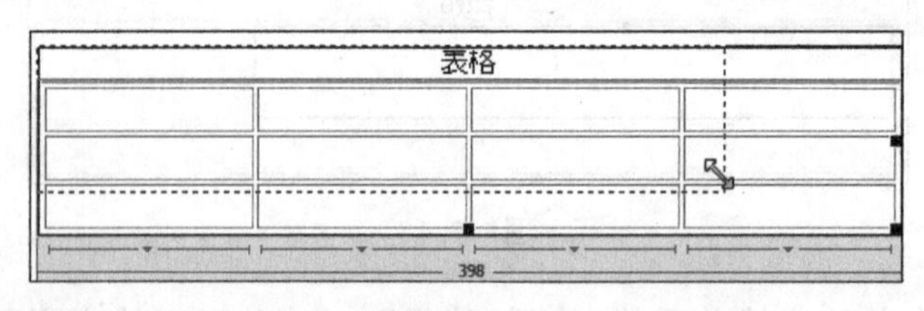

图 7.16

- 拖动表格右边框上的控制手柄,可以在水平方向上调整表格的大小。
- 拖动表格底边框上的控制手柄,可以在垂直方向上调整表格的大小。
- 拖动表格右下角的控制手柄,可以在水平方向和垂直方向上同时调整表格的大小。

注意:在调整表格大小时,所有单元格都是按比例缩放的。若表格中的单元格大小已经被设置了具体的数值,则在调整表格大小时,只会改变单元格的可视大小,实际大小不变。

2. 调整行和列的大小

将光标放置在要调整的行的底边框上或列的右边框上,当光标变成上下箭头或左右箭头时,沿方向拖拽鼠标即可更该改行或列的大小。

若需要调整的行不是整个表格最下面的一行,则与该行相邻的行的高度会自动调整,使表格的总高度不变;若是表格最下面的一行,则表格的总高度会随之发生变化。若要调整的列不是整个表格最右边的一列,则与该列相邻的列的宽度会自动调整,使整个表格的宽度不变;若是最右边的一列,则表格的宽度会随之发生变化。

若要更改某个列的列宽并且保持其他列的宽度不变，在按住 Shift 键的同时拖动列的边框即可，如图 7.17 所示。

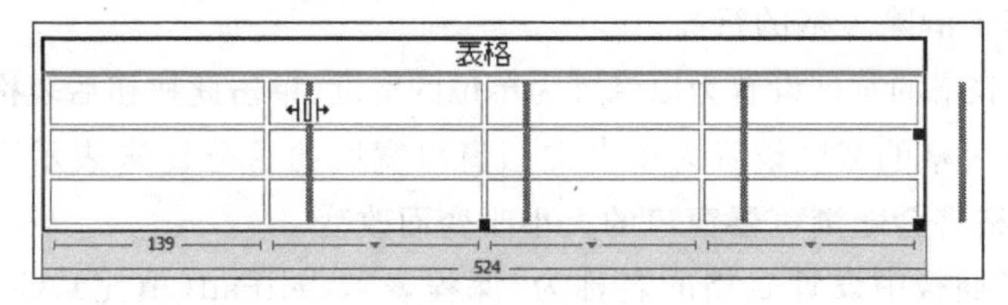

图　7.17

7.3　设置表格与单元格的属性

视频讲解

为了使表格更加美观，需要对表格和单元格的属性进行设置，如设置表格或单元格的背景、边框线的粗细以及有无边框等属性。表格与单元格的设置可通过"属性"面板来完成，下面分别进行介绍。

7.3.1　设置表格的属性

设置表格的属性需要展开表格"属性"面板，具体步骤如下。

(1) 打开"7.3.1 设置表格属性(初始).html"，选中要设置的表格，展开表格"属性"面板，如图 7.18 所示。

图　7.18

该面板中的属性介绍如下：

- 表格——用于设置表格的名称。
- CellPad(填充)——用于设置单元格内容与单元格边框之间的距离，也就是表格对话框中"单元格边距"，以像素为单位。
- CellSpace(间距)——用来设置表格中相邻单元格之间的间距。
- Align(对齐)——用于设置表格相对于同一段落中的其他元素(如文本或图像)的显示位置。
- Border(边框)——用于设置表格边框的宽度，以像素为单位。

- 类——用于为表格应用 CSS 样式。
- ——用于清除表格的列宽。
- ——用于清除表格的行高。
- ——将表格的宽度设置为以像素为单位的宽度,单击此按钮后表格将是固定大小。
- ——将表格的宽度设置为按占文档窗口宽度的百分比来表示当前宽度,单击此按钮后表格将会随浏览器窗口的大小改变而改变。

(2) 在“属性”面板中设置表格的名称为“课程表”,CellPad(填充)、CellSpace(间距)和Border(边框)均为 1 像素,“对齐”为居中,此时的表格效果和“属性”面板如图 7.19 所示。

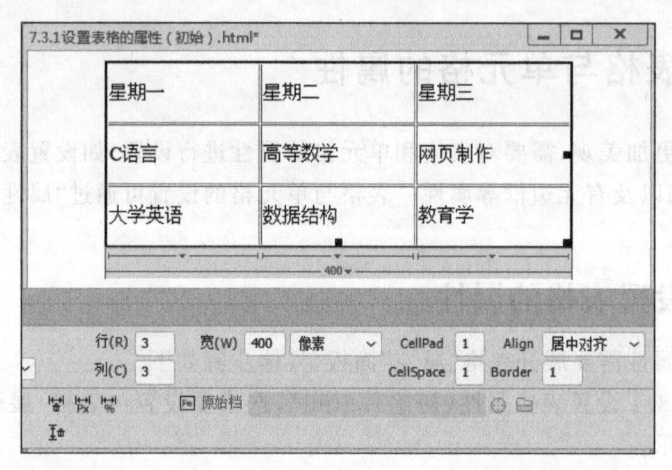

图 7.19

(3) 在“属性”面板中单击“清除列宽”按钮,效果如图 7.20 所示,再单击“清除行高”按钮,效果如图 7.21 所示。

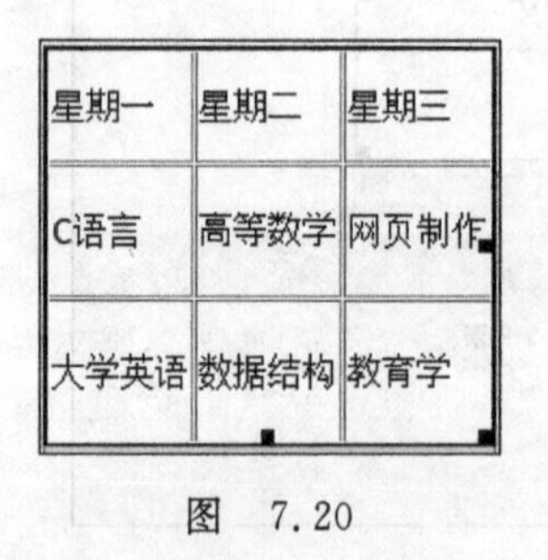

图 7.20

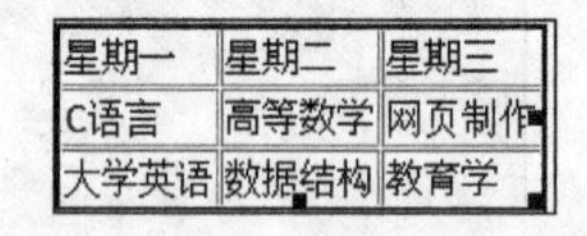

图 7.21

7.3.2 设置单元格的属性

单元格属性的设置也可以通过“属性”面板来进行操作,只需将光标放置在表格中的某个单元格中,即可打开单元格“属性”面板进行设置,如图 7.22 所示。

该“属性”面板分为 HTML 和 CSS 两个面板,两个面板中的有些属性功能已在前面的章节介绍过,这里主要介绍几个常用的属性。

- :“合并所选单元格,使用跨度”按钮,用于将多个连续的单元格合并成一个单元格,选中多个单元格时可用。

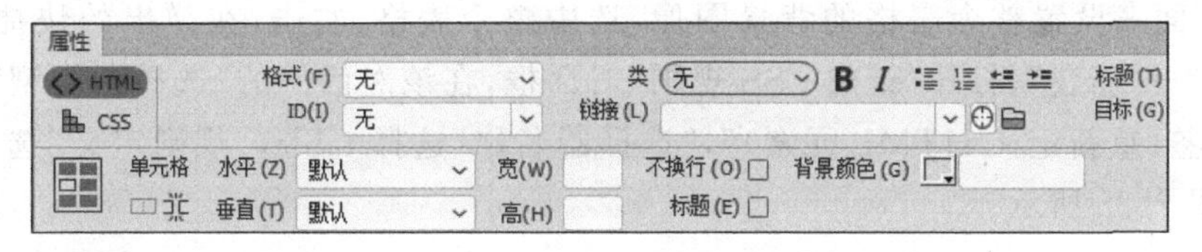

图 7.22

- 拆分图标：“拆分单元格为行或列”按钮，用于将一个单元格拆分成多个单元格，一次只能拆分一个单元格。
- 水平：用于设置单元格内容的水平对齐方式，该选项包括默认、左对齐、居中对齐和右对齐 4 种。
- 垂直：用于设置单元格内容的垂直对齐方式，该选项包括默认、顶端、居中、底部和基线 5 种。
- 宽和高：用于设置所选单元格的宽度和高度，单位为像素或百分比。
- 不换行：选中该复选框后，单元格中的所有文本将显示在一行上，当单元格内容超出单元格宽度时，单元格会自动增加列宽来容纳单元格内容。
- 标题：选中该复选框后，将所选的单元格格式设置为表格标题单元格。默认情况下，表格标题单元格的内容为粗体并且居中。
- 背景颜色：用于设置所选单元格的背景颜色。

下面来简单演示一下在表格和单元格中常用到的属性设置的操作步骤，具体步骤如下。

(1) 在 Dreamweaver CC 2018 中新建一个空白的 HTML 文档，切换到“设计”视图，执行“插入”→Table 命令，插入一个 2 行 3 列，宽度为 1000 像素，边框粗细、单元格边距、间距均为 2 的表格。

(2) 使该表格处于选中状态，在“属性”面板的 Align 下拉菜单中选择“居中对齐”，使表格处于网页的水平居中位置。

(3) 选中所有单元，在“属性”面板中设置“单元格”的“水平”选项为“居中对齐”，“垂直”为“居中”，单元格的“高”为 300 像素；然后设置第一列单元格的“宽”为 100 像素，第二列和第三列单元格的“宽”为 400 像素，并将第一列的两个单元格合并为一个单元格，如图 7.23 所示。

(4) 将光标放置第一列单元格中，竖排输入文字“四季”，然后选中该文字，在“CSS 属性”面板中设置文字的“大小”为 60 像素，“文本颜色”为＃0A50BC。在第二列至第三列的 4 个单元格中从左至右分别输入文字“春”“夏”“秋”“冬”，并设置文字的“大小”为 40 像素，“文本颜色”为＃0A50BC。效果如图 7.24 所示。

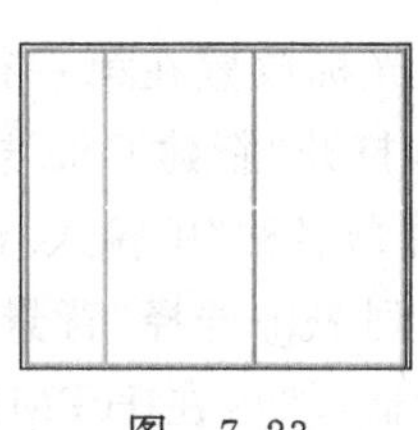

图 7.23

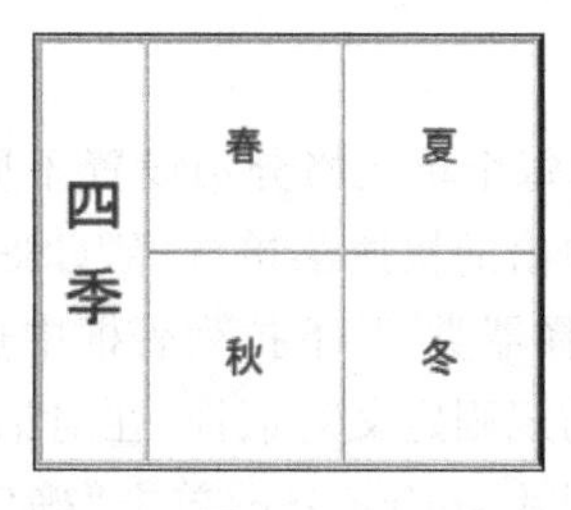

图 7.24

(5) 下面来设置整个表格的背景图像，选中整个表格，右击，在弹出的快捷菜单选择“CSS 样式”→“新建”，打开“新建 CSS 规则”对话框，在该对话框的“选择器类型”下拉列表中选择“标签(重新定义 HTML 元素)”，“选择器名称”选择 table，“规则定义”选择“仅限该文档”，如图 7.25 所示。

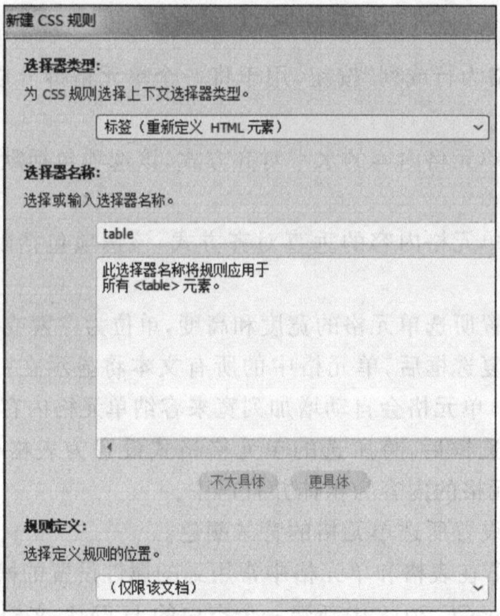

新建 CSS 规则

选择器类型:

为 CSS 规则选择上下文选择器类型。

标签（重新定义 HTML 元素）

选择器名称:

选择或输入选择器名称。

table

此选择器名称将规则应用于所有 <table> 元素。

不太具体　更具体

规则定义:

选择定义规则的位置。

（仅限该文档）

图 7.25

(6) 单击“确定”按钮打开对应的规则定义对话框，在该对话框左侧的“分类”列表中选择“背景”，然后单击“浏览”按钮，选择“文档讲解案例/7.3.2 设置单元格属性/images”文件夹下的图片 bg.jpg，如图 7.26 所示。单击“确定”按钮关闭对话框，此时的页面效果如图 7.27 所示。 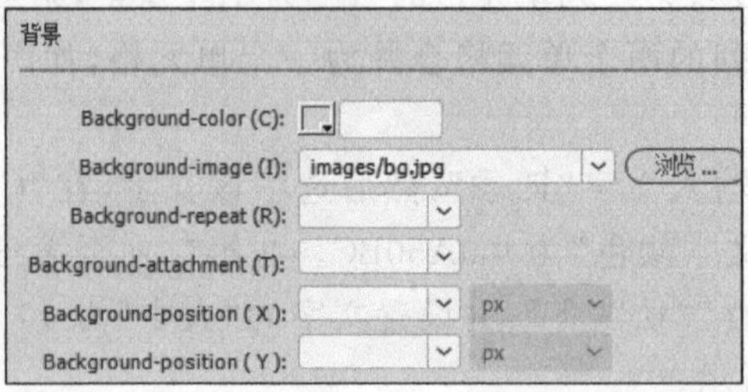

背景

Background-color (C):

Background-image (I): images/bg.jpg　浏览...

Background-repeat (R):

Background-attachment (T):

Background-position (X): px

Background-position (Y): px

图 7.26

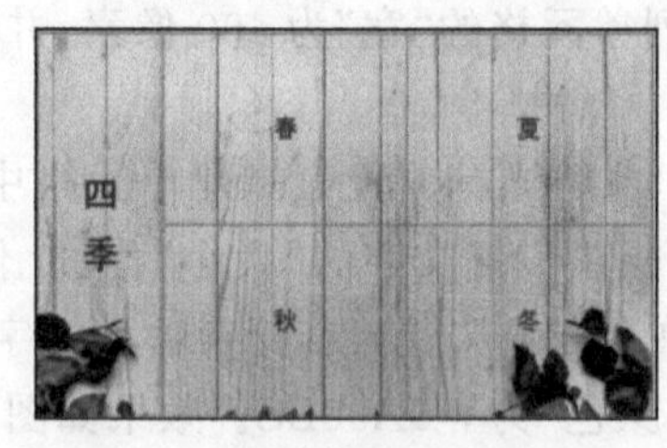

图 7.27

(7) 下面为每个单元格分别设置不同的背景图像，将光标放置在第一行的第二列单元格中，右击，在弹出的快捷菜单选择“CSS 样式”→“新建”，打开“新建 CSS 规则”对话框，在该对话框的“选择器类型”下拉列表框中选择“类”，在“选择器名称”中输入.td1，单击“确定”按钮打开对应的规则定义对话框，在对话框左侧的“分类”列表中选择“背景”，然后单击“浏览”按钮，选择图片 spring.jpg，单击“确定”按钮关闭对话框，然后在 HTML“属性”面板的“类”下拉列表框中选择刚刚创建的类.td1，应用样式，效果如图 7.28 所示。

(8) 按照同样的方法为含有文本"夏""秋""春"的单元格设置背景图像,"选择器名称"分别为.td2、.td3、.td4,背景图像分别为 summer.jpg、autumn.jpg、winter.jpg,最终效果如图 7.28 和图 7.29 所示。

图　7.28

图　7.29

(9) 将文档保存为"7.3.2 设置单元格属性.html"。

注意:在设置整个表格或表格中所选行、列或单元格的属性时,需注意表格格式设置的优先顺序:单元格格式设置优先于行格式设置,行格式设置又优先于表格格式设置。例如,如果将单个单元格的背景颜色设置为红色,然后将整个表格的背景颜色设置为蓝色,则红色单元格不会变成蓝色,因为单元格格式设置优先于表格格式设置。

7.4　表格数据的导入和导出

视频讲解

在制作网页时,有时需要输入表格数据,如果表格数据数量较大,则需要花费大量的时间和精力。Dreamweaver 提供了导入表格数据的功能,用户可以很方便地将表格数据导入到当前的网页中,还可重新设置表格的属性,这样就节省了制作表格的时间。此外,Dreamweaver 还可以把网页中的表格数据导出为文本文件。

7.4.1　导入表格数据

Dreamweaver 可以将在其他应用程序(如 Microsoft Excel、Microsoft Word、记事本等)中创建的并以定界符(如制表符、逗号、冒号或其他定界符)保存的表格式数据导入到网页中,并将其转换为表格。

若要将 Word 或 Excel 文档中的表格数据导入到网页中,只需将文档拖放到页面中即可。这里就以导入"7.4 表格数据的导入与导出"文件夹下的文本文件"开支明细表.txt"为例来展示导入表格数据的操作步骤,文本文件"开支明细表.txt"的内容如图 7.30 所示。

(1) 在 Dreamweaver CC 2018 中新建一个空白的 HTML 文档,切换到"设计"视图,然后执行"文件"→"导入"→"表格式数据"命令,弹出"导入表格式数据"对话框。

(2) 在该对话框中,单击"数据文件"文本框右边的"浏览"按钮,选择要导入的文件"开支明细表.txt";在"定界符"的下拉列表框中选择导入文件中所使用的分隔符,本例选择默认的 Tab;设置"表格宽度"为"匹配内容",即表格宽度自动适应数据长度;设置"边框"为 1,如图 7.31 所示。

(3) 设置完成后,单击"确定"按钮,即可导入数据,如图 7.32 所示。

开支明细表.txt - 记事本

文件(F) 编辑(E) 格式(O) 查看(V) 帮助(H)

年月	服装服饰	饮食	水电气房租	交通	通信	社交应酬	个人兴趣	总支出
2017年1月	300	800	1100	260	100	300	350	3210
2017年2月	1200	600	900	1000	300	2000	400	6400
2017年3月	50	750	1000	300	200	200	350	2850
2017年4月	100	900	1000	300	100	300	450	3150
2017年5月	150	800	1000	150	200	600	300	3200
2017年6月	200	850	1050	200	100	200	500	3100
2017年7月	100	750	1100	250	900	200	350	3650
2017年8月	300	900	1100	180	50	300	1200	4030
2017年9月	1100	850	1000	220	50	200	300	3720
2017年10月	100	900	1000	280	100	500	350	3230
2017年11月	200	900	1000	120	50	100	420	2790
2017年12月	300	1050	1100	350	100	500	400	3800
月均开销	4100	10050	12350	3610	2250	5400	5370	43130

第 1 行，第 1 列

图 7.30

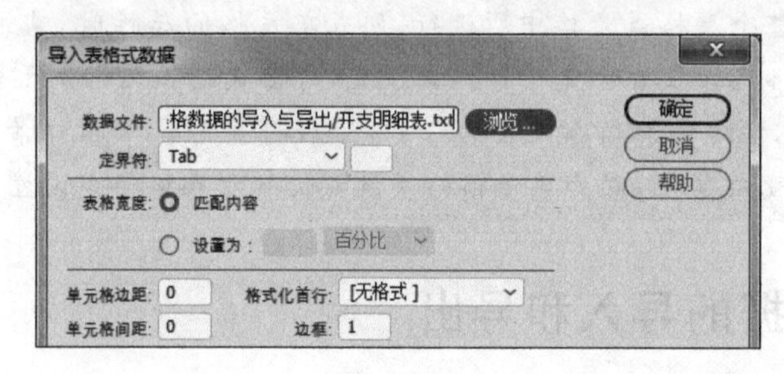

图 7.31

年月	服装服饰	饮食	水电气房租	交通	通信	社交应酬	个人兴趣	总支出
2017年1月	300	800	1100	260	100	300	350	3210
2017年2月	1200	600	900	1000	300	2000	400	6400
2017年3月	50	750	1000	300	200	200	350	2850
2017年4月	100	900	1000	300	100	300	450	3150
2017年5月	150	800	1000	150	200	600	300	3200
2017年6月	200	850	1050	200	100	200	500	3100
2017年7月	100	750	1100	250	900	200	350	3650
2017年8月	300	900	1100	180	50	300	1200	4030
2017年9月	1100	850	1000	220	50	200	300	3720
2017年10月	100	900	1000	280	100	500	350	3230
2017年11月	200	900	1000	120	50	100	420	2790
2017年12月	300	1050	1100	350	100	500	400	3800
月均开销	4100	10050	12350	3610	2250	5400	5370	43130

图 7.32

(4) 将文件保存为“7.4.1 导入表格数据.html”。

提示：如果导入的表格式数据出现中文乱码的情况，则说明表格数据文件的编码与网页编码不兼容，在“首选项”对话框中将“新建文档”中的“默认编码”改为“简体中文 GB2312”，然后重新建一个文档即可。

7.4.2　导出表格数据

Dreamweaver 除了可以导入表格数据，还可以将表格数据导出到文本文件中，相邻单元格的内容由定界符隔开，可以将逗号、冒号、分号或空格作为定界符。导出表格数据的操作步骤如下。

(1) 在 Dreamweaver 中创建一个 4 行 4 列，表格宽度为 400 像素，边框粗细为 1 像素的表格，并在表格中输入如图 7.33 所示的内容。将该文档保存为“7.4.2 导出表格数据.html”。

(2) 将光标放置在任一单元格中，执行“文件”→“导出”→“表格”命令，弹出“导出表格”对话框，如图 7.34 所示。

商品名称	进价（元/台）	售价(元/台)	补贴（元/台）
电视	3900	4300	300
冰箱	4000	4500	400
洗衣机	1500	1800	250

图　7.33

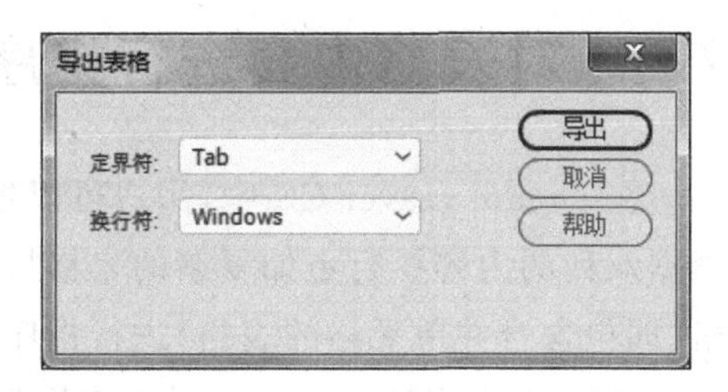

图　7.34

(3) 在“定界符”下拉列表框中选择一种表格数据导出到文本文件后的分隔符，本例选择默认设置 Tab；在“换行符”下拉列表框中选择将要在哪种操作系统中打开导出的文件，不同的操作系统对文本文件有不同的行结束符。此处选择 Windows 选项。

(4) 设置完成后，单击“导出”按钮，弹出“表格导出为”对话框，设置存放导出文件的路径和名称，如图 7.35 所示，然后单击“保存”按钮，表格数据即可被导出。

图　7.35

(5) 使用记事本打开导出的文本文件“家电补贴.txt”，如图 7.36 所示。

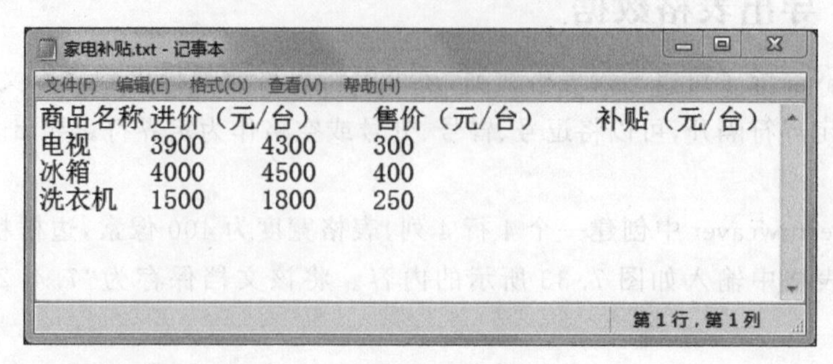

图 7.36

视频讲解

7.5 对表格内容进行排序

在 Dreamweaver CC 中，用户可以根据单个列的内容对表格中的内容进行排序，也可以根据双列的内容执行更加复杂的表格排序。但是不能对包含 colspan 或 rowspan 属性的表格(即包含合并单元格的表格)进行排序。

下面通过对文件“7.4.2 导出表格数据.html”中的表格数据进行排序，来展示表格排序的具体操作步骤。

(1) 在 Dreamweaver 中打开“7.4 表格数据的导入与导出”文件夹中的“7.4.2 导出表格数据.html”文件。

(2) 将光标放置在表格的任一单元格中，执行“编辑”→“表格”→“排序表格”命令，打开“排序表格”对话框，如图 7.37 所示。

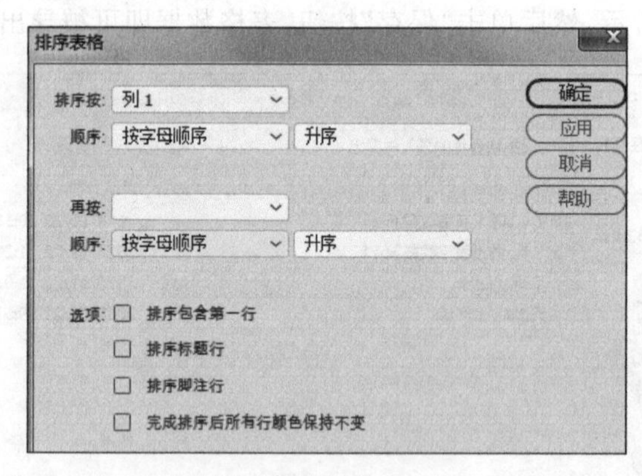

图 7.37

(3) 在“排序按”下拉列表框中选择“列 2”；在“顺序”下拉列表框中“按数字顺序”且“降序”；在“再按”下拉列表框中选择第二个“列 1”，“按字母顺序”且“升序”，如图 7.38 所示。

(4) 单击“确定”按钮，完成对表格内容的排序，排序后的表格内容如图 7.39 所示。

(5) 将文件另存为“7.5 对表格内容进行排序.html”。

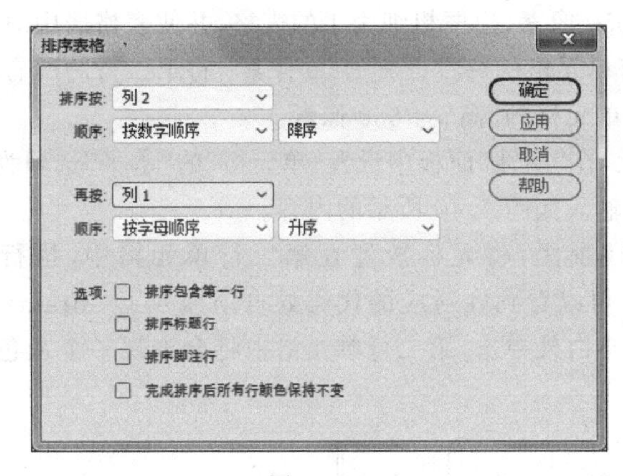

图 7.38

商品名称	进价（元/台）	售价(元/台)	补贴（元/台）
冰箱	4000	4500	400
电视	3900	4300	300
洗衣机	1500	1800	250

图 7.39

7.6 创建浮动框架

视频讲解

浮动框架是一种较为特殊的页面框架，它可以在浏览器窗口中再创建一个子窗口，并在该窗口中显示其他网页的内容，也就是将一个 HTML 文档嵌入在另一个 HTML 文档中显示。浮动框架可以插入在页面的任意位置，还可以在同一页面的不同位置显示同一内容，而不必重复写内容。

浮动框架标签为<iframe>，<iframe>标签的常用格式是：

```
<iframe name = "框架名称" src = "URL" width = "x" height = "x" scrolling = "[OPTION]"
frameborder = "x"></iframe>
```

其常用属性介绍如下：

- name——规定浮动框架的名称。
- src——规定在浮动框架中显示的文档的 URL。
- width 和 height——规定浮动框架的宽和高。
- scrolling——规定是否在浮动框架中显示滚动条。auto 表示如果框架中的内容超出框架，会自动显示滚动条，否则不显示滚动条；yes 表示总是显示滚动条，即使页面内容没有超出框架；no 表示任何情况下都不显示滚动条。
- frameborder——规定是否显示浮动框架周围的边框。0 表示无边框；1 表示显示边框；默认值为 1。

下面通过一个案例来展示浮动框架的使用，具体步骤如下。

(1) 在 Dreamweaver 中创建一个 HTML 文档，切换到“设计”视图，在文档窗口中创建一个 2 行 5 列,宽为 1050 像素,边框粗细为 1 的表格,并使表格居中对齐。

(2) 将第一行所有单元格的“高”设置为 50 像素;将第二行的所有单元格合并为一个单元格,并设置合并后的单元格的“高”为 650 像素。

(3) 选中所有单元,在“属性”面板中设置“单元格”的“水平”选项为“居中对齐”,“垂直”为“居中”,并在表格中输入如图 7.40 所示的内容。

(4) 切换到“拆分”视图,将光标放置在第二行单元格中,执行“插入”→HTML→IFRAME 命令。此时,可以看到在对应的代码处自动插入了< iframe ></iframe >标签,如图 7.41 所示。在文档空白处单击,第二行单元格中将会出现一个灰色的方块,表示插入的浮动框架。

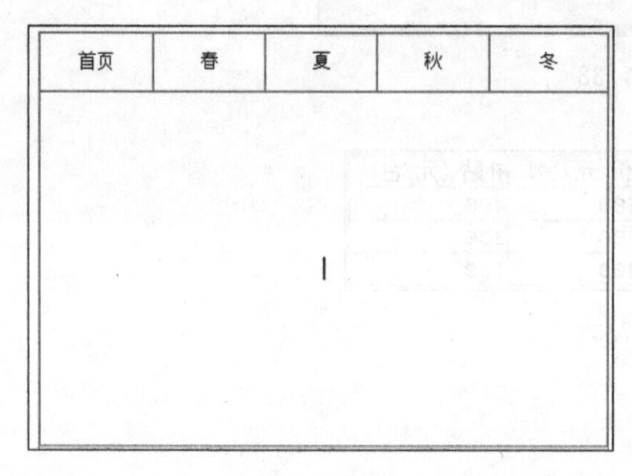

图 7.40

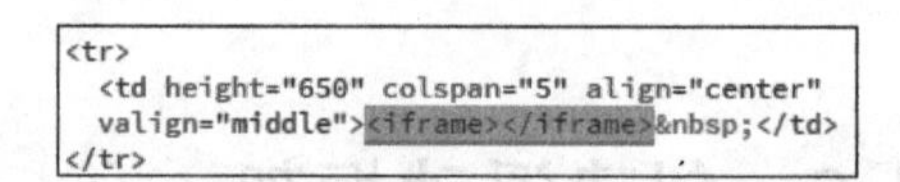

图 7.41

(5) 下面来设置浮动框架的属性。在代码窗口中将“< iframe ></iframe >”标签代码修改为“< iframe name＝"season" src＝"7.3.2 设置单元格属性/7.3.2 设置单元格属性.html" width＝"1050" height＝"650" frameborder＝"0"></iframe >”。在浏览器中预览的页面效果如图 7.42 所示。

图 7.42

(6) 第一行单元格中的文本添加超链接。选中文本“首页”,在“属性”面板中设置“链接”项为“7.3.2 设置单元格属性.html”,并在“目标”项中输入浮动框架的名称 season,该操作的意义是当在浏览器中单击文本“首页”时,在 season 中显示“7.3.2 设置单元格属性.html”网页的内容。

(7) 按照同样的方法为文本“春”“夏”“秋”“冬”添加链接,“链接”项分别为目录“7.3.2

设置单元格属性/images”下的图片 spring. jpg、summer. jpg、autumn. jpg、winter. jpg。

(8) 保存文档为“7.6 创建浮动框架. html”，并在浏览器中进行浏览，单击文本“秋”后的页面如图 7.43 所示。

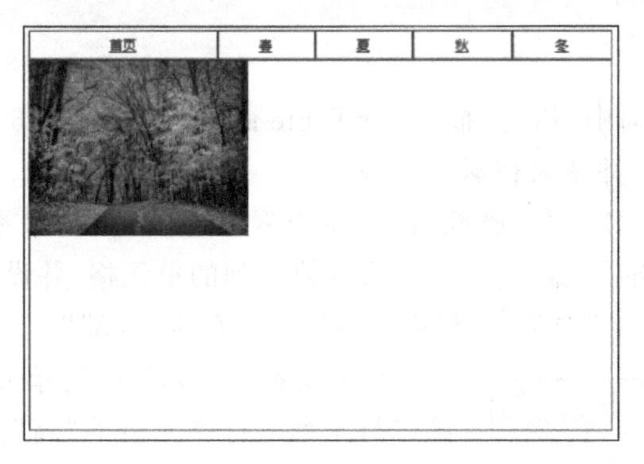

图 7.43

7.7 本章范例

视频讲解

7.7.1 index. html 网页区域的制作

(1) 新建一个文件夹，将其命名为 07start。将“lesson07/范例/07complete”中的 images 和 FlexSlider 文件夹复制到该文件夹内。

(2) 打开 Dreamweaver CC 2018，新建一个站点名称为 07start 的站点，站点文件夹为刚才新建的 07start 文件夹，如图 7.44 所示。单击“保存”按钮，关闭对话框。

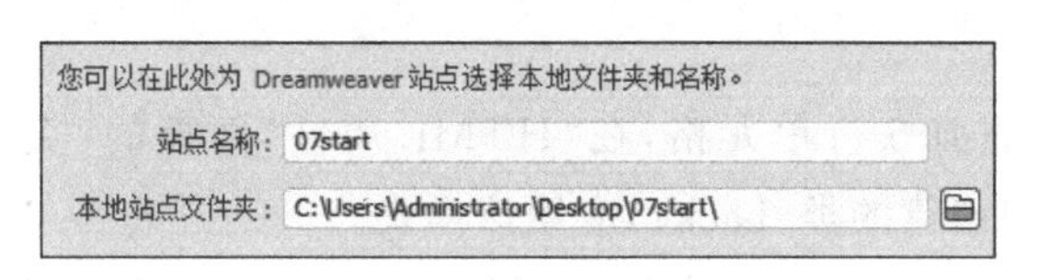

图 7.44

(3) 在 Dreamweaver 中新建一个 HTML 文件，在标题栏中输入网站的标题“鲜花”。然后执行“文件”→“保存”命令，将文件保存为 index. html。

(4) 切换到“拆分”视图，打开“CSS 设计器”面板，单击“添加源”按钮，在弹出的下拉列表中选择“在页面中定义”，然后单击“添加选择器”按钮，添加选择器 body，用于设置整个页面的外观。

(5) 将 CSS 设计器中的“属性”面板切换到“布局”类别，设置上边距为 20px；切换到“背景”类别，设置背景图像为“07start/images”文件夹下的 back. jpg，图像的水平位置为居中，垂直位置为居中，图像的宽度为 100%，图像的高度为 auto，图像为不平铺。对应的代码如下：

```
body {
    background - image: url(images/back.jpg);
```

```
    background-repeat: no-repeat;
    background-size: 100% auto;
    background-position: center center;
    margin-top: 20px;
}
```

(6) 将光标置于页面中，执行“插入”→Table 命令，插入一个 6 行 2 列，宽为 100%，边框粗细为 3 像素的表格，并使表格居中对齐。

(7) 选中第一列单元格，在“属性”面板中设置“单元格”的“水平”选项为“居中对齐”，“垂直”为“居中”，单元格的“宽”为 20%；合并第二列的单元格，并设置第二列单元格的“宽”为 80%，“单元格”的“水平”选项为“居中对齐”，“垂直”为“顶端”。

图 7.45

(8) 设置第一列第一行单元格的“高”为 200 像素，第二行至第五行单元格的“高”为 50 像素，第六行单元格的“高”为 500 像素。此时的页面布局如图 7.45 所示。

(9) 下面为部分单元格添加一个模糊背景。在“CSS 设计器”面板中添加 CSS 规则.back1，设置文本颜色为 #FFFFFF，背景颜色为 #000000，不透明度为 0.5。对应的样式代码如下：

```
.back1 {
    color: #FFFFFF;
    background-color: #000000;
    opacity: 0.5;
}
```

(10) 选中第一列的前 5 行单元格，在“HTML 属性”面板的“类”下拉列表框中选择刚刚创建的类.back1，应用该样式。

(11) 在第一列的第一行单元格中插入图片 logo.png；在第二行至第五行单元格中分别输入文本“首页”“鲜花资讯”“鲜花展览”“花语大全”；在第六行单元格中插入图片 back.jpg，并设置该图片的宽为 100%，高为 500 像素。第一列的页面效果如图 7.46 所示。

图 7.46

(12) 将光标放置在第二列单元格中，执行“插入”→HTML→IFRAME 命令，插入一个浮动框架。在对应的代码处修改“<iframe></iframe>”标签为“<iframe name="main" src="FlexSlider/flexslider.html" width="100%" height="900" scrolling="auto" frameborder="0"></iframe>”。此处规定了浮动框架默认显示的文档页面是 flexslider.html，该文档是一个通过 JavaScript 代码来实现图片轮播效果的网页。

(13) 保存文档，按下 F12 键在浏览器中浏览页面，效果如图 7.1 所示。

7.7.2　information.html 网页区域的制作

（1）在 07start 文件夹下新建一个名为 information.html 的 HTML 文档，文档标题为“鲜花资讯”。

（2）在文档窗口中插入一个 1 行 1 列，宽为 100%，边框粗细、单元格边距、间距均为 0 的表格，并使表格居中对齐。

（3）在“属性”面板中设置表格的“高”为 900 像素，“单元格”的“水平”选项为“右对齐”，“垂直”选项为“居中”。

（4）创建 CSS 规则.back1，设置表格的背景，并为表格应用该样式。样式代码如下：

```
.back1 {
    background-image: url(images/information_back.jpg);
    background-position: center center;
    background-size: 100% 900px;
    background-repeat: no-repeat;
}
```

（5）在该表格中再嵌套一个 1 行 1 列，宽为 55%，边框粗细、单元格边距、间距均为 0 的表格；设置表格的高为 400 像素，单元格内容水平左对齐，垂直居中；然后在表格中输入如图 7.47 所示的 3 段文本内容（每一对< p >标签为一段文字）。

```
<td height="400" align="left" valign="middle"><p>鲜花咨询</p>
  <p class="p1">花，常被称为花朵，是被子植物（被子植物门植物，又称有花植
  物）的繁殖器官，其生物学功能是结合雄性精细胞与雌性卵细胞以产生种子。这一进
  程始于传粉，然后是受精，受精过后，从而形成种子并加以传播。对于高等植物而
  言，种子便是其下一代，种子又长成鲜花，又传粉、受精，从而延续这个品种的花的
  生命。而且是各物种在自然界分布的主要手段。同一植物上着生的花的组合称为花
  序。广义的鲜花卉可指一切具有观赏价值的植物繁殖器官，而狭义上则单指所有的开
  花植物。除了作为被子植物的繁殖器官，鲜花还一直广受人们的喜爱和使用，主要用
  于美化环境、人际交往，而且还作为一种食物来源。</p>
  <p>更多</p></td>
```

图　7.47

（6）创建 CSS 规则.title、.p1 和.more，分别用来设置第一段、第二段和第三段文本内容的外观。代码如下：

```
.title {
    color: #FFFFFF;
    font-size: 35px;
    width: 200px;
    height: 50px;
    background-color: #333333;
    text-align: center;
    text-decoration: none;
}
.p1 {
    padding-right: 100px;
    text-align: justify;
    color: #707070;
    padding-left: 50px;
```

```
        margin-top: 40px;
    }
    .more {
        text-align: center;
        vertical-align: middle;
        color: #FFFFFF;
        width: 70px;
        height: 30px;
        background-color: #333333;
        line-height: 30px;
        position: relative;
        top: 20px;
        margin-left: auto;
        margin-right: 150px;
        text-decoration: none;
    }
```

(7) 为前面输入的 3 段文本内容应用对应的样式。保存文档，并在浏览器中浏览页面，如图 7.48 所示。

图 7.48

7.7.3 exhibition.html 网页区域的制作

(1) 在 07start 文件夹下新建一个名为 exhibition.html 的 HTML 文档，文档标题为“鲜花展览”。

(2) 在“CSS 设计器”面板中添加选择器 body，设置整个页面的背景颜色为渐变色。代码如下：

```
body {
    background-image: -webkit-linear-gradient(270deg, rgba(255,255,255,1.00) 0%,
rgba(252,207,176,1.00) 25.38%, rgba(212,178,185,1.00) 95.34%, rgba(216,180,184,1.00)
98.96%);
    background-image: -moz-linear-gradient(270deg, rgba(255,255,255,1.00) 0%,
rgba(252,207,176,1.00) 25.38%, rgba(212,178,185,1.00) 95.34%, rgba(216,180,184,1.00)
98.96%);
```

```
    background - image: - o - linear - gradient(270deg, rgba(255,255,255,1.00) 0 % , rgba(252,
207,176,1.00) 25.38 % , rgba(212,178,185,1.00) 95.34 % , rgba(216,180,184,1.00) 98.96 % );
    background - image: linear - gradient(180deg, rgba(255,255,255,1.00) 0 % , rgba(252,207,
176,1.00) 25.38 % , rgba(212,178,185,1.00) 95.34 % , rgba(216,180,184,1.00) 98.96 % );
}
```

(3) 在页面中插入一个 8 行 1 列，宽为 1150 像素，边框粗细、单元格边距为 0，单元格间距为 10 的表格，并使表格居中对齐。

(4) 设置第一行单元格的高为 50 像素，第二行单元格的高为 550 像素，第三行、第五行、第七行单元格的高为 100 像素，第四行、第六行、第八行单元格的高为 370 像素。

(5) 设置第一行单元格内容水平左对齐，垂直顶端，并输入文本“鲜花展览”。

(6) 创建 CSS 规则. title，用来设置文本“鲜花展览”的样式，代码如下：

```
.title {
    color: #2979D8;
    font - size: 35px;
    letter - spacing: 5px;
    font - weight: normal;
}
```

(7) 选中文本“鲜花展览”，在“属性”面板的“类”下拉列表中选择 title，应用样式。

(8) 设置第二行单元格的垂直选项为顶端，然后输入段落文本“花是表达感情的信使，尤其是爱情。鲜花的美丽寓意了爱情的美好甜蜜。如果你爱在心头口难开，不如让鲜花替你表达这份感情吧。”并插入图片 exhibition_head2. jpg，代码如图 7. 49 所示。

```
<tr>
  <td height="550" colspan="3" valign="top"><p>花是表达感情的
  信使，尤其是爱情。鲜花的美丽寓意了爱情的美好甜蜜。如果你爱在心头口难
  开，不如让鲜花替你表达这份感情吧。</p>
    <img src="images/exhibition_head2.jpg" alt=""
    width="375" height="250" /></td>
</tr>
```

图　7. 49

(9) 创建 CSS 规则. back、. p1、. img，分别用来设置第二行单元格的背景、输入的文本样式和插入的图片的位置。代码如下：

```
.back {
    background - image: url(images/exhibition_head1. jpg);
    background - position: left top;
    background - size: 70 % 460px;
    background - repeat: no - repeat;
}
.p1 {
    color: #100645;
    text - align: justify;
    padding - right: 700px;
    padding - top: 20px;
    padding - left: 40px;
```

```
    line-height: 25px;
}
.img {
    position: relative;
    left: 630px;
    top: 210px;
    z-index: 1;
}
```

(10) 为第二行单元格的内容应用对应的样式，效果如图 7.50 所示。

图 7.50

(11) 选中第三行、第五行、第七行单元格，设置单元格内容水平左对齐，垂直居中，并分别输入文本“浪漫爱情”“探病慰问”“友谊送花”。

(12) 创建 CSS 规则.note，代码如下：

```
.note {
    text-align: left;
    font-size: 22px;
    color: #180380;
    padding-left: 30px;
}
```

(13) 为文本“浪漫爱情”“探病慰问”“友谊送花”应用刚刚创建的.note 样式。

(14) 将第四行、第六行、第八行单元格均拆分为 3 列，并设置拆分后的单元格内容为水平居中对齐，垂直为顶端。

(15) 在拆分后的单元格中分别插入对应的图片和文字，代码如下：

```
<tr align="left" valign="middle">
  <td height="100" colspan="3" class="note">浪漫爱情</td>
</tr>
<tr align="center" valign="top">
  <td height="370"><img src="images/玫瑰.jpg" width="324" height="324" alt=""/><br>
    99 朵玫瑰 --- 天长地久</td>
  <td><img src="images/百合.jpg" width="324" height="324" alt=""/><br>
    香水百合 --- 伟大而纯洁的爱</td>
```

```
    <td><img src="images/郁金香.jpg" width="324" height="324" alt=""/><br>
      郁金香 --- 永远的爱</td>
  </tr>
  <tr align="left" valign="middle">
    <td height="100" colspan="3" class="note">探病慰问</td>
  </tr>
  <tr align="center" valign="top">
    <td height="370"><img src="images/马蹄莲.jpg" width="320" height="320" alt=""/><br>
      马蹄莲 --- 怡情养性,早日康复</td>
    <td height="370"><img src="images/满天星.jpg" width="320" height="320" alt=""/><br>
      满天星 --- 关心、关怀</td>
    <td height="370"><img src="images/康乃馨.jpg" width="320" height="320" alt=""/><br>
      康乃馨 --- 健康、美好</td>
  </tr>
  <tr align="left" valign="middle">
    <td height="100" colspan="3" class="note">友谊送花</td>
  </tr>
  <tr align="center" valign="top">
    <td height="370"><img src="images/黄色康乃馨.jpg" width="320" height="320" alt=""/>
  <br>
      黄色康乃馨 --- 长久的友谊</td>
    <td height="370"><img src="images/向日葵.jpg" width="320" height="320" alt=""/><br>
      向日葵 --- 阳光开朗</td>
    <td height="370"><img src="images/勿忘我.jpg" width="324" height="324" alt=""/><br>
      勿忘我 --- 永恒的友谊</td>
  </tr>
```

(16) 保存文档,并在浏览器中浏览页面,效果如图 7.51 所示。

图　7.51

7.7.4　language.html 网页区域的制作

(1) 在 07start 文件夹下新建一个名为 language.html 的 HTML 文档,文档标题为"花语大全"。

(2) 在"CSS 设计器"面板中添加选择器 body,设置整个页面的背景颜色为#FFFFFF。

(3) 在页面中插入一个5行1列,宽为1150像素,边框粗细、单元格边距、间距均为0的表格,并使表格居中对齐。

(4) 设置第一行单元格的高为350像素,并插入图片language_head.jpg。

(5) 设置第二行单元格的高为100像素,单元格内容水平居中对齐,垂直于底部,然后输入文本“花语大全”,并在文字后面插入一条水平线。

(6) 添加选择器h1,并定义CSS规则,代码如下:

```
h1 {
 color: #861BAF;
 font-weight: lighter;
 text-align: center;
 letter-spacing: 10px;
 font-size: 50px;
}
```

(7) 为第二行单元格中文本应用h1样式,并为插入的水平线设置样式,代码如图7.52所示。

```
<tr>
  <td height="100" align="center" valign="bottom">
  <h1>花语大全</h1>
    <hr noshade="noshade"></td>
</tr>
```

图 7.52

(8) 设置第三行单元格的高为100像素,单元格内容水平居中对齐,垂直居中,并输入文本“花语是各国、各民族根据各种植物,尤其是花卉的特点、习性和传说典故,赋予的各种不同的人性化象征意义。是人们用花来表达人的语言、某种感情与愿望,在一定的历史条件下逐渐约定俗成的,为一定范围人群所公认的信息交流形式。赏花要懂花语,花语构成花卉文化的核心,在花卉交流中,花语虽无声,但此时无声胜有声,其中的涵义和情感表达甚于言语。”。

(9) 创建CSS规则.text,代码如下:

```
.text {
text-align: justify;
padding-left: 100px;
padding-right: 100px;
color: #656565;
}
```

(10) 为第三行单元格的文本内容应用.text样式。页面效果如图7.53所示。

(11) 设置第四行单元格的高为100像素,在该单元格中插入一个项目列表,并添加列表项内容,列表项内容分别为“玫瑰花”“郁金香”“蔷薇花”“更多>>”,代码如图7.54所示。

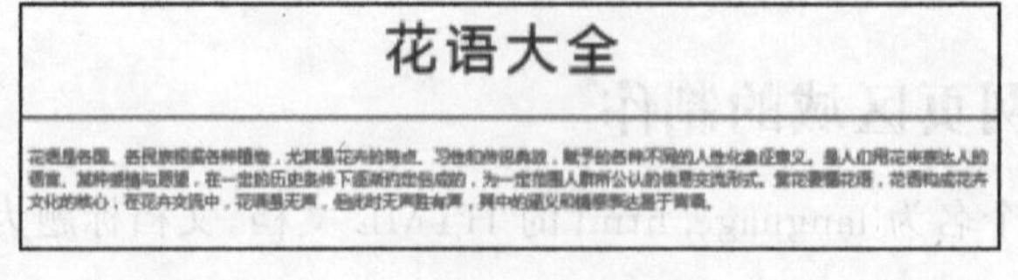

图 7.53

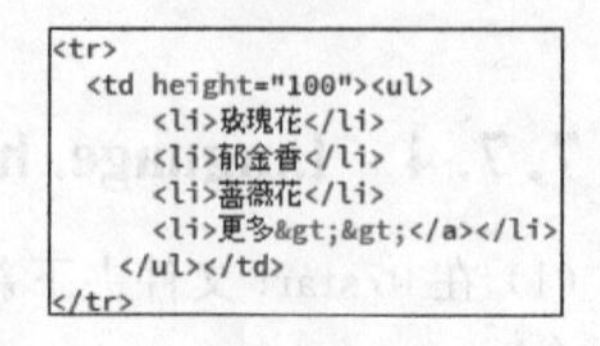

```
<tr>
  <td height="100"><ul>
      <li>玫瑰花</li>
      <li>郁金香</li>
      <li>蔷薇花</li>
      <li>更多&gt;&gt;</a></li>
  </ul></td>
</tr>
```

图 7.54

（12）添加选择器 ul 和 il，并定义 CSS 规则，用来设置列表的样式。代码如下：

```
ul {
    margin - left: 150px;
}
li {
    width: 100px;
    height: 30px;
    display: block;
    text - align: center;
    float: left;
    line - height: 30px;
    border: 1px solid ＃2E9CDC;
    color: ＃4D5256;
    margin - right: 20px;
}
```

（13）设置第五行单元格的高为 1000 像素，单元格内容水平居中对齐，在该单元格中插入一个浮动框架，代码如图 7.55 所示。该浮动框架要展示的页面内容的制作步骤不再详述，直接将“lesson07/范例/07complete”文件夹中的 language_1. html、language_2. html 和 language_3. html 文件复制到 07start 文件夹内。

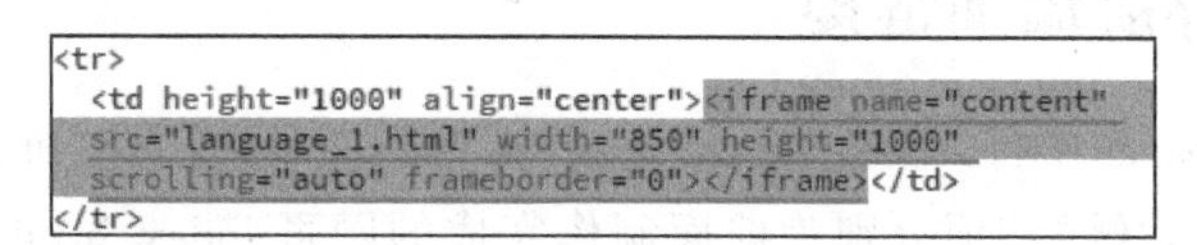
```
<tr>
  <td height="1000" align="center"><iframe name="content"
  src="language_1.html" width="850" height="1000"
  scrolling="auto" frameborder="0"></iframe></td>
</tr>
```

图　7.55

（14）为列表项“玫瑰花”“郁金香”“蔷薇花”“更多>>”添加链接，“链接”项分别为 language_1. html、language_2. html、language_3. html 和 http://baike. so. com/doc/4429333-4637125. html，并在“目标”项中均输入浮动框架的名称 content。

（15）设置链接样式，代码如下：

```
a {
    color: ＃4D5256;
}
a:link {
    text - decoration: none;
}
a:visited {
    text - decoration: none;
    color: ＃4D5256;
}
a:hover {
    text - decoration: underline;
```

```
    color: #2E9CDC;
}
```

(16) 保存文档,在浏览器中浏览页面,效果如图 7.56 所示。

图 7.56

7.7.5 为导航添加链接

(1) 在 Dreamweaver 中打开文件 index.html,为导航文本“首页”“鲜花资讯”“鲜花展览”“花语大全”添加链接,“链接”项分别为前面制作完成的网页 index.html、information.html、exhibition.html、language.html,并设置链接文本“鲜花资讯”“鲜花展览”“花语大全”的“目标”浮动框架的名称均为 main。

(2) 定义 CSS 规则 a、a:link、a:visited 和 a:hover,设置链接的样式,代码如下:

```
a {
    color: #EFEFEF;
}
a:link {
    text-decoration: none;
}
a:visited {
    text-decoration: none;
    color: #EFEFEF;
}
a:hover {
    text-decoration: underline;
    color: #F58CE4;
}
```

(3) 保存该文档,并在浏览器中浏览页面,最终效果如图 7.1 所示。

 作业

一、模拟练习

打开“lesson07/模拟/07complete/index.html”文件进行预览，根据本章所述知识做一个类似的作品。作品资料已完整提供，获取方式见前言。

二、自主创意

应用本章所学习知识，自主设计一个网站。

三、理论题

1. 选择表格的方法有哪些？
2. 在设置表格或单元格属性时需注意什么？
3. 浮动框架的作用是什么？

第8章

Div+CSS布局

本章学习内容

(1) Div 概述；

(2) Div 的使用；

(3) Div+CSS 盒模型；

(4) Div+CSS 布局定位；

(5) Div+CSS 页面布局。

完成本章的学习需要大约 2 小时，相关资源获取方式见前言。

知识点

Div 概述	使用 Div 标签	标签盒模型	CSS 基本属性
相对定位	绝对定位	浮动定位	CSS 页面布局版式
使用 CSS 布局创建页面	使用模板和库		

本章案例介绍

范例

本章范例是一个阐述自然生命内涵的网页，分为“主页”“一本书”“六幅图”和“联系”4 部分，通过范例的学习，掌握在 Dreamweaver 中运用 Div+CSS 来进行页面布局设计网页的技巧和方法，如图 8.1 所示。

模拟案例

本章模拟案例是一个关于世界大学的网站，通过模拟练习进一步熟悉 Div+CSS 布局方式的应用，如图 8.2 所示。

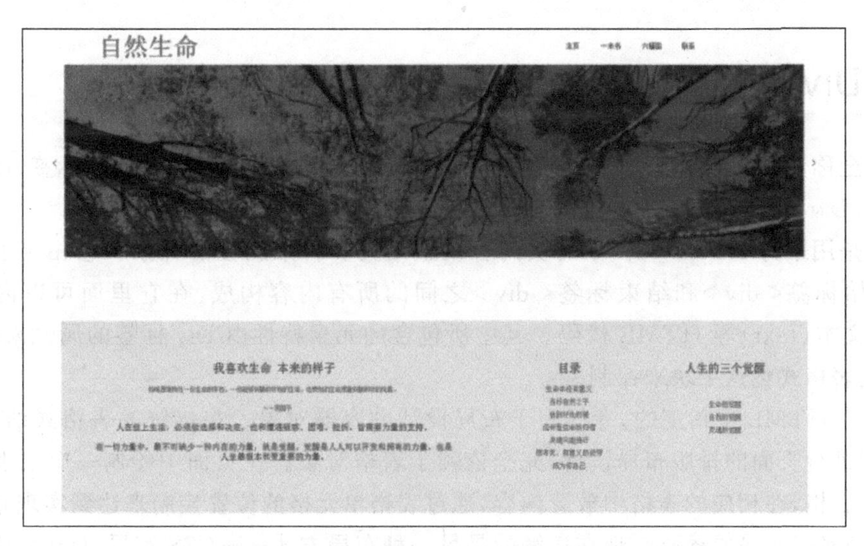

图 8.1

图 8.2

8.1 预览完成的课件

(1) 右击"lesson08/范例/08complete"文件夹中的"自然生命.html"文件,在弹出的菜单中选择已安装的浏览器对 index.html 文件进行浏览。本章将学习在 Dreamweaver 中对 HTML 页面进行 Div 布局并通过添加 CSS 样式对已有的页面进行修饰。

(2) 关闭浏览器。

(3) 也可以用 Dreamweaver CC 打开源文件进行预览,在 Dreamweaver CC 菜单栏中选择"文件"→"打开"按钮。选择"lesson08/范例/08complete"文件夹中的 index.html 文件,并单击"打开"按钮,切换到"实时"视图查看页面,如图 8.3 所示。

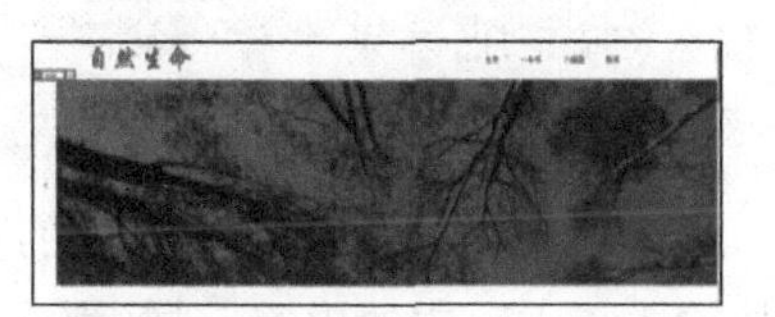

图 8.3

8.2 Div 概述

Div 全称为 Division,意为“区分”,它是用来定义网页内容中逻辑区域的标签,可以通过手动插入 Div 标签并对它们应用 CSS 样式来创建网页布局。

Div 是用来为 HTNL 文档中的块内容设置结构和背景属性的元素。它相当于一个容器,由起始标签< div >和结束标签< div >之间的所有内容构成,在它里面可以内嵌表格(table)、文本(text)等 HTML 代码。其中所包含的元素特性由 Div 标签的属性来控制,或使用样式表格式化这个块来控制。

Div 是 HTML 中指定的,专门用于布局设计的容器对象。在传统的表格式的布局中,之所以能进行页面的排版布局设计,完全依赖于表格对象。在页面中绘制一个由多个单元格组成的表格,在相应的表格中放置内容,通过表格单元格的位置控制来达到实现布局的目的,这是表格式布局的核心。现在接触的是另一种布局方式——CSS 布局,Div 是这种布局方式的核心对象,使用 CSS 布局的页面排版不需要依赖表格,仅从 Div 的使用上说,一个简单的布局只需要依赖 Div 与 CSS,因此也可以称为 Div+CSS 布局。

视频讲解

8.3 Div 的使用

Div 是用来定义网页内容中逻辑区域的标签,可以通过手动插入 Div 标签并对它们应用 CSS 样式来创建网页布局。

8.3.1 创建 Div

与表格、图像等网页对象一样,只需在代码中应用< div >和< div >这样的标签形式,并将内容放置其中,便可以应用 Div 标签。

Div 对象在使用时,同其他 HTML 对象一样,可以加入其他属性,比如 id、class、align、style 等属性,而在 CSS 布局方面,为了实现内容与表现分离,不应当将 align(对齐)属性与 style(行间样式表)属性写在 HTML 页面的 Div 标签中,因此 Div 代码只能拥有以下两种形式。

```
< div id = "id 名称">内容< div >
< div class = " class 名称">内容< div >
```

使用 id 属性可以为当前这个 Div 指定一个 id 名称,在 CSS 中使用 id 选择符进行样式编写。同样,可以使用 class 属性,在 CSS 中使用 class 选择符进行样式编写。

注意:Div 标签只是一个标识,作用是把内容标识为一个区域,并不负责其他事情,Div 只是 CSS 布局工作的第一步,需要通过 Div 将页面中的内容元素标示出来,而为内容添加样式则由 CSS 来完成。

在一个没有应用 CSS 样式的页面中,即使应用了 Div 也没有任何实际效果,就如同直接输入了 Div 中的内容一样,那么该如何理解 Div 在布局上所带来的不同呢?

首先用表格与 Div 进行比较。用表格布局时,使用表格设计的左右分栏或上下分栏,都能够在浏览器预览中看到分栏效果，如图 8.4 所示。

表格自身的代码形式决定了在浏览器中显示的时候，两块内容分别显示在左单元格与右单元格之中，因此不管是否设置了表格边框，都可以明确地知道内容存在于两个单元格中，也达到了分栏的效果。

启动 Dreamweaver CC 2018，切换到“代码”视图，在< body >与</body >之间输入以下代码，如图 8.5 所示。

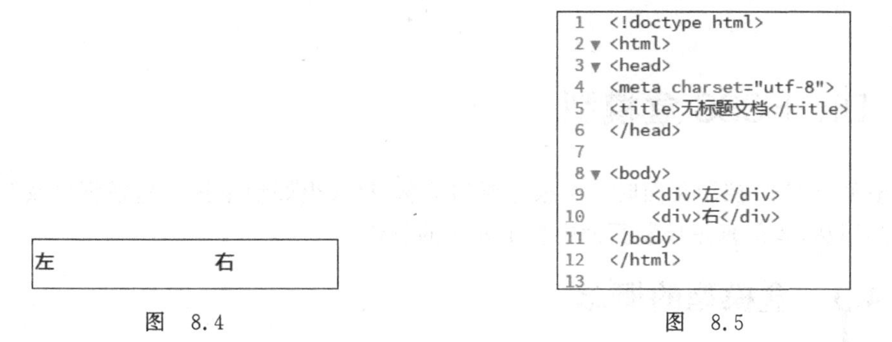

图 8.4　　　　图 8.5

```
<div>左</div>
<div>右</div>
```

切换到“设计”视图，可以看到插入的两个 Div，如图 8.6 所示。

按 F12 键浏览网页，能够看到仅仅出现了两行文字，并没有看出 Div 的任何特征，显示效果如图 8.7 所示。

图 8.6　　　　图 8.7

从表格与 Div 的比较中可以看出，Div 对象本身就是占据整行的一种对象，不允许其他对象与它在一行中并列显示，实际上 Div 就是一个“块状对象”(block)。

从页面中可以看到，网页中除了文字之外没有任何其他效果，两个 Div 之间的关系只是前后关系，并没有出现类似表格的组织形式，可以说 Div 本身与样式没有任何关系，样式需要编写 CSS 来实现，因此 Div 对象从本质上实现了与样式分离。

这样做的好处是，由于 Div 与样式分离，所以最终样式由 CSS 来完成，这样与样式无关的特性，使得 Div 在设计中拥有巨大的可伸缩性，可以根据自己的想法改变 Div 的样式，不再拘泥于单元格固定模式的束缚。

注意：在 CSS 布局之中所需要的工作可以简单归结为两个步骤，首先使用 Div 将内容标记出来，然后为这个 Div 编写需要的 CSS 样式。

8.3.2 选择 Div

要对 Div 执行某项操作，首先需要将其选中，在 Dreamweaver 中选择 Div 的方法有两种。

第一种，将鼠标指针移至 Div 周围的任意边框上，当边框显示为红色实线时单击可将其选中,如图 8.8 所示。

第二种,将光标置于 Div 中,然后单击状态栏上相应的< div >标签,同样可将其选中,如图 8.9 所示。

视频讲解

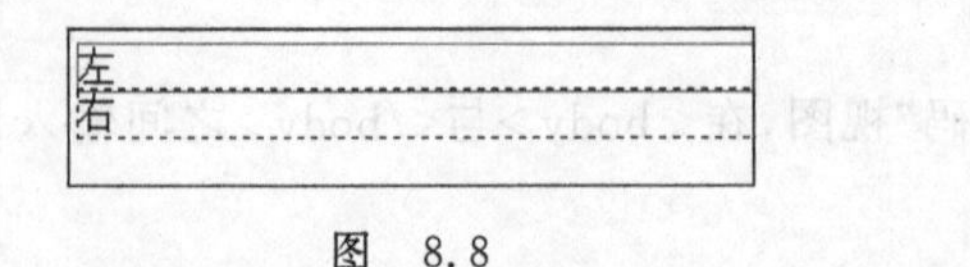

图 8.8

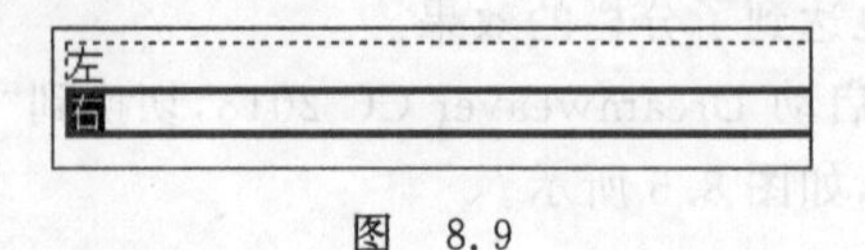

图 8.9

8.4 Div+CSS 盒模型

盒模型是 CSS 控制页面时一个很重要的概念,只有很好地掌握了盒模型以及其中每一个元素的用法,才能真正控制页面中各个元素的位置。

8.4.1 盒模型的概念

学习 Div+CSS,首先要弄懂的就是这个盒模型,这就是 Div 排版的核心所在。传统的表格排版是通过大小不一的表格和表格嵌套来定位排版网页内容,改用 CSS 排版后,就是通过由 CSS 定义的大小不一的盒子和盒子嵌套来编排网页。采用这种排版方式的网页代码简洁,表现和内容相分离,维护方便。

那么它为什么叫盒模型呢?首先介绍在网页设计中常用的属性名。即内容(content)、填充(padding)、边框(border)和边界(margin),CSS 盒模型都具备这些属性,如图 8.10 所示。

图 8.10

可以把 CSS 盒模型想象成现实中上方开口的盒子,然后从正上方往下俯视,边框相当于盒子的厚度,内容相当于盒子中所装物体的空间,而填充相当于为防震而在盒子内填充的泡沫,边界相当于在这个盒子周围要留出一定的空间以方便取出,这样就比较容易理解盒模型了。

8.4.2 内容

内容(content)区域可以放置任何网页元素,本节介绍常用的文本和背景属性。

(1) font-family 属性用于指定网页中文本的字体。取值可以是多个字体,字体间用逗号分隔。使用示例:

body, td, th{font-family: Georgia, Times New Roman, Times, serif;}

(2) font-style 属性用于设置字体风格,取值可以是 normal(普通)、italic(斜体)或 oblique(倾斜)。使用示例:

```
p{font - style: normal}
h1{font - style: italic}
```

(3) font-size属性用于设置字体显示的大小。这里的字体大小可以是绝对大小(xx-small、x-small、small、medium、large、x-large、xx-large)、相对大小(larger、smaller)、绝对长度(使用的单位为px-像素和in-英寸)或百分比,默认值为medium。使用示例:

```
h1{font - size:x - large}
o{font - size:18px}
li{font - size:90 % }
stong{font - size:larger}
```

(4) font属性用作不同字体属性的略写,可以同时定义字体的多种属性,各属性间以空格间隔。使用示例:

```
p{font:italic bold 16pt 华文宋体}
```

(5) color属性允许网页制作者指定一个元素的颜色。使用示例:

```
h1{color:black}
h3{color: # ff0000}
```

为了避免与用户的样式表之间的冲突,背景和颜色属性应该始终一起指定。

(6) background-color背景颜色属性设定一个元素的背景颜色,取值可以是颜色代码或transparent(透明)。使用示例:

```
body{background - color: white}
h1{background - color: # 000080}
```

为了避免与用户的样式表之间的冲突,在指定背景颜色的同时,通常还指定背景图像。而大多数情况下,background- image:none都是合适的。网页制作者也可以使用略写的背景属性,通常会比背景颜色属性获得更好的支持。

(7) background- image背景图像属性设定一个元素的背景图像。使用示例:

```
body{background - image: url(/images/bg. gif)}
```

考虑那些不加载图像的浏览者,定义背景图像时,应同时定义一个类似的背景颜色。

(8) background-repeat属性用来描述背景图片的重复排列方式,取值可以是repeat(沿X轴和Y轴两个方向重复显示图片)、repeat-x(沿X轴方向重复图片)和repeat-y(沿Y轴方向重复图片)。使用示例:

```
body {
background - image:url(pendant. gif);
background - repeat:repeat - y;
}
```

(9) background背景属性用作不同背景属性的略写,可以同时定义背景的多种属性,各属性之间以空格间隔。使用示例:

```
p{background:url(/images/bg. Gif) yellow}
```

(10) line-height 行高属性可以接受一个控制文本基线之间的间隔的值。取值可以normal、数字、长度和百分比。当值为数字时，行高由元素字体大小的量与该数字相乘所得。百分比的值相对于元素字体的大小而定。不允许使用负值。行高也可以由带有字体大小的字体属性产生。使用示例：

```
p{line-height: 120 % }
```

8.4.3 边界

边界(margin)指的是元素与元素之间的距离，例如，设置元素的下边界 margin-bottom，其代码如下：

```
<!doctype html>
<html>
<head>
<meta charset="utf-8">
<title>margin</title>
</head>
<body>
<div style="width:350px;height: 200px;margin-bottom: 40px;">
<img src="1.jpg" width="350" height="200" /> </div>
<div style="width:350px;height: 200px;">
<img src="2.jpg" width="350" height="200"/> </div>
</body>
</html>
```

运行以上代码在浏览器中的预览效果如图 8.11 所示，可以看到，上下两个元素之间增加了 40 像素的距离。

图 8.11

当两个行内元素相邻的时候，它们之间的距离为第 1 个元素的右边界(margin-right)加上第 2 个元素的左边界(margin-left)，如以下代码：

```
<body>
<div style="width:350px;height: 200px;margin-right: 30px;float: left">
<img src="1.jpg" width="350px" height="200px" /> </div>
<div style="width:350px;height: 200px;margin-left: 40px;float: left">
<img src="2.jpg" width="350px" height="200px"/> </div>
</body>
```

运行以上代码在浏览器中的预览效果如图 8.12 所示，可以看到，两个元素之间的距离为 30px+40px=70px。float 属性将在后面介绍。

图 8.12

但如果不是行内元素，而是产生换行效果的块级元素，情况就不同了。两个块级元素之间的距离不再是两个边界相加，而是取两者中较大的边界值，如以下代码：

```
<body>
<div style="width:350px;height: 200px;margin-bottom: 30px;">
<img src="1.jpg" width="350" height="200" /> </div>
<div style="width:350px;height: 200px;margin-top: 40px">
<img src="2.jpg" width="350" height="200"/> </div>
</body>
```

从代码中可以看到，第 2 个块级元素的 margin-top 值大于第 1 个块级元素的 margin-bottom 距离，所以它们之间的边界应为第 2 个块级元素的边界值 40px，预览效果如图 8.13 所示。

图 8.13

除了行内元素间隔和块级元素间隔这两种关系外，还有一种位置关系，它的边界值对 CSS 排版有重要的作用，这就是父子关系。当一个< div >块包含在另一个< div >块中间时，便形成了典型的父子关系，其中子块的边界将以父块的内容(content)为参考。

首先，在 Dreamweaver 中创建 div 标签。具体操作步骤如下。

(1) 在"文档"窗口的"设计"视图中，将插入点放置在要显示 div 标签的位置。

(2) 执行下列操作之一，弹出如图 8.14 所示的"插入 Div"对话框。

- “插入”→Div命令；
- 执行“插入”→HTML→Div命令；
- 在“插入”面板的HTML类别中，单击Div按钮。

(3) 在“插入Div”对话框中指定插入位置、要应用的类以及div标签的ID。

- 插入：用于选择div标签的位置。如果选择“在标签开始之后”或“在标签结束之前”，则还要选择一个已有的标签名称。
- Class：指定要应用于div标签的类样式。如果附加了样式表，则该样式表中定义的所有类都将显示在Class下拉列表中。
- ID：指定用于标识div标签的唯一名称。如果附加了样式表，则该样式表中定义的所有ID(除当前文档中已有的块的ID)都将出现在列表中。

此时，将ID名称命名为box和son，单击“确定”按钮，如图8.14和图8.15所示。

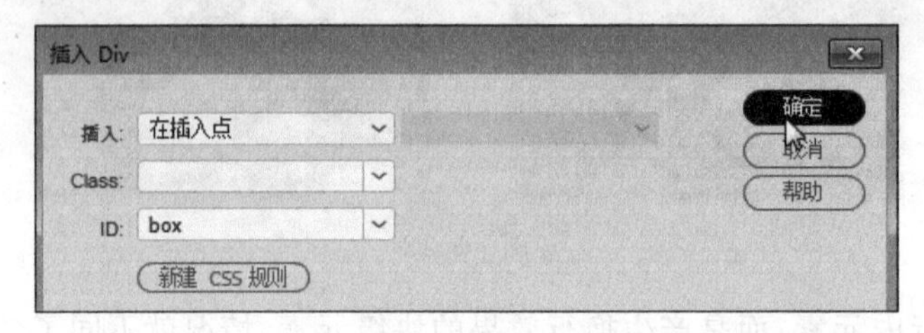

图 8.14

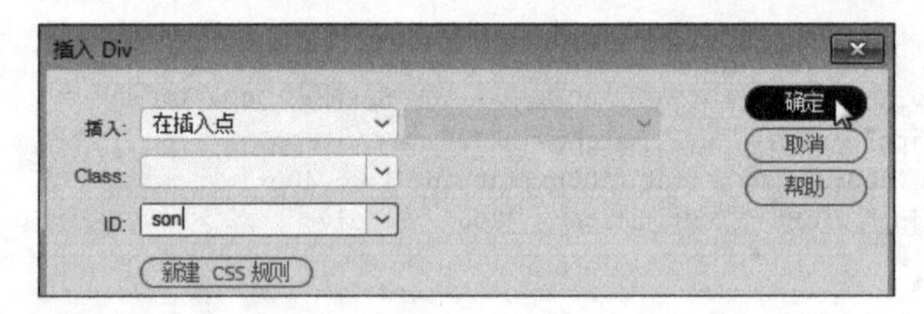

图 8.15

(4) 单击“CSS设计器”按钮，打开如图8.16所示的新建CSS规则对话框，单击“属性”，设置如图8.17和图8.18所示的参数值。

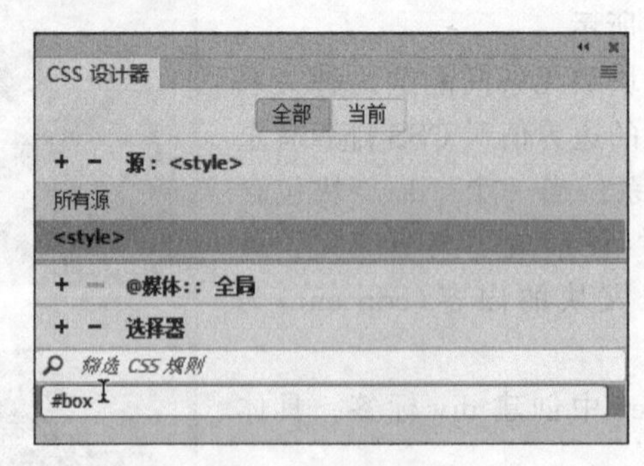

图 8.16

浏览器的效果如图8.19所示，可以看到子Div距离父Div左边为40px(margin 30px+padding 10px)。

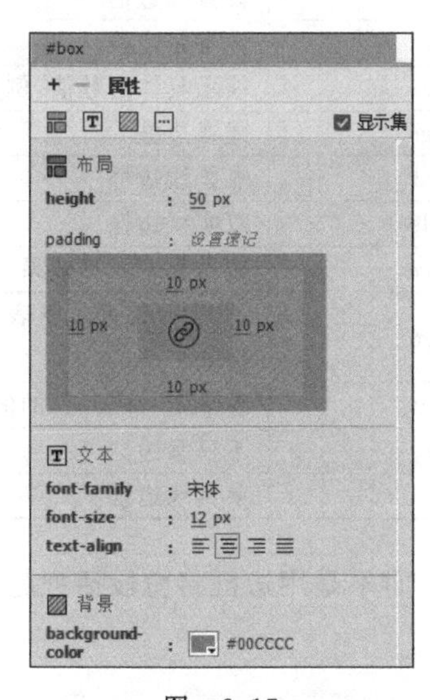

图 8.17

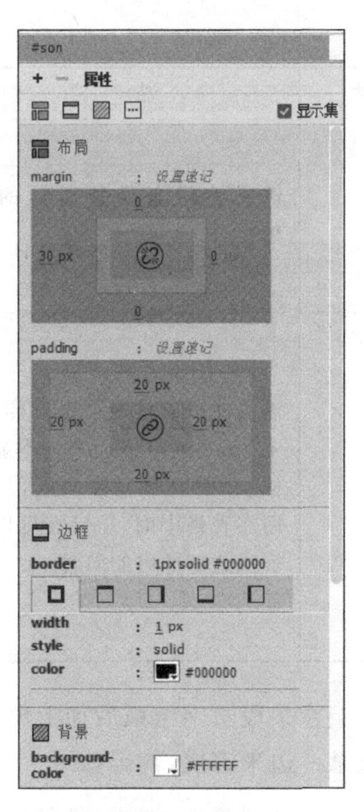

图 8.18

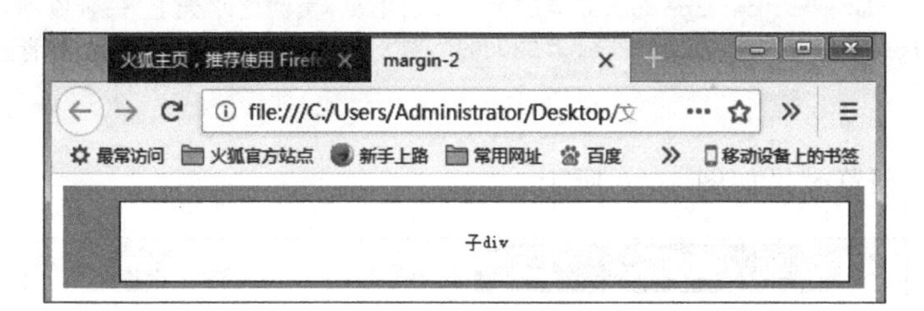

图 8.19

8.4.4 边框

边框(border)一般用于分离元素,边框的外围即为元素的最外围,因此计算元素实际的宽和高时,应将边框纳入。

边框的属性主要有 3 个,分别为 color(颜色)、width(粗细)和 style(样式)。在设置边框时,常常需要将这 3 个属性进行配合,才能取得良好的效果,如表 8.1 所示。

表 8.1 边框的属性

属 性	说 明	值	说 明
color	该属性用来指定边框的颜色,它的设置方法与文字的 color 属性完全一样,一共可以有 256 种颜色。通常情况下,设置为十六进制的值,例如,白色为#FFFFFE	无	

续表

属　性	说　明	值	说　明
width	该属性用来设置边框的粗细程度	medium	该属性为默认值,一般的浏览器都将其解析为 2px 宽
		thin	设置细边框
		thick	设置粗边框
		length	表示具体的数值,例如 10px 等
style	该属性用来设置边框的样式,其中 none 和 hidden 都是不显示边框,二者效果完全相同,只是运用在表格中时,hidden 可以用来解决边框冲突的问题	dashed	虚线边框
		dotted	点画线边框
		double	双实线边框
		groove	边框具有雕刻效果
		hidden	不显示边框,在表格中边框折叠
		inherit	继承上一级元素的值
		none	不显示边框
		solid	单实线边框

如果希望在某段文字结束后加上虚线用于分隔,而不是用边框将整段话框起来,可以通过单独设置某一边来完成,代码如下:

```
<body>
<p style="border-bottom: 3px dotted #330099">君不见,黄河之水天上来,奔流到海不复回.</p>
<p style="border-bottom: 3px dotted #330099">君不见,高堂明镜悲白发,朝如青丝暮成雪.</p>
</body>
```

在浏览器中预览效果如图 8.20 所示。

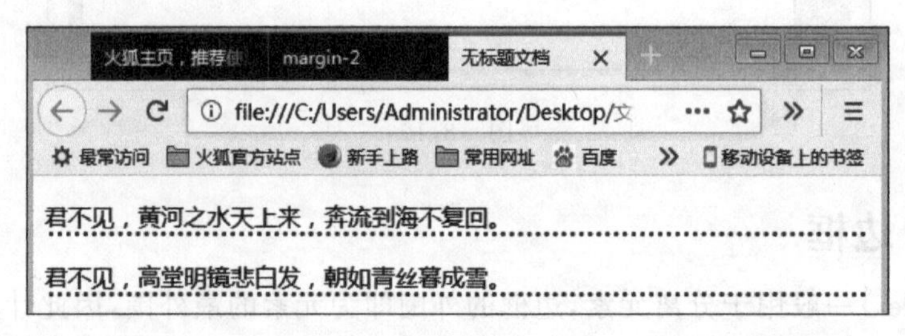

图　8.20

8.4.5　填充

填充(padding)用于控制内容(content)与边框(border)之间的距离。例如,加入 padding-bottom 属性,代码如下:

```
<!doctype html>
<html>
<head>
```

```
<meta charset="utf-8">
<title>无标题文档</title>
</head>
<body style="text-align: center">
<div style="width:600px;height:400px;border:20px solid #000000;padding-bottom: 40px;">
    <img src="1.jpg" width="600px" height="400px"></div>
</body>
</html>
```

运行以上代码的预览效果如图 8.21 所示，可以看到下边框与正文内容相隔了 40px。

图 8.21

8.5 Div+CSS 布局定位

视频讲解

下面介绍 Div+CSS 布局定位，包括相对定位、绝对定位和浮动定位。

8.5.1 相对定位

相对定位(relative)在 CSS 中的写法是"position: relative;"，其表达的意思是以父级对象(它所在的容器)的坐标原点为坐标原点。无父级则以 body 的坐标原点为坐标原点，配合 top、right、bottom、let(上、右、下、左)值来定位元素。当父级内有 padding 等 CSS 属性时，当前级的坐标原点则参照父级内容区的坐标原点进行定位。

如果对一个元素进行相对定位，那么在它所在的位置上，通过设置 top、right、bottom、left，让这个元素相对于起点进行移动。如果将 top 设置为 40px，那么元素将出现在原位置顶部下面 40px 的位置。如果将 left 设置为 40px，那么会在元素左边创建 40px 的空间，也就是将元素向右移动，例如以下代码：

```
#main{
  height: 150px;
```

```
    width: 150px;
    background - color: #B3B3B3;
    float: left;
    position: relative;
    left: 40px;
    top: 40px;
}
```

以上代码的预览效果如图 8.22 所示。

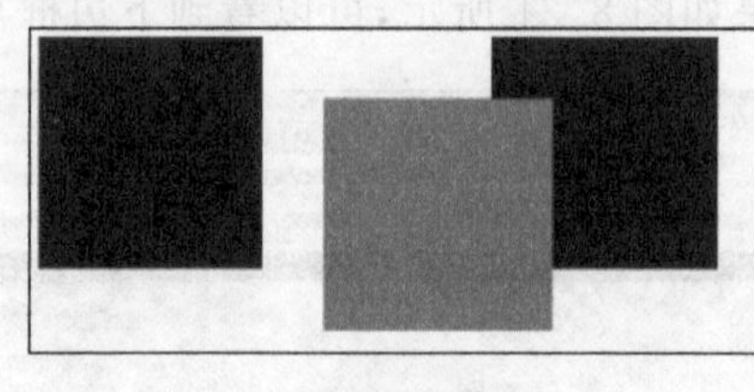

图 8.22

在使用相对定位时,无论是否进行移动,元素仍然占据原来的空间,因此移动元素会导致它覆盖其他元素。

8.5.2 绝对定位

绝对定位(absolute)在 CSS 中的写法是"position: absolute;",其表达的意思是参照浏览器的左上角且配合 top、right、bottom、left(上、右、下、左)值来定位元素。

绝对定位可以使对象的位置与页面中的其他元素无关,使用了绝对定位之后,对象就浮在网页的上面。例如,输入以下代码:

```
#main{
    height: 150px;
    width: 150px;
    background - color: #B3B3B3;
    float: left;
    position: absolute;
    left: 40px;
    top: 40px;
}
```

以上代码的预览效果如图 8.23 所示。

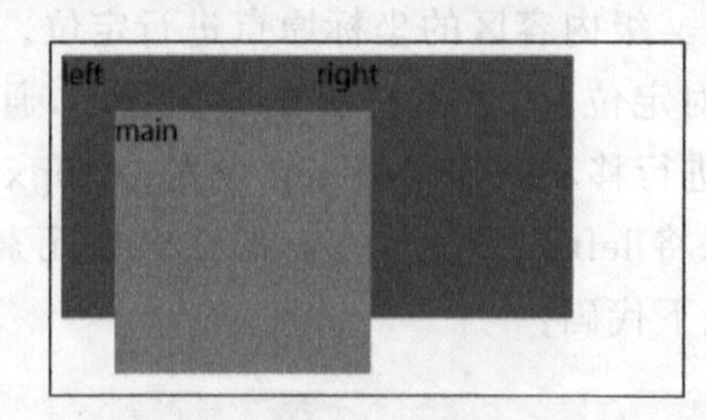

图 8.23

8.5.3 浮动定位

浮动定位(float)在 CSS 中用 float 属性来表示，当 float 值为 none 时，表示对象不浮动；为 left 时，表示对象向左浮动；为 right 时，表示对象向右浮动。float 可选参数如表 8.2 所示。

表 8.2 float 可选参数

属 性	说 明	值	说 明
float	用于设置对象是否浮动显示，以及设置具体浮动的方式	inherit	继承父级元素的浮动属性
		left	元素会移至父元素中的左侧
		none	默认值
		right	元素会移至父元素的右侧

下面介绍浮动的几种形式。

普通界面布局顺序显示的 CSS 样式如下：

```
#box{
 width: 650px;
 font-size: 20px;
}
#left{
 height: 150px;
 width: 150px;
 margin: 10px;
 background-color: #747474;
 color: #FFFFFF;
}
#main{
 height: 150px;
 width: 150px;
 margin: 10px;
 background-color: #B3B3B3;
 color:#000;
 }
#right{
 height: 150px;
 width: 150px;
 margin: 10px;
 background-color: #747474;
 color: #FFFFFF;
}
```

运行以上代码的预览效果如图 8.24 所示。

在图 8.25 中，如果把 left 块向右浮动，那么它脱离文档流并向右移动，直到它的边缘碰到 box 的右边框，其 CSS 代码如下，预览效果如图 8.24 和图 8.25 所示。

```
#left{
 height: 150px;
```

```
width: 150px;
margin: 10px;
background-color: #747474;
color: #FFFFFF;
float: right;
}
```

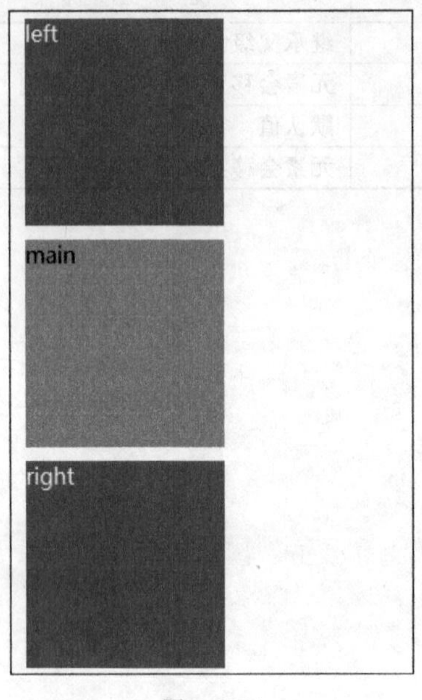

图 8.24

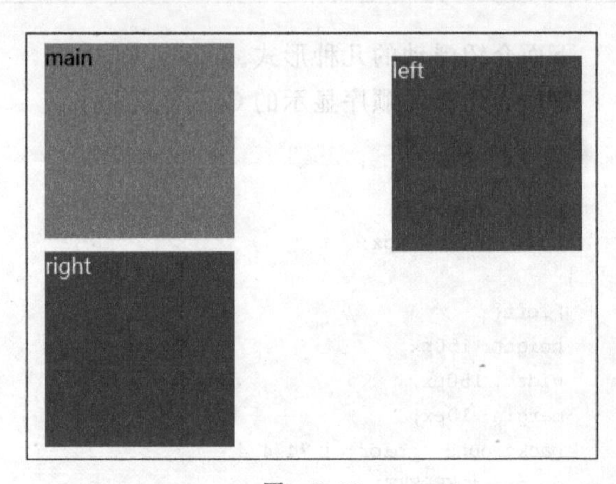

图 8.25

在图 8.26 中，当把 left 块向左浮动时，它脱离文档流并且向左移动，直到它的边缘碰到 box 的左边缘。因为它不再处于文档流中，所以不占据空间，但实际上覆盖住了 main 块，使 main 块从左视图中消失，其 CSS 代码如下，预览效果如图 8.26 所示。

```
#left{
height: 150px;
width: 150px;
margin: 10px;
background-color: #747474;
color: #FFFFFF;
float: left;
}
```

如果把 3 个块都向左浮动，那么 left 块向左浮动直到碰到 box 框的左边缘，另外两个块向左浮动，直到碰到前一个浮动框，其 CSS 代码如下：

```
#box{
width: 650px;
font-size: 20px;
}
```

```
#left{
 height: 150px;
 width: 150px;
 margin: 10px;
 background-color: #747474;
 color: #FFFFFF;
 float: left;
}
#main{
 height: 150px;
 width: 150px;
 margin: 10px;
 background-color: #B3B3B3;
 color:#000;
 float: left;
 }
#right{
 height: 150px;
 width: 150px;
 margin: 10px;
 background-color: #747474;
 color: #FFFFFF;
 float:left;
}
```

以上代码的预览效果如图 8.26 和图 8.27 所示。

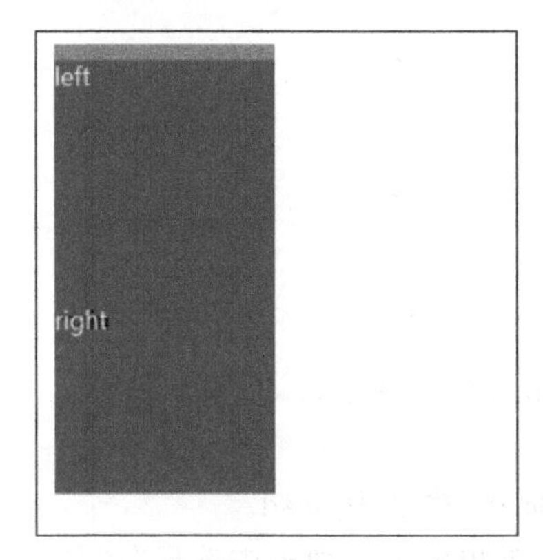

图 8.26

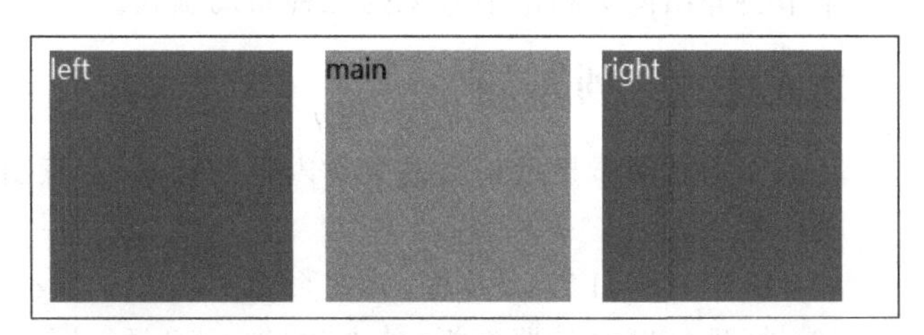

图 8.27

如果包含框太窄,无法容纳水平排列的 3 个浮动元素,那么其他浮动块向下移动,直到有足够空间的地方。对代码进行修改,修改部分的代码如下,预览效果如图 8.28 所示。

```
#box{
 width:400px;
 font-size: 20px;
 height: 340px;
}
```

如果复用块元素的高度不同,那么当它们向下移动时,可能会被其他浮动元素卡住。对代码进行修改,修改部分的代码如下,预览效果如图 8.29 所示。

```
#left{
 height: 200px;
 width: 150px;
 margin: 10px;
 background-color: #747474;
 color: #FFFFFF;
 float: left;
}
```

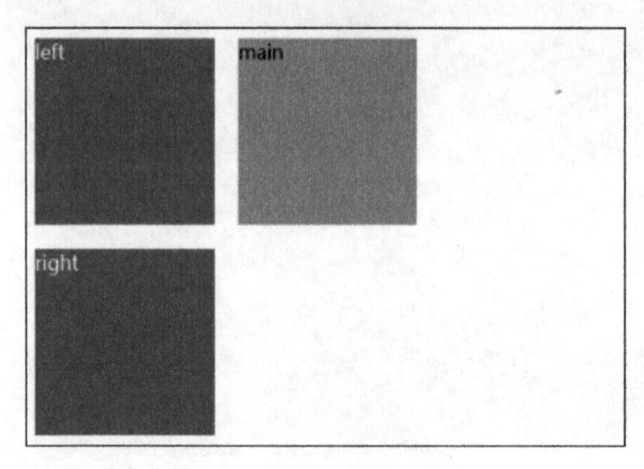

图 8.28

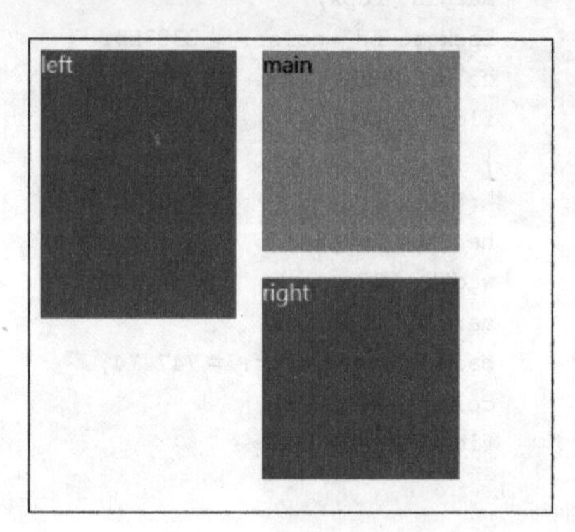

图 8.29

视频讲解

8.6 Div+CSS 页面布局版式

本节将介绍网页制作中常见的几种布局版式。

8.6.1 一列布局

一列布局常用于显示正文或文章内容的页面,示意图如图 8.30 所示。

制作步骤如下。

(1) 新建一个 HTML 页面,并在页面中插入一个 div 标签,命名为 head。

(2) 打开 CSS 设计器面板,单击"添加 CSS 源"按钮,在弹出的下拉列表中选择"在页面中定义"命令。然后单击"添加选择器"按钮,输入选择器名称#head。

(3) 切换到"属性"面板的"布局"类别,设置宽度为 800px,高度为 100px,下边距为 15px;为便于观察效果,切换到"背景"类别,设置背景颜色为#ADD17。

切换到"代码"视图,可以看到如下所示的代码:

```
#head {
 width: 800px;
 height: 100px;
 background-color: #9C9C9C;
```

```
    margin-bottom: 20px;
    margin-left: auto;
    margin-right: auto;
}
```

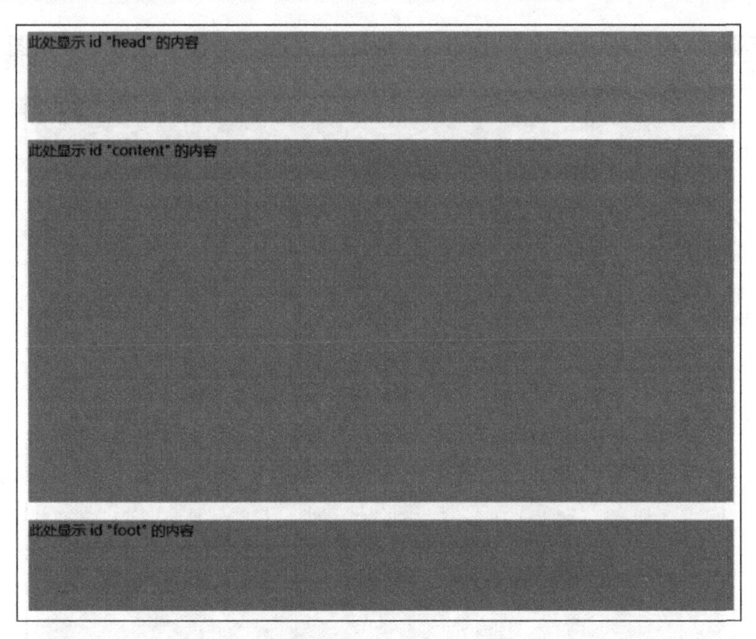

图 8.30

(4) 按照以上 3 步的方法，再插入两个 div，标签为 content 和 foot，并定义 CSS 规则 #content 和 #foot 分别用于设置 div 标签 content 和 foot 的外观。代码如下：

```
#content {
    width: 800px;
    height: 400px;
    background-color: #938D8D;
    margin-bottom: 20px;
    margin-left: auto;
    margin-right: auto;
}
#foot {
    width: 800px;
    height: 100px;
    background-color: #878787;
    margin-left: auto;
    margin-right: auto;
}
```

此时预览页面，可以看到如图 8.30 所示的效果。细心的读者可能会发现，div 标签与页面的左、上显示有边距，即使指定 div 标签的左、上边距为 0，仍显示有空白。事实上，这是 body 标签的默认边距。

(5) 打开 CSS 设计器,添加选择器 body,设置边距为 0,代码如下:

```
body {
 margin: 0px;
}
```

此时预览页面,可以看到 div 标签 head 与页面顶端之间没有空白了,如图 8.31 所示。

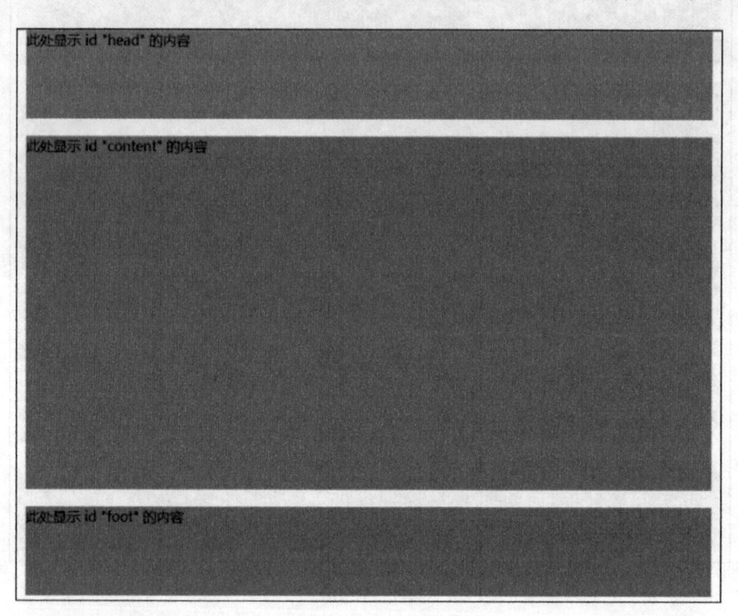

图 8.31

8.6.2 浮动布局

浮动布局设计也是主流布局设计中不可缺少的布局之一,基于浮动的布局利用了 float (浮动)属性来并排定位元素。

1. 两列固定宽度布局

两列宽度布局非常简单,其代码如下:

```
<div id = "left">左列</div>
<div id = "right">右列</div>
```

为 id 名为 left 和 right 的 Div 指定 CSS 样式,让两个 Div 在水平行中并列显示,从而形成两列式布局,CSS 代码如下:

```
# left {
 width: 400px;
 height: 300px;
 background - color: # C9C2C2;
 border: 2px solid # 0066FF;
 float: left;
```

```
}
#right {
 width: 400px;
 height: 300px;
 background-color: #C9C2C2;
 border: 2px solid #0066FF;
 float: left;
}
```

为了实现两列式布局，使用了 float 属性，这样两列固定宽度的布局就能够完整地显示出来，预览效果如图 8.32 所示。

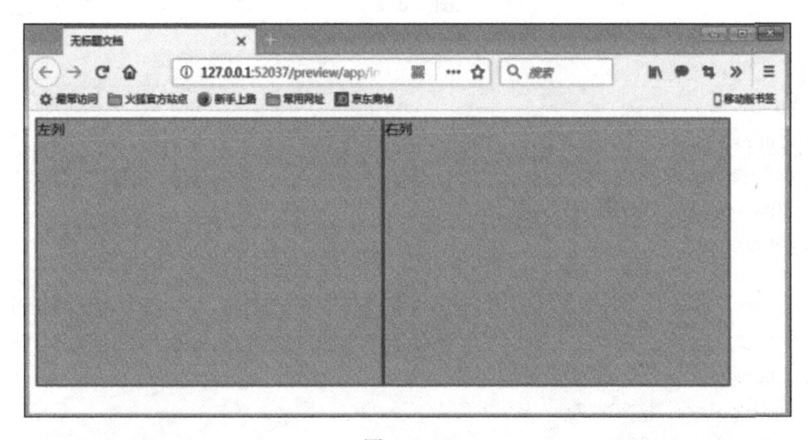

图 8.32

2. 两列固定宽度居中布局

两列固定宽度居中布局可以使用 Div 的嵌套方式来完成，用一个居中的 Div 作为容器，将两列分栏的 Div 放置在容器中，从而实现两列的居中显示，代码如下：

```
<div id="box">
<div id="left">左列</div>
<div id="right">右列</div>
</div>
```

为分栏的两个 Div 加上一个 id 名为 box 的 Div 容器，CSS 代码如下：

```
#box {
 width: 808px;
 margin: 0px auto;
}
```

有了居中对齐属性，#box 中的内容当然也能做到居中，这样就实现了两列的居中显示，预览效果如图 8.33 所示。

3. 两列宽度自适应布局

自适应布局主要通过宽度的百分比值进行设置，因此，在两列宽度自适应布局中，同样是对百分比宽度值进行设定，其 CSS 代码如下：

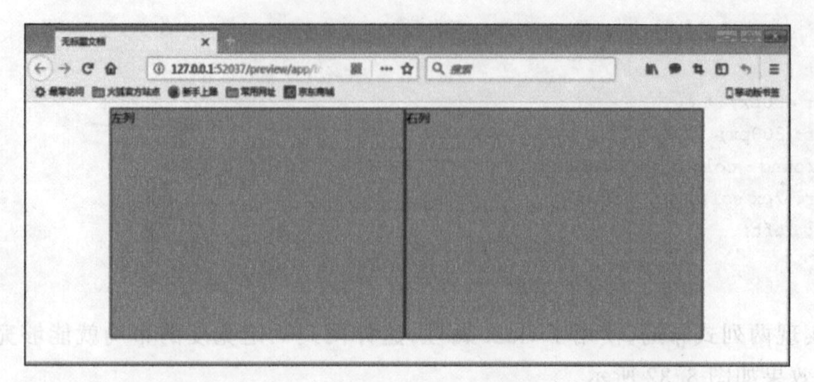

图 8.33

```
#left {
 width: 20%;
 height: 300px;
 background-color: #C9C2C2;
 border: 2px solid #0066FF;
 float: left;
}
#right {
 width:70%;
 height: 300px;
 background-color: #C9C2C2;
 border: 2px solid #0066FF;
 float: left;
}
```

左列宽度设置为20%,右列宽度设置为70%,预览效果如图8.34所示。

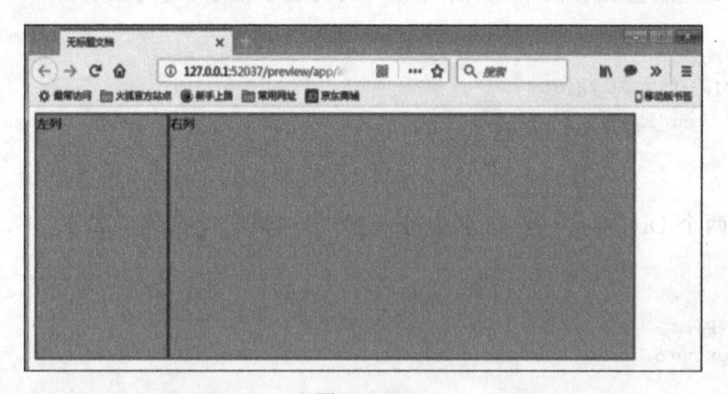

图 8.34

4. 两列右列宽度自适应布局

在实际应用中,有时候需要左列固定宽度,右列根据浏览器窗口的大小自动适应。在CSS中只需要设置左列宽度,右列不设置任何宽度值,并且右列不浮动即可,其CSS代码如下:

```
#left {
 width: 200px;
 height: 300px;
 background-color: #C9C2C2;
 border: 2px solid #0066FF;
 float: left;
}
#right {
 height: 300px;
 background-color: #C9C2C2;
 border: 2px solid #0066FF;
}
```

左列将呈现200px的宽度，而右列将根据浏览器窗口大小自动适应，预览效果如图8.35所示。

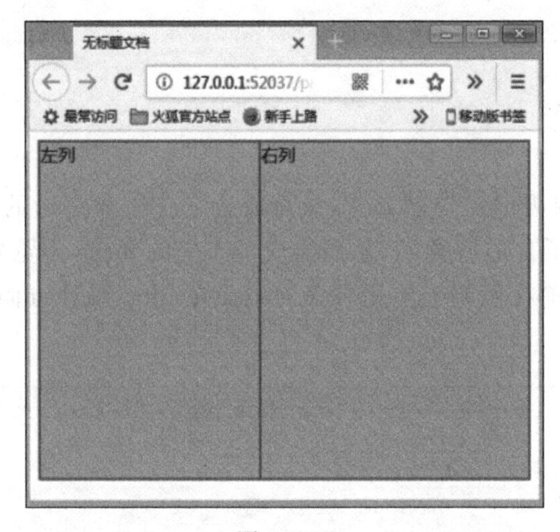

图 8.35

5. 三列浮动中间列宽度自适应布局

三列浮动中间列宽度自适应布局是左列固定宽度居左显示，右列固定宽度居右显示，而中间需要在左列和右列的中间显示，根据左、右列的间距变化自动适应。单纯使用float属性与百分比不能实现这种效果，这就需要利用绝对定位来实现了。绝对定位后的对象不需要考虑它在页面中的浮动关系，只需要设置对象的top、right、bottom及left 4个方向即可，其代码如下：

```
<div id="left">左列</div>
<div id="main">中列</div>
<div id="right">右列</div>
```

首先使用绝对定位将左列与右列进行位置控制，其CSS代码如下：

```
#left {
 width: 200px;
```

```
 height: 300px;
 background-color: #C9C2C2;
 border: 2px solid #0066FF;
 position: absolute;
}
#main{
 height: 300px;
 background-color: #C9C2C2;
 border: 2px solid #0066FF;
 margin: 0px 204px 0px 204px;
}
#right {
 width: 200px;
 height: 300px;
 background-color: #C9C2C2;
 border: 2px solid #0066FF;
 position: absolute;
 top:8px;
 right: 8px;
}
```

对于#main,不需要再设定浮动方式,只需要让它左边和右边的边距永远保持#left和#right的宽度,便实现了自适应宽度,从而实现了布局的要求,预览效果如图8.36所示。

三列自适应布局目前在网络上应用较多的主要在blog设计方面,大型网站已经较少使用三列自适应布局。

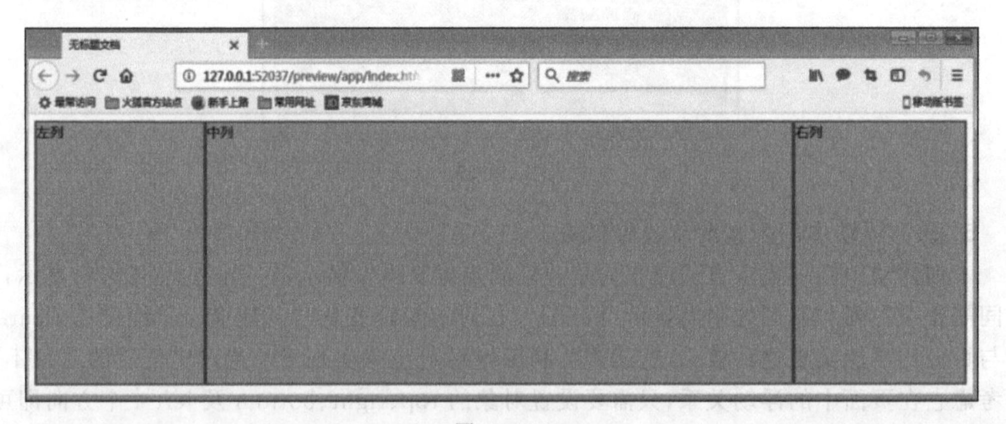

图 8.36

8.7 模板和库

视频讲解

在Dreamweaver中,模板是一种以.dwt为扩展名的特殊文档,用于设计固定的页面布局。模板由两种区域组成:锁定区域和可编辑区域。锁定区域包含了在所有页面中共有的元素,即构成页面的基本框架,比如导航条、标题等。而可编辑区域是根据用户需要而指定的用于设置页面不同内容的区域,通过修改可编辑区的内容,可以得到与模板风格一致,但又有所不同的新网页。

库是一种特殊的 Dreamweaver 文件，其中包含可放置到网页中的一组单个资源或资源副本。库中的这些资源称为库项目。可在库中存储的项目包括图像、表格、声音和使用 Adobe Flash 创建的文件。每当编辑某个库项目时，可以自动更新所有使用该项目的页面。例如，每个页面都有一个版权声明，在网址的建设过程中，设计者可能需要经常改变该声明。如果一个一个页面地修改，就会比较烦琐。如果使用库，那么只要修改库中的项目，就可以保证站点中使用该库项目的页面全部自动更新。

简言之，模板是一种页面布局，重复使用的是网页的一部分结构，而库是一种用于放置在网页上的资源，重复使用的是网页对象。但两者有一个共同的特性，就是库项目和模板与应用它们的文档都保持关联，在更改库项目或模板的内容时，可以同时更新所有与之关联的页面。因此使用库和模板可以更方便地维护网站；合理地利用模板和库的功能可以极大地提高网站管理的工作效率。

8.7.1 创建和使用模板

打开 Dreamweaver CC 2018，选择“窗口”→“资源”命令，打开“资源”面板。单击“资源”面板左侧的“模板”按钮 ，即可切换到“模板”面板，如图 8.37 所示。模板面板的上部分显示当前选择模板的缩略图，下部分则是当前站点中所有模板的列表，这里没有选择模板，所以为空。

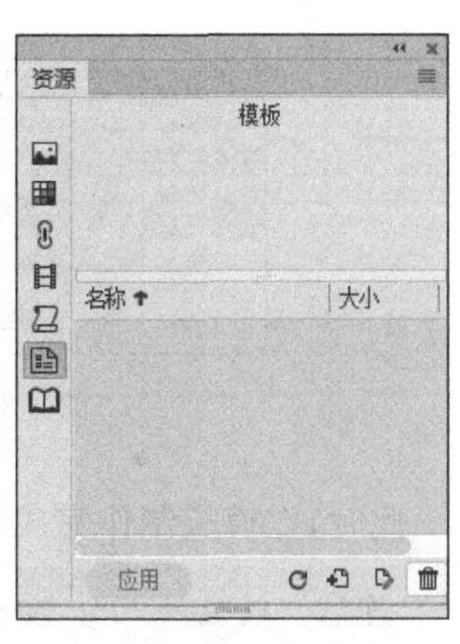

图 8.37

8.7.2 创建空模板

创建空模板的方式有两种：一是在“新建文档”对话框中创建；二是在“模板”面板中创建。具体说明如下。

1. 在“新建文档”对话框中创建空模板

(1) 在 Dreamweaver CC 2018 中，新建一个站点“文档讲解范例”，选择“文件”→“新建”命令，选择“新建文档”，在“文档类型”列表框中选择“HTML 模板”，然后单击“创建”按钮。

(2) 选择“文件”→“保存”，或按 Ctrl+S 快捷键保存空模板文件，此时会弹出一个对话框，如图 8.38 所示，提醒用户改模板内没有可编辑的区域。

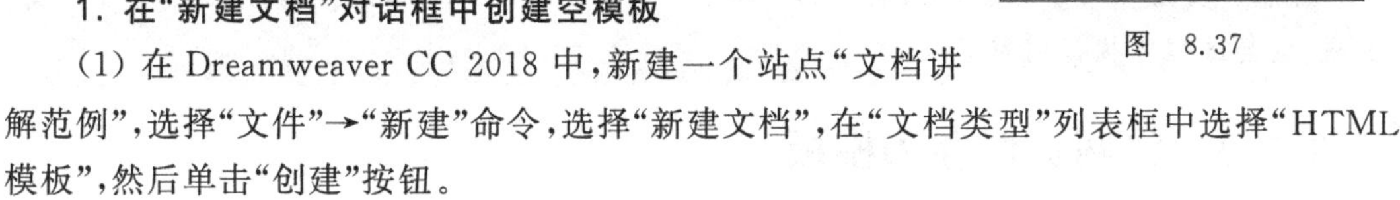
注意：如果选中“不再警告我。”复选框，那么下次保存没有可编辑区域的模板文件时将不再弹出此对话框。

(3) 单击“确定”按钮保存文件，此时会弹出一个对话框，另存为模板，修改“站点”和“另存为”的值，设置如图 8.38 和图 8.39 所示，单击“保存”按钮。

(4) 打开站点文件夹，会发现该目录中已经添加一个名为 Templates 的文件夹，空模板 01 文件存储在该文件夹中，如图 8.40 所示。

2. 在“模板”面板中创建空模板

(1) 在 Dreamweaver CC 2018 中，选择“窗口”→“资源”调出资源面板，单击模板按钮，切换到“模板”面板。

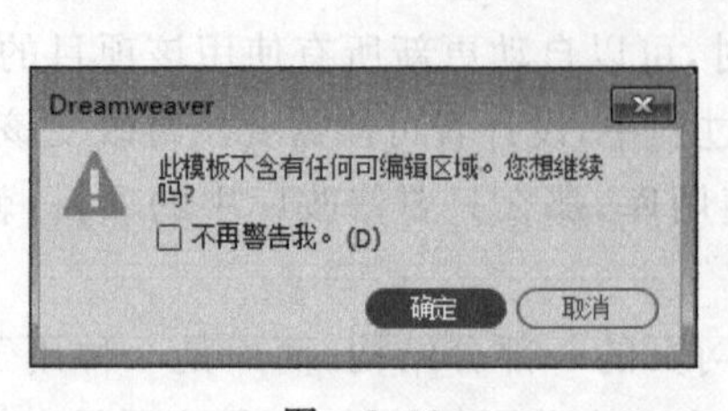

图 8.38

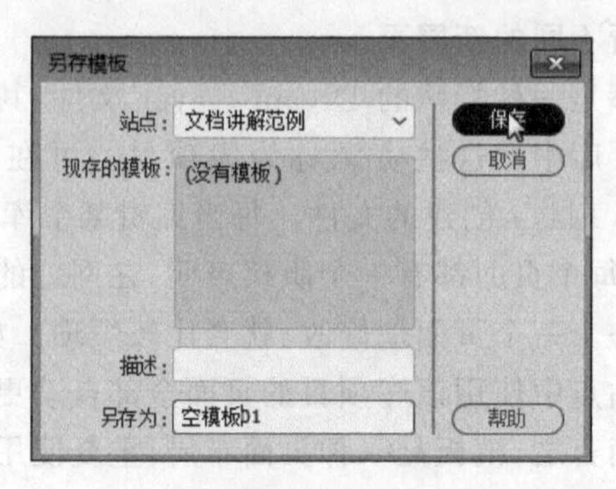

图 8.39

(2) 单击“模板”面板底部的“新建模板”图标,“模板”列表中会出现一个新模板,且名称处于可编辑状态。输入模板名称“空模板 02”之后,按回车键或单击面板的其他空白区域,如图 8.40 和图 8.41 所示。

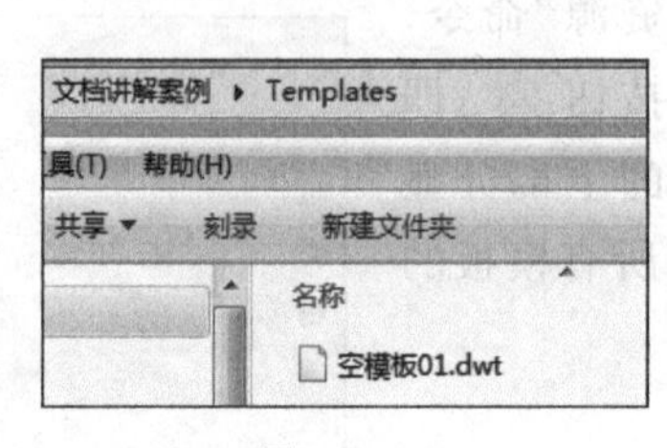

图 8.40

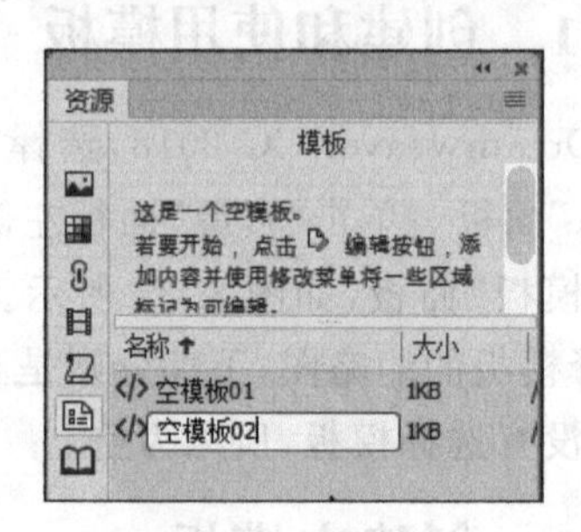

图 8.41

此时,空模板制作完成。

注意:模板的制作与普通网页类似,不同之处在于模板制作完成后,还应定义可编辑区域、重复区域等模板对象。

8.7.3 将网页保存为模板

用户也可以将已编辑好的文档存储为模板,这样生成的模板中会带有现在文件中已编辑好的内容,而且可以在此基础上对模板进行修改。

(1) 选择“文件”→“打开”命令,在“选择文件”对话框中任意选择一个 html 文档打开。

(2) 选择“文件”→“另存为模板”命令,弹出“另存模板”对话框。在“站点”下拉列表框中选择将保存该模板的站点名称,“现存的模板”列表框中列出了当前选择该模板的站点名称。在“描述”文本框中输入该模板文件的说明信息,这里默认不写即可。在“另存为”文本框中输入模板名称,如“将网页保存为模板”。单击“保存”按钮,设置如图 8.42 所示。

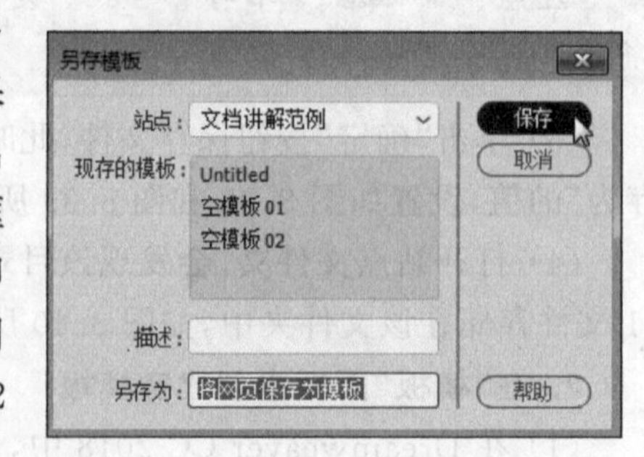

图 8.42

注意：不要将模板移动到 Templates 文件夹之外或者将任何非模板文件放在 Templates 文件夹中。此外，不要将 Templates 文件夹移动到本地根目录之外。这样做将会导致模板中的路径引用错误。

(3) 此时会弹出一个对话框，询问是否更新链接。单击“是”更新模板中的链接，可将该模板保存至站点根目录下的 Templates 文件夹中。此时，文档的标题栏显示为“<<模板>>将网页保存为模板.dwt”，表示该文档为一个模板文件。

8.7.4 创建和使用库项目

库项目，实际上就是文档内容的任意组合，如文本、表单、表格、图像和导航条等。库项目是一种扩展名为.lbi 的特殊文件，所有的库项目都被保存在本地站点根目录下一个名为 Library 的文件夹中，每个站点都有自己的库。使用库项目时，Dreamweaver 不是在网页中插入库项目，而是插入一个指向库项目的链接。即 Dreamweaver 将向文档中插入该项目的 HTML 源代码副本，并添加一个包含对原始外部项目的引用的 HTML 注释。其中 #BeginLibraryItem 和 #EndLibraryItem 是库项目引用的开始和结束标识符。

利用库可以实现对文档的维护。可以将某些文档中的共有内容定义为库项目，然后放置在文档中。用户可以随时修改库项目，编辑完成后，可以选择立即更新或稍后更新站点中使用库项目的页面。

注意：Dreamweaver 需要在网页中建立来自每一个库项目的相对链接，库项目应该始终放置在 Library 文件夹中，并且不应向该文件夹中添加任何非.lbi 的文件。

打开 Dreamweaver CC 2018，选择“窗口”→“资源”，调出资源面板。单击资源面板左侧的库图标按钮，切换至库面板。

8.7.5 创建库项目

在 Dreamweaver 中，可以将单一文档内容定义为库，也可以将多个页面元素的组合定义成库。在不同的文档中放入相同的库项目时，可以得到完全一致的效果。

下面介绍创建库项目的具体操作。

(1) 新建一个 HTML 文档，在“设计”视图中插入一个 2 行 5 列的表格，设置宽度为 1096px，整个表格居中对齐。

(2) 选择第一行，单击“属性”面板中的“合并单元格”按钮，在合并后的单元格中插入一张图片。在第二行的第一个单元格中插入一张 logo 图片，设置宽度为 300px，高度为 77px。选择后面 4 个单元格，统一设置宽度为 77px，水平居中对齐，垂直居中。在后面 4 个单元格中输入相应的文字，并为其添加链接。

(3) 在“页面属性”面板中将“链接(CSS)”的“下画线样式”设置为“始终无下画线”，同时在“外观(HTML)”中自行设置属性。页面效果如图 8.43 所示。

(4) 选择整个表格将其保存为库项目，将选择的内容拖入到“库”面板的库项目列表中

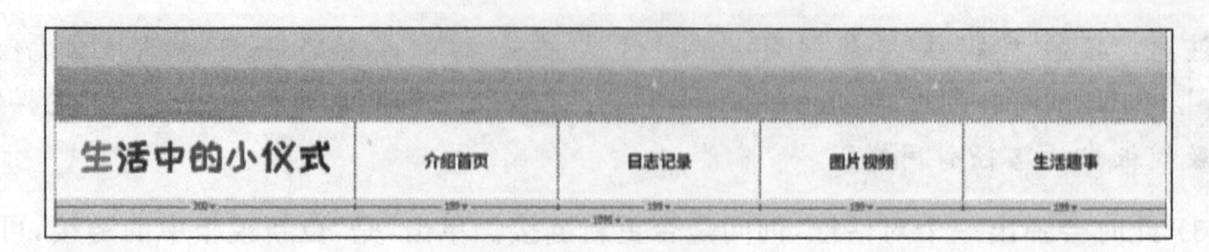

图 8.43

或者选择“工具”→“库”→“添加对象到库”命令或者单击“库”面板底部的“新建库项目”按钮 。此时会弹出如图 8.44 所示的对话框，提示：“所选被放入其他文档时，效果可能不同，因为样式表信息没有被同时复制”。

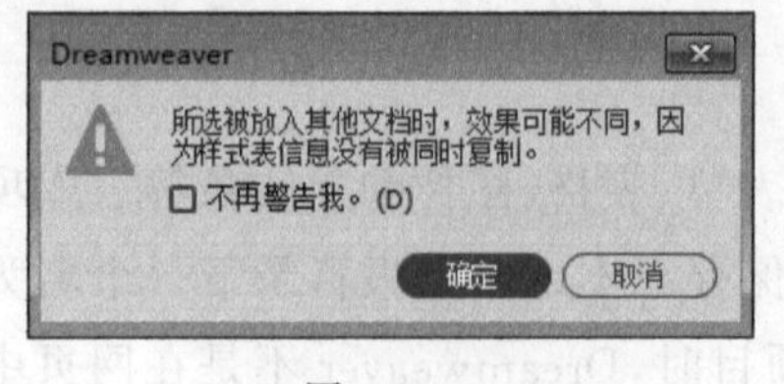

图 8.44

(5) 将新建的库项目重新命名为“导航”，然后按回车键。此时该库项目对象在库列表中，如图 8.45 所示。

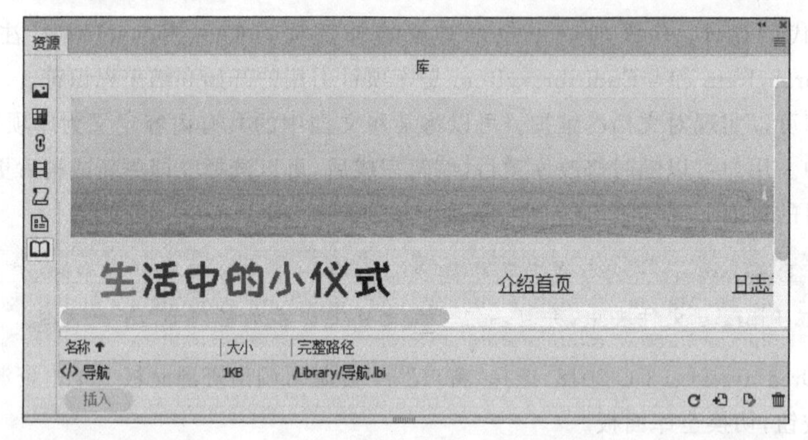

图 8.45

(6) 切换到文档的“代码”视图，复制需要的样式代码，然后在文档窗口中打开创建的库项目文件，将复制的样式代码粘贴到库项目文件的“代码”视图。

8.7.6 使用和编辑库项目

创建完成库项目之后，需要在页面中添加库项目，把库项目的实际内容以及对该库项目的引用一起插入到文档中。

下面介绍使用库项目的具体操作。

(1) 新建一个 HTML 文档，在该页面中插入库项目，这样比较方便多次使用。将插入点定位在“设计”视图中要插入库项目的位置。

(2) 打开“库”面板，从库项目列表中选择要插入的库项目。

(3) 单击“库”面板左下角的插入按钮或者直接将库项目从“库”面板中拖到文档窗口。此时文档中会出现库项目所表示的文档内容，同时以黄色高亮显示，表明它是一个库项目，如图 8.46 所示。

(4) 在“文档”窗口，库项目时作为一个整体出现，用户无法对库项目的局部内容进行编

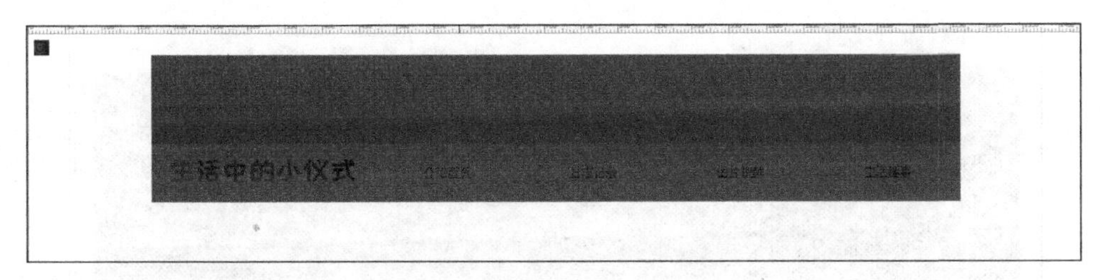

图 8.46

辑。如果希望只添加库项目内容而不希望它作为库项目出现,可以在按住 Ctrl 键的同时,单击"库"面板中的插入按钮。此时插入的内容以普通文档的形式出现,可以对其进行编辑,如图 8.47 所示。

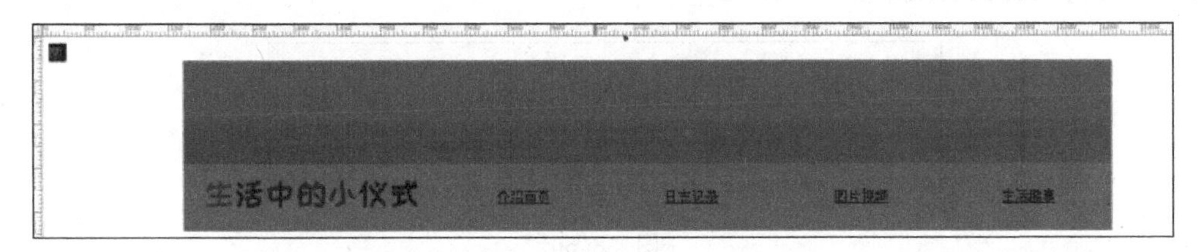

图 8.47

要编辑库项目,首先应打开库项目。以下是打开库项目的几种方式:

- 在"库"面板的库项目列表中选择要编辑的库项目,单击"库"项目面板底部的"编辑"按钮。
- 在"库"面板的库项目列表中双击要编辑的库项目。
- 打开一个插入了库项目的文档,选择库项目,然后在"属性"面板中单击"打开"按钮,如图 8.48 所示。

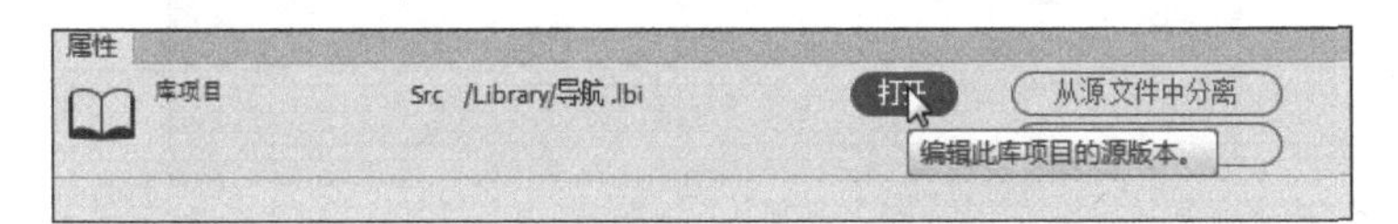

图 8.48

打开库项目后,可以像编辑普通网页一样编辑库项目。

注意:编辑库项目时,"页面属性"对话框不可用,因为库项目中不能包含 body 标记及其属性。

8.8 本章范例

8.8.1 导航栏和轮播区域的制作

(1) 该部分设计由 3 个 Div 组成,分别为 header、nav 和 wrap,如图 8.49 所示。

(2) 新建一个文件夹,命名为 08start。将"lesson08/范例/08complete"文件夹中的 images 文件夹复制到该文件夹内。

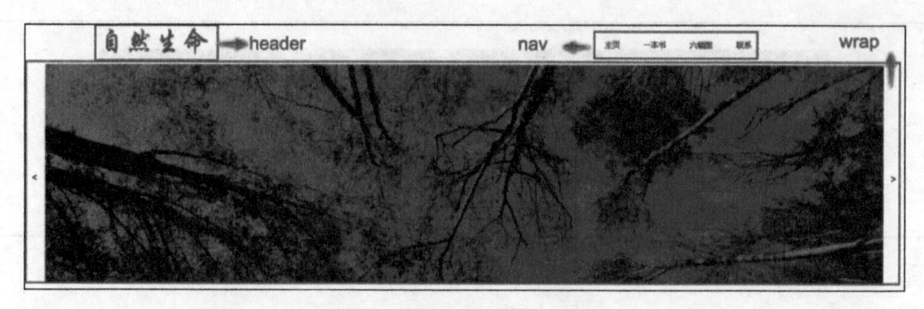

图 8.49

(3) 打开 Dreamweaver CC 2018,新建站点,站点名称为 08start,站点文件夹为刚才新建的 08start 文件夹,如图 8.50 所示。

您可以在此处为 Dreamweaver 站点选择本地文件夹和名称。
站点名称: 08start
本地站点文件夹: C:\Users\Administrator\Desktop\08start\

图 8.50

(4) 在 Dreamweaver CC 2018 中新建一个 HTML 文件,然后执行"文件"→"保存"命令,将文件保存为 start.html。

(5) 切换到"设计"视图,将光标置于页面中,执行"插入"→Div 命令,打开插入 Div 对话框,在 ID 文本框中输入 header-slider,如图 8.51 所示。

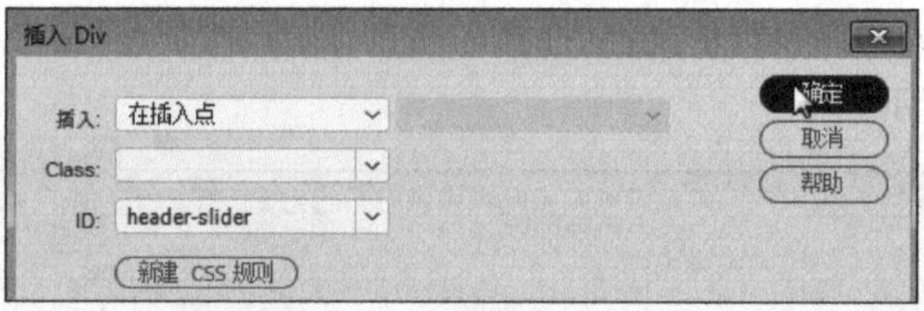

插入 Div
插入: 在插入点
Class:
ID: header-slider
新建 CSS 规则
确定
取消
帮助

图 8.51

(6) 设置完成后单击"确定"按钮,即可在页面中插入名称为 header-slider 的 Div,页面效果如图 8.52 所示。

图 8.52

(7) 添加规则代码。创建一个名为#header-slider 的 CSS,代码如下:

```
#header-slider {
 text-align: center;
 margin: 0px auto;
}
```

(8) 接下来，制作 logo 和导航栏。将光标移至名为 header-slider 的 Div 中，将多余的文本内容删除，执行“插入”→Div 命令，打开“插入 Div”对话框，在 ID 文本框中输入 header，单击“确定”按钮。用相同的方法在 header-slider 的 Div 中，再插入名为 nav 的 Div，如图 8.53 所示。

```
<body>
<div id="header-slider">
  <div id="header">此处显示  id "header" 的内容</div>
  <div id="nav">此处显示  id "nav" 的内容</div>
</div>
</body>
</html>
```

图 8.53

(9) 添加规则代码。创建名为 #header 和 #nav 的 CSS，代码如下：

```
#header {
 width: 30%;
 height: 70px;
 margin-top: 8px;
 margin-right: 8px;
 margin-bottom: 8px;
 margin-left: 8px;
 text-align: center;
 font-size: 60px;
 color: #747070;
 font-family: "华文行楷";
 float:left;
}
#nav {
 width: 35%;
 height: 70px;
 float: right;
 margin-top: 8px;
 margin-right: 8px;
 margin-left: 8px;
 margin-bottom: 8px;
 text-align: right;
}
```

(10) 将光标移至名为 header 的 Div 中，将多余的文本内容，输入“自然生命”。在 nav 的 Div 中建一个 4 行的列表，内容分别为“主页”“一本书”“六幅图”和“联系”，代码如图 8.54 所示，效果如图 8.55 所示。

```
<body>
<div id="header-slider">
  <div id="header">自然生命</div>
  <div id="nav">
    <li><a href="#">主页</a></li>
    <li><a href="#">一本书</a></li>
    <li><a href="#">六幅图</a></li>
    <li><a href="#">联系</a></li>
  </div>
</div>
</body>
</html>
```

图 8.54

(11) 将导航栏设置为横排，设置 CSS 代码如下，效果如图 8.56 所示。

图 8.55

```
#nav li {
 float: left;
 padding: 25px 25px;
 display: inline-block;
}
```

自然生命　　主页　一本书　六幅图　联系

图 8.56

(12) 添加 CSS 代码。创建名为#nav li a 和#nav li a:hover 的 CSS 规则来美化导航栏,代码如下:

```
#nav li a {
 text-decoration: none;
 color: #2A2A2A;
}
#nav li a:hover{
 color: #6C7279;
}
```

(13) 设置轮播,这里需要 JavaScript 代码来实现。将 complete 文件夹中的 css 和 js 文件复制到 start 文件夹中,其中"css/b.css"实现对象外观的修饰,"js/jquery.js"是使用 js 的通用库文件,"js/main.js"实现图片轮播功能。接着在代码窗口中的名为 nav 的 Div 之后插入以下代码:

```
<div class = "wrap">
    <ul class = "bigList">
        <li><img src = "images/slider/slid1.jpg" alt = "" ></li>
        <li><img src = "images/slider/slid2.jpg" alt = ""></li>
    </ul>
    <span class = "next">&gt;</span>
    <span class = "pre">&lt;</span>
</div>
```

同时,在 start.html 中链接 JavaScript 和 CSS 文件路径,如图 8.57 所示。

```
<script src = "js/jquery.js"></script>
<script src = "js/main.js" type = "text/javascript"></script>
<link rel = "stylesheet" href = "css/b.css">
```

```
<!doctype html>
<html>
<head>
<meta charset="utf-8">
<title>自然生命</title>
<script src="js/jquery.js"></script>
<script src="js/main.js" type="text/javascript"></script>
<link rel="stylesheet" href="css/b.css">
```

图 8.57

8.8.2 文字区域的制作

(1) 该部分由 4 个 Div 组成，分别为 content_1、content_2、content_3 和 content_4，如图 8.58 所示。

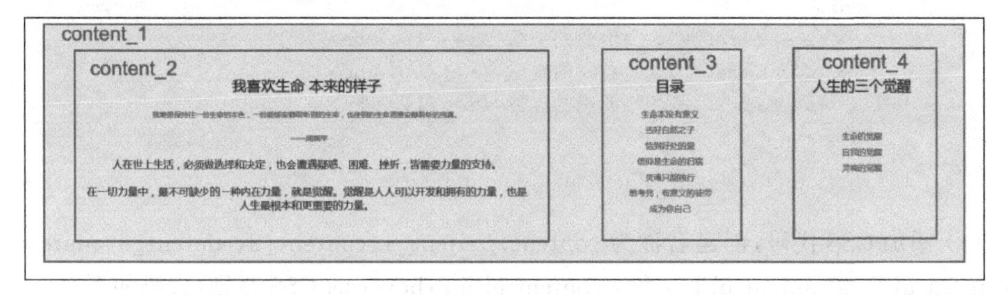

图 8.58

(2) 在 id 为 header-slider 的 Div 之后，执行“插入”→Div 命令，打开“插入 Div”对话框，在 ID 文本框中输入 content，按同样的方法插入名为 pictures 和 footer 的 Div，如图 8.59 所示。

```
<div id="content">此处显示  id "content" 的内容</div>
<div id="pictures">此处显示  id "pictures" 的内容</div>
<div id="footer">此处显示  id "footer" 的内容</div>
</body>
</html>
```

图 8.59

(3) 在代码窗口中为 content 添加内容，内容如下：

```
<div id="content_1">
    <div id="content_2">
    <h3>我喜欢生命 本来的样子</h3><br>
     <p>我唯愿保持住一份生命的本色，一份能够安静聆听别的生命，也使别的生命愿意安静聆听的纯真。<br><br>  ——周国平</p><br>
      人在世上生活，必须做选择和决定，也会遭遇疑惑、困难、挫折，皆需要力量的支持。<br><br>在一切力量中，最不可缺少的一种内在力量，就是觉醒。觉醒是人人可以开发和拥有的力量，也是人生最根本和更重要的力量。<br>
    </div>
  </div>
<div id="content_3">
```

```
    <h3>目录</h3><br>
        <ul>
          <li><a href="#">生命本没有意义</a></li><br>
          <li><a href="#">当好自然之子</a></li><br>
          <li><a href="#">恰到好处的爱</a></li><br>
          <li><a href="#">信仰是生命的归宿</a></li><br>
          <li><a href="#">灵魂只能独行</a></li><br>
          <li><a href="#">思考死,有意义的徒劳</a></li><br>
          <li><a href="#">成为你自己</a></li><br>
        </ul>
</div>
<div id="content_4">
    <h3>人生的三个觉醒</h3><br><br><br>
        <ul>
          <li><a href="#">生命的觉醒</a></li><br>
          <li><a href="#">自我的觉醒</a></li><br>
          <li><a href="#">灵魂的觉醒</a></li><br>
        </ul>
</div>
```

(4) 添加CSS代码,创建名称为content、content_1、content_2、content_3、content_4、#content ul li、#content ul li a和#content ul li a:hover的CSS规则,代码如下:

```
#content {
 width: 1800px;
 height: 450px;
 background-color: #f2f2f2;
 margin:0 auto;
}
#content #content_1 {
 width: 1800px;
 font-size: 20px;
 height: auto;
}
#content #content_2 {
 width: 48%;
 height: 300px;
 padding: 65px 50px;
 margin: 30px;
 float: left;
 text-align: center;
 color: #323232;
}
#content #content_3 {
 width: 13%;
 height: 300px;
 margin: 30px;
 padding:65px 50px;
 float: left;
```

```
text - align: center;
}
#content #content_4 {
 width: 11%;
 height: 300px;
 padding: 65px 50px;
 margin: 30px;
 float: left;
 text - align: center;
}
#content ul li {
 color: #6C7279;
 line - height: 30px;
 display: inline - block;
}
#content ul li a{
 color: #6C7279;
 line - height: 30px;
 text - decoration: none;
}
#content ul li a:hover{
 color: #000000;
}
```

8.8.3 图片区域的制作

(1) 该部分设计由 7 个 Div 组成,分别为 pictures、pictures-1、pictures-2、pictures-3、pictures-4、pictures-5 和 pictures-6,如图 8.60 所示。

(2) 接下来为 pictures 增添内容,代码如图 8.61 所示。

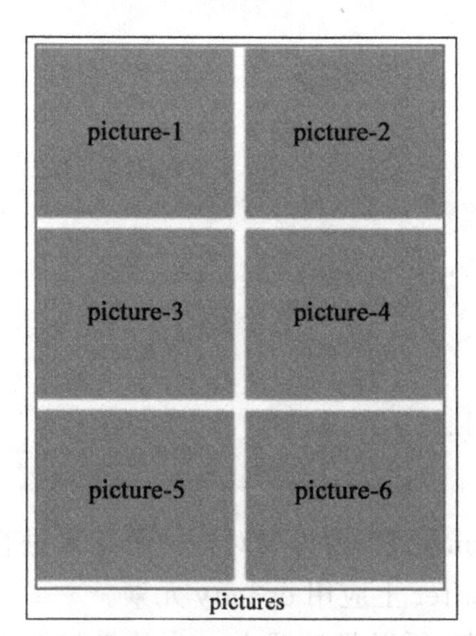

图 8.60

```
<div id="pictures">
  <div id="picture-1" class="pokemon"></div>
  <div id="picture-2" class="pokemon"> </div>
  <div id="picture-3" class="pokemon"> </div>
  <div id="picture-4" class="pokemon"> </div>
  <div id="picture-5" class="pokemon"> </div>
  <div id="picture-6" class="pokemon"> </div>
</div>
```

图 8.61

(3) 这部分是由 6 幅图构成,图片和文字的效果在以下的 CSS 代码中显示(以其中一部分为例)。

```
.pokemon {
  width: 920px;height: 612px;        //设置宽高
  display: flex;                     //设置弹性盒
justify-content: center;             //在弹性盒对象的<div>元素中的各项周围留有空白
  align-items: center;               //居中对齐弹性盒的各项<div>元素
  box-shadow: 0 0 0 320px inset, 0 0 5px grey;  //添加阴影并设置属性
  transition: box-shadow 1s;
  float: left;
  margin: 10px;
}
//鼠标悬停实现变化效果的过渡
.pokemon:after {
  width: 80%;
  height: 80%;
  display: block;
  white-space: pre;
  font: 36pt 'sigmar one';
  color: white;
  border: 2px solid;
  text-align: center;
  display: flex;
  justify-content: center;
  align-items: center;
  transition: opacity 1s .5s;        //设置图像变换过渡效果是从完全不透明(1)到半透明(.5)
}
.pokemon:hover {
  box-shadow: 0 0 0 5px inset, 0 0 5px grey, 0 0 10px grey inset;
  transition: box-shadow 1s;
}
//鼠标悬停实现变化效果的过渡显示
.pokemon:hover:after {
  opacity: 0;
  transition: opacity .5s;
}
#picture-1 {
 background-image: url(images/portfolio/work-1.jpg);
 color: rgba(0,0,0,0.3);
}
#picture-1:after {
  content: '生命本没有意义';
}
```

这里为.pokemon 和.pokemon:after 添加了 transition 元素,因为要对这两个元素进行动画处理,.pokemon 上应用 transition 元素,.pokemon:after 上应用 opacity 元素。

(4) 由于接下来的 picture 和 picture-1 共用同一个类,所以只按照上一步的最后两个 CSS 样式为下面的 5 个小部分添加样式即可,代码参照范例文件。

8.8.4 版权区域的制作

(1) 该部分设计由 2 个 Div 组成,分别为 footer 和 footer-foot,如图 8.62 所示。

图 8.62

(2) 最后为 footer 增添内容并设置 CSS 样式,代码如下:

```
<div id = "footer">
  <div id = "footer - foot">
      <p> Copyright &copy; lesson08/范例/complete 版权所有  </p>
  </div>
</div>
```

CSS 样式:

```
#footer {
 width: 1920px;
 height: 100px;
 background - color: #f2f2f2;
 float: left;
 margin:50px 0px 0px 50px;
}
#footer #footer - foot {
 height: 100px;
 padding: 40px;
 text - align: center;
}
```

(3) 注意其中的 CSS 规则可以根据自己的需要和喜欢进行个性化调整。网页最终效果如图 8.1 所示。

作业

一、模拟练习

打开"lesson08/模拟/08complete/世界大学.html"文件进行预览,根据本章所述知识做一个类似的作品。作品资料已完整提供,获取方式见前言。

二、自主创意

自主设计制作一个网页,应用本章所学习知识,熟练使用 Div+CSS 进行页面布局。

三、理论题

1. Div+CSS 布局较 table 布局有什么优点?
2. 简要介绍一下盒模型。
3. 简要介绍一下相对定位和绝对定位。
4. 如何居中 Div?
5. 如何居中浮动一个元素?

第9章

Bootstrap响应式网页

本章学习内容

(1) Bootstrap 概述；

(2) Bootstrap CSS；

(3) Bootstrap 组件。

完成本章的学习需要大约 1.5 小时，相关资源获取方式见前言。

知识点

Bootstrap 概述	创建 Bootstrap 文档	Bootstrap CSS 概述
Bootstrap 网格系统	媒体查询	基本网格结构
行列布局	全局 CSS 样式	Bootstrap 组件
导航及导航条	按钮及按钮组	Glyphicons 字体图标
面板	分页	缩略图
警告文字	JavaScript 插件	

本章案例介绍

范例

本章范例是一个关于书籍的响应式网页，通过范例的学习，掌握在 Dreamweaver 中通插入一系列的 bootstrap 组件进行响应式网页制作的技巧和方法，如图 9.1 所示。

模拟案例

本章模拟案例是一个关于 Photoshop 的学习网站，通过模拟练习进一步掌握响应式网页的制作方法，如图 9.2 所示。

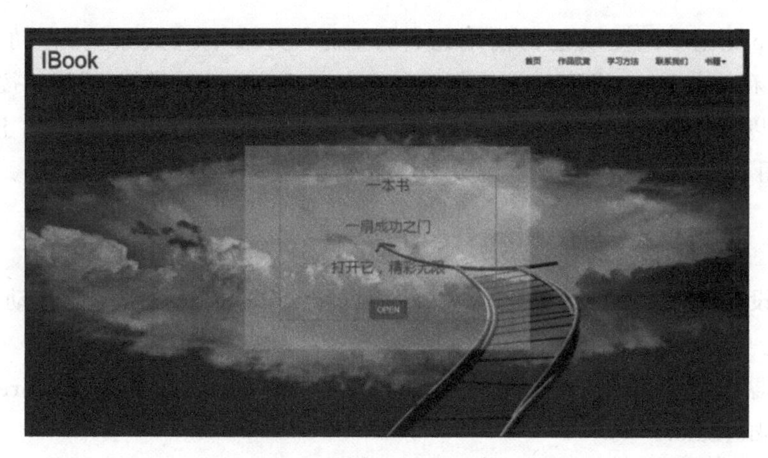

图　9.1

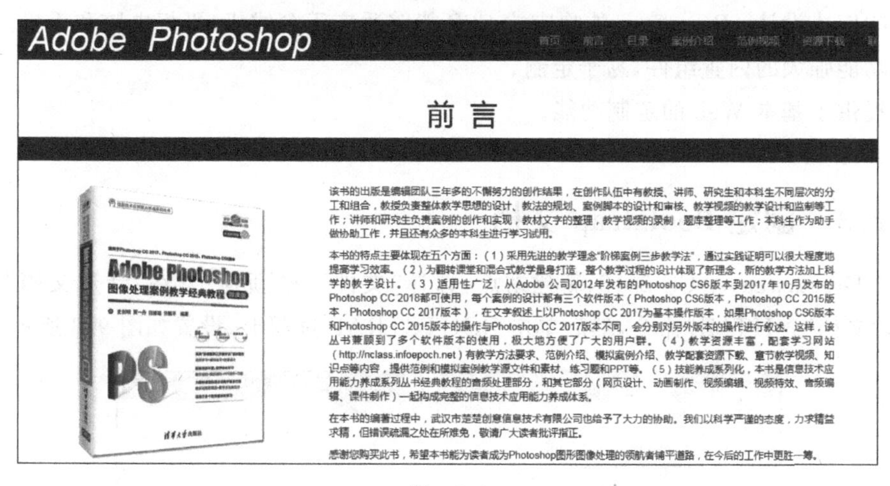

图　9.2

9.1　预览完成的范例

(1) 右击"lesson09/范例/09complete"文件夹中的 index. html 文件，在弹出的菜单中选择已安装的浏览器对 index. html 文件进行浏览。

(2) 关闭浏览器。

(3) 也可以用 Dreamweaver CC 2018 打开源文件进行预览，在菜单栏中选择"文件"→"打开"按钮。选择"lesson09/范例/09complete"文件夹中的 index. html 文件，并单击"打开"按钮，切换到"实时"视图查看页面。

9.2　Bootstrap 概述

9.2.1　什么是 Bootstrap

Bootstrap 是 Twitter 的 MarkOtto 和 JacobThornton 开发的，是 2011 年 8 月在 GitHub 上发布的开源产品。

Bootstrap 是全球最受欢迎的前端组件库，用于开发响应式布局、移动设备优先的 HTML、CSS 和 JavaScript 框架。这个框架包含 CSS 和 HTML 模板，适用于按钮、表格、表单、图像旋转以及在网页上使用的其他元素。同时，它也提供了几个可选的 JavaScript 插件。可以使用 Dreamweaver 创建和编辑 Bootstrap 响应式网页。

9.2.2 为什么使用 Bootstrap

- 移动设备优先：自 Bootstrap 3 起，框架包含了贯穿于整个库的移动设备优先的样式。
- 浏览器支持：所有的主流浏览器都支持 Bootstrap，例如 IE、Firefox、Opera、Chrome、Safari 等。
- 容易上手：具备 HTML 和 CSS 基础知识即可开始学习 Bootstrap。
- 响应式设计：Bootstrap 的响应式 CSS 能够适应于台式机、平板电脑和手机。
- 功能强大的内置组件，易于定制。
- 提供了基本 Web 的定制功能。
- 开源。

9.2.3 创建 Bootstrap 文档

启动 Dreamweaver CC 2018，新建站点，选择“文件”→“新建”。在“新建文档”对话框中，选择“文档”→HTML 命令，然后单击 BOOTSTRAP 选项卡，设置如图 9.3 所示。

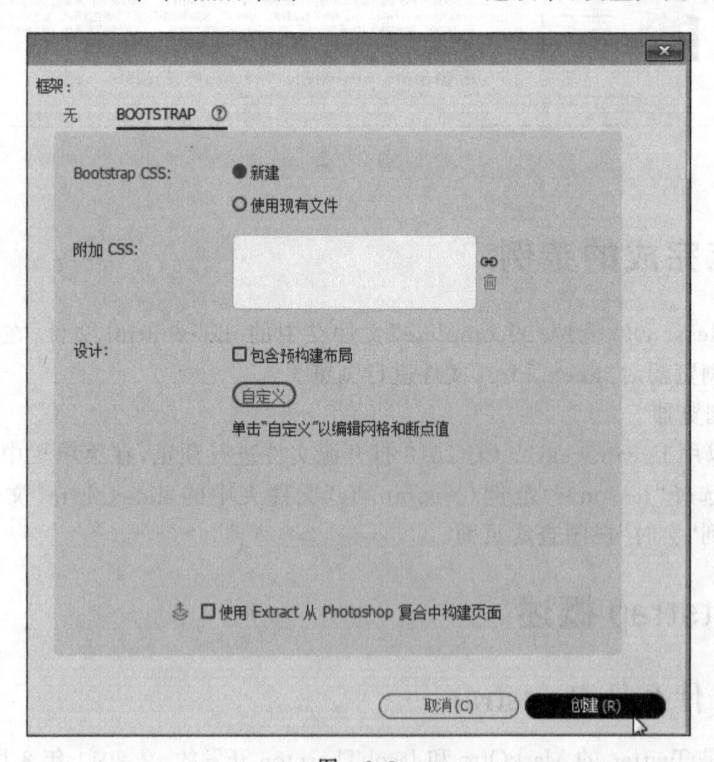

图 9.3

(1) Bootstrap CSS 文件，可以选择新建或者使用现有的 CSS。如果选择使用现有的 CSS，则请指定路径或浏览到 CSS 的存储位置。

① 选择“新建”，如图 9.4 所示。

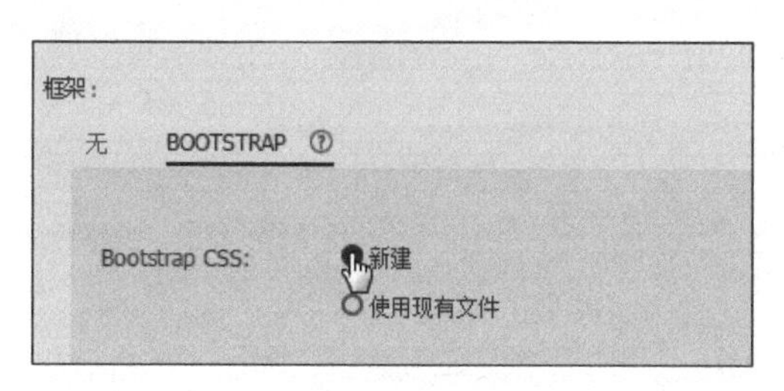

图 9.4

② 选择“使用现有文件”，单击“附加 CSS”部分的 ，同时在弹出的“链接外部样式表”对话框中进行设置，单击“确定”按钮即可，如图 9.5 所示。

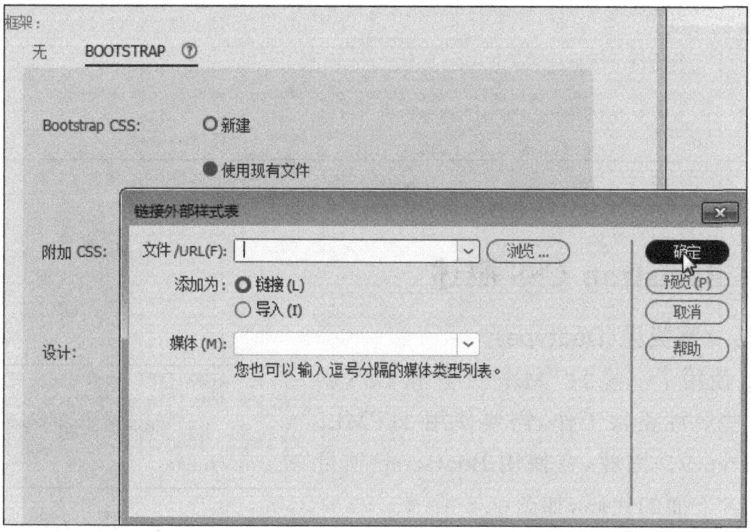

图 9.5

(2)“包含预构建布局”选项提供基本 Bootstrap 文档结构，这里选中即可。如果不想要基本结构且想从空白文档开始，则可以取消选中“包含预构建布局”。

> **注意**：创建的 bootstrap.css 文件是只读的。因此，无法使用 CSSDesigner 编辑这些样式；Bootstrap 文件中禁用了 CSSDesigner 中的“属性”窗格。如果要修改 Bootstrap 文档的样式，应创建另一个 CSS 文件来覆盖现有的样式，然后将其附加到该文档。

设置完相应的参数，单击“创建”按钮，保存文档为 lesson09.html，Dreamweaver 会在站点文件夹中生成了相应的 css、js、fonts 文件，同时网站就和这些文件建立了连接，并自动调用，如图 9.6 和图 9.7 所示。

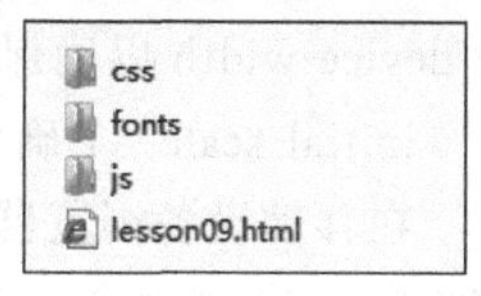

图 9.6

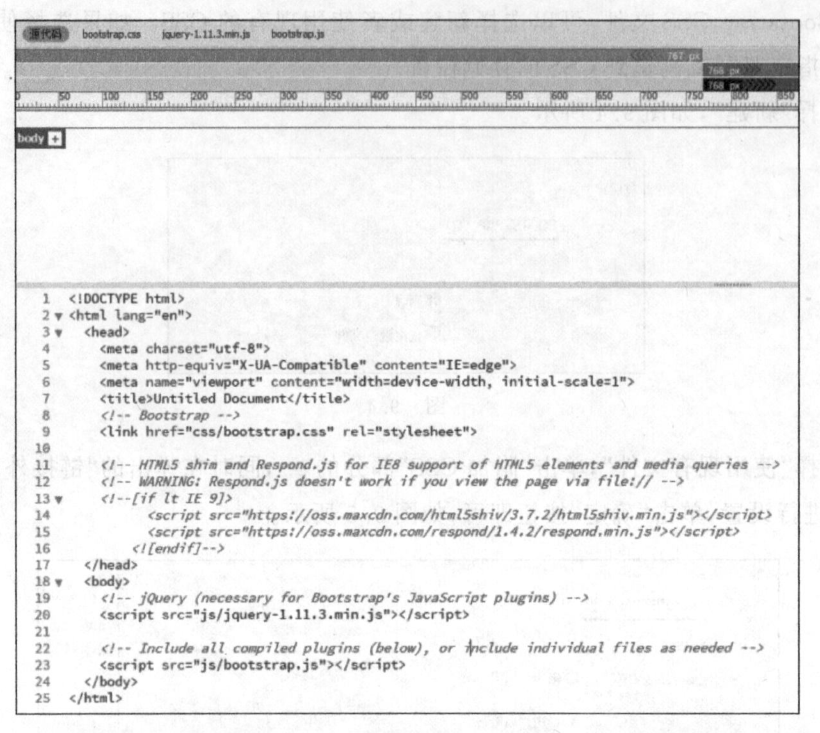

```
1   <!DOCTYPE html>
2   <html lang="en">
3     <head>
4       <meta charset="utf-8">
5       <meta http-equiv="X-UA-Compatible" content="IE=edge">
6       <meta name="viewport" content="width=device-width, initial-scale=1">
7       <title>Untitled Document</title>
8       <!-- Bootstrap -->
9       <link href="css/bootstrap.css" rel="stylesheet">
10
11      <!-- HTML5 shim and Respond.js for IE8 support of HTML5 elements and media queries -->
12      <!-- WARNING: Respond.js doesn't work if you view the page via file:// -->
13      <!--[if lt IE 9]>
14          <script src="https://oss.maxcdn.com/html5shiv/3.7.2/html5shiv.min.js"></script>
15          <script src="https://oss.maxcdn.com/respond/1.4.2/respond.min.js"></script>
16        <![endif]-->
17    </head>
18    <body>
19      <!-- jQuery (necessary for Bootstrap's JavaScript plugins) -->
20      <script src="js/jquery-1.11.3.min.js"></script>
21
22      <!-- Include all compiled plugins (below), or include individual files as needed -->
23      <script src="js/bootstrap.js"></script>
24    </body>
25  </html>
```

图 9.7

9.2.4 Bootstrap CSS 概述

1. HTML5 文档类型(Doctype)

Bootstrap 使用了一些 HTML5 元素和 CSS 属性。为了让这些属性正常工作,需要使用 HTML5 文档类型(Doctype)。因此,在使用 Bootstrap 项目的开头需要包含下面的代码,如图 9.8 所示。

```
1   <!DOCTYPE html>
2 ▼ <html lang="en">
3 ▶   <head> <meta charset="utf-...
18 ▶  <body> <!-- jQuery (necess...
25  </html>
```

图 9.8

2. 移动设备优先

现在 Bootstrap 的设计目标是移动设备优先,然后才是桌面设备。当然,为了让 Bootstrap 开发的网站对移动设备友好,需要在网页的 head 标签中添加 viewport meta 标签,如图 9.9 所示。

```
6   <meta name="viewport" content="width=device-width, initial-scale=1">
```

图 9.9

width 属性控制设备的宽度。如果网站需要在不同屏幕分辨率的设备上浏览,则设置为 device-width 以确保它能正确呈现在不同设备上。

initial-scale=1 确保网页加载时,以 1∶1 的比例呈现,不会有任何的缩放。

在移动设备浏览器上,通过为 viewport meta 标签添加 user-scalable=no 可以禁用其缩放(zooming)功能。通常情况下,maximum-scale=1 与 user-scalable=no 一起使用。这样禁用缩放功能后,用户只能滚动屏幕。

注意：这种方式并不推荐所有网站使用，这要视情况而定！

3. 链接 Bootstrap.css 文件

Bootstrap 会自动获取使用者屏幕的大小，并根据屏幕的大小自动调整 HTML 元素的宽度和高度来适配屏幕，因此称之为响应式布局。使用 Bootstrap 也非常简单，只需要把下面的链接添加到需要使用 Bootstrap 来进行布局的应用的头部，如图 9.10 所示。

```
1   <!DOCTYPE html>
2 ▼ <html lang="en">
3 ▼   <head>
4       <meta charset="utf-8">
5       <meta http-equiv="X-UA-Compatible" content="IE=edge">
6       <meta name="viewport" content="width=device-width, initial-scale=1">
7       <title>Untitled Document</title>
8       <!-- Bootstrap -->
9 ▼     <link href="css/bootstrap.css" rel="stylesheet">
```

图 9.10

不过，Dreamweaver 已很智能地加载好了，读者不需要再添加这个样式链接。

4. jQuery 和 JavaScript 插件

jQuery 是 Bootstrap 中的 JavaScript 插件所必需的。

JavaScript 插件在 Bootstrap 中主要是通过 HTML 的属性定义来实现 HTML 页面的动画效果，它把所有的 js 特效和一些与自身相关的组件特效全部封装到 Bootstrap 内部的 js 文件中，并命名为 bootstrap.js 或压缩版的 bootstrap.min.js，如图 9.11 所示。

```
18 ▼   <body>
19       <!-- jQuery (necessary for Bootstrap's JavaScript plugins) -->
20       <script src="js/jquery-1.11.3.min.js"></script>
21
22       <!-- Include all compiled plugins (below), or include individual files as needed -->
23       <script src="js/bootstrap.js"></script>
24     </body>
```

图 9.11

5. 响应式图像

在刚才创建的 lesson09.html 中，选择"插入"→Image 命令，插入一张图片。切换到拆分视图，在 img 标签中添加 img-responsive 的 class，可以让 Bootstrap 中的图像对响应式布局的支持更好，代码如图 9.12 所示。

```
18 ▼   <body>
19       <img src="images/flower.jpg" class="img-responsive" alt=""/>
```

图 9.12

保存该页面，在浏览器中浏览页面，适当调整页面大小，可以发现图片会适应浏览器的大小。

在 CSS 设计器中输入.img-responsive，单击该类，显示如图 9.13 所示。

元素的 display 属性设置为 block，将显示为块级元素，也可以设置成 inline-block，元素相对于它周围的内容以内联形式呈现，但与内联不同的是，在这种情况下可以设置宽度和高度。

设置 height:auto，相关元素的高度取决于浏览器。

```
1118   .img-responsive,
1119   .thumbnail > img,
1120   .thumbnail a > img,
1121   .carousel-inner > .item > img,
1122 ▼ .carousel-inner > .item > a > img {
1123     display: block;
1124     max-width: 100%;
1125     height: auto;
1126   }
```

图 9.13

设置 max-width 为 100%会重写任何通过 width 属性指定的宽度。这让图片对响应式布局的支持更好。这个时候就不需要设置图片的行内样式宽度和高度了。

6. 全局显示 CSS 样式

全局 CSS 样式是 Bootstrap 的基础,它统一了各个浏览器的样式风格,并且使开发人员从这枯燥而又耗时的 CSS 编写工作中解脱出来。

其具体使用方式就是通过属性声明来定义 HTML 标签的 CSS 样式,当然有部分 HTML 标签的默认 CSS 样式也被修改为统一风格了。

7. Bootstrap 浏览器/设备支持(如表 9.1 所示)

表 9.1 浏览器/设备支持

操作系统	Chrome	Firefox	IE	Opera	Safari
Android	YES	YES	不适用	NO	不适用
iOS	YES	不适用	不适用	NO	YES
Mac OS X	YES	YES	不适用	YES	YES
Windows	YES	YES	YES	YES	NO

注意:Bootstrap 支持 Internet Explorer 8 及更高版本的 IE 浏览器。

视频讲解

9.3 Bootstrap CSS

9.3.1 Bootstrap 网格系统

Bootstrap 提供了一套响应式、移动设备优先的流式网格系统,网格系统将屏幕划分为多个行和列,可用于创建各种类型的布局。一旦定义了行和列,就可以在其中放置 HTML 元素。Bootstrap 的网格系统将屏幕划分为列,每行最多 12 列。列宽根据屏幕的大小而变化。因此,Bootstrap 的网格系统是响应式的,因为当浏览器窗口的大小改变时,列动态地调整大小。可以创建无限数量的行。这些行和列的交集形成了一个矩形网格,以包含网站的内容。

响应式网格系统随着屏幕或视图窗口(viewport)尺寸的增加,系统会自动分为最多 12 列,如图 9.14 所示。

Bootstrap 有预定义的网格类,可以快速为不同类型的设备,如手机、平板电脑、台式机等设计网格布局。类名为 container 或 container-fluid 的容器在设置尺寸大于或等于 1200px 时,匹配类前缀为 col-lg-的样式,如大型桌面显示器;在 992px 与 1200px 之间时,

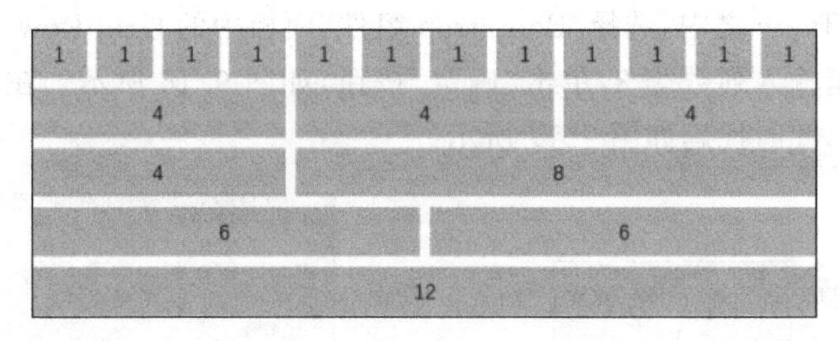

图 9.14

匹配类前缀为.col-md-的样式,如中型台式电脑设备;在768px与992px之间时,匹配类前缀为.col-sm-的样式,如平板电脑;小于或等于768px时,匹配类前缀为.col-xs-的样式,如手机,具体如表9.2所示。

表9.2 网格系统特点

网格系统特点	超小型设备 手机(<768px)	小型设备 平板(≥768px)	中型设备 台式机(≥992px)	大型设备 大桌面显示器 (≥1200px)
container 最大宽度	无(自动)	750px	970px	1170px
类前缀	.col-xs-	.col-sm-	.col-md-	.col-lg-
最大列宽	自动	-62px	-81px	-97px
槽宽	30px(每列左右有15px)			
可嵌套	是			
偏移量	是			
列排序	是			

9.3.2 基本网格结构

下面是Bootstrap的基本网格结构:

```
<div class = "container">
  <div class = "row">
    <div class = "col - * - * "></div>
    <div class = "col - * - * "></div>
  </div>
  <div class = "row">...</div>
</div>
<div class = "container">...
```

(1) 在Dreamweaver中将9.2.4节第5点中插入图片的HTML代码注释掉。进入"插入"面板,从顶端的下拉列表中选择所需类别Bootstrap组件,如图9.15所示。

(2) 选择插入第一个组件container容器。单击container,在代码视图中出现如下所示代码。

```
<div class = "container"></div>
```

(3) 将光标置于div之中,选择“Bootstrap组件”面板中的Grid Row with column,插入包含多列的行,这里输入列数为3,单击“确定”按钮,如图9.16所示。在以下3个行内div中输入一定的文字,此时代码如图9.17所示。

图 9.15

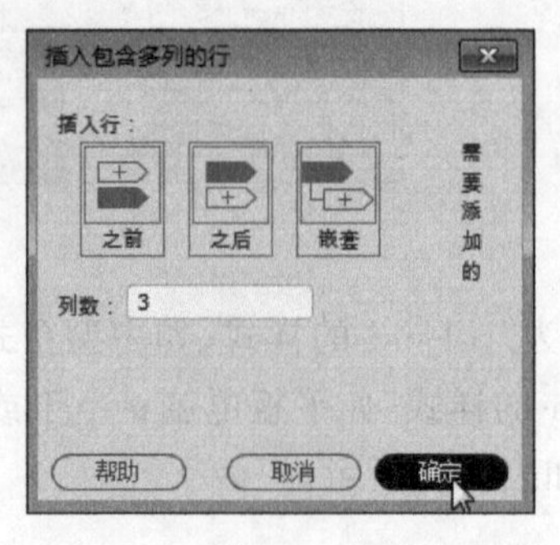

图 9.16

```
19 ▼   <div class="container">
20 ▼     <div class="row">
21         <div class="col-lg-4">col-lg-4</div>
22         <div class="col-lg-4">col-lg-4</div>
23         <div class="col-lg-4">col-lg-4</div>
24       </div>
25     </div>
```

图 9.17

(4) 如果想继续增加行数,则将光标置于class为row的div之后,重复第(3)步的操作。

9.3.3 行列布局

Bootstrap有4种类型的前缀,用于为不同大小的显示器创建列:

- col-xs用于超小显示器(屏幕宽度<768px)。
- col-sm用于较小的显示器(屏幕宽度≥768px)。
- col-md用于中等显示器(屏幕宽度≥992px)。
- col-lg用于较大的显示器(屏幕宽度≥1200px)。

1. 列组合

在Dreamweaver的container容器中新建一个两列的布局,列采用默认的显示大小。在类名为col-lg-6之后添加col-sm-12类,这样当屏幕大小为超大屏时,页面为两列布局;当屏幕大小为较小屏时,页面为一列布局,代码如下所示:

```
<div class = "container">
  <div class = "row">
    <div class = "col - lg - 6 col - sm - 12" style = "background - color:rgba(253,236,178,1.00)">
  <h2 >列 1 </h2 >
  </div >
    <div class = "col - lg - 6 col - sm - 12" style = "background - color:rgba(231,231,231,1.00)">
  <h2 >列 2 </h2 >
  </div >
```

```
    </div>
</div>
```

在浏览器中浏览，如图 9.18 所示，按 F12 键调出开发者工具，调整页面，如图 9.19 所示。

图 9.18

图 9.19

2. 嵌套列

Bootstrap 框架的网格系统除了支持单一地在某一行中定义多个列，也支持嵌套列。

例如，选择列 1，选择“Bootstrap 组件”面板中的 Grid Row with column 插入包含多行的列，这里选择“插入行”的“之后”选项，输入列数为 2，单击“确定”按钮，如图 9.20 所示。在新插入的两列中输入相应文字，代码如下，实时视图效果如图 9.21 所示。

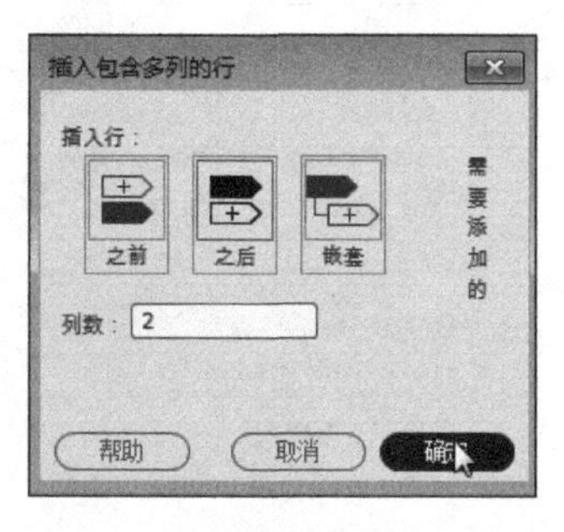

图 9.20

```
<div class="container">
  <div class="row">
    <div class="col-lg-6 col-sm-12" style="background-color:rgba(253,236,178,1.00)">
      <h2>列 1</h2>
      <div class="row">
        <div class="col-lg-6">col-lg-6</div>
        <div class="col-lg-6">col-lg-6</div>
      </div>
    </div>
    <div class="col-lg-6 col-sm-12" style="background-color:rgba(231,231,231,1.00)">
      <h2>列 2</h2>
    </div>
  </div>
</div>
```

3. 偏移列

偏移是用来增加列的左边距，在 Bootstrap 中可以使用 offset 功能，主要是当两个 div 模块靠得太近时，增加宽度。

可用于偏移的类有 col-xs-offset-*、col-sm-offset-*、col-md-offset-*、col-lg-offset-*，其中*代表要偏移的列组合数。如：给列元素添加“col-lg-offset-2”，则表示该列向右移动 2 个列的宽度。具体效果举例如下：

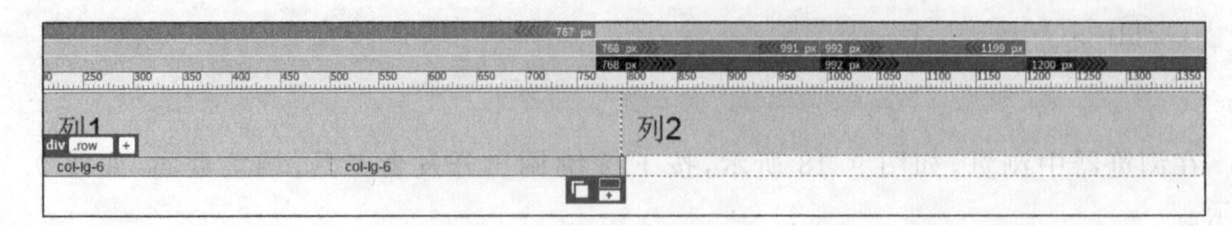

图 9.21

(1) 在第一行 row 之后插入两行三列的 row,同时设置相应的行内样式和文字以示区分,代码如下,效果如图 9.22 所示。

```
<div class="row">
  <div class="col-lg-4" style="background:rgba(255,206,0,1.00)">
    <h2>行 2-列 1</h2>
  </div>
  <div class="col-lg-4" style="background: rgba(196,244,252,1.00)">
    <h2>行 2-列 2</h2>
  </div>
  <div class="col-lg-4" style="background: rgba(255,201,239,1.00)">
    <h2>行 2-列 3</h2>
  </div>
</div>
<div class="row">
  <div class="col-lg-4" style="background:rgba(255,206,0,1.00)">
    <h2>行 3-列 1</h2>
  </div>
  <div class="col-lg-4" style="background: rgba(196,244,252,1.00)">
    <h2>行 3-列 2</h2>
  </div>
  <div class="col-lg-4" style="background: rgba(255,201,239,1.00)">
    <h2>行 3-列 3</h2>
  </div>
</div>
```

行2-列1	行2-列2	行2-列3
行3-列1	行3-列2	行3-列3

图 9.22

(2) 设置"行 2"的布局比例为：4∶2∶2,设置"行 3"的布局比例为：4∶4,删除行 3 的一列,效果如图 9.23 所示。

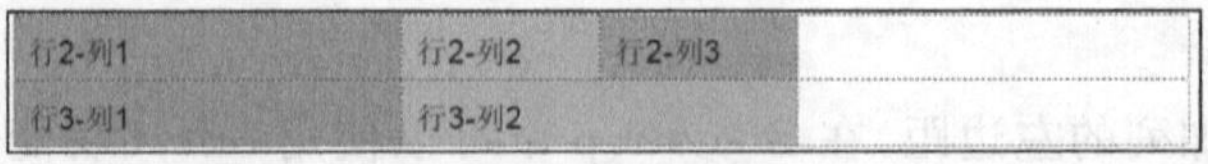

行2-列1	行2-列2	行2-列3	
行3-列1	行3-列2		

图 9.23

(3) 此时,使用列偏移,使得列 2、列 3 都位于原列 3 所在位置。为"行 2-列 2"和"行 3-列 2"添加类 col-lg-offset-4,使得 div 模块向右偏移 4 列的宽度。行 2 的列总和数是 4+4+

2+2=12,行 3 的列总和数是 4+4+4=12,行 2 和行 3 的列总和数都不超过 12。偏移后的效果如图 9.24 所示。

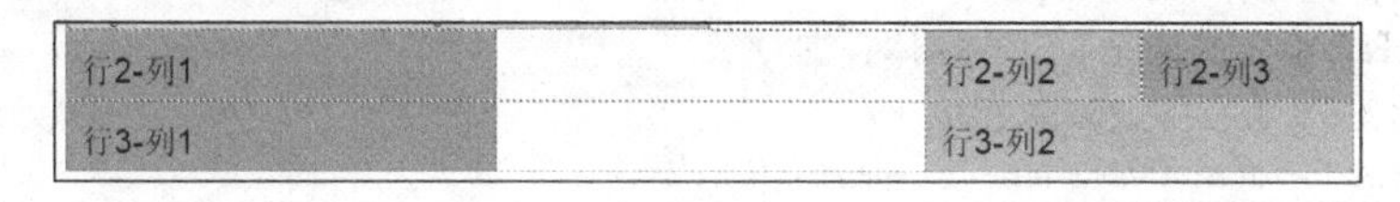

图 9.24

4. 列排序

列排序,也就是改变列的方向。简单来说,就是通过设置浮动距离来改变左右浮动,在 Bootstrap 的网格系统中通过添加类名的方式来实现,即 col-md-push-* 和 col-md-pull-*(其中 * 代表移动的列组合数)。

在第三行 row 之后插入两行三列的 row,同时设置相应的行内样式和文字以示区分,代码如下,效果如图 9.25 所示。

```
<div class = "row">
  <p>排序前</p>
  <div class = "col - md - 4" style = "background: rgba(221,221,221,1.00)">
    <h2>1</h2>
  </div>
  <div class = "col - md - 8" style = "background: rgba(251,217,217,1.00)">
    <h2>2</h2>
  </div>
</div>
<div class = "row">
  <p>排序后</p>
  <div class = "col - md - 4 col - md - push - 8" style = "background: rgba(221,221,221,1.00)">
    <h2>1</h2>
  </div>
  <div class = "col - md - 8 col - md - pull - 4" style = "background: rgba(251,217,217,1.00)">
    <h2>2</h2>
  </div>
</div>
```

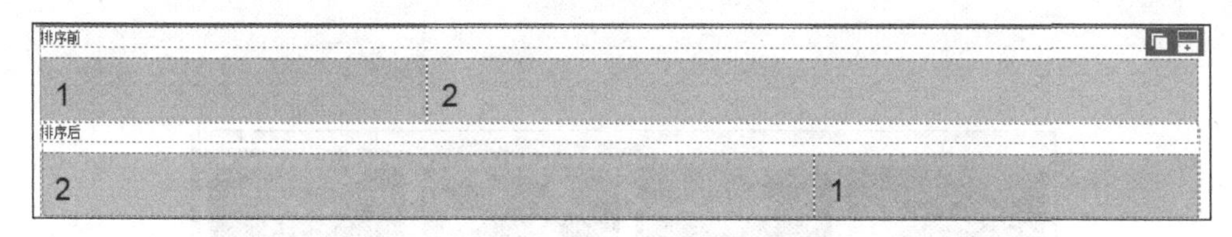

图 9.25

9.3.4 媒体查询

媒体查询是非常有特色的“有条件的 CSS 规则”。它只适用于一些基于某些规定条件的 CSS。如果满足那些条件,则应用相应的样式。

Bootstrap 中的媒体查询允许基于视图窗口大小移动、显示并隐藏内容。下面的媒体查询用来创建 Bootstrap 网格系统中的关键的分界点阈值。

```
/* 超小设备(手机,小于 768px) */
/* Bootstrap 中默认情况下没有媒体查询 */
/* 小型设备(平板电脑,768px 起) */
@media (min-width: @screen-sm-min) { ... }

/* 中型设备(台式电脑,992px 起) */
@media (min-width: @screen-md-min) { ... }

/* 大型设备(大台式电脑,1200px 起) */
@media (min-width: @screen-lg-min) { ... }
```

下面举一个例子来具体说明。

(1) 新建一个 Bootstrap 文档,命名为“@media. html”。在 body 内插入一个 Container-fluid 容器,如图 9.26 所示。将光标置于刚插入的 div 中,选择“Bootstrap 组件”面板中的 Grid Row with column,插入包含多行的列,这里输入列数为 4,单击“确定”按钮。

图 9.26

(2) 选择“插入”→Image,分别插入 4 张图片,在 img 标签中添加 img-responsive 的 class,让 Bootstrap 中的图像对响应式布局的支持更好,代码如下,效果如图 9.27 所示。

```
<div class="container-fluid">
  <div class="row">
    <div class="col-md-3"><img class="img-responsive" src="images/02.jpg" alt=""/>
</div>
    <div class="col-md-3"><img class="img-responsive" src="images/03.jpg" alt=""/>
</div>
    <div class="col-md-3"><img class="img-responsive" src="images/02.jpg" alt=""/>
</div>
    <div class="col-md-3"><img class="img-responsive" src="images/03.jpg" alt=""/>
</div>
  </div>
</div>
```

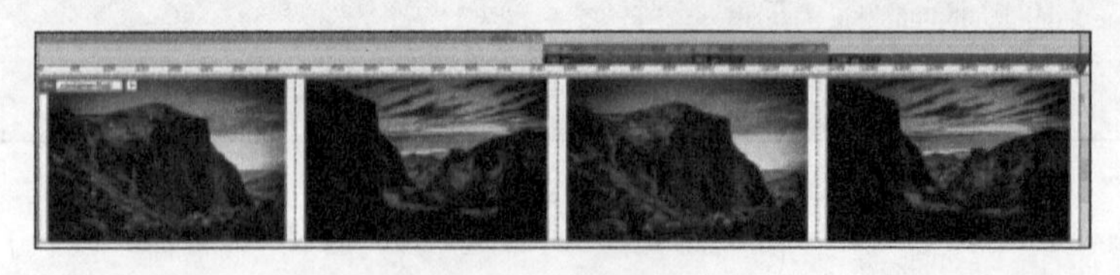
图 9.27

(3) 为了方便演示,这里选用内部链接添加媒体查询命令。代码如下,效果随页面宽度如图 9.28～图 9.30 所示。

```
<style type="text/css">
@media screen and (min-width:768px) {
.col-md-3 {width: 100%;}
}
@media screen and (min-width:992px) {
.col-md-3 {width: 50%;}
}
@media screen and (min-width:1200px) {
.col-md-3 {width: 25%;}
}
</style>
```

图 9.28

 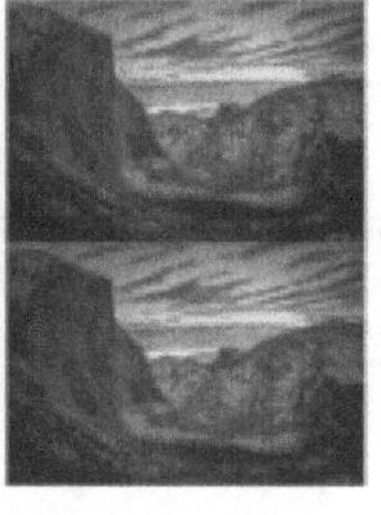

图 9.29

图 9.30

9.3.5 全局 CSS 样式

全局 CSS 样式是 Bootstrap 的基础,它统一了各个浏览器的样式风格,并且让设计者从繁重的 CSS 编写工作中解脱出来。具体使用方式是通过属性声明来定义 HTML 标签的 CSS 样式,当然有部分 HTML 标签的默认 CSS 样式被修改为统一风格。

具体效果举例如下。

演示 Bootstrap 中的条纹表格样式。首先新建一个 Bootstrap 文件,将光标置于 body 内,选择"Bootstrap 组件"面板中的 Container-fluid 容器,在其中插入 5 行 3 列的表格,并为 <table>标签添加类为 table 和 table-striped 属性即可,代码如下,效果如图 9.31 所示。

```
<div class="container-fluid">
  <table class="table table-striped">
    <tbody>
      <tr>
        <th>表格标题</th>
        <th>表格标题</th>
```

```
            <th>表格标题</th>
        </tr>
        <tr>
            <td>表格标题</td>
            <td>表格标题</td>
            <td>表格标题</td>
        </tr>
        <tr>
            <td>表格标题</td>
            <td>表格标题</td>
            <td>表格标题</td>
        </tr>
        <tr>
            <td>表格标题</td>
            <td>表格标题</td>
            <td>表格标题</td>
        </tr>
        <tr>
            <td>表格标题</td>
            <td>表格标题</td>
            <td>表格标题</td>
        </tr>
    </tbody>
  </table>
</div>
```

表格标题	表格标题	表格标题
表格标题	表格标题	表格标题
表格标题	表格标题	表格标题
表格标题	表格标题	表格标题
表格标题	表格标题	表格标题

图 9.31

一些常用的表格类(可部分组合或联合使用)如表 9.3 所示。

表 9.3 常用表格类

类	描 述
. table	为任意<table>添加基本样式(只有横向分隔线)
. table-striped	在<tbody>内添加斑马线形式的条纹 (IE 8 不支持)
. table-bordered	为所有表格的单元格添加边框
. table-hover	在<tbody>内的任一行启用鼠标悬停状态
. table-condensed	让表格更加紧凑

9.4 Bootstrap 组件

Bootstrap 的组件包括字体图标、下拉菜单、警告框、弹出框等。Bootstrap 之所以受到大家的欢迎，是因为其实用性极强，能把常用的页面布局全部封装在一个个的小组件中。当设计者进行页面布局的时候，可以很方便地使用。这里举例部分组件的应用。

视频讲解

注意：插入组件的内容和样式是默认的，可以根据需要进行更改。

9.4.1 导航

Bootstrap 中的导航组件都依赖同一个.nav 类，状态类也是共用的。改变修饰类可以改变样式。下面是 Dreamweaver 自带的 4 种导航页样式，如图 9.32 所示。

- Nav Tabs：标签页。
- Nav Tabs with Dropdown：带有下拉菜单的标签页。
- Nav Pills：胶囊式标签页。
- Nav Pills with Dropdown：带下拉菜单的胶囊式标签页。

插入到页面后的效果分别如图 9.32 和图 9.33 所示。

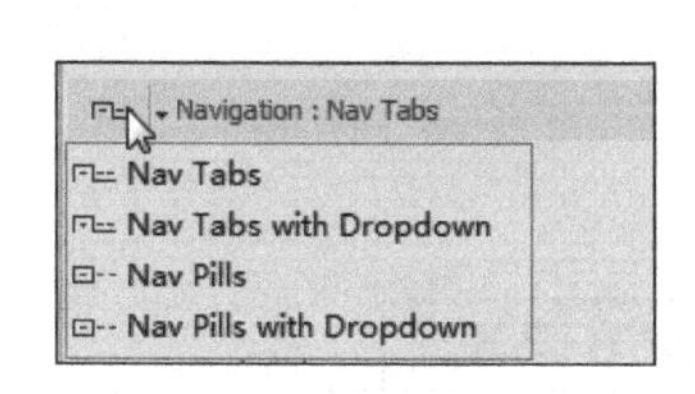

图 9.32

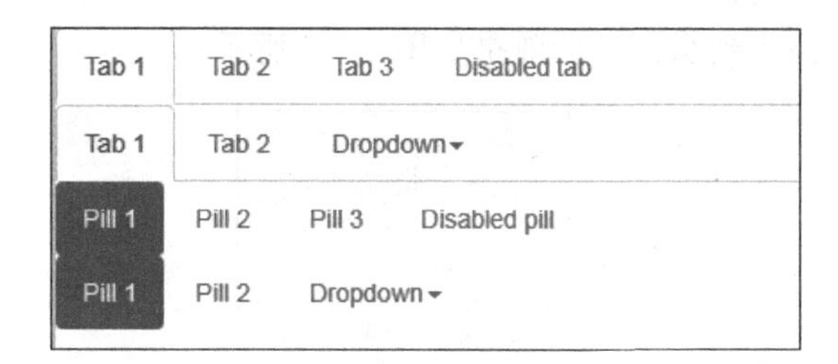

图 9.33

9.4.2 导航条

导航条是设计网站中进行页面头部导航的响应式基础组件。它们在移动设备上可以折叠，且在视图窗口(viewport)宽度增加时逐渐变为水平展开模式。下面是 Dreamweaver 自带的 4 种导航条样式，如图 9.34 所示。

- Basic Navbar：默认样式的导航条。
- Navbar fixed to top：固定于顶部的导航条。
- Navbar fixed to bottom：固定于底部的导航条。
- Inverted Navbar：反色的导航条。

插入到页面后的效果如图 9.35 所示。

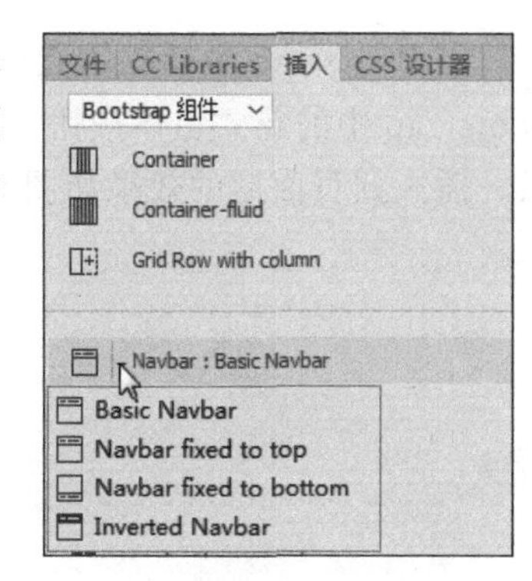

图 9.34

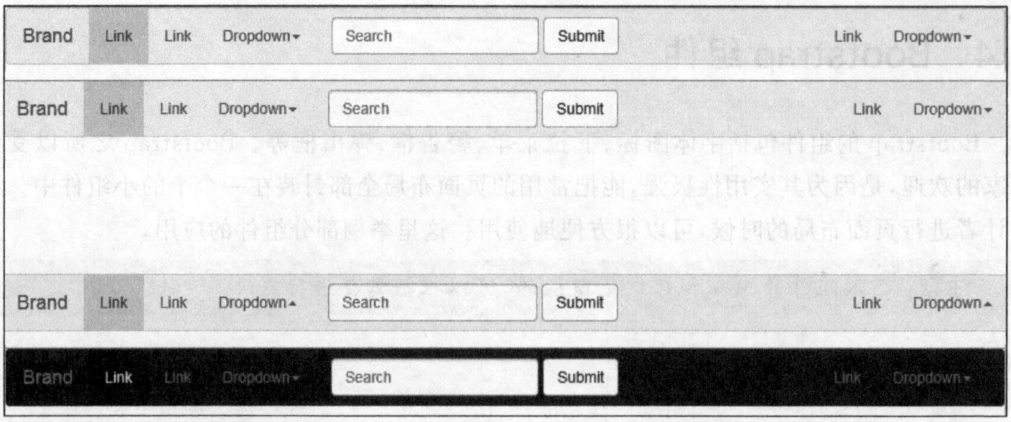

图 9.35

9.4.3 Glyphicons 字体图标

Bootstrap 包括 250 多个来自 Glyphicons Halflings 的字体图标。Glyphicons Halflings 一般是收费的，但是它们的作者允许 Bootstrap 免费使用。为了表示感谢，在使用时应尽量为 Glyphicons 添加一个友情链接。下面是 Dreamweaver 自带的 5 种字体图标样式，如图 9.36 所示。

插入到页面后的效果如图 9.37 所示。

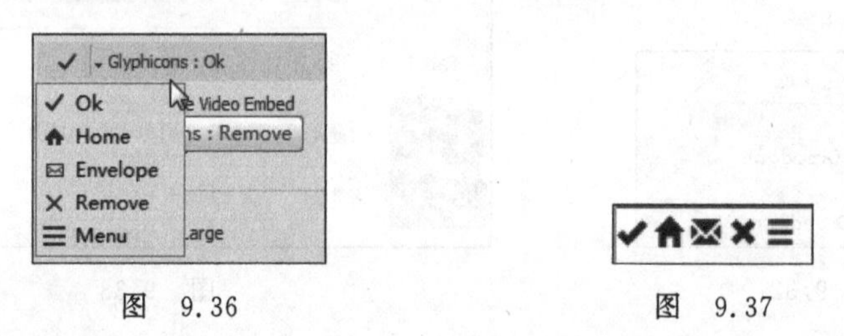

图 9.36　　　图 9.37

9.4.4 按钮

在 Bootstrap 中轻松创建一个按钮，通过添加 btn 类将 a、button 或 input 元素转换为 Bootstrap 中的花式粗体按钮。Dreamweaver 中也有几种现成的效果供选择，如图 9.38 所示。插入到页面后的效果如图 9.39 所示。

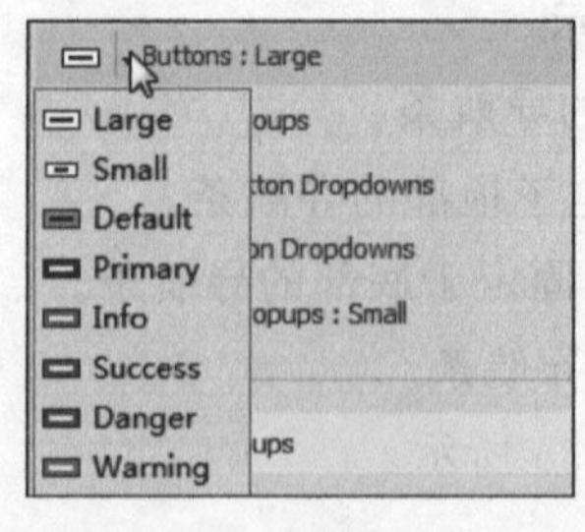

图 9.38

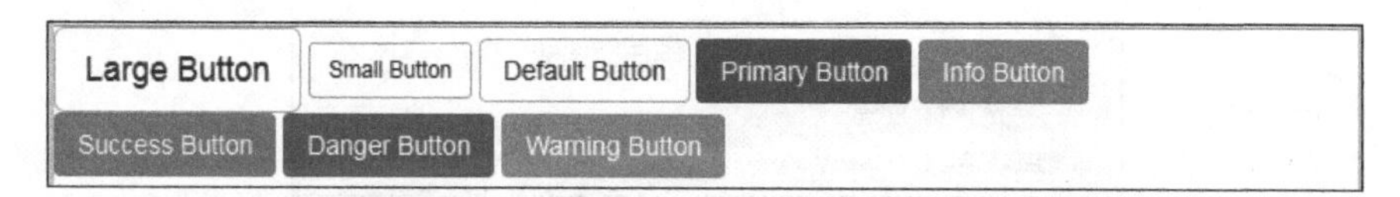

图 9.39

9.4.5 按钮组

通过按钮组容器把一组按钮放在同一行里。通过与按钮插件联合使用，可以设置为单选按钮或复选框的样式和行为。Dreamweaver 中也有几种现成的效果供选择，如图 9.40 所示。

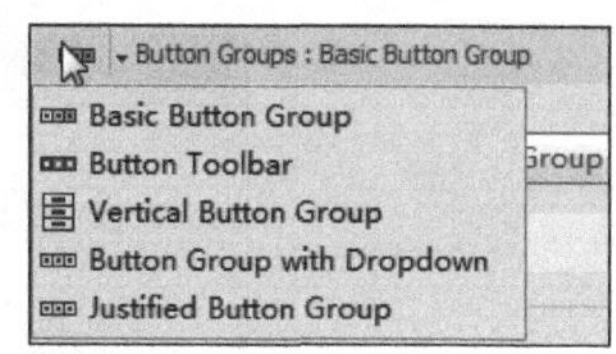

图 9.40

- Basic Button Group：基本按钮组。
- Button Toolbar：按钮工具栏。
- Vertical Button Group：垂直排列按钮组。
- Button Group with Dropdown：带下拉菜单的按钮组。
- Justified Button Group：两端对齐排列的按钮组。

插入到页面后的效果如图 9.41 所示。

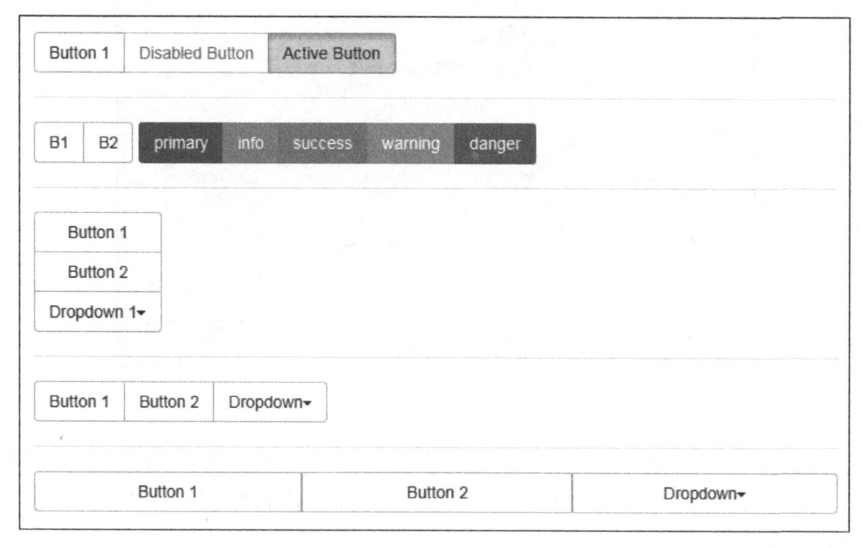

图 9.41

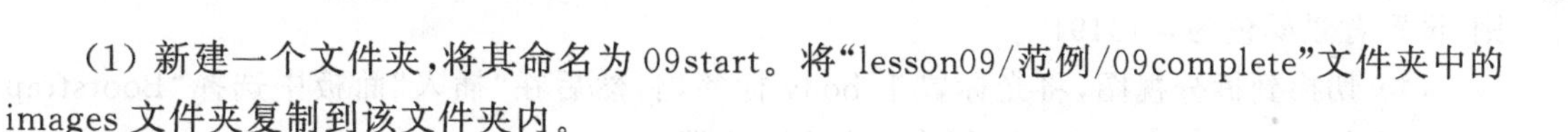

9.5 本章范例

视频讲解

9.5.1 头部区域的制作

(1) 新建一个文件夹，将其命名为 09start。将“lesson09/范例/09complete”文件夹中的 images 文件夹复制到该文件夹内。

(2) 打开 Dreamweaver CC 2018，新建一个站点名称为 09start 的站点，站点文件夹为刚才新建的 09start 文件夹，如图 9.42 所示。单击“保存”按钮关闭对话框。

图 9.42

(3) 在Dreamweaver中新建一个文档,执行"文件"→"新建"命令,在"文档类型"列表中选择HTML,在"框架"面板中选择Bootstrap,Bootstrap CSS为"新建",在"设计"中关闭"包含预构建布局"选项,如图9.43所示。单击"创建"按钮关闭对话框。

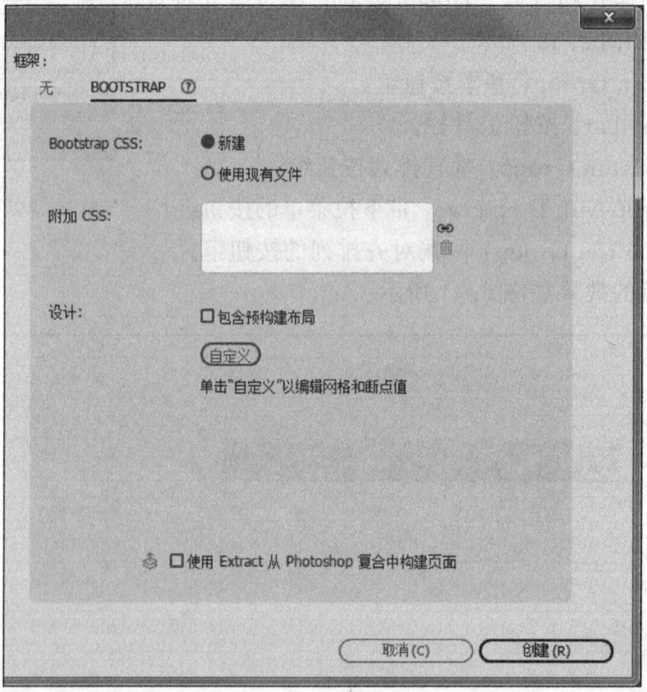

图 9.43

(4) 这时就在Dreamweaver中创建了一个包含Bootstrap插件的页面,并且该网页已自动读取了bootstrap.css、jquery和bootstrap.js文件。执行"文件"→"保存"命令,将文件保存为index.html。

(5) 在"CSS设计器"面板中创建一个新的CSS文件,文件名为main,并将其保存在站点根目录下的css文件夹中,如图9.44所示。单击"保存"按钮,在弹出的对话框中选择添加为"链接",单击"确定"按钮关闭对话框。

(6) 此时,当前的网页文件中会有两个样式表bootstrap.css和main.css,接下来网页中所运用到的样式规则都会包含在自定义样式main.css中。下面为网页创建一个body规则,设置背景颜色为#191919。

(7) 切换到拆分视图,将光标置于body标签内,然后在"插入"面板中选择"Bootstrap组件"下的container-fluid组件,创建一个全屏容器。

(8) 该网页主要分为3部分:头部header、主体main和尾部footer,将光标置于名为

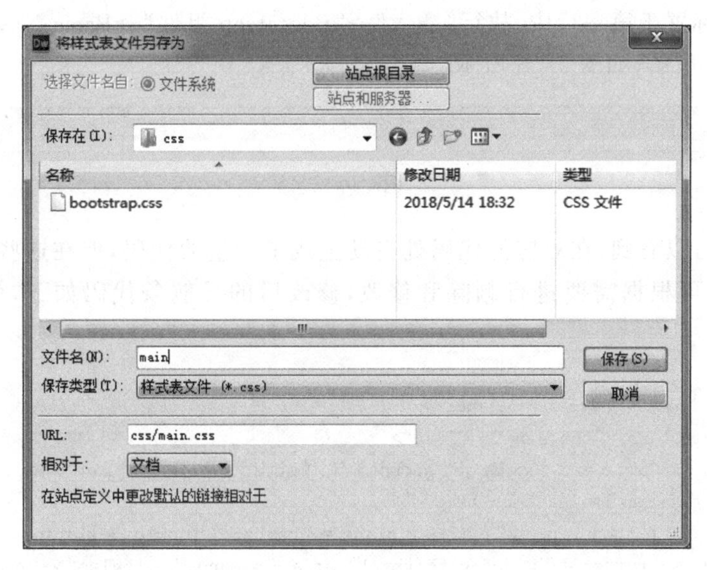

图　9.44

container-fluid 的 div 标签中，执行“插入”→Header 命令，插入一个 ID 名为 header 的标签，同理，继续在容器中插入 ID 名为 main 和 footer 的标签，代码如图 9.45 所示。

```
<div class="container-fluid">
  <header id="header">此处显示  id "header" 的内容</header>
  <main id="main">此处显示  id "main" 的内容</main>
  <footer id="footer">此处显示  id "footer" 的内容</footer>
</div>
```

图　9.45

(9) 在 CSS 设计器中创建规则＃header，指定布局的上边距 margin-top 为 30px。

(10) 下面来填充 header 区域，将光标放置在 header 区域，并删除占位文本，插入 Bootstrap 组件“包含多列的行(Grid Row with column)”，在弹出的“插入包含多列的行”对话框中输入列数 2，如图 9.46 所示，单击“确定”按钮关闭对话框。

(11) 完成上述操作后，系统会默认按照大屏幕 lg 划分页面，此时为了适应大部分计算机的分辨率，需要修改代码，将其修改为按照中等屏幕 md 划分，并设置为两行，代码如图 9.47 所示。

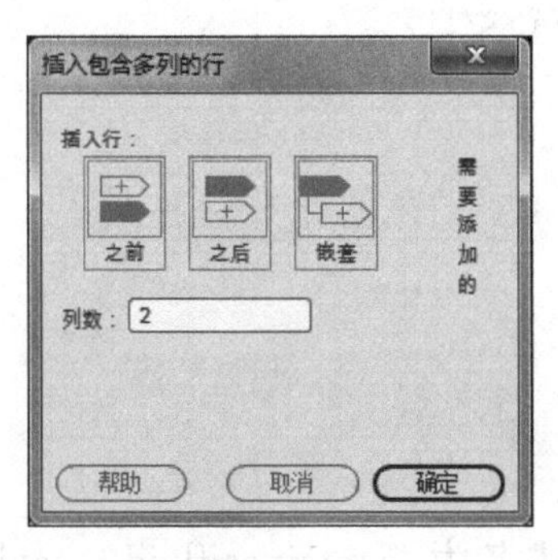

图　9.46

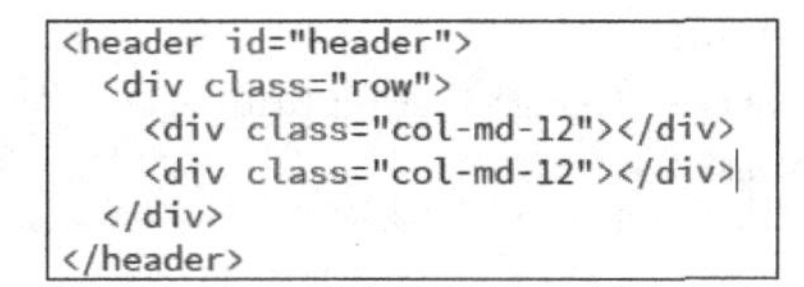

```
<header id="header">
  <div class="row">
    <div class="col-md-12"></div>
    <div class="col-md-12"></div>
  </div>
</header>
```

图　9.47

(12) 将光标置于第一行中,执行"插入"→"Bootstrap 组件"→Basic Navbar 命令,插入一个响应式的导航条,如图 9.48 所示。

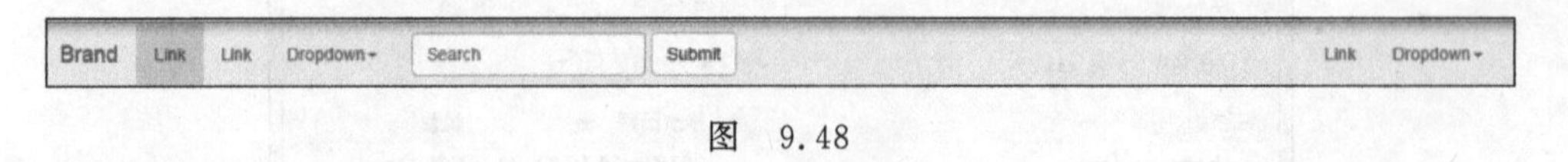

图 9.48

(13) 此时可以看到,在对应的代码处自动生成了大量的代码,但在这些代码中有许多用不到的元素,可根据需要进行删除和修改,修改后的导航条代码如下,效果如图 9.49 所示。

```
<nav class = "navbar navbar - default">
        <div class = "container - fluid">
          <!-- Brand and toggle get grouped for better mobile display -->
          <div class = "navbar - header">
             < button type = " button" class = " navbar - toggle collapsed" data - toggle =
"collapse" data - target = " # defaultNavbar1" aria - expanded = " false">< span class = " sr -
only"> Toggle navigation </span>< span class = " icon - bar"></span>< span class = " icon - bar">
</span>< span class = " icon - bar"></span></button>
            < a class = " navbar - brand" href = " # "> IBook </a></div>
          <!-- Collect the nav links, forms, and other content for toggling -->
          < div class = "collapse navbar - collapse" id = "defaultNavbar1">
            < ul class = "nav navbar - nav navbar - right">
              < li>< a href = " # ">首页</a></li>
              < li>< a href = " # ">作品欣赏</a></li>
              < li>< a href = " # ">学习方法</a></li>
              < li>< a href = " # ">联系</a></li>
              < li class = "dropdown">< a href = " # " class = "dropdown - toggle" data - toggle =
"dropdown" role = "button" aria - haspopup = "true" aria - expanded = "false">书籍< span class =
"caret"></span></a>
                < ul class = "dropdown - menu">
                  < li>< a href = " # ">图像处理</a></li>
                  < li>< a href = " # ">音频处理</a></li>
                  < li>< a href = " # ">动画制作</a></li>
                  < li>< a href = " # ">视频编辑</a></li>
                  < li>< a href = " # ">视频特效</a></li>
                  < li>< a href = " # ">网站设计</a></li>
                  < li>< a href = " # ">课件制作</a></li>
                </ul>
              </li>
            </ul>
          </div>
          <!-- /.navbar - collapse -->
        </div>
        <!-- /.container - fluid -->
      </nav>
```

(14) 下面为导航条中的元素定义样式,创建名为. container-fluid . navbar-header . navbar-brand、. nav. navbar-nav. navbar-right li a 和. nav. navbar-nav. navbar-right li a:hover 的

图 9.49

CSS 规则,设置样式,具体代码如下,效果如图 9.50 所示。

```
.container-fluid .navbar-header .navbar-brand {
    color: #7D0000;
    font-size: 40px;
}
.nav.navbar-nav.navbar-right li a {
    color: #000000;
}
.nav.navbar-nav.navbar-right li a:hover {
    background-color: #7D0000;
    color: #FFFFFF;
}
```

图 9.50

(15) 设置第二行区域的内容,在第二行中添加一个规则,将光标置于 col-md-12 的后面,按一下空格键,然后输入规则名称 body-bg,并在 CSS 设计器中创建一个名为#header .row .col-md-12.body-bg 的规则,样式代码如下:

```
#header .row .col-md-12.body-bg {
    height: 600px;
    background-image: url(../images/head.jpg);
    background-position: center center;
    background-size: 100% 100%;
}
```

(16) 在第二行中插入一个 ID 名为 point 的 Div 标签,删除占位文本,在代码处添加以下内容:

```
<div id = "point">
        <p>一本书<br><br>一扇成功之门<br><br>打开它,精彩无限<br><br>
          <a href = "#" class = "btn btn-primary" role = "button"> OPEN </a></p>
      </div>
```

(17) 创建名为#point 和.col-md-12.body-bg #point p 的 CSS 规则,样式代码如下,效果如图 9.51 所示。

```
#point {
    color: #FFFFFF;
    font-size: 25px;
    background-color: hsla(0,0%,100%,0.30);
    margin-top: 100px;
    height: 350px;
    margin-left: 30%;
    margin-right: 30%;
    text-align: center;
    padding-top: 50px;
    padding-left: 60px;
    padding-right: 60px;
}
.col-md-12.body-bg #point p {
    color: #535353;
    border: thin solid #767676;
    height: 250px;
}
```

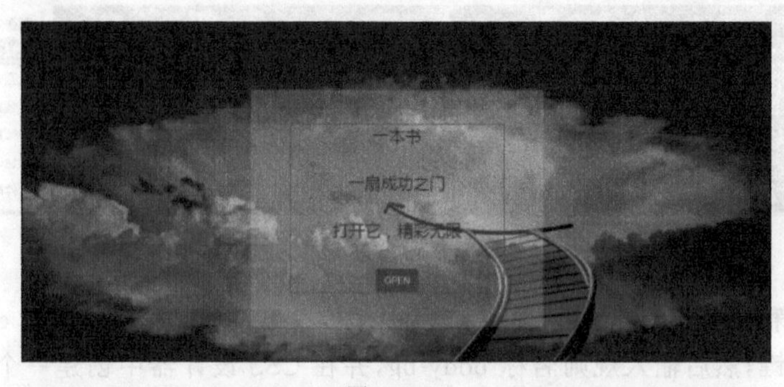

图 9.51

(18) 设置第二行的内容在屏幕分辨率为小屏和超小屏时隐藏,在 col-md-12 后添加 hidden-sm 和 hidden-xs,如图 9.52 所示。

```
<div class="col-md-12 body-bg hidden-sm hidden-xs">
  <div id="point">
    <p>一本书<br><br>一扇成功之门<br><br>打开它，精彩无限<br><br>
      <a href="#" class="btn btn-primary" role="button">OPEN</a></p>
  </div>
</div>
```

图 9.52

9.5.2 中部区域的制作

(1) 下面来完成 main 区域,将光标置于 mian 标签中,删除占位文本,然后在里面插入一个 container 容器,然后在容器内插入一个 4 行的“包含多列的行”,列数为 5。最后修改代码,调整屏幕大小和布局,如图 9.53 所示。

```
<main id="main">
  <div class="container">
    <div class="row">
      <div class="col-md-12"></div>
      <div class="col-md-12"></div>
      <div class="col-md-12"></div>
      <div class="col-md-5"></div>
      <div class="col-md-6 col-md-offset-1"></div>
    </div>
  </div>
</main>
```

图 9.53

(2) 将第一行的 ID 名设为 works,然后在第一行中插入 h1 标签,并输入标题“作品欣赏”; 代码如下:

```
<div class = "col - md - 12" id = "works">
      < h1 >作品欣赏</h1 >
    </div >
```

(3) 将光标置于第二行,插入一个 thumbnail 组件,然后在代码处复制新生成的 col-md-4 标签的内容,连续复制 8 个,如图 9.54 所示。

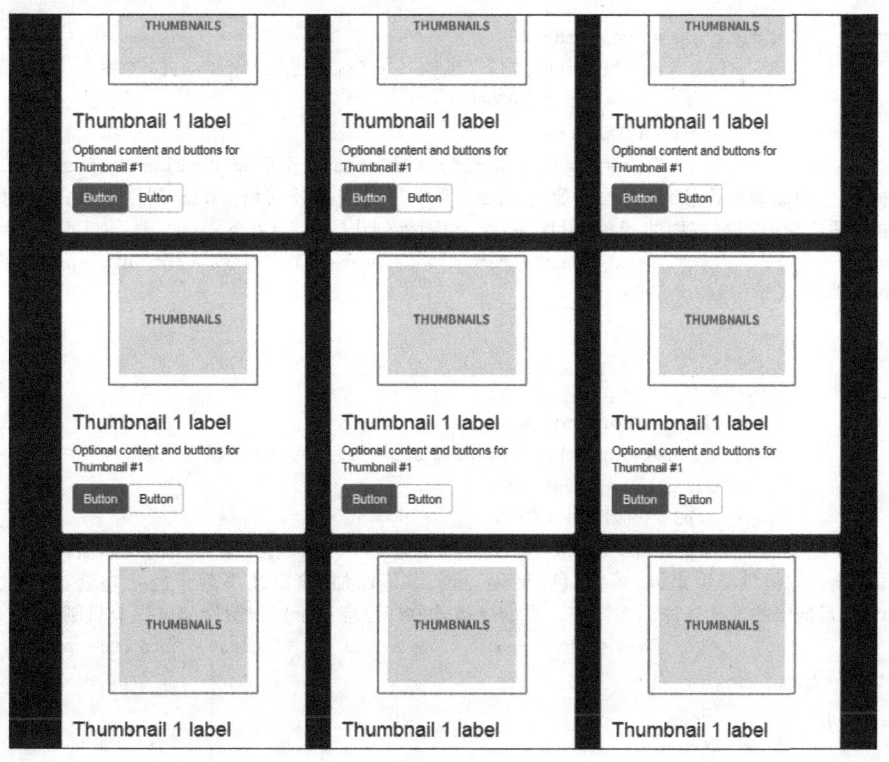

图 9.54

(4) 修改每个 thumbnail 组件内的图片和文字,代码如下,效果如图 9.55 所示。

```
<div class = "row">
            <div class = "col - md - 4">
              <div class = "thumbnail">< img src = "images/ps.jpg" alt = "">
                <div class = "caption">
                  <h3 > PHOTOSHOP </h3 >
                  <p class = "text - justify">简称"PS",是由 Adobe Systems 开发和发行的图像
处理软件。Photoshop 主要处理以像素所构成的数字图像。使用其众多的编修与绘图工具,可以有
效地进行图片编辑工作。ps 有很多功能,在图像、图形、文字、视频、出版等各方面都有涉及。</p>
                  <p class = "text - center">< a href = " # " class = "btn btn - primary" role =
"button">进入学习</a></p>
                </div>
              </div>
            </div>
            <div class = "col - md - 4">
              <div class = "thumbnail">< img src = "images/au.jpg" alt = "">
                <div class = "caption">
                  <h3 > AUDITION </h3 >
                  <p class = "text - justify"> Adobe Audition 是一个专业音频编辑和混合环境,
原名为 Cool Edit Pro.。Audition 专为在照相室、广播设备和后期制作设备方面工作的音频和视频
专业人员设计,可提供先进的音频混合、编辑、控制和效果处理功能。</p>
                  <p class = "text - center">< a href = " # " class = "btn btn - primary" role =
"button">进入学习</a></p>
                </div>
              </div>
            </div>
            <div class = "col - md - 4">
              <div class = "thumbnail">< img src = "images/an.jpg" alt = "">
                <div class = "caption">
                  <h3 > ANIMATE </h3 >
                  <p class = "text - justify"> Animate CC 由原 Adobe FlashProfessional CC 更名
得来,是一种动画制作软件,它维持原有 Flash 开发工具支持外新增 HTML5 创作工具,为网页开发者
提供更适应现有网页应用的音频、图片、视频、动画等创作支持。</p>
                  <p class = "text - center">< a href = " # " class = "btn btn - primary" role =
"button">进入学习</a></p>
                </div>
              </div>
            </div>
            <div class = "col - md - 4">
              <div class = "thumbnail">< img src = "images/pr.jpg" alt = "">
                <div class = "caption">
                  <h3 > PREMIERE </h3 >
                  <p class = "text - justify"> Adobe Premiere 是一款常用的视频编辑软件,由 Adobe
公司推出。它提供了采集、剪辑、调色、美化音频、字幕添加、输出、DVD 刻录的一整套流程,且可以与
Adobe 公司推出的其他软件相互协作。目前这款软件广泛应用于广告制作和电视节目制作中。</p>
                  <p class = "text - center">< a href = " # " class = "btn btn - primary" role =
"button">进入学习</a></p>
                </div>
              </div>
```

```
            </div>
            <div class = "col - md - 4">
              <div class = "thumbnail">< img src = "images/ae. jpg" alt = "">
                <div class = "caption">
                  <h3>AFTER EFFECT</h3>
                  <p class = "text - justify"> Adobe 公司推出的一款图形视频处理软件,是制作
动态影像设计不可或缺的辅助工具,是视频后期合成处理的专业非线性编辑软件。应用范围广泛,
涵盖影片、电影、广告、多媒体以及网页等,时下最流行的一些电脑游戏,很多都使用它进行合成制
作。</p>
                  <p class = "text - center"><a href = " # " class = "btn btn - primary" role =
"button">进入学习</a></p>
                </div>
              </div>
            </div>
            <div class = "col - md - 4">
              <div class = "thumbnail">< img src = "images/dw. jpg" alt = "">
                <div class = "caption">
                  <h3>DREAMWEAVER</h3>
                  <p class = "text - justify">简称"DW",中文名称为"梦想编织者",是集网页制
作和管理网站于一身的所见即所得网页代码编辑器。利用对 HTML、CSS、JavaScript 等内容的支持,
设计师和程序员可以利用它可以轻而易举地制作出跨越平台限制和跨越浏览器限制的充满动感的
网页。</p>
                  <p class = "text - center"><a href = " # " class = "btn btn - primary" role =
"button">进入学习</a></p>
                </div>
              </div>
            </div>
            <div class = "col - md - 4">
              <div class = "thumbnail">< img src = "images/cp. jpg" alt = "">
                <div class = "caption">
                  <h3>CAPTIVATE</h3>
                  <p class = "text - justify">一款屏幕录制软件, 通过使用软件的简单的单击
用户界面和自动化功能,学习软件的专业人员、教育工作者和商业与企用用户可以轻松记录屏幕操
作、添加电子学习交互、创建具有反馈选项的复杂分支场景,并包含丰富的媒体。</p>
                  <p class = "text - center"><a href = " # " class = "btn btn - primary" role =
"button">进入学习</a></p>
                </div>
              </div>
            </div>
            <div class = "col - md - 4">
              <div class = "thumbnail">< img src = "images/cs6. jpg" alt = "">
                <div class = "caption">
                  <h3>FLASH CS6</h3>
                  <p class = "text - justify"> Adobe Flash CS6 是用于创建动画和多媒体内容的
强大的创作平台。内含强大的工具集,具有排版精确、版面保真和丰富的动画编辑功能,在多种设备
中如台式计算机和平板电脑、智能手机和电视等,都能呈现一致效果的互动体验。</p>
                  <p class = "text - center"><a href = " # " class = "btn btn - primary" role =
"button">进入学习</a></p>
                </div>
              </div>
```

```
          </div>
          <div class = "col - md - 4">
            <div class = "thumbnail">< img src = "images/cc.jpg" alt = "">
              <div class = "caption">
                <h3 >FLASH CC</h3 >
                <p class = "text - justify"> Adobe Flash CC 是 Adobe 公司发布的一个专业的
Flash 动画制作软件,界面清新简洁友好,它可以实现多种动画特效,是由一帧帧的静态图片在短时
间内连续播放而造成的视觉效果,表现为动态过程,能满足用户的制作需要。</p>
                <p class = "text - center">< a href = "#" class = "btn btn - primary" role =
"button">进入学习</a></p>
              </div>
            </div>
          </div>
        </div>
```

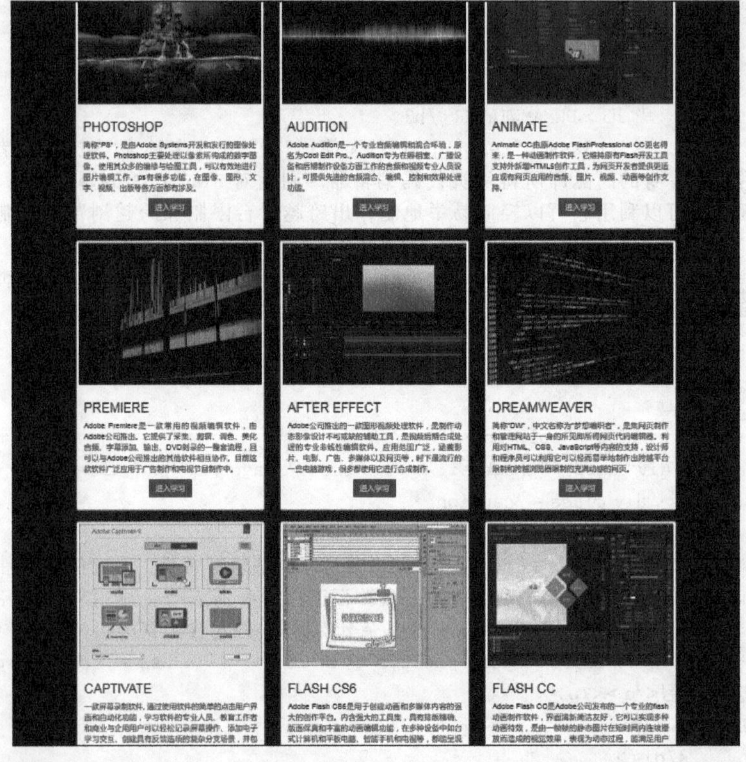

图 9.55

(5) 将第三行的 ID 名设为 study,然后在第三行中插入 h1 标签,并输入标题“学习方法”;在第四行的第一列中插入 Bootstrap 组件“自适应图片(Responsive Image)”,选择图片 stairs.png,并为图片添加 center-block 属性。在第四行的第二列中插入组件 jumbotron,修改代码并填充内容,最终代码如下:

```
<div class = "col - md - 12" id = "study">
          <h1 >学习方法</h1 >
        </div>
        <div class = "col - md - 5">< img src = "images/stairs.png" class = "img - responsive
center - block" alt = ""></div>
```

```
        <div class="col-md-6 col-md-offset-1">
          <div class="jumbotron">
            <h2>三步教学法</h2>
            <p>本书创作原则采用"阶梯案例三步教学法",是作者在几十年教学生涯中从实践到
理论的结晶。图片所示的是该教学方法的图示模型。第一步:精细训练,每个知识单元设计一个到
几个经典案例,进行手把手范例教学,按照教材的提示,由教师指导,学生自主完成。学生也可登录
课程网站,参照案例视频讲解,一步步训练。
                第二步:模拟训练,每一个知识单元提供一到多个模拟练习作品,只提供最后结果,
不提供过程,学生使用提供的素材,制作出同样原理的作品。
                第三步:创意练习训练,运用知识单元学习到的技能,自己设计制作一个包含章节知
识点的作品。</p>
            <p><a class="btn btn-primary btn-lg" href="#" role="button">Learn more
</a></p>
          </div>
        </div>
```

(6) 为添加内容设置样式,创建名为#main .container .row、.col-md-6.col-md-offset-1 .jumbotron p和h1的CSS规则,样式代码如下,效果如图9.56所示。

```
#main .container .row {
    margin-top: 50px;
}
.col-md-6.col-md-offset-1 .jumbotron p {
    color: #2A2A2A;
    text-align: justify;
    font-size: 17px;
}
h1 {
    color: #FFFFFF;
    text-align: left;
    letter-spacing: 50px;
    margin-top: 50px;
    margin-bottom: 30px;
    background-color: #7D0000;
    margin-right: 450px;
    padding-left: 50px;
}
```

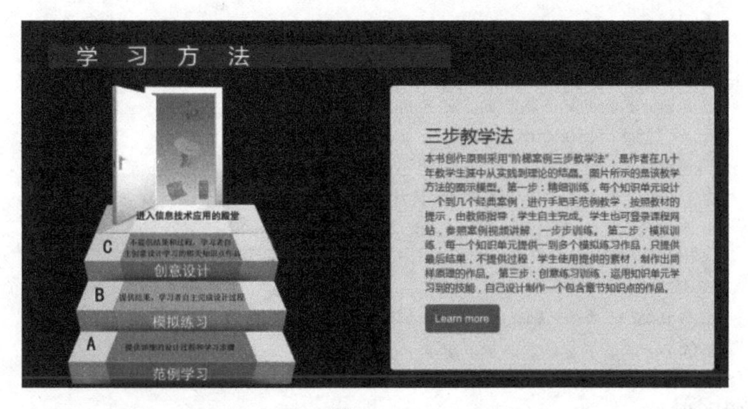

图 9.56

9.5.3 结尾和链接区域的制作

(1) 下面制作 footer 区域。将光标置于 footer 标签中，删除占位文本，然后在其中插入"包含多列的行"，列数为 1。最后修改代码，调整屏幕大小和布局，代码如图 9.57 所示。

```
<footer id="footer">
  <div class="row">
    <div class="col-md-12"></div>
</footer>
```

图 9.57

(2) 为新创建的行添加规则，将光标置于 row 的后面，按一下空格键，然后输入规则名称 body-bg，并在 CSS 设计器中创建一个名为#footer .row. body-bg 的规则，样式代码如下：

```
#footer .row.body-bg {
    background-color: #000000;
    margin-top: 66px;
    }
```

(3) 在行中插入一个 container 容器，在该容器中再插入"包含多列的行"，列数为 3。最后修改代码，调整屏幕大小和布局，代码如图 9.58 所示。

```
<footer id="footer">
  <div class="row body-bg">
    <div class="col-md-12">
      <div class="container">
        <div class="row">
          <div class="col-md-12"></div>
          <div class="col-md-10 col-md-offset-2"></div>
          <div class="col-md-12"></div>
        </div>
      </div>
    </div>
    </div>
</footer>
```

图 9.58

(4) 将新创建行中的第一行的 ID 名设为 contact，然后在这些行中添加以下内容，代码如下：

```
<div class="container">
        <div class="row">
          <div class="col-md-12" id="contact">
            <h1 class="text-left">联系</h1>
          </div>
          <div class="col-md-10 col-md-offset-2">
            <p>联系方式: 753071171@qq.com<br>
              <br>
              邮编: 430205<br>
              <br>
              地址: 武汉市东湖新技术开发区高新二路 129 号<br>
            </p>
          </div>
          <div class="col-md-12">
            <p id="p1">&copy;2018-2019 oooo company 版权所有</p>
          </div>
        </div>
      </div>
```

（5）创建名为.row .col-md-10.col-md-offset-2 p、#p1 和.container .row .col-md-12 的 CSS 规则，样式代码如下，效果如图 9.59 所示。

```
.row .col - md - 10.col - md - offset - 2 p {
    color: #C3C3C3;
    font - size: 20px;
}
#p1 {
    color: #B3B3B3;
    text - align: left;
    font - size: 18px;
    margin - bottom: 0px;
    margin - top: 40px;
}
.container .row .col - md - 12 {
    margin - top: 50px;
}
```

（6）为导航添加链接，如图 9.59 和图 9.60 所示。

图 9.59

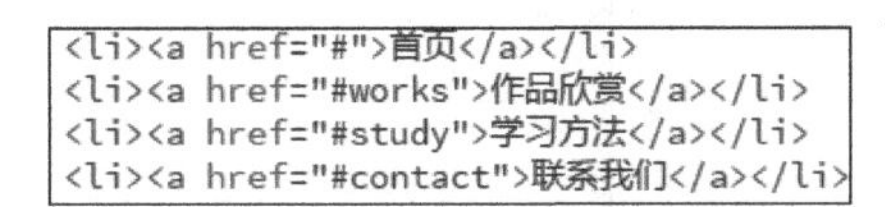

```
<li><a href="#">首页</a></li>
<li><a href="#works">作品欣赏</a></li>
<li><a href="#study">学习方法</a></li>
<li><a href="#contact">联系我们</a></li>
```

图 9.60

9.5.4 媒体查询区域的制作

（1）最后为整个网页创建媒体查询，调整不同分辨率下的元素属性的变化，在 main.css 中添加以下代码：

```
@media screen and (max - width:768px) {
h1 {
    font - size: 30px;
    text - align: center;
    letter - spacing: 5px;
    margin - right: 0px;
    padding - left: 0px;
}
h2 {
    font - size: 20px;
}
.col - md - 6.col - md - offset - 1 .jumbotron p {
    font - size: 14px;
}
.row .col - md - 10.col - md - offset - 2 p {
    font - size: 14px;
}
```

```
#p1 {
    font-size: 14px;
}
}
```

(2) 按 F12 键浏览网页,在浏览器中找到“开发者工具”,选择图标 ,如图 9.61 所示。然后调试页面,查看不同屏幕分辨率下网页的响应式效果,如图 9.62 所示。

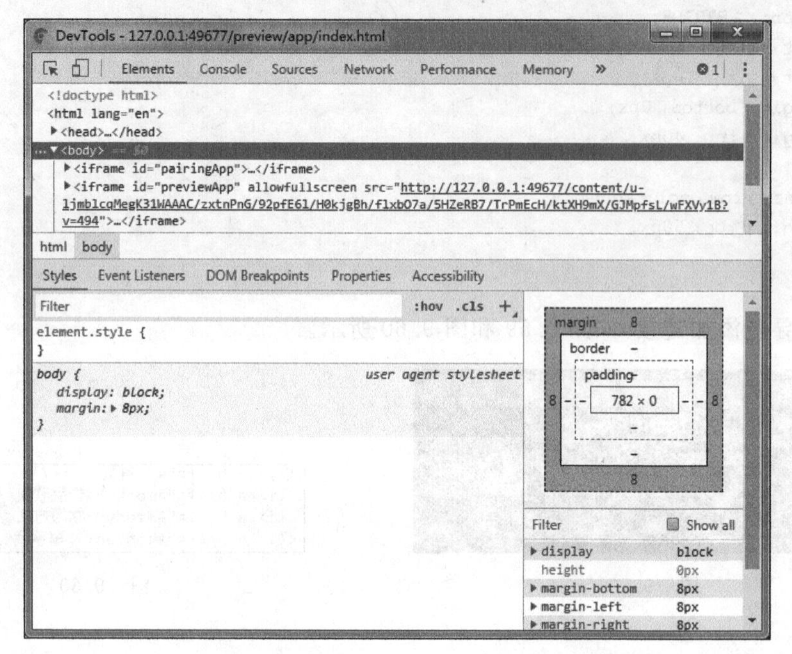

图 9.61

图 9.62

作业

一、模拟练习

打开“lesson09/模拟/09complete/index.html”文件进行预览，根据本章所述知识做一个类似的作品。作品资料已完整提供，获取方式见前言。

二、自主创意

自主设计制作一个网页，应用本章所学习知识，熟练使用对网站进行编码进行网页设计。

三、理论题

1. 什么是Bootstrap？为什么要使用Bootstrap？
2. 使用Bootstrap时，要声明的文档类型是什么？为什么要这样声明？
3. 什么是Bootstrap网格系统？
4. 对于各类尺寸的设备，Bootstrap设置的class前缀分别是什么？

第10章

表　单

本章学习内容

（1）表单的基本结构；

（2）表单的基本操作；

（3）HTML5 新的输入类型；

（4）HTML5 新增表单属性。

完成本章的学习需要大约 2 小时，相关资源获取方式见前言。

知识点

表单基本结构	表单工作原理	表单组成部分	表单语法结构
表单元素	插入表单	文本域与文件域	按钮
单选框与复选框	图像域与隐藏域	下拉菜单	HTML5 新增属性
HTML5 新的输入类型	ASP 表单与用户输入		

本章案例介绍

范例

本章范例是一个填写个人信息的表单网页，如图 10.1 所示。通过范例的学习，掌握在 Dreamweaver 中使用栅格布局页面和用 ASP 处理表单传输的数据的技巧和方法。

模拟案例

本章模拟案例是一个含有表单的登录页面，通过模拟练习进一步熟悉应用表单制作页面的方法，如图 10.2 所示。

图　10.1

图　10.2

10.1　预览完成的范例

(1) 右击“lesson10/范例/10complete”文件夹中的 index.html 文件，在弹出的菜单中选择已安装的浏览器对 index.html 文件进行浏览。

(2) 关闭浏览器。

(3) 也可以用 Dreamweaver CC 2018 打开源文件进行预览。在菜单栏中选择“文件”→“打开”按钮，选择“lesson10/范例/10complete”文件夹中的 index.html 文件，并单击“打开”按钮，切换到“实时”视图查看页面。

10.2　表单的基本结构

视频讲解

表单是交互式网站的基础，在 Web 中的用途很多，包括用户注册、调查问卷、讨论区等，这些功能通常是由表单结合动态数据库实现的。

10.2.1　表单组成部分和工作原理

一个完整的表单应该有两个重要组成部分：一个是含有表单和表单元素的网页文档，用于收集用户输入的信息；另一个是用于处理用户输入信息的服务器端应用程序或客户端脚本，如 CGI、JSP 和 ASP 等。

用户提交表单之后，表单内容将传送到服务器上，并由事先撰写的脚本程序处理，最后再由服务器将处理结果传回给浏览者，即提交表单之后出现的页面。

10.2.2 表单的语法结构

表单中包含多种对象(也称为表单控件)。例如，用于输入文字的文本域、用于发送命令的按钮、用于选择的单选按钮和复选框、用于设置信息的列表和菜单等。所有这些控件脚本与在 Windows 各种应用程序中遇到的非常相似。如果熟悉某种脚本语言，则可以编写脚本或应用程序来验证输入信息的正确性。

表单的语法结构如下：

```
<form>表单元素</form>
```

注意：表单本身不可见。

10.2.3 HTML 表单元素

在 Form 标签中，可用以下标签实现元素的添加，如表 10.1 所示。

表 10.1 Form 标签

标　签	描　述	标　签	描　述
<input>	表单输入标签	<textarea>	文字域标签
<select>	菜单和列表标签	<optgroup>	菜单和列表项目标签
<option>	菜单和列表项目标签		

在 Form 标签内 input 标签具有重要的地位，该标签是单个标签，没有结束标记。该标签语法结构如下所示：

```
<input type="类型属性" name="名称" …/>
```

一些 input 标签如表 10.2 所示。

表 10.2 input 标签

Type 属性值	描　述	Type 属性值	描　述
text	文字域	Button	按钮
password	密码域	Submit	提交按钮
file	文件域	Reset	重置按钮
checkbox	复选域	Hidden	隐藏域
radio	单选域	image	图像域

视频讲解

10.3 表单的基本操作

10.3.1 插入表单

制作含有表单的网页，首先要在文档中插入表单，具体操作如下。

(1) 新建一个 HTML 文档，将光标置于页面中要插入表单的位置。

（2）在菜单栏中选择“插入”→“表单”→“表单”选项；或者在右侧的“插入”列表下选择“表单”选项，如图 10.3 和图 10.4 所示。

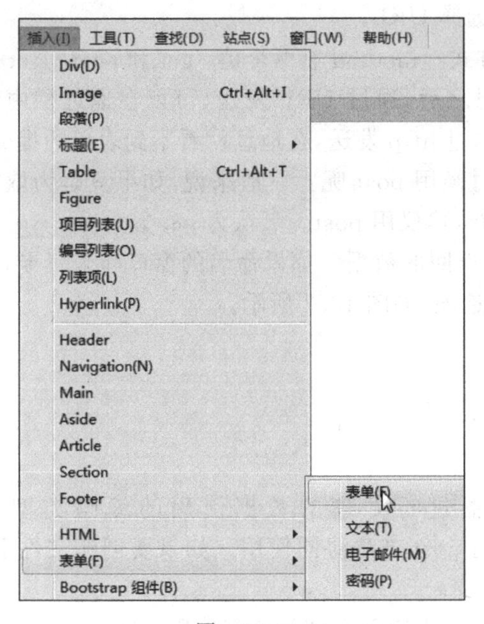

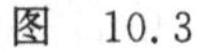
图　10.3

图　10.4

插入表单之后，在“设计”视图中，可以看见用红色的点状轮廓线表示插入的表单，如图 10.5 所示。如果看不到轮廓线，选择菜单栏“查看”→“设计视图选项”→“可视化助理”→“表格边框”选项，显示红色的轮廓线。

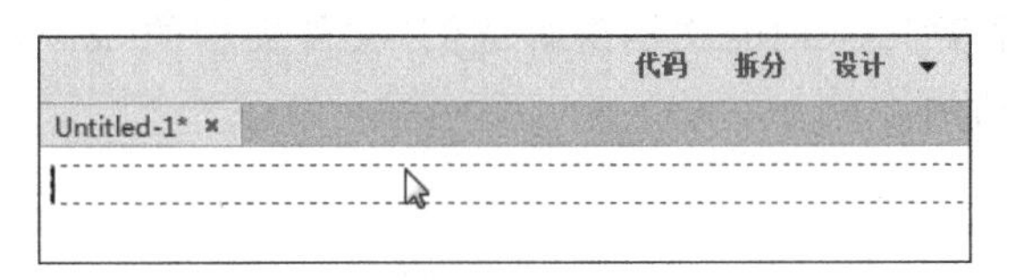

图　10.5

注意：表单标记可以嵌套在其他 HTML 标记中，其他 HTML 标记也可以嵌套在表单中。但一个表单不能嵌套在另一表单中。

（3）在页面底部可以看到表单“属性”面板，如图 10.6 所示，如果没有显示，选择“窗口”→“属性”打开面板。

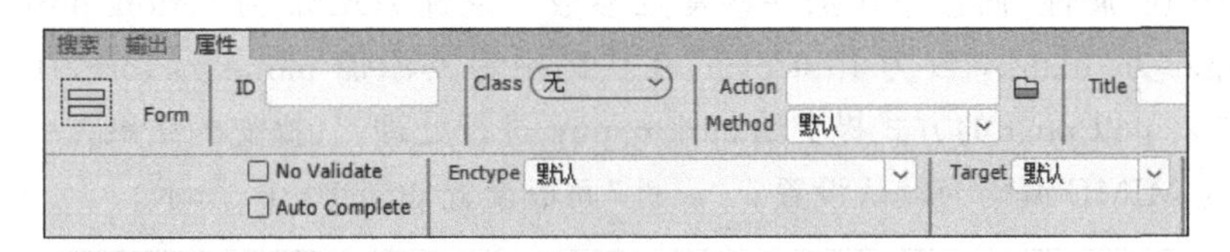

图　10.6

“属性”面板中的各个参数简要介绍如下。

① ID——对表单命名以进行识别。该名称必须唯一，表单只有在命名后才能被脚本语

言引用或控制。

② Action——该属性的值是处理程序的程序名(绝对或相对 URL),可以直接输入URL,或者单击右侧的文件夹图标 浏览选择 URL。

③ Method——表示发送表单信息的方式。method 有两个值:get 和 post。get 的方式是将表单控件的 name/value 信息经过编码之后,通过 URL 发送(可以在地址栏中看到),如图 10.7 所示。而 post 则将表单的内容通过 http 发送,在地址栏看不到表单的提交信息,如图 10.8 所示。那什么时候用 get,什么时候用 post 呢?一般来说,如果只是为取得和显示数据,用 get;一旦涉及数据的保存和更新,建议用 post。默认为 get 方式。

④ Target——在目标窗口中调用程序返回的数据。如果命名的窗口尚未打卡,则打开一个具有该名称的新窗口。Target 有多个选项,如图 10.7 所示。

- _blank:在新窗口中打开。
- _self:默认。在相同的框架中打开。
- _parent:在父框架集中打开。
- _top:在整个窗口中打开。

⑤ Enctype——指定对提交给服务器进行处理的数据使用的编码类型。设置 application/x-www-form-urlencoded 通常与 post 方法协同使用。如果要创建文件上传域,则指定 multipart/form-data 类型。

⑥ Accept Charset——可接受的字符集。它表示文档的语言编码。Dreamweaver 使用 UTF-8 编码创建 Unicode 标准化表单。

⑦ No Validate——提交表单时不对 form 或 input 域进行验证。

⑧ Auto Complete——在表单项中键入字符后,将显示可自动完成输入的候选项列表。

(4) 插入一个表单之后,在"代码"视图中可以看见如图 10.8 所示的代码。保存该页面到相应站点下面,同时将"lesson10/文档讲解范例"文件夹中的 action.html 文件复制到该站点之下,如图 10.9 所示。

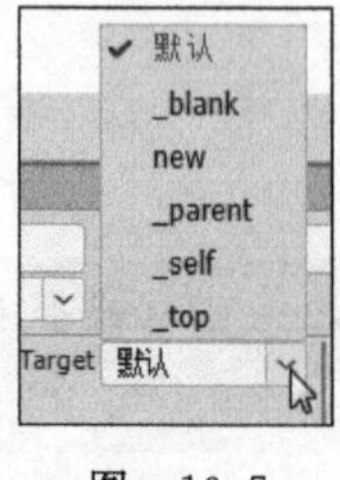

图 10.7

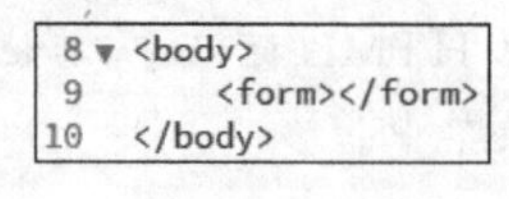

图 10.8

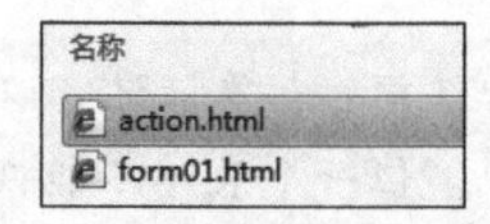

图 10.9

(5) 为其在"属性"面板中添加一些常见参数。设置 Action 为 action.php,Method 为 POST,Target 为_blank,ID 为 firstform,在代码中为其添加 name 为 form01。即将名为 firstform 的表单以 post 的方式提交给 action.php 进行处理,且提交的结果在一个新的页面显示,提交的 MIME 编码为默认设置。"属性"面板设置如图 10.10 所示。

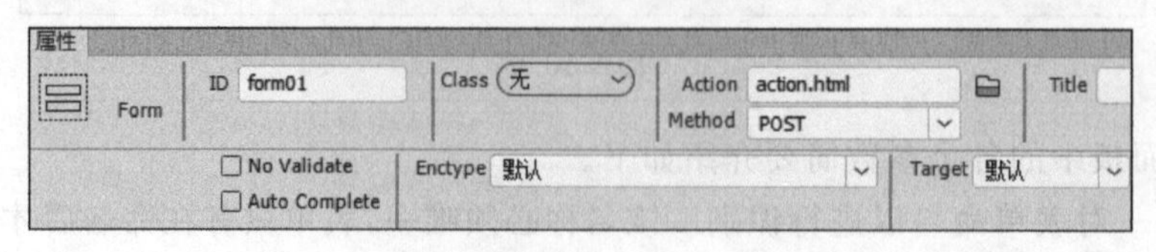

图 10.10

创建表单之后，就可以在表单内创建各种表单对象了。在 Dreamweaver CC 2018 中，对表单对象的操作命令，主要集中在“插入”→“表单”菜单中或者在如图 10.4 所示的“表单”面板中，这些表单元素如图 10.11 所示。

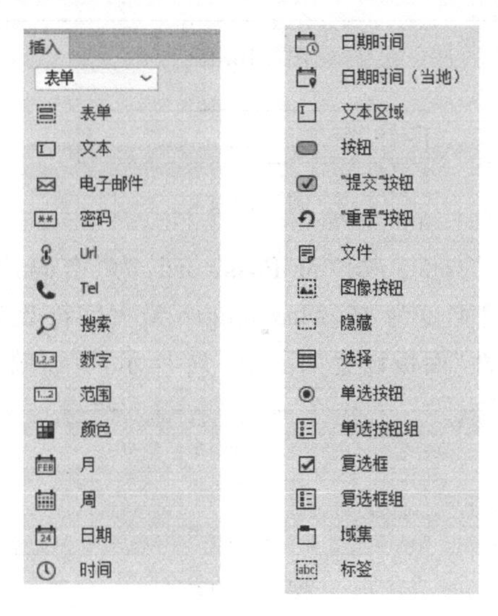

图 10.11

10.3.2 文本域和文件域

“文本字段”即网页中供用户输入文本的区域，“文本”区域分为单行文本、文本区域和密码 3 种类型，可以接受任何类型的文本、字母或数字。

文件域与单行文本字段非常相似，不同的是文件域多了一个“浏览”按钮，用于浏览选择随表单一起上传的文件。利用文件域的功能，可以将图像文件、压缩文件和可执行文件等本地计算机上的文件上传到服务器上，前提是服务器支持文件匿名上传功能。

下面在 Dreamweaver CC 2018 中实际操作，在文档中插入“单行文本”“文本区域”“密码”和“文件”。

(1) 新建一个名为 form02 的 HTML 文件。插入表单，在表单的“属性”面板中，设置 Action 为 action.php，ID 为 textfile，Enctype 为 multipart/form-data，Method 为 post。主要是用于上传文件。

(2) 将光标置于表单中，选择“插入”→“表单”→“文本”命令，或单击“表单”面板中的“文本”图标按钮 文本 ，即可在表单中添加一个文本字段，然后修改文本字段的标签占位符 Text Field：为“姓名：”。

(3) 选择刚插入的文本字段，在“属性”面板中，设置 Size 字符宽度为 25，Max length 最大字符数为 20，Place Holder 占位提示符为“请输入姓名”。“属性”面板设置如图 10.12 所示，页面效果如图 10.13 所示。

注意：“字符宽度”用于设置文本字段的字符空间；“最多字符数”用于设计最多可输入的字符数。

(4) 给插入的文本字段设置 p 标签。选择“插入”→“表单”→“密码”命令，添加第二个

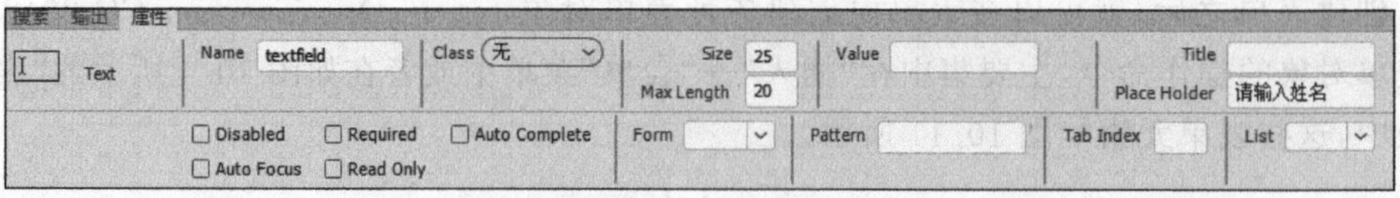

图 10.12

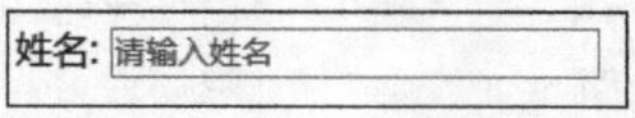

图 10.13

文本字段,并修改文本字段的标签占位符 Password:为"密码:"。在"属性"面板中,设置 Name 名称为 pwd,Size 字符宽度为 15,Max length 最大字符数为 12,Place Holder 占位提示符为"请输入密码"。"属性"面板设置如图 10.14 所示,页面效果如图 10.15 所示。

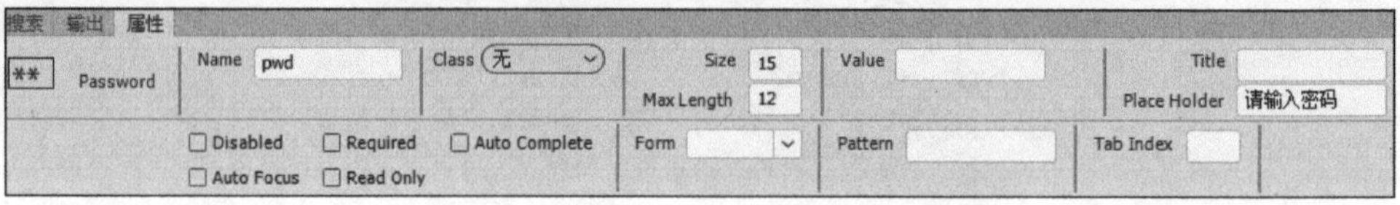

图 10.14

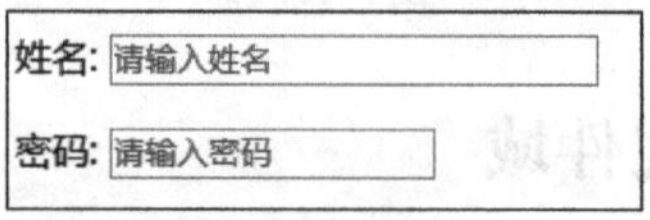

图 10.15

(5) 尝试在密码域中输入字母或数字,会发现密码是不可见的,用"•"表示。一般用户希望自己的输入信息不被他人看到时,就可以使用密码域。

(6) 给插入的文本字段设置 p 标签。选择"插入"→"表单"→"文本区域"命令,添加第三个文本字段,并修改文本字段的标签占位符 Text Area:为"简介:"。在"属性"面板中,设置 Name 名称为 info,Rows 行数为 6,Cols 字符宽度为 50,Place Holder 占位提示符为"请输入个人介绍"。"属性"面板设置如图 10.16 所示,页面效果如图 10.17 所示。

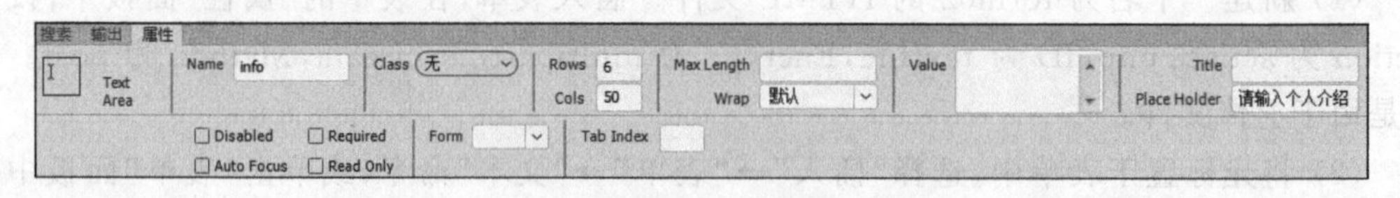

图 10.16

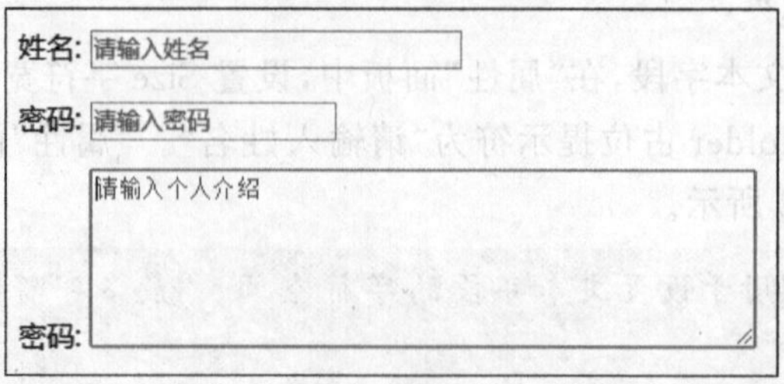

图 10.17

(7) 给插入的文本字段设置 p 标签。选择“插入”→“表单”→“文件”命令，添加第四个文本字段，并修改文本字段的标签占位符 File：为“上传照片：”。在“属性”面板中，设置 Name 名称为 photo。“属性”面板设置如图 10.18 所示，页面效果如图 10.19 所示。

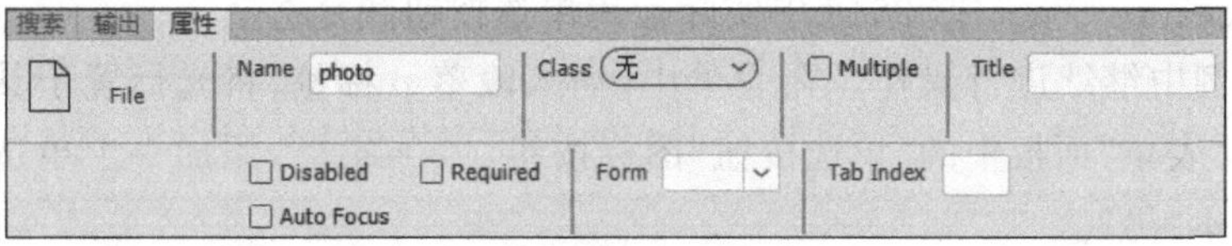

图　10.18

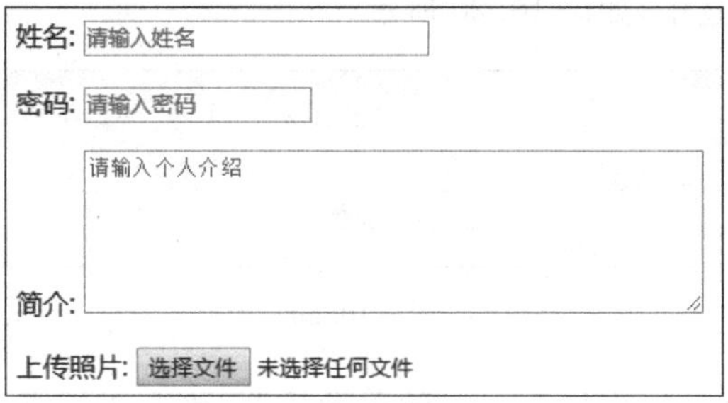

图　10.19

(8) 整体代码如下：

```
<form action = "action.php" method = "post" enctype = "multipart/form-data" id = "textfile">
  <p>
    <label for = "textfield">姓名:</label>
    <input name = "textfield" type = "text" id = "textfield" placeholder = "请输入姓名" size =
"25" maxlength = "20">
  </p>
  <p>
    <label for = "pwd">密码:</label>
    <input name = "pwd" type = "password" id = "pwd" placeholder = "请输入密码" size = "15"
maxlength = "12">
  </p>
  <p>
    <label for = "info">简介:</label>
    <textarea name = "info" cols = "50" rows = "6" id = "info" placeholder = "请输入个人介绍">
</textarea>
  </p>
  <p>
    <label for = "photo">上传照片:</label>
    <input name = "photo" type = "file" id = "photo">
  </p>
</form>
```

10.3.3　单选按钮和复选框

在表单中使用单选按钮和复选框可以设置预定义的选项。访问者可以通过单击单选按钮或复选框来选择预置的选项。

单选按钮和复选框都有“选中”和“未选中”两种状态。同一组单选按钮如果有多个选择框,则选择框之间是相互排斥的,只允许用户选择一个。复选框和单选按钮的区别是,复选框允许用户同时选中同一表单中的多个或全部选项,当然,也可以只选其中的一个选项。单选按钮和复选框只有在“选中”时,数据才能被提交到服务器端。

继续在 Dreamweaver CC 2018 中实际运用单选按钮和复选框。

(1) 在上例中继续进行操作。在表单中,插入段落 p 标签,将光标置于其中,输入文本“性别:”,单击“表单”面板中的“单选按钮”图标按钮 ◉ 单选按钮 ,添加一个单选按钮,在该标签之后输入文本“男”。

(2) 在“属性”面板中将新添加的单选按钮对象命名为 gender,设置选定值 Value 为 0,初选状态 Checked 为未选中,如图 10.20 所示。

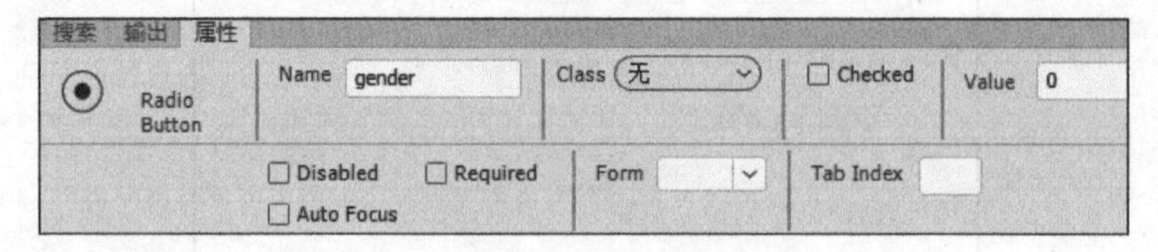

图 10.20

(3) 同理,继续添加一个名为 gender 的单选按钮,改变选定值 Value 为 1,并在该标签之后输入文本“女”,同时设置“女”为选中状态,选中 Checked 选项。效果如图 10.21 所示。

注意:单选按钮是以组为单位的,因此所有的单选按钮必须拥有同一个组名,并且其值均不能相同。即同一组的 Name 值相同,Value 值不能相同。

(4) 继续添加复选框选项。在单选按钮之后,插入段落 p 标签,将光标置于其中,输入文本“爱好:”,单击“表单”面板中的“复选框”图标按钮,添加一个复选框,在该标签之后输入文本“阅读”。接着依次添加“跑步”和“唱歌”复选框。

(5) 分别选中页面上的复选框,在“属性”面板中设置其名称 Name 分别为 dx1、dx2 和 dx3,选定值 Value 分别为 read、run 和 sing。效果如图 10.22 所示。

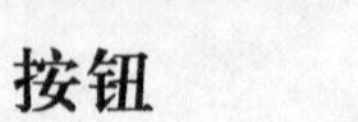

性别: ◯ 男 ◉ 女

图 10.21

爱好: ☐ 阅读 ☐ 跑步 ☐ 唱歌

图 10.22

注意:与单选按钮不同,每一个复选框都是独立的,因此应为每个复选框设置唯一的 Name 名称。

10.3.4 按钮

按钮对于 HTML 表单来说是必要的,表单中的按钮对象是用于触发服务器端脚本处理程序的工具。

Dreamweaver CC 2018 提供了 3 种基本类型的按钮:提交、重置和普通按钮。“提交”按钮可以实现表单内容的提交;“重置”按钮能够将表单的内容恢复为默认值;普通按钮并不实现任何功能,需要与 JavaScript 等脚本语言一起使用。

继续在 Dreamweaver CC 2018 中实际运用这 3 种类型的按钮。

(1) 接着 10.3.3 节的案例继续进行操作。在表单中,插入段落 p 标签,将光标置于其中,单击“表单”面板中的“提交按钮”图标按钮,添加一个提交按钮。

(2) 在“属性”面板中设置名称 Name 为 submit,该名称可以被脚本或程序所引用,且必须唯一。设置标识选定值 Value 为“提交”,该标识将显示在按钮上。

(3) 插入重置按钮,单击“表单”面板中的“重置按钮”图标按钮,添加一个重置按钮。在“属性”面板中设置名称 Name 为 reset,选定值 Value 为“重置”。

(4) 插入普通按钮,单击“表单”面板中的“按钮”图标按钮,添加一个普通按钮。在“属性”面板中设置名称 Name 为 button,选定值 Value 为“点击我”。

(5) 保存文档,在浏览器中效果如图 10.23 所示。

图 10.23

10.3.5 图像域和隐藏域

在表单中,通常使用“提交”按钮来提交表单,其实,“图像按钮”可以替代“提交”按钮来执行将表单数据提交给服务器端程序的功能,而且使用图像按钮也更美观。这里的“图像域”也就是指“图像按钮”。

继续在 Dreamweaver CC 2018 中实际运用图像按钮。

(1) 紧接上步,将“lesson10/文档讲解范例”文件夹中的 image 文件夹复制到该站点之下,单击“表单”面板中的“图像按钮”图标按钮,添加一个图像按钮。在“属性”面板中设置名称 Name 为 imagebutton,选择的图像文件 Src 为“image/image-button.png”,关联表单 form 为 textfile,并在代码中添加 value="submit",代码如下:

```
< input name = "imagebutton" type = "image" id = "imagebutton" form = "textfile"
formenctype = "multipart/form - data" value = "submit" src = "image/image - button.png">
```

(2) 保存文档,回到站点文件夹中,通过右键快捷菜单在浏览器中打开网页文件,效果如图 10.24 所示。当单击图像时就会跳转到表单处理页面,如图 10.25 所示。

图 10.24　　图 10.25

注意:建议使用 Firefox 浏览器浏览该页面。

将信息从表单传送到服务器处理时,常常需要发送一些不应该被访问者看到的数据,例如,服务器端脚本程序需要的变量。

“隐藏域”不会在表单中显示。利用“隐藏域”可以实现浏览器与服务器在后台隐藏地交换信息。

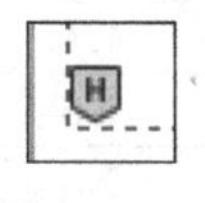

图 10.26

(3) 将光标置于图像按钮标签之后,另起一行,单击“表单”面板中的“隐藏”图标按钮,切换至“设计”视图显示隐藏域占位符,如图 10.26 所示。

(4) 在“属性”面板中设置名称 Name 为 hidden,选定值 Value 为“这是一个用户注册信息”。这两个属性是必需的,用来表示隐藏域的名字和值。

10.3.6 下拉菜单和列表标签

在表单中,经常使用下拉菜单来完成地址、教育程度、政治面貌等的选择,在 Dreamweaver CC 2018 中实际运用下拉菜单。

(1) 紧接 10.3.5 节的案例,将光标置于爱好选项之后,另起一行,输入文本"城市:",单击"表单"面板中的"选择"图标按钮 选择 ,在"属性"面板中设置名称 Name 为 city,Size 为 3,如图 10.27 所示。

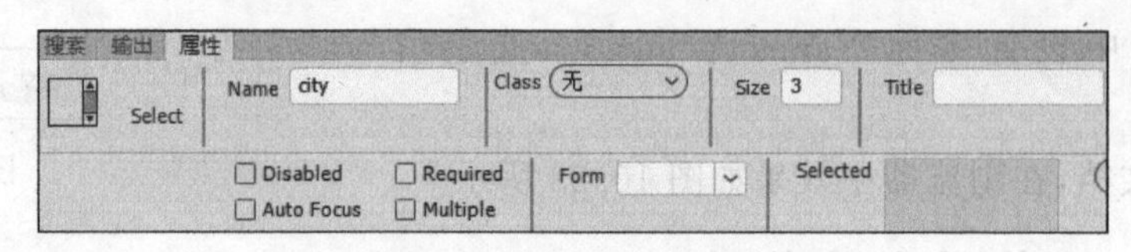

图 10.27

(2) 单击"列表值"按钮,设置列表值,具体设置如图 10.28 所示。

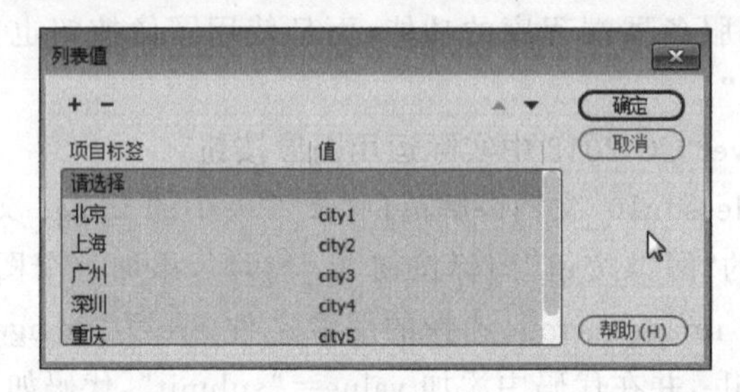

图 10.28

<select>标签具有 value 和 selected 属性,selected 属性用来指定默认的选项,value 属性用来给<option>标签指定的那一个选项赋值。

视频讲解

10.4 HTML5 新的输入类型

HTML5 拥有多个新的表单输入类型,这些新特性提供了更好的输入控制和验证。并不是所有的主流浏览器都支持新的 input 属性,不过可以在所有的主流浏览器中使用它们,即使不被支持,仍可以显示为常规的文本域。

表 10.3 列出了新的输入类型以及相应浏览器的兼容性。

表 10.3 新的输入类型以及相应浏览器的兼容性

输入类型	IE	Firefox	Opera	Chrome	Safari
email	No	4.0	9.0	10.0	No
url	No	4.0	9.0	10.0	No
number	No	No	9.0	7.0	No
range	No	No	9.0	4.0	4.0
Date picker	No	No	9.0	10.0	No
search	No	4.0	11.0	10.0	No
color	No	No	11.0	No	No

10.4.1 email

email 类型用于应该包含电子邮件地址的输入域。在提交表单时，会自动验证 email 域的值。

(1) 新建一个名为 form03 的 HTML 文件，在页面中插入表单，输入文本“电子邮箱：”，单击“表单”面板中的“电子邮箱”图标按钮 电子邮件 ，设置其 name 属性为 email。

(2) 在 email 类型之后插入一个验证按钮。代码如下：

```
<form>
 电子邮箱:
 <input name="email" type="email">
 <input type="submit" value="验证:">
</form>
```

此时在表单中输入错误的电子邮件地址，效果如图 10.29 所示。

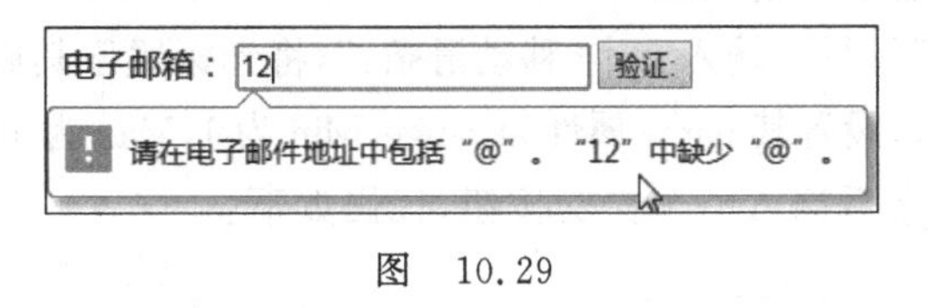

图 10.29

10.4.2 url

url 类型用于应该包含 URL 地址的输入域。在提交表单时，会自动验证 url 域的值。

(1) 紧接上步，另起一行。输入文本“URL 地址：”，将光标置于其后，单击“表单”面板中的 Url 图标按钮 Url ，设置其 name 属性为 url。

(2) 在 url 类型之后插入一个验证按钮。代码如下：

```
<p> URL 地址:
  <input name="url" type="url">
  <input type="submit" value="验证:">
</p>
```

此时在表单中输入错误的 URL 地址，效果如图 10.30 所示。

图 10.30

10.4.3 number

number 类型用于应该包含数值的输入域，另外，还可以对数值设置限定。

(1) 紧接 10.4.2 节的案例，另起一行。输入文本“输入数字：”，将光标置于其后，单击“表单”面板中的“数字”图标按钮 数字 ，设置其 name 属性为 number，Min 为 1，Max 为 100，限定只能输入 100 以内的数字。

(2) 在 number 类型之后插入一个验证按钮。代码如下：

```
<p> 输入数字：
  <input name = "number" type = "number" max = "100" min = "1">
  <input type = "submit" value = "验证：">
</p>
```

此时使用了 number 类型，并设置了数值范围。当输入 102，并单击“验证”按钮时，页面会出现报错提醒，效果如图 10.31 所示。

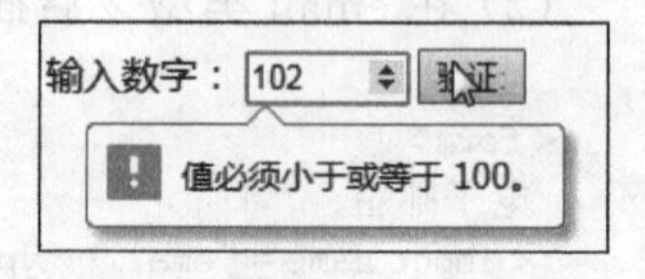

图 10.31

10.4.4 range

range 类型用于应该包含一定范围内数字值的输入域，与 number 类似，也可以对数值设置限定。range 类型显示为滑动条。

(1) 紧接上步，另起一行。输入文本“移动滑条：”，将光标置于其后，单击“表单”面板中的“范围”图标按钮 范围，设置其 name 属性为 range，Min 为 1，Max 为 100，设置数值为 1～100。

(2) 在 range 类型之后插入一个提交按钮，代码如下：

```
<p> 移动滑条：
 1 <input name = "range" type = "range" id = "range" max = "100" min = "1"> 100
 <input id = "btn" type = "submit" value = "提交">
</p>
```

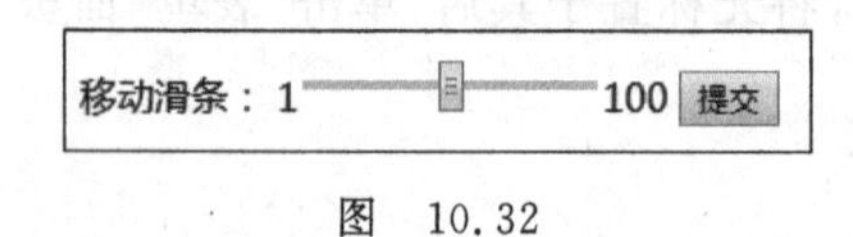

图 10.32

此时使用了 range 类型，并设置了数值范围，效果如图 10.32 所示。

这里有个问题，移动滑条无法得知数值到底是多少。解决方法是使用 JavaScript，代码如下：

```
<script>
 document.getElementById("btn").onclick = function(){
  alert(document.getElementById('range').value);
 }
</script>
```

当提交后，会弹出该值的大小，如图 10.33 所示。有关 JavaScript 的知识这里不做过多解释，感兴趣的读者可以自行查阅资料学习。

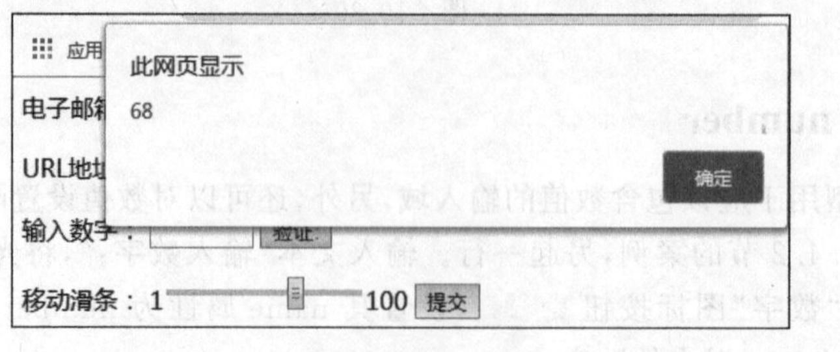

图 10.33

10.4.5　date picker

date picker 是时间选择器，HTML5 拥有多个可供选取日期和时间的新输入类型，具体如下：

- date——选取日、月、年。
- month——选取月、年。
- week——选取周、年。
- time——选取时间(小时和分钟)。
- datetime——选取时间、日、月、年(UTC 时间)。
- datetime-local——选取时间、日、月、年(本地时间)。

在表单中另起一行。输入文本“日期：”，将光标置于其后，单击“表单”面板中的“日期”图标按钮 日期 ，设置其 name 属性为 date，效果如图 10.34 所示，代码如下：

```
<p>选取日期：
 <input name = "data1" type = "date" id = "data1">
</p>
```

图　10.34

10.5　HTML5 新增表单属性

视频讲解

HTML5 input 表单为<form>和<input>标签添加了几个新属性，如表 10.4 所示。

表 10.4　新增表单属性

属　　性	描　　述
autocomplete	规定 form 或 input 域应该拥有自动完成功能
novalidate	规定在提交表单时不应该验证 form 或 input 域
autofocus	autofocus 属性规定在页面加载时，域自动地获得焦点
form	规定输入域所属的一个或多个表单
form overrides	表单重写属性，允许重写 form 元素的某些属性设定
height 和 width	规定用于 image 类型的 input 标签的图像高度和宽度
list	规定输入域的 datalist
min 和 max	规定输入域所允许的最小值和最大值
step	为输入域规定合法的数字间隔
multiple	规定输入域中可选择多个值

续表

属　性	描　述
pattern	规定用于验证 input 域的模式
placeholder	提供一种提示(hint),描述输入域所期待的值
required	规定必须在提交之前填写输入域(不能为空)

下面选取其中几个较为常用的属性进行详细讲解。

10.5.1　autocomplete

autocomplete 属性规定 form 或 input 域应该拥有自动完成功能,当用户在自动完成域中开始输入时,浏览器在该域中显示填写的选项。

autocomplete 适用于< form >标签,以及以下类型的< input >标签:text、search、url、telephone、email、password、datepickers、range 以及 color。

(1) 新建一个名为 form04 的 HTML 文件,在页面中插入表单,设置表单的 Action 为 #,选中 Auto Complete。“属性”面板如图 10.35 所示。

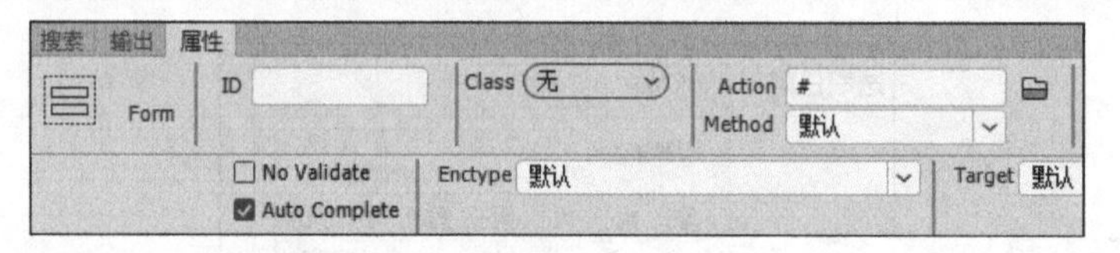

图　10.35

(2) 在表单内,插入文本域、密码域、邮箱、网址以及提交按钮。注意将密码域的 autocomplete 属性关闭。代码如下:

```
<form action="#" autocomplete="on">
 <p>姓名:<input name="name" type="text" id="name"></p>
 <p>密码:<input name="pwd" type="password" id="pwd" autocomplete="off"></p>
 <p>邮箱:<input name="email" type="email" id="email"></p>
 <p>网址:<input name="url" type="url" id="url"></p>
 <p><input name="btn" type="submit" id="btn" value="提交"></p>
</form>
```

在浏览器中浏览网页,为 form 表单填充初值,效果如图 10.36 所示。

autocomplete 属性的自动填充功能可帮助用户方便进行登录,当用户重新输入信息时,浏览器基于之前输入的值,会在下面提示字段中写过的内容,如图 10.36 和图 10.37 所示。

姓名:Dreamweaver
密码:••••••
邮箱:125@qq.com
网址:ttps://www.baidu.com/
提交

图　10.36

姓名:D
Dreamweaver
密码:
邮箱:
网址:
提交

图　10.37

10.5.2 autofocus 属性

autofocus 属性规定在页面加载时，域自动地获得焦点。该属性适用于所有< input >标签的类型。紧接 10.5.1 节的案例，在电子邮箱的“属性”面板中选中 auto focus。保存文档，在浏览器中浏览，效果如图 10.38 所示。

此时，在页面加载时，邮箱位置自动获取焦点。

10.5.3 multiple 属性

multiple 属性规定输入域中可选择多个值，multiple 属性适用于以下类型的< input >标签：email 和 file。紧接 10.5.2 节的案例，在网址之后插入一个文件域，在其“属性”面板中选中 multiple 属性，之后就可以选择多个文件了。

10.5.4 required 属性

required 属性规定必须在提交之前，用户必须填写输入域(不能为空)。required 属性适用于以下类型的< input >标签：text、search、url、telephone、email、password、date pickers、number、checkbox、radio 以及 file。紧接 10.5.3 节的案例，在该表单中“姓名”后的 text 输入框的“属性”面板中选中 required 属性，表示该输入框为必填项，若用户未输入任何值，则页面效果如图 10.39 所示。

图 10.38

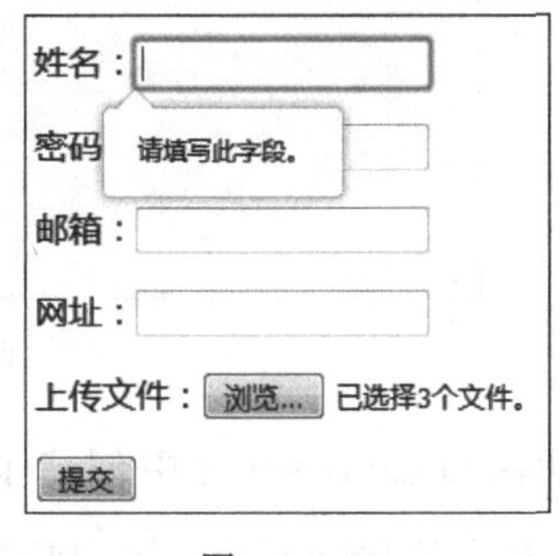

图 10.39

10.6 本章范例

视频讲解

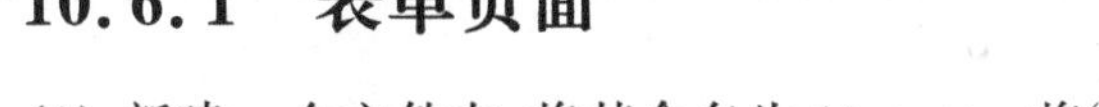

10.6.1 表单页面

(1) 新建一个文件夹，将其命名为 10start。将“lesson10/范例/10complete”文件夹中的 images 文件夹复制到该文件夹内。

(2) 打开 Dreamweaver CC 2018，新建一个站点名称为 10start 的站点，站点文件夹为刚才新建的 10start 文件夹，如图 10.40 所示。单击“保存”按钮关闭对话框。

(3) 在 Dreamweaver 中新建一个文档，执行“文件”→“新建”命令，在“文档类型”列表中选择 HTML，在“框架”面板中选择 Bootstrap，Bootstrap CSS 为“新建”，在“设计”中取消选中“包含预构建布局” 选项，如图 10.41 所示。单击“创建”按钮关闭对话框。

图 10.40

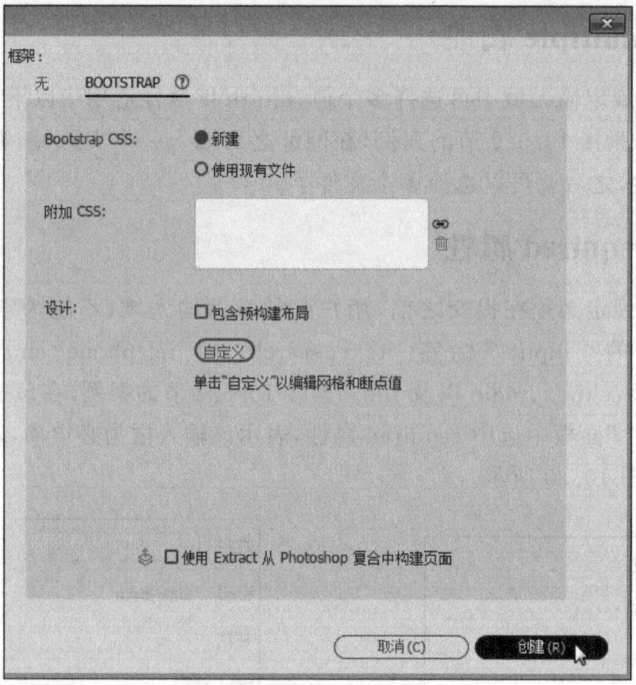

图 10.41

(4) 这时就在 Dreamweaver 中创建了一个包含 bootstrap 插件的页面,并且该网页已自动读取了 bootstrap.css、jquery 和 bootstrap.js 文件。执行"文件"→"保存"命令,将文件保存为 index.html。

(5) 将页面切换至"设计"视图,单击"拆分"视图,将光标置于 body 标签内,然后在"插入"面板中选择"Bootstrap 组件"下的 container-fluid 组件,创建一个全屏容器。同时为该 div 添加 well 类名。

(6) 在该容器内插入一个 id 为 form 的 div,将光标置于 div 之内,添加表单标题,代码如下:

```
<div class = "container - fluid well">
<div id = "form"><h1 class = "text - center center - block"><strong>个人信息填写</strong>
</h1></div>
 </div>
```

(7) 接下来添加表单主要内容,各类控件。新建一个表单,设置 Action 为#,选中"属性"面板中的 Auto Complete 自动完成功能,添加 form-horizontal 类名,可以联合使用

Bootstrap 预置的栅格类，将 label 标签和控件水平排列。

(8) 插入文本域。主要代码如下：

```
    <div class = "form - group">
<div class = "col - md - 4 col - sm - 4 col - xs - 4 control - label text - right">
  <label for = "username">用户名</label>
    <button type = "button" class = "btn btn - sm btn - default"><span class = "glyphicon glyphicon glyphicon - user" aria - hidden = "true"></span></button>
    </div>
        <div class = "col - md - 4 col - sm - 6 col - xs - 8 text - left"><input type = "text" name = "username" class = "form - control" required = "required" id = "username" placeholder = "请输入用户名"></div>
    <div class = "coll - md - 4 col - sm - 2 col - xs - 0"></div>
```

这里主要是先插入标签，放置"用户名"文本；其次插入文本域，为其设置 Name 名称为 username，选中 Required，Placeholder 提示文字为"请输入用户名"。为更好地展示网页，这里采用了 Bootstrap 特有的栅格系统来布局页面。应注意一点，"用户名"文本之后插入了 Bootstrap 自带的图标 glyphicon glyphicon-user，来修饰表单页面。预览页面效果如图 10.42 所示。

图 10.42

(9) 继续插入密码域、电子邮箱、电话和文件域，与前面的操作相似，代码如下，页面效果如图 10.43 所示。

```
<div class = "form - group">
  <div class = "col - md - 4 col - sm - 4 col - xs - 4 control - label text - right">
     <label for = "pwd">密码</label>
      <button type = "button" class = "btn btn - sm btn - default"><span class = "glyphicon glyphicon glyphicon - log - in" aria - hidden = "true"></span></button>

      </div>
  <div class = "col - md - 4 col - sm - 6 col - xs - 8 text - left">
   <input type = "password" name = "pwd" class = "form - control" required = "required" id = "pwd" placeholder = "请输入密码"></div>
   <div class = "coll - md - 4 col - sm - 2 col - xs - 0"></div>
   </div>

  <div class = "form - group">
  <div class = "col - md - 4 col - sm - 4 col - xs - 4 control - label text - right">
     <label for = "repwd">确认密码</label>
     <button type = "button" class = "btn btn - sm btn - default"><span class = "glyphicon glyphicon glyphicon - log - in" aria - hidden = "true"></span></button>

      </div>
```

```
    <div class = "col - md - 4 col - sm - 6 col - xs - 8 text - left">
     <input type = "password" name = "repwd" class = "form - control" required = "required" id =
"repwd" placeholder = "再次确认密码"></div>
     <div class = "coll - md - 4 col - sm - 2 col - xs - 0"></div>
    </div>

    <div class = "form - group">
    <div class = "col - md - 4 col - sm - 4 col - xs - 4 control - label text - right">
       <label for = "email">电子邮箱</label>
       <button type = "button" class = "btn btn - sm btn - default"><span class = "glyphicon
glyphicon glyphicon - envelope" aria - hidden = "true"></span></button>

       </div>
    <div class = "col - md - 4 col - sm - 6 col - xs - 8 text - left">
      <input type = "email" name = "email" class = "form - control" required = "required" id =
"email" placeholder = "Dreamweaver@163.com"></div>
     <div class = "coll - md - 4 col - sm - 2 col - xs - 0"></div>
    </div>

    <div class = "form - group">
    <div class = "col - md - 4 col - sm - 4 col - xs - 4 control - label text - right">
       <label for = "tel">联系方式</label>
       <button type = "button" class = "btn btn - sm btn - default"><span class = "glyphicon
glyphicon glyphicon - earphone" aria - hidden = "true"></span></button>
        </div>
    <div class = "col - md - 4 col - sm - 6 col - xs - 8 text - left">
      <input type = "tel" name = "tel" class = "form - control" required = "required" id = "tel"
placeholder = "请输入联系方式"></div>
     <div class = "coll - md - 4 col - sm - 2 col - xs - 0"></div>
    </div>

    <div class = "form - group">
    <div class = "col - md - 4 col - sm - 4 col - xs - 4 control - label text - right">
       <label for = "file">上传照片</label>
       <button type = "button" class = "btn btn - sm btn - default"><span class = "glyphicon
glyphicon glyphicon - picture" aria - hidden = "true"></span></button>
       </div>
    <div class = "col - md - 4 col - sm - 6 col - xs - 8 text - left">
      <input type = "file" name = "photo" multiple = "multiple" id = "file" class = "form -
control"></div>
    <div class = "coll - md - 4 col - sm - 2 col - xs - 0"></div>
    </div>
```

(10) 插入选择性别的单选按钮、书写详细地址的文本域、显示出生日期的时间选择器以及个人简介的多行文字域,这里注意若给该控件添加了 form-control 类,就不需要设置多行文本域的 Rows 和 Cols 了,form-control 类默认设置宽度属性为 100%。代码如下,效果如图 10.44 所示。

图 10.43

```
<div class = "form - group">
  <div class = "col - md - 4 col - sm - 4 col - xs - 4 control - label text - right">
     <label>性别</label>
     <button type = "button" class = "btn btn - sm btn - default"><span class = "glyphicon
glyphicon glyphicon - user" aria - hidden = "true"></span></button>
     </div>
  <div class = "col - md - 4 col - sm - 6 col - xs - 8 text - left h4">
    <label>
     <input type = "radio" name = "gender" id = "gender_0" value = "option1">男
    </label>
    <label>
     <input type = "radio" name = "gender" id = "gender_1" value = "option1">女
    </label>
     </div>
    <div class = "coll - md - 4 col - sm - 2 col - xs - 0"></div>
  </div>

  <div class = "form - group">
  <div class = "col - md - 4 col - sm - 4 col - xs - 4 control - label text - right">
     <label for = "address">详细地址</label>
     <button type = "button" class = "btn btn - sm btn - default"><span class = "glyphicon
glyphicon glyphicon - pencil" aria - hidden = "true"></span></button>
     </div>
    <div class = "col - md - 4 col - sm - 6 col - xs - 8 text - left">
     <input type = "text" name = "address" class = "form - control" required = "required" id = "
address" placeholder = "请输入详细地址"></div>
     <div class = "coll - md - 4 col - sm - 2 col - xs - 0"></div>
    </div>

    <div class = "form - group">
    <div class = "col - md - 4 col - sm - 4 col - xs - 4 control - label text - right">
     <label for = "data1">出生日期</label>
     <button type = "button" class = "btn btn - sm btn - default"><span class = "glyphicon
glyphicon glyphicon - asterisk" aria - hidden = "true"></span></button>
```

```
        </div>
    <div class = "col - md - 4 col - sm - 6 col - xs - 8 text - left">
     < input name = "data1" type = "date" required = "required" id = "data1" class = "form -
control"></div>
      <div class = "coll - md - 4 col - sm - 2 col - xs - 0"></div>
    </div>

    <div class = "form - group">
    <div class = "col - md - 4 col - sm - 4 col - xs - 4 control - label text - right">
        <label for = "info">个人简介</label>
        <button type = "button" class = "btn btn - sm btn - default">< span class = "glyphicon
glyphicon glyphicon - file" aria - hidden = "true"></span></button>
        </div>
    <div class = "col - md - 4 col - sm - 6 col - xs - 8 text - left">
     <input name = "info" type = "textarea " id = "info" class = "form - control" placeholder = "请
输入个人介绍"></div>
     <div class = "coll - md - 4 col - sm - 2 col - xs - 0"></div>
    </div>
```

图 10.44

(11) 最后插入显示城市的下拉菜单和列表标签以及最后的提交按钮和重置按钮,代码如下,最终效果如图 10.45 所示。

```
<div class = "form - group">
    <div class = "col - md - 4 col - sm - 4 col - xs - 4 control - label text - right">
        <label for = "city">所在城市</label>
```

```
<button type="button" class="btn btn-sm btn-default"><span class="glyphicon glyphicon glyphicon-stats" aria-hidden="true"></span></button>
        </div>
    <div class="col-md-4 col-sm-6 col-xs-8 text-left">
        <select name="city" class="form-control">
            <option>请选择</option>
            <option value="city1">北京</option>
            <option value="city2">上海</option>
            <option value="city3">广州</option>
            <option value="city4">深圳</option>
            <option value="city5">重庆</option>
            <option value="city6">武汉</option>
        </select>
    <div class="coll-md-4 col-sm-2 col-xs-0"></div>
    </div>
    </div>
        <div class="text-center">
        <button type="submit" class="btn btn-default">提交表单</button>
        <button type="reset" class="btn btn-default">重置表单</button>
        </div>
```

个人信息填写

用户名	请输入用户名
密码	请输入密码
确认密码	再次确认密码
电子邮箱	Dreamweaver@163.com
联系方式	请输入联系方式
上传照片	浏览... 未选择文件。
性别	◎男 ◎女
详细地址	请输入详细地址
出生日期	yyyy/mm/dd
个人简介	请输入个人介绍
所在城市	请选择

提交表单 重置表单

图 10.45

10.6.2 ASP表单和用户输入

整体表单界面设计已经完成,接下来使用ASP文件脚本从表单中取出数据。

ASP全称Active Server Pages(动态服务器页面),是在IIS中运行的程序。它可以动态地编辑、改变或者添加页面的任何内容,对由用户从HTML表单提交的查询或者数据作出响应,访问数据或者数据库,并向浏览器返回结果,为不同的用户定制网页,提高这些页面的可用性等。

这里主要进行的是对用户从HTML表单提交数据的操作作出响应,访问数据或者数据库,并向浏览器返回结果。即在表单界面填写完成信息,单击提交即可看到填写后的信息数据。

(1) 配置IIS环境(以Windows 7以上版本为例)。从开始菜单打开控制面板,双击"程序和功能",单击"打开或关闭Windows功能",选中"Internet信息服务"的复选框,如图10.46所示。然后单击"确定"按钮,安装过程需要一定的时间。详细操作见第2章。

注意: 选中"Internet信息服务"的复选框时,一定要选中"万维网服务"→"应用程序开发功能"的ASP功能。

(2) 打开控制面板,选择"管理工具",之后选择"Internet信息服务(IIS)管理器",如果没有则表示IIS没有安装好,返回上一步重新安装,如图10.46～图10.48所示。

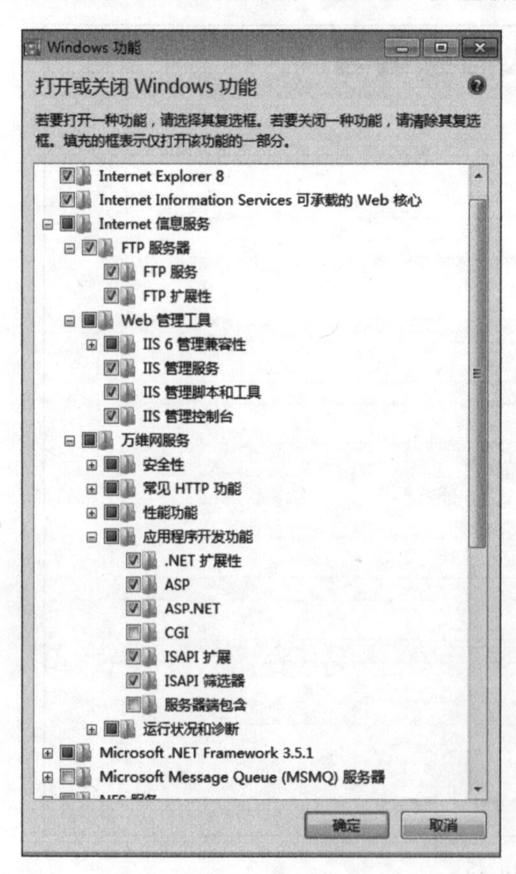

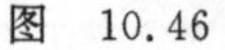
图 10.46

图 10.47

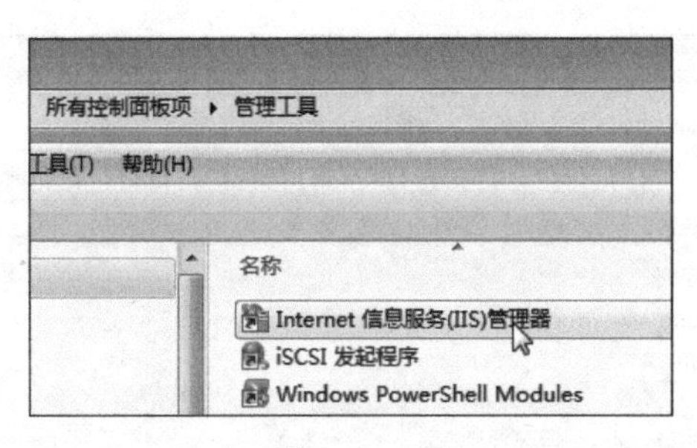

图 10.48

(3) 进入“Internet 信息服务(IIS)管理器”页面，单击左列的计算机实例名，接着单击“网站”，其中 Default web site 就是配置好 IIS 服务器后默认的网站站点，默认端口为 80，如图 10.49 所示。

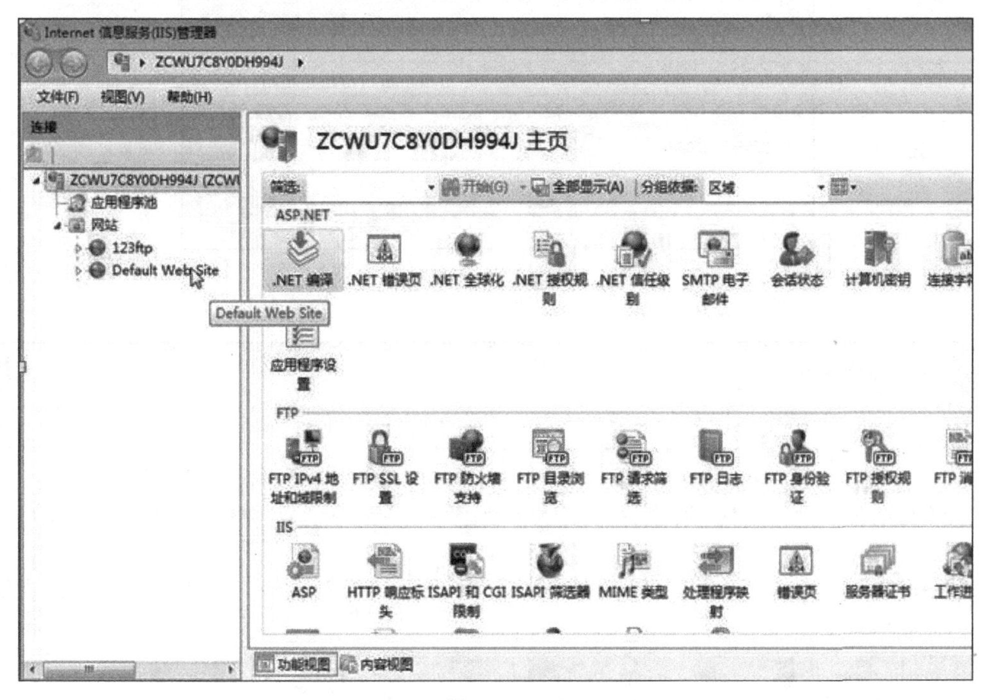

图 10.49

(4) 将该窗口最小化，把 10start 文件夹移动至“C:\inetpub\wwwroot”文件夹下。返回“Internet 信息服务(IIS)管理器”页面，右击“网站”，选择“添加网站”命令，如图 10.50 所示，在弹出窗口中，设置网站名称为 10start、端口为 90(避免与默认端口 80 有冲突)以及网站的文件夹路径，如图 10.51 所示。

图 10.50

(5) 设置完成，开启 ASP 脚本运行功能并设置“默认文档”，前者 ASP 需要开启脚本支持，后者是为了设置网站默认文档，如图 10.52 所示。

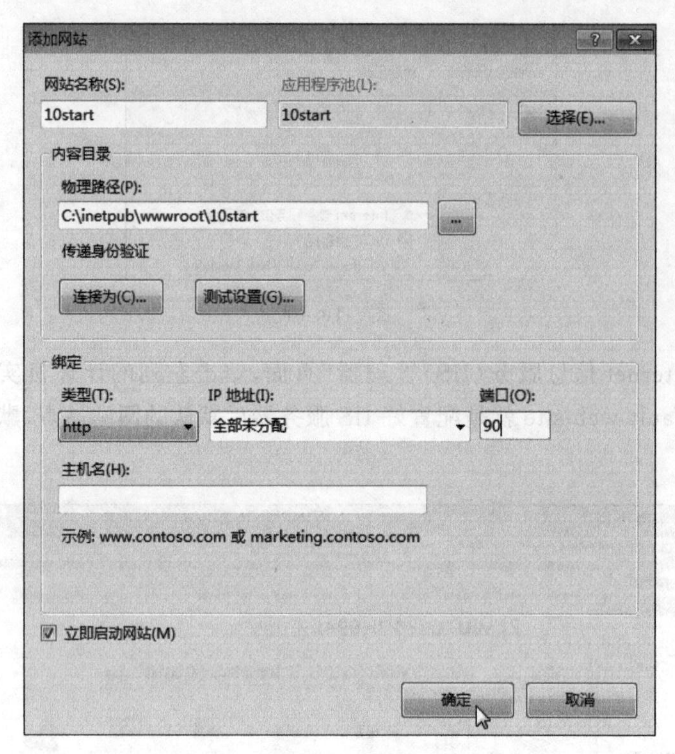

图 10.51

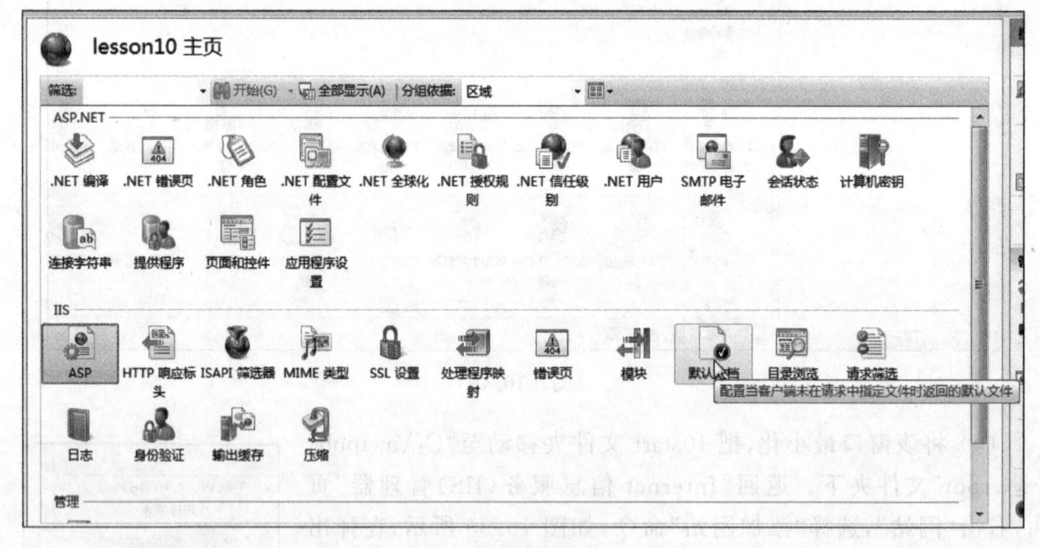

图 10.52

(6) 进入 ASP 界面,设置"启用父路径"为 True,如图 10.53 所示。进入"默认文档"界面,建议将 index. html 调到第一个,如图 10.54 所示。

(7) 注意 IIS 必须运行。此时环境配置完毕。在 Dreamweaver CC 2018 中打开 index . html 文件,设置表单的 Action 为 action. asp。在其同目录下新建一个 action. asp 文件,并在 Dreamweaver 中打开,如图 10.55 所示,这是一个空文档。

ASP

显示: 好记的名称

⊟ 编译	
⊞ 调试属性	
脚本语言	VBScript
⊟ 服务	
⊞ Com Plus 属性	
⊞ 缓存属性	
⊞ 会话属性	
⊟ 行为	
代码页	0
发生配置更改时重新启动	True
启用 HTML 回退	True
启用父路径	True
启用缓冲	True
启用块编码	True
区域设置 ID	0
⊞ 限制属性	

Com Plus 属性
与 ASP COM Plus 相关的属性。

图　10.53

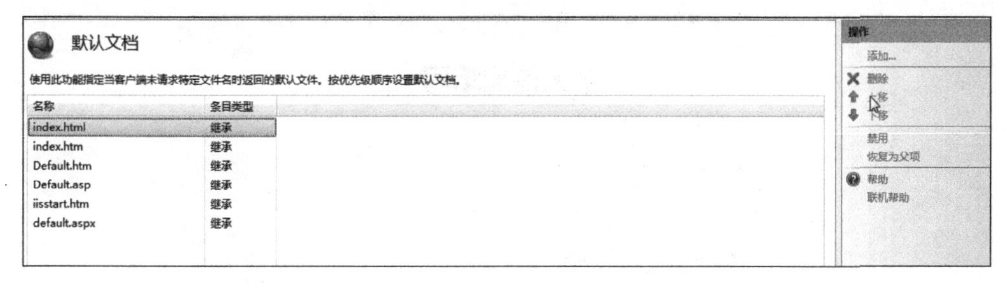

图　10.54

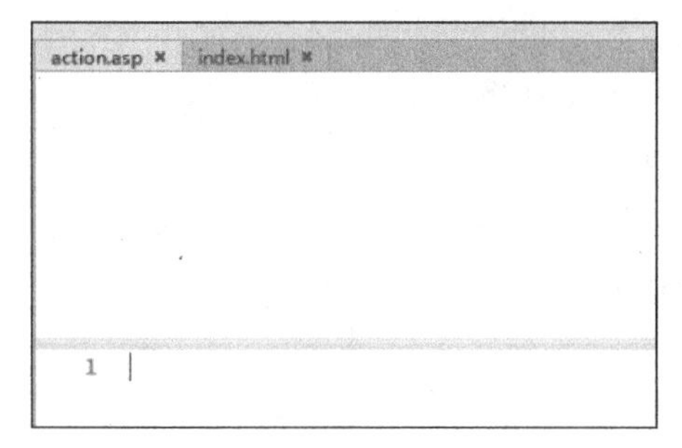

图　10.55

(8) 将如下代码复制到 action.asp 中。

```
<!DOCTYPE html>
<html lang = "en">
<head>
<meta charset = "utf - 8">
</head>
<body>
<%
username = request.form("username")
email = request.form("email")
```

```
tel = request.form("tel")
address = request.form("address")
data1 = request.form("data1")
info = request.form("info")
response.write("username:" & " " & request.form("username") & "<br />")
response.write("email:" & " " & request.form("email") & "<br />")
response.write("tel:" & " " & request.form("tel") & "<br />")
response.write("address:" & " " & request.form("address") & "<br />")
response.write("data:" & " " & request.form("data1") & "<br />")
response.write("info:" & request.form("info") & "<br />")
%>
</body>
</html>
```

(9) 然后打开浏览器，输入“localhost:90”浏览网页，单击“提交表单”按钮，跳转到另一页面，显示输入的部分信息，如图 10.56 和图 10.57 所示。

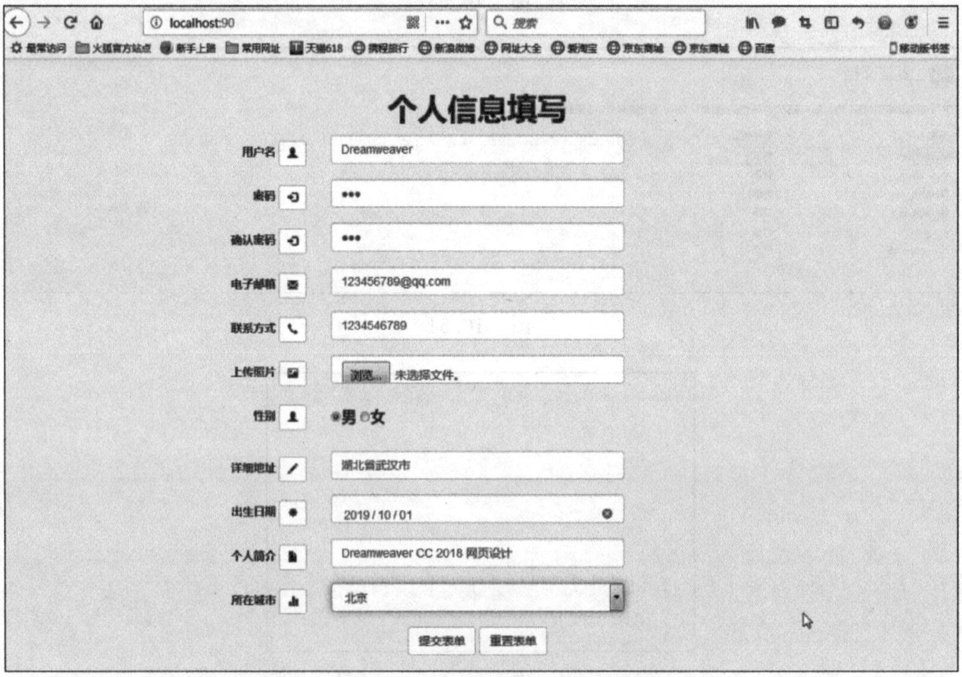

图 10.56

图 10.57

作业

一、模拟练习

打开“lesson10/模拟/10complete/index. html”文件进行预览，根据本章所述知识做一个类似的作品。作品资料已完整提供，获取方式见前言。

二、自主创意

自主设计制作一个网页，应用本章所学习知识，熟练使用对网站进行编码进行网页设计。

三、理论题

1. form 表单有什么作用？有哪些常用的 input 标签，分别有什么作用？
2. 简述 post 和 get 方式的区别。
3. placeholder 属性有什么作用？
4. HTML5 的新增表单属性有哪些？

第11章

动态网页

本章学习内容

(1) 静态网页与动态网页的概念;
(2) 动态网页技术;
(3) 搭建 ASP 运行环境;
(4) 创建数据库;
(5) 连接数据库;
(6) 通过 SQL 语句定义记录集。

完成本章的学习需要大约 3 小时,相关资源获取方式见前言。

知识点

向页面添加动态内容　　显示数据库记录　　定义动态内容源　　设计动态页
查看动态数据　　　　　适用于 PHP 开发人员的数据库连接

本章案例介绍

范例

本章范例是一个通过 ASP 技术和 Access 数据库实现的用户注册登录网页,如图 11.1 所示,一共由 5 个文件组成:登录页面 index. html、登录处理文件 login. asp、注册页面 regin. html、注册处理文件 regin. asp 和数据库 user. mdb。通过范例的学习,掌握动态网页的制作方法。

模拟案例

本章模拟案例是一个浏览购物车的网站,使用记录集调用 Access 数据库中的物品并显示在对应的网格中,并且具有翻页功能,如图 11.2 所示。通过模拟练习进一步熟练数据库的调用方法。

用户注册

用户名： 请输入用户名

设置密码： 请输入密码

确认密码： 再次确认密码

联系方式： 请输入联系方式

电子邮箱： 请输入邮箱地址

用户登录

用户名： 请输入用户名

密码： 请输入密码

登录 注册

图 11.1

图 11.2

11.1 预览完成的范例

(1) 右击“lesson11/范例/11complete”文件夹中的 index. html 文件，在弹出的菜单中选择已安装的浏览器对 index. html 文件进行浏览，如图 11.1 所示。

(2) 关闭预览窗口。

(3) 也可以用 Dreamweaver CC 2018 打开源文件进行预览。在菜单栏中选择“文件”→“打开”按钮，选择“lesson11/范例/11complete”文件夹中的 index. html 文件，并单击“打开”按钮，切换到“实时视图”查看页面。

11.2 静态网页与动态网页

视频讲解

静态网页通常以. htm、. html 等为扩展名，页面内容一般是固定不变的，用户只能够浏览而不能修改其中的任何信息。当 Web 服务器接收到对静态网页的请求时，服务器将网页直接发送给用户浏览，不进行任何处理，因此用户与服务器端并无交互能力。

动态网页通常以. asp、. jsp、. php 等为扩展名，它是通过使用网页脚本语言将网页内容动态存储到数据库中，用户访问网站是通过读取数据库来动态生成网页实现的。当用户向

Web 服务器发出动态网页的请求时，服务器将根据用户访问页面的扩展名确定该网页所使用的编程技术，然后将页面提交给对应的解释引擎，解释引擎负责解释和执行网页，并将执行结果返回到服务器，最后 Web 服务器将结果传送给用户。因此用户在浏览动态网站时，可以根据自身的需求，从服务器上获得生成的动态结果。

与静态网站相比，动态网站以数据库技术为基础，可以大大降低网站更新和维护的工作量，且网站的互动性较强。采用动态网页技术的网站可以实现更多功能，如用户注册、用户登录、用户查询、订单管理等。随着 Internet 的不断发展，动态网站已成为主流。

注意：含有动态行为的网页并不能称为动态网页。

11.3 动态网页技术

动态网页技术有很多种，如 CGI、PHP、ASP、JSP 和 ASPX 等，其中 ASP、JSP 和 PHP 是目前最常用的 3 种动态网页技术。下面简单介绍一下这 3 种技术。本章将以 ASP 技术为例制作动态网站。

11.3.1 ASP 技术

ASP 是动态服务器网页(Active Server Page)的简称，是由微软公司开发的服务器端脚本编写环境。ASP 的主要功能是将脚本语言、HTML 语言和 ActiveX 控件有机地结合在一起，形成一个能在服务端运行的应用程序。利用 ASP，用户可以建立动态的、交互的、高效的、具有数据库访问功能的 Web 服务应用程序。

ASP 中的脚本程序是在服务器端，而不是在客户端运行的，服务器将处理的结果以 HTML 的格式传送到客户端浏览器上，用户看不到正在浏览的网页的脚本命令，而只能看到脚本的执行结果，这就大大减轻了客户端浏览器的运行负担，并且提高了交互的速度。

ASP 采用脚本语言 VBScript 和 JavaScript 作为开发语言，代码简单易懂，结合 HTML 代码，便可快速地完成网站的应用程序，实现动态网页技术。ASP 简单且易于维护，很适合小型网站的应用，通过 DCOM 和 MTS 技术，ASP 甚至还可以完成中等规模的企业应用程序。但 ASP 有个最大的缺点，就是不能支持跨平台系统，只能在 Windows 系统上运行。

11.3.2 JSP 技术

JSP 是 Java 服务器网页(Java Server Pages)的简称，是 Sun 公司推出的一种动态网页技术。JSP 技术以 Java 语言作为脚本语言，熟悉 Java 语言的人很快就可以上手，并且此技术不受任何服务器平台的限制。

执行 JSP 首先需要一个 JSP 的运行环境，也就是 JSP 容器(也就是 Servlet 容器)，比较常用的 JSP 容器有 Tomcat 和 Resin 等。当用户第一次请求访问 JSP 文件时，JSP 容器首先将 JSP 文件转换为一个 Servlet 源文件，在转换过程中如果发现 JSP 文件有语法错误，那么转换过程将中断，并向服务端和客户端输出出错信息；如果转换成功，再把这个 Servlet 源程序编译成 Servlet 的 class 类文件，然后由容器解释执行这个由 JSP 文件翻译成的 Servlet 程序，最后将结果以 HTML 的格式发送给客户端。

11.3.3　PHP 技术

PHP(Hypertext Preprocessor)即超文本预处理器,是一种跨平台的服务器端的嵌入式脚本语言。它大量地借用 C、Java 和 Perl 语言的语法,并结合自己的特性,使网页开发者能够快速地创建动态页面。

PHP 是完全免费开放的,且语法简单,方便学习,并且支持很多数据库,如 SQL Server、MySQL、Sybase 和 Oracle 等,因此使用非常广泛。

11.4　搭建 ASP 运行环境

视频讲解

静态网页可以直接在浏览器中进行浏览,但动态网页无法直接用浏览器打开,因为它属于应用程序,所以必须要在 Web 服务器端运行。ASP 程序可以用任何一种文本编辑器编写,但要运行 ASP 程序,就必须具备可以执行 ASP 程序的环境,因此必须建立一个 Web 服务器。

11.4.1　安装和配置 IIS 服务器

ASP 程序主要的运行环境是基于 Windows 平台的 IIS 环境,因此可以通过在本地计算机上安装 IIS 来调试动态网页。有关 IIS 的安装步骤请参考第 10 章,安装好 IIS 后,还需要进行简单的设置才能用于调试网页,这里主要介绍具体的设置方法。

(1) 打开控制面板,选择“开始”→“Windows 系统”→“控制面板”→“系统和安全”→“管理工具”,打开“Internet 信息服务(IIS)管理器”,双击进入 IIS 设置界面,如图 11.3 所示。

(2) 在左侧列表中选择 Default Web Site 选项,然后双击 ASP 图标,如图 11.3 和图 11.4 所示。

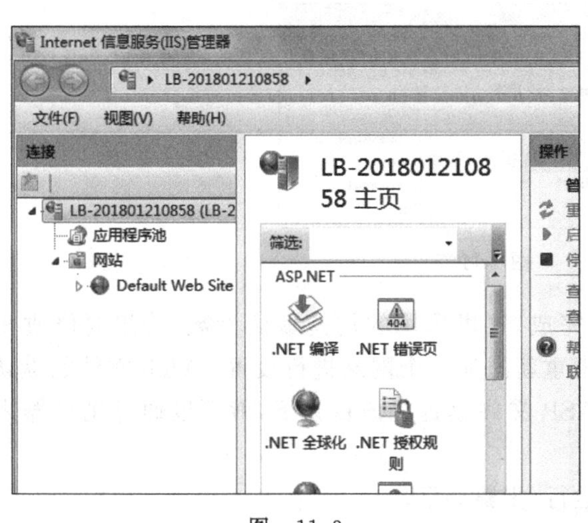

图　11.3

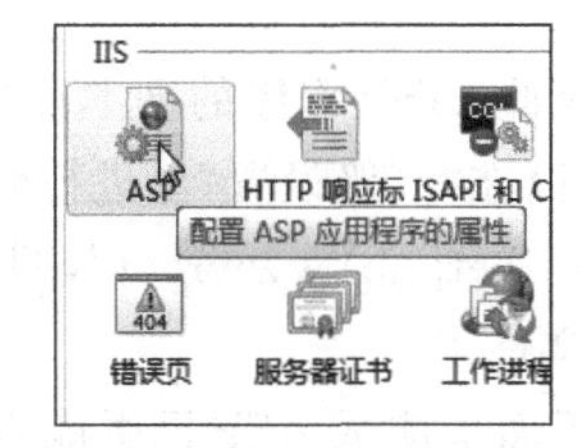

图　11.4

(3) IIS 中 ASP 的父路径默认是没有启用的,需要手动选择“启用父路径”的选项为 True,并应用,建议“将错误发送到浏览器”也设为 True,这样便于在调试网页时看到详细的错误信息,如图 11.5 所示。

(4) 由于 Access 数据库使用 32 位数据驱动，在 Windows 10 中默认是关闭的，因此需要手动开启 32 位支持。单击左侧列表中的“应用程序池”选项，在右侧面板中对应的应用程序池上右击，从弹出的菜单中选择“高级设置”，如图 11.6 所示。在弹出的“高级设置”面板中，修改“启用 32 位应用程序”为 True，如图 11.7 所示，单击“确定”按钮完成设置。

ASP

显示: 好记的名称

⊟ 编译	
⊟ 调试属性	
捕获 COM 组件异常	True
计算行号	True
将错误发送到浏览器	True
将错误记录到 NT 日志	False
脚本错误消息	An error occurred on the server
匿名运行 On End 函数	True
启用服务器端调试	False
启用客户端调试	False
启用日志错误请求	True
脚本语言	VBScript
⊟ 服务	
⊞ Com Plus 属性	
⊞ 缓存属性	
⊞ 会话属性	
⊟ 行为	
代码页	0
发生配置更改时重新启动	True
启用 HTML 回退	True
启用父路径	True
启用缓冲	True

将错误发送到浏览器

指定 Web 服务器除了将调试详细信息(文件名、错误、行号、描述)记录到 Windows 事件日志中以外，是否还将其写入客户端浏览器。

图 11.5

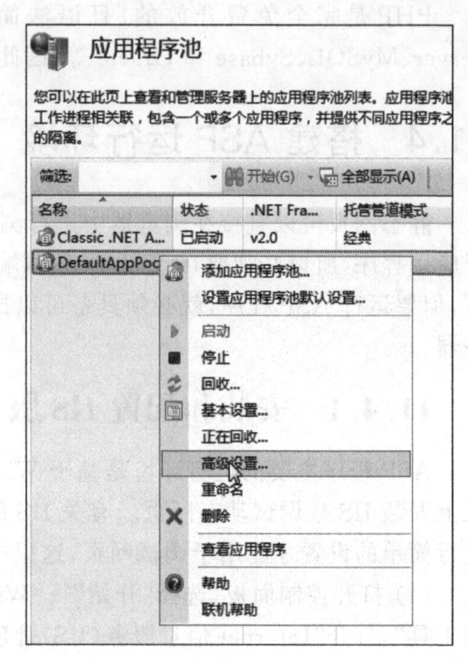

图 11.6

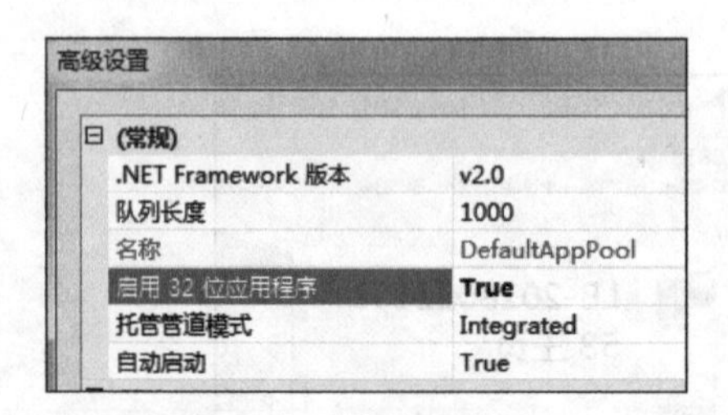

图 11.7

至此，ASP 程序的基本配置已经完成，这里采用的均是默认参数，若想要修改相关参数，可以在“高级设置”里进行修改或者重新添加一个网站进行设置。Web 文件的默认路径是“C:\inetpub\wwwroot”，只要将 ASP 文件放置在该目录下，就可以通过浏览器来运行 ASP 文件了。

下面来测试 ASP 网页能否正常运行，步骤如下。

(1) 打开任意一种文本编辑器，如“记事本”程序。在记事本中输入如下代码：

```
<%
Response.write("Hello Dreamweaver!")
%>
```

(2) 将该文本保存为 test.asp 文件，并将它保存到“C:\inetpub\wwwroot”目录下。

(3) 打开浏览器，在地址栏中输入“http://127.0.0.1/test.asp”，若显示如图 11.8 所示的页面，则表示 Web 服务器运行正常。

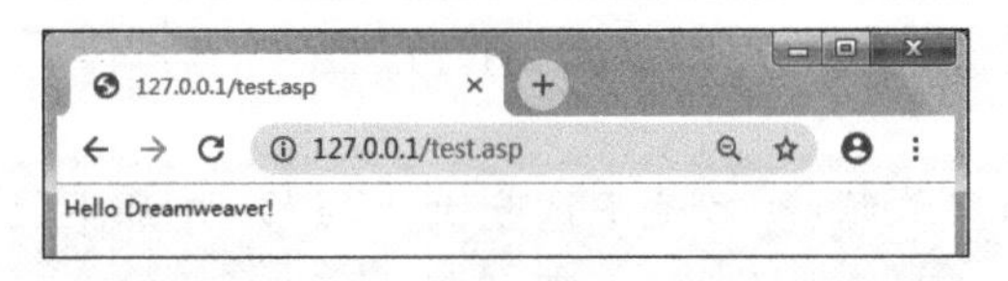

图　11.8

11.4.2　设置虚拟目录

用户可以在网站主目录下建立多个子目录来存放网页，例如在主目录“C:\inetpub\wwwroot”下新建一个名为 text 的文件夹，并在其中放入一个名为 test.asp 的文件，则访问这个文件的地址就是 http://127.0.0.1/test/test.asp。如果不想要将网站文件存放在“C:\inetpub\wwwroot”下，或者某些文件放在其他目录下，而又能被 Web 访问，则可以通过虚拟目录来实现，虚拟目录可以将主目录以外的目录映射到网站根目录下的一个子目录。

创建虚拟目录的步骤如下。

(1) 打开“Internet 信息服务(IIS)管理器”，在左侧面板的 Default Web Site 网站节点上右击，从弹出的菜单中选择“添加虚拟目录”。

(2) 在弹出的“添加虚拟目录”面板中，设置“别名”和“物理路径”，如图 11.9 所示(参数自行设置)。“别名”文本框用来输入要建立的虚拟目录的名称，“物理路径”用来选择虚拟目录的文件夹的物理路径，本例是在 E 盘新建一个名为 test2 的文件夹，并将 test.asp 文件放入其中，单击“确定”按钮完成设置。

图　11.9

(3) 打开浏览器，在地址栏中输入“http://127.0.0.1/test2/test.asp”，页面显示如图 11.10 所示。

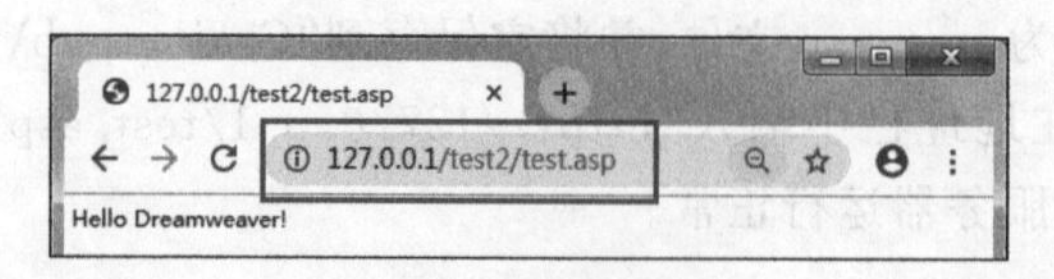

图 11.10

注意：在创建虚拟目录时，别名是不区分大小写的，并且不能存在别名相同的虚拟目录。

视频讲解

11.5 应用数据库

数据库是存放在计算机上的关于某个特定目标的信息集合，它以表格的形式，根据数据的类型和特性，将信息分别存放在各自独立的空间中。数据库在动态网页中发挥着重要作用，有后台数据库做支撑的网页，网页内容更加生动，网站的管理和维护更加方便，同时还便于收集和查询客户信息。

11.5.1 创建数据库

目前市场上有许多用来创建数据库的产品，如 Microsoft Access、MySQL、Microsoft SQL Server、Oracle 和 DB2 等，下面简单介绍几种常用的数据库软件。

1. Microsoft Access

由微软公司开发，是现在市场上非常流行的桌面型数据管理系统。使用 Microsoft Access，无须编写任何代码，仅通过可视化操作就可以完成大部分数据管理任务。它比较适合用于小型的信息管理系统。

2. MySQL

MySQL 是目前最流行的开源数据库管理系统，由瑞典 MySQL AB 公司开发，为 Oracle 旗下产品，快速、灵活、性能好，一般用于中小型网站。

3. Microsoft SQL Server

Microsoft SQL Server 是微软公司推出的关系型数据库管理系统，是一个全面的数据库平台，有着强大的企业数据库管理功能，适合用来创建中小型信息管理系统。

4. Oracle

由 Oracle 公司推出，是当前市场上功能最全面、最强大的一款关系型数据库管理系统。系统可移植性好、使用方便、功能强，适用于各类大、中、小型网站的数据管理。

本章案例使用 Access 2016 来创建数据库。在创建数据库之前，需要先弄清楚创建数据库的目的、需要创建哪些数据表，以及表中所需要的字段和字段类型。具体操作步骤如下。

(1) 启动 Access 2016 应用程序，执行“文件”→“新建”→“空数据库”命令。

(2) 在“表 1”上右击，在弹出的快捷菜单中选择“设计视图”，然后在弹出的“另存为”对话框中修改表名为 info，最后单击“确定”按钮进入设计视图。

(3) 设计该表的表结构，如图 11.11 所示。

info		
字段名称	数据类型	
username	短文本	用户名
password	短文本	设置密码
repassword	短文本	确认密码
tel	短文本	联系方式
email	短文本	电子邮箱

图 11.11

(4) 关闭表,将数据库文件存储为 user.mdb。由于 Access 2016 默认的数据库文件格式是.accdb,而不是.mdb,因此若要将文件存储为.mdb 格式,则需要将文件以 2002-2003 格式输出。执行"文件"→"另存为"→"Access2002-2003 数据库(*.mdb)"命令,在弹出的"另存为"对话框中选择保存路径,并输入文件名为 user,这样 user.mdb 数据库就创建完成了。

注意:表名与字段名称不能相同,且最好都用英文命名。

11.5.2 连接数据库

要想在网页上显示数据库表中的信息,必须建立一个数据库连接。并且任何内容的添加、删除、修改和查找都是在连接基础上进行的,因此数据库连接是开发动态网页的一个重点。

建立数据库连接时需要选择一种合适的连接方式,如 JDBC 和 ColdFusion,ASP 技术则选择 ADO 连接方式。要在 ASP 中使用 ADO 对象来操作数据库,则 ASP 应用程序必须通过 ODBC 开放数据库连接驱动程序和 OLE DB 嵌入式数据库提供程序连接到数据库。该驱动程序或提供程序用作解释器,能够使 Web 应用程序与数据库进行通信。

下面以用得最多的 Access 和 SQL Server 数据库例,介绍它们各自的连接语句。

1. 连接 Access 数据库

```
Set adocon = Server.CreateObject("adodb.connection")
adocon.Open"Driver = {Microsoft Access Driver ( *.mdb)};DBQ = "& Server.MapPath("数据库所在
路径")
```

其中 Server.MapPath()的作用是返回与 Web 服务器上的指定虚拟路径相对应的物理文件路径。

2. 连接 SQL Server 数据库

```
Set adocon = Server.CreateObject("adodb.connection")
adocon.Open"Driver = {SQL Server};Server = (连接服务器的 IP 地址);UID = 用户 ID;PWD = 用户的
password; database = 数据库名称;"
```

Driver 参数指定在没有为数据库指定 OLE DB 提供程序时所使用的 ODBC 驱动程序,Provider 参数指定数据库的 OLE DB 提供程序。若使用 Provider 参数,则 Access 数据库的连接语句应该如下:

```
Set adocon = Server.CreateObject("adodb.connection")
adocon.open"Provider = Microsoft.Jet.OLEDB.4.0; Data Source = "& Server.MapPath("数据库所在路径")
```

注意：Access数据库有两种扩展名：.mdb和.accdb，区别是.mdb是Access 2003版及以前，.accdb是2007版Access的格式，因为版本不同，所以连接代码有所区别。Microsoft.Jet.OLEDB.4.0只能访问2003版及以前的，Microsoft.ACE.OLEDB.12.0可以访问2007版本及以后的。

除了使用连接字符连接数据库，还可以通过DNS连接数据库，但需要先创建一个ODBC数据源。通过DNS连接数据库的方法就不详细介绍了，下面简要介绍创建ODBC数据源的过程。

(1) 打开"控制面板"，执行"系统和安全"→"管理工具"→"数据源(ODBC)"命令，弹出"ODBC数据源管理器"对话框，切换到"系统DSN"选项卡，如图11.12所示。

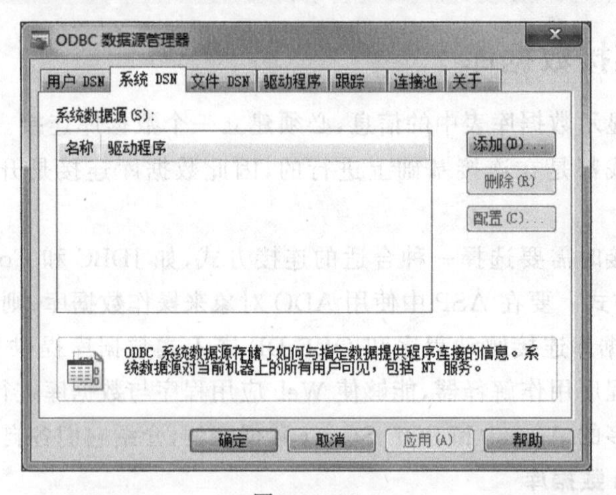

图 11.12

(2) 单击"添加"按钮，在弹出的"创建新数据源"对话框中选择对应格式的驱动程序，这里选择"Driver do Microsoft Access(*.mdb)"，如图11.13所示，单击"完成"按钮。

图 11.13

(3) 在弹出的"ODBC Microsoft Access 安装"对话框中，输入数据源名称为 user，并选择数据库路径，如图 11.14 所示，单击"确定"按钮完成数据源配置，如图 11.15 所示，最后单击"确定"按钮关闭对话框。

图 11.14

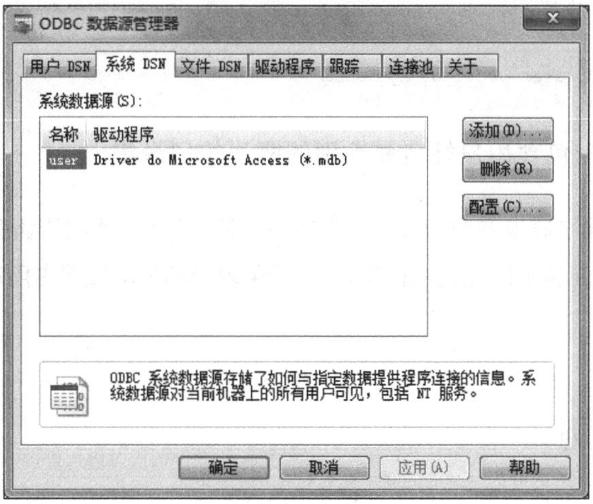

图 11.15

提示：64 位 Windows 7 系统在添加数据源时只有 SQL Server 可选，可通过运行 C:/Windows/SysWOW64/odbcad32.exe 启动 32 位版本 ODBC 管理工具解决。

11.5.3 通过 SQL 语句定义记录集

网页不能直接访问数据库中存储的数据，而是需要与记录集进行交互。因此在向网页添加动态内容前需要先定义相应的记录集。记录集是通过数据库查询从数据库中提取的信息或记录的子集，它在存储内容的数据库和生成页面的应用程序服务器之间起桥梁作用。记录集临时存储在应用程序服务器的内存中以实现更快的数据检索。当服务器不再需要记录集时，就会将其丢弃。

查询是一种专门用于从数据库中查找和提取特定信息的搜索语句，由搜索条件组成，它可以生成只包括某些列、只包括某些记录，或者既包括列也包括记录的记录集。Dreamweaver

使用结构化查询语言SQL来生成查询,SQL是一种简单的、可用来在数据库中检索、添加和删除数据的语言,在Dreamweaver中使用SQL查询可以更加灵活地设计动态页面。

在ASP中最常使用的SQL语句是Select语句,Select语句主要被用来对数据库进行查询并将查询结果提供给用户。Select查询语句的语法格式如下:

```
Select + 字段名列表 + From + 目标数据表名 + [Where 条件表达式] + [Order By 列名[ASC|DESC]]
```

参数说明如下:

- 字段名列表——要查询并返回结果的信息字段,多个字段名之间用逗号隔开,也可以用“*”表示选择所有字段。
- 目标数据表名——所要查询的数据表。
- [Where 条件表达式]——用来指定查询条件,按条件检索数据。
- [Order By 列名 [ASC|DESC]]——将查询结果按列名排序,ASC和DESC分别表示升序排列和降序排列,默认是升序,若没有使用Order By子句,则查询结果将是无序的。

例如,从名为user的数据库表中提取所有用户的姓名name和性别sex信息,并按年龄age的降序排列,代码如下:

```
Select name,sex From user Order By age DESC
```

该语句将创建一个包含用户姓名和性别的两列的记录集。

提示:由于应用程序很少要用到数据库中的每个数据片段,所以应该努力使记录集尽可能小。由于Web服务器会将记录集临时放在内存中,所以使用较小的记录集将占用较少内存,并可以潜在地改善服务器的性能。

视频讲解

11.6 本章范例

11.6.1 制作用户登录页面

登录页面文件名为index.html,用来产生用户登录的表单,收集用户输入的“用户名”和“密码”,在用户单击“登录”按钮后,表单会将用户输入的数据传送给登录处理文件login.asp。页面还有一个“注册”按钮链接,用来跳转到注册页面regin.html。

(1) 新建一个文件夹,将其命名为11start,并将前面创建的数据库文件user.mdb复制到该文件夹内。

(2) 打开Dreamweaver CC 2018,新建一个站点名称为13start的站点,站点文件夹为刚才新建的13start文件夹,如图11.16所示。单击“保存”按钮关闭对话框。

您可以在此处为 Dreamweaver 站点选择本地文件夹和名称。
站点名称: 13start
本地站点文件夹: C:\Users\Administrator\Desktop\13start\

图 11.16

(3) 在 Dreamweaver 中新建一个文档,执行“文件”→“新建”命令,在“文档类型”列表中选择 HTML,在“框架”面板中选择 Bootstrap,Bootstrap CSS 为“新建”,在“设计”中取消选中“包含预构建布局”选项,单击“创建”按钮关闭对话框。

(4) 这时就在 Dreamweaver 中创建了一个包含 bootstrap 插件的页面,并且该网页已自动读取了 bootstrap.css、jquery 和 bootstrap.js 文件。执行“文件”→“保存”命令,将文件保存为 index.html。

(5) 在“CSS 设计器”面板中创建一个新的 CSS 文件,文件名为 main,并将其保存在站点根目录下的 css 文件夹中,如图 11.17 所示。单击“保存”按钮,在弹出的对话框中选择添加为“链接”,单击“确定”按钮关闭对话框,接下来网页中所运用到的样式规则将都会创建在自定义样式 main.css 中。

图 11.17

(6) 切换到“实时视图”下的“拆分”视图,将光标置于 body 标签内,然后在“插入”面板中选择“Bootstrap 组件”下的 container-fluid 组件,创建一个全屏容器,并为其定义一个文本内容居中对齐的样式。

(7) 在光标置于刚刚创建的容器内,插入 Bootstrap 组件“包含多列的行(Grid Row with column)”,插入一行,在弹出的“插入包含多列的行”对话框中输入列数为 1,用来放置表单的标题,单击“确定”按钮关闭对话框,代码如下:

```
<div class = "container - fluid text - center">
  <div class = "row">
    <div class = "col - md - 12">
      <h1 >用户登录</h1 >
    </div >
  </div >
</div >
```

(8) 接下来在该行后面添加一个表单,设置 Action 为登录处理文件 login.asp,Method 为 post,Target 为“_parent”,代码如下:

```
<form action = "login.asp" method = "post" target = "_parent">
</form>
```

(9) 在表单中插入标签为用户名的文本域和标签为密码的密码域,并定义布局,代码如下:

```
<form action = "login.asp" method = "post" target = "_parent">
    <div class = "form - group">
      <div class = "row">
        <div class = "col - md - 4 col - sm - 4 col - xs - 4 control - label text - right">
          <label for = "username">用户名:</label>
        </div>
        <div class = "col - md - 4 col - sm - 6 col - xs - 7 text - left">
          <input type = "text" name = "username" class = "form - control" required = "required"
id = "username" placeholder = "请输入用户名">
        </div>
        <div class = "col - md - 4 col - sm - 2 col - xs - 1"></div>
      </div>
    </div>
    <div class = "form - group">
      <div class = "row">
        <div class = "col - md - 4 col - sm - 4 col - xs - 4 control - label text - right">
          <label for = "pwd">密码:</label>
        </div>
        <div class = "col - md - 4 col - sm - 6 col - xs - 7 text - left">
          < input type = " password" name = " password" class = " form - control" required =
"required" id = "pwd" placeholder = "请输入密码">
        </div>
        <div class = "col - md - 4 col - sm - 2 col - xs - 1"></div>
      </div>
    </div>
  </form>
```

(10) 在表单的最后面插入一行,放置登录和注册按钮,代码如下:

```
<div class = "row">
    <div class = "col - md - 12">
        <button type = "submit" class = "btn btn - default">登录</button>
             
        <button class = "btn btn - default"><a href = "regin.html">注册</a>
        </button>
    </div>
</div>
```

(11) 最后为链接、标题和按钮定义样式,使页面更美观,创建名为 a、a:hover、h1 和 .btn.btn-default 的 CSS 规则,并设置样式,代码如下,效果如图 11.18 所示。

```
a {
 color: #000000;
```

```
}
a:hover {
 color: #000000;
 text-decoration: none;
}

h1 {
 margin-bottom: 30px;
 margin-top: 50px;
}
.btn.btn-default {
 margin-top: 20px;
}
```

图　11.18

11.6.2　登录处理文件

登录处理文件名为 login.asp，用来接收登录页面传来的用户数据，并与从数据库中查询到的数据做对比，若数据相匹配，则提示登录成功；若不匹配，则返回到登录界面。

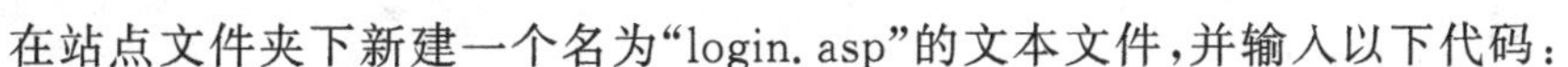

在站点文件夹下新建一个名为“login.asp”的文本文件，并输入以下代码：

```
<%@LANGUAGE="VBSCRIPT" CODEPAGE="936"%>
<head>
<meta http-equiv="Content-Type" content="text/html; charset=gb2312" />
<title>登录处理页面</title>
</head>
<body>
<%
 set conn=server.CreateObject("adodb.connection")
 sql="provider=microsoft.jet.oledb.4.0;data source="&server.MapPath("user.mdb")
 conn.open(sql)
'打开数据库
 yh=request.Form("username")
 mm=request.Form("password")
    '接收登录页面的用户名和密码
 set rs=server.CreateObject("adodb.recordset")
 sql1="select * from info where username='"&yh&"' and password='"&mm&"'"
```

```
rs.open sqll,conn,1,3
    '查找数据库中是否有匹配的用户名和密码
 if rs.Eof then
'若没有查找到相匹配的用户名和密码,则提示以下的信息并返回登录页面
%>
<script language="javascript">
{
 alert("用户名、密码不正确");
 window.location.href="index.html"
}
</script>
<%
    '若查找到相匹配的数据,则成功返回以下内容并结束判断语句
 else
 session("yh")=yh
 response.Write("欢迎光临")
 response.Write(session("yh"))
 end if
%>
</body>
```

视频讲解

11.6.3 制作用户注册页面

用户注册页面文件名为 regin.html,用于产生用户输入表单,用户单击“提交”按钮后,表单会将用户输入的数据传送给注册处理文件 regin.asp。

用户注册页面的制作与登录页面一致,就是在登录页面的表单内容里再添加几个文本域,注意注册页面表单 Action 为 regin.asp。注册页面的完整代码如下,效果如图 11.19 所示。

```
<!DOCTYPE html>
<html lang="en">
<head>
<meta charset="utf-8">
<meta http-equiv="X-UA-Compatible" content="IE=edge">
<meta name="viewport" content="width=device-width, initial-scale=1">
<title>Untitled Document</title>
<link href="css/bootstrap.css" rel="stylesheet">
<link href="css/main.css" rel="stylesheet" type="text/css">
</head>
<body>
<script src="js/jquery-1.11.3.min.js"></script>
<script src="js/bootstrap.js"></script>
<div class="container-fluid text-center">
  <div id="title">
    <h1>用户注册</h1>
  </div>
  <form action="regin.asp" method="post" target="_parent">
    <div class="form-group">
```

```
        <div class = "row">
          <div class = "col - md - 4 col - sm - 4 col - xs - 4 control - label text - right">
            <label for = "username">用户名: </label>
          </div>
          <div class = "col - md - 4 col - sm - 6 col - xs - 7 text - left">
            <input type = "text" name = "username" class = "form - control" required = "required"
id = "username" placeholder = "请输入用户名">
          </div>
          <div class = "col - md - 4 col - sm - 2 col - xs - 1"></div>
        </div>
      </div>
      <div class = "form - group">
        <div class = "row">
          <div class = "col - md - 4 col - sm - 4 col - xs - 4 control - label text - right">
            <label for = "pwd">设置密码: </label>
          </div>
          <div class = "col - md - 4 col - sm - 6 col - xs - 7 text - left">
            <input type = "password" name = "password" class = "form - control" required =
"required" id = "pwd" placeholder = "请输入密码">
          </div>
          <div class = "col - md - 4 col - sm - 2 col - xs - 1"></div>
        </div>
      </div>
      <div class = "form - group">
        <div class = "row">
          <div class = "col - md - 4 col - sm - 4 col - xs - 4 control - label text - right">
            <label for = "repwd">确认密码: </label>
          </div>
          <div class = "col - md - 4 col - sm - 6 col - xs - 7 text - left">
            <input type = "password" name = "repassword" class = "form - control" required =
"required" id = "repwd" placeholder = "再次确认密码">
          </div>
          <div class = "col - md - 4 col - sm - 2 col - xs - 1"></div>
        </div>
      </div>
      <div class = "form - group">
        <div class = "row">
          <div class = "col - md - 4 col - sm - 4 col - xs - 4 control - label text - right">
            <label for = "tel">联系方式: </label>
          </div>
          <div class = "col - md - 4 col - sm - 6 col - xs - 7 text - left">
            <input type = "tel" name = "tel" class = "form - control" required = "required" id =
"tel" placeholder = "请输入联系方式">
          </div>
          <div class = "coll - md - 4 col - sm - 2 col - xs - 1"></div>
        </div>
      </div>
      <div class = "form - group">
        <div class = "row">
          <div class = "col - md - 4 col - sm - 4 col - xs - 4 control - label text - right">
```

```
            < label for = "email">电子邮箱：</label >
          </div >
          < div class = "col - md - 4 col - sm - 6 col - xs - 7 text - left">
            < input type = "email" name = "email" class = "form - control" required = "required"
id = "email" placeholder = "请输入邮箱地址">
          </div >
          < div class = "coll - md - 4 col - sm - 2 col - xs - 1"></div >
        </div >
      </div >
      < div class = "row">
        < div class = "col - md - 12">
          < button type = "submit" class = "btn btn - default">提交</button >
               
          < button type = "reset" class = "btn btn - default">重置</button >
        </div >
      </div >
    </form >
</div >
</body >
</html >
```

用户注册

用户名： 请输入用户名

设置密码： 请输入密码

确认密码： 再次确认密码

联系方式： 请输入联系方式

电子邮箱： 请输入邮箱地址

图 11.19

11.6.4 注册处理文件

注册处理文件名为 regin.asp，用来接收用户的注册信息，并进行简单的判断。若用户输入的注册信息符合要求，ASP 程序将把用户的注册信息写入数据库中。

在站点文件夹下新建一个名为“regin.asp”的文本文件，并输入以下代码：

```
< % @LANGUAGE = "VBSCRIPT" CODEPAGE = "936" % >
< head >
< meta http - equiv = "Content - Type" content = "text/html; charset = gb2312" />
< title >注册处理页面</title >
</head >
< body >
```

```
<%
 set conn = server.CreateObject("adodb.connection")
 sql = "provider = microsoft.jet.oledb.4.0;data source = "&server.MapPath("user.mdb")
 conn.open(sql)
     '连接数据库
 yh = request.Form("username")
 mm = request.Form("password")
     remm = request.Form("repassword")
     dh = request.Form("tel")
     yj = request.Form("email")
     '接收注册页面中用户输入的用户名、密码、电话、电子邮箱
if yh = ""or mm = ""or mm <> remm then
response.write"< p align = center >注册失败,用户名及密码不能为空,且两次输入密码要一致!</p>"
response.write"< p align = center >< a href = regin.html >重新注册</a ></p >"
response.End
'如果在注册页面中,用户名或密码为空,或两次输入的密码不一致,将弹出注册失败的提示信息并要
'求重新注册
else
   '若用户注册信息符合要求,则执行下列语句
 set rs = server.CreateObject("adodb.recordset")
 sqll = "select * from info"
 rs.open sqll,conn,1,3
    '打开 user.mdb 文件中的 info 表
 rs.addnew
 rs("username") = yh
 rs("password") = mm
     rs("repassword") = remm
     rs("tel") = dh
     rs("email") = yj
 rs.update
    '将接收到的用户名、密码、电话、电子邮箱写入 info 表
 rs.close
 set rs = nothing
End if
'关闭数据库
 %>
< script >
{
alert("注册成功,转回登录页面");
window.location.href = "index.html"
} / * 提示注册成功 * /
</script >
</body >
```

11.6.5 测试网页

(1) 将站点文件夹 13start 移至“C:\inetpub\wwwroot”文件夹下。

(2) 设置权限。为确保数据能写进数据库,需要开启数据库的写入权限。在数据库所在的文件夹上右击,选择“属性”→“安全”,将用户 Users 和 IIS_IUSRS 的写入权限均打开,

如图 11.20 所示。

(3) 打开浏览器,在地址栏中输入“http://127.0.0.1/13start/index.html”,即可进入登录页面。单击“注册”按钮,跳转到注册页面,输入注册信息,如图 11.21 所示。然后单击“提交”按钮,弹出注册成功的提示信息,如图 11.22 所示。

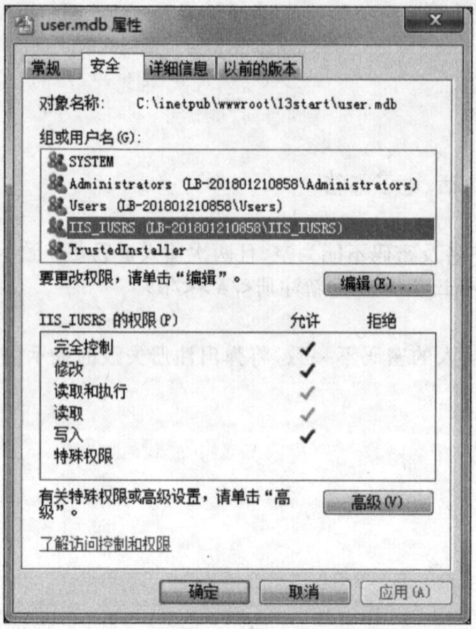

图 11.20

图 11.21

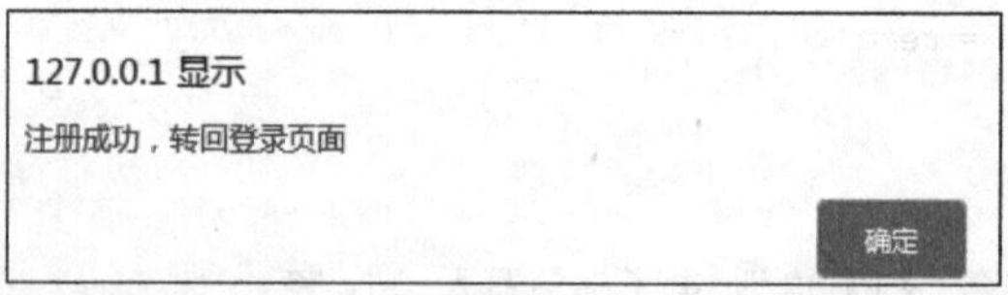

图 11.22

(4) 单击“确定”按钮返回登录页面,用刚刚注册的账号密码进行登录,此时会弹出登录成功的提示信息,如图 11.23 所示。

图 11.23

(5) 回到站点文件夹,打开 user.mdb 数据库中的 info 数据表,将会看到注册的信息被写入了数据表,如图 11.24 所示。

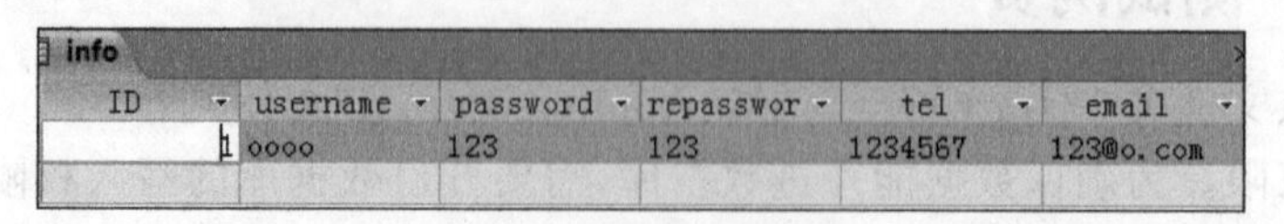

info

ID	username	password	repasswor	tel	email
1	oooo	123	123	1234567	123@o.com

图 11.24

作业

一、模拟练习

打开“lesson11/模拟/11complete/index. asp”文件进行预览，根据本章所述知识做一个类似的作品。作品资料已完整提供，获取方式见前言。

二、自主创意

应用本章所学习知识，自主设计一个网站。

三、理论题

1. 简要描述制作动态网站的步骤。

2. 写出 ASP 连接 Access 数据库的语句(使用 Provider 参数)。

3. 在脚本都编写正确的情况下，ASP 程序无法将数据写入 Access 数据库可能是什么原因？

图书资源支持

感谢您一直以来对清华大学出版社图书的支持和爱护。为了配合本书的使用，本书提供配套的资源，有需求的读者请扫描下方的“书圈”微信公众号二维码，在图书专区下载，也可以拨打电话或发送电子邮件咨询。

如果您在使用本书的过程中遇到了什么问题，或者有相关图书出版计划，也请您发邮件告诉我们，以便我们更好地为您服务。